三维模型制作技术与应用案例解析

魏 庆 编著

清華大学出版社
北 京

内容简介

本书以实战案例为指引，理论讲解做铺垫，全面系统地讲解了三维场景的制作方法与技巧。书中用通俗易懂的语言、图文并茂的形式对3ds Max在三维建模中的应用进行了全面细致的剖析。

本书共8章，遵循由浅入深、从基础知识到案例进阶的学习原则，对3ds Max入门知识、系统设置与基础操作、基础建模、复杂建模、多边形建模、材质与灯光、摄影机与渲染器等内容进行了逐一讲解，最后介绍了厨房场景效果的制作。

本书结构合理，内容丰富，易教易学，既有鲜明的基础性，也有很强的实用性。本书既可作为高等院校相关专业学生的教学用书，又可作为培训机构以及三维建模爱好者的参考书。

图书在版编目（CIP）数据

三维模型制作技术与应用案例解析 / 魏庆编著. —北京：清华大学出版社，2024.5
ISBN 978-7-302-66068-2

Ⅰ. ①三…　Ⅱ. ①魏…　Ⅲ. ①三维动画软件　Ⅳ. ①TP391.414

中国国家版本馆CIP数据核字（2024）第072328号

责任编辑：李玉茹
封面设计：杨玉兰
责任校对：翟维维
责任印制：曹婉颖

出版发行：清华大学出版社
网　　址：https://www.tup.com.cn，https://www.wqxuetang.com
地　　址：北京清华大学学研大厦A座　**邮　　编：**100084
社 总 机：010-83470000　**邮　　购：**010-62786544
投稿与读者服务：010-62776969，c-service@tup.tsinghua.edu.cn
质 量 反 馈：010-62772015，zhiliang@tup.tsinghua.edu.cn
课 件 下 载：https://www.tup.com.cn，010-62791865
印 装 者：三河市铭诚印务有限公司
经　　销：全国新华书店
开　　本：185mm×260mm　**印　　张：**16　**字　　数：**389千字
版　　次：2024年6月第1版　**印　　次：**2024年6月第1次印刷
定　　价：79.00元

产品编号：102135-01

前言

3ds Max是Autodesk公司推出的一款专业的三维建模、动画和渲染软件，广泛应用于电影电视、游戏开发、建筑可视化等领域。3ds Max提供了强大的三维建模工具，支持多种建模方法，包括修改器建模、NURBS建模、多边形建模等，可以构建出具有复杂形状和结构的物体。该软件操作方便、易上手，深受广大设计爱好者与专业人员的喜爱。

3ds Max软件除了其本身强大的功能外，在软件协作性方面也有较强的优势。根据设计者需求，可将绘制好的二维图形文件导入到3ds Max中进行三维立体建模及效果图制作，也可以将渲染出的效果图导出至Photoshop这类图像处理软件中做进一步的完善和加工，从而使效果更加完美。

随着软件版本的不断升级，目前3ds Max软件技术已逐步向智能化、人性化、实用化方向发展，旨在让设计师将更多的精力和时间都用在创作上，以便给大家呈现出更完美的设计作品。

本书内容概述

全书共分8章，各章的内容如下。

章节	内容导读	难点指数
第1章	主要介绍了3ds Max的发展历程和应用领域、工作界面的构成以及图形图像辅助设计软件	★☆☆
第2章	主要介绍了系统环境的设置、图形文件的基本操作、对象的基本操作	★☆☆
第3章	主要介绍了二维图形的创建与编辑、标准基本体与扩展基本体的创建与设置	★★☆
第4章	主要介绍了复合对象的创建、修改器建模、可编辑网格建模以及NURBS建模	★★☆
第5章	主要介绍了多边形建模基础知识、可编辑多边形参数以及可编辑多边形子层级参数	★★★
第6章	主要介绍了常用材质类型、常用贴图类型、常用灯光类型以及阴影类型等知识	★★★
第7章	主要介绍了摄影机知识、常用摄影机类型以及渲染基础知识	★★☆
第8章	主要介绍了厨房场景模型的创建、摄影机的创建、场景材质的制作、场景光源的制作以及渲染参数的设置	★★★

选择本书理由

本书采用“**案例解析 + 理论讲解 + 课堂实战 + 课后练习 + 拓展赏析**”的结构形式进行编写，其内容由浅入深，循序渐进。让读者带着疑问去学习知识，并从实战应用中激发学习兴趣。

（1）专业性强，知识覆盖面广。

本书主要围绕三维建模的相关知识点展开讲解，并对不同类型的案例制作进行解析，让读者了解并掌握一些行业设计原则与模型制作要点。

（2）带着疑问学习，提升学习效率。

本书首先对案例进行解析，然后再针对案例中的重点工具进行深入讲解，这样可以让读者带着问题去学习相关的理论知识，从而有效提升学习效率。此外，本书所有的案例都经过了精心的设计，读者可将这些案例应用到实际工作中。

（3）行业拓展，以更高的视角看行业发展。

本书在每章结尾安排了“拓展赏析”板块，旨在让读者掌握了本章相关技能后，还可了解到行业中一些有意思的设计方案及建模技巧，从而开阔读者视野。

（4）多软件协同，呈现完美作品。

一份优秀的设计方案，通常是由多个软件共同协作完成的，效果图的制作也不例外。在创作本书时，案例中增加了AutoCAD文件的协作步骤，让读者在进行场景建模时，能有效打破平台的束缚，使工作更加高效智能。

本书读者对象

- 从事环境艺术设计的工作人员。
- 高等院校相关专业的师生。
- 培训班中学习三维建模的学员。
- 对三维建模有着浓厚兴趣的爱好者。
- 想通过知识改变命运的有志青年。
- 想掌握更多技能的办公室人员。

本书由魏庆编写，本书在编写过程中力求严谨细致，但由于时间与精力有限，疏漏之处在所难免，望广大读者批评指正。

编 者

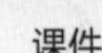

课件

素材文件

目录

第1章 入门必学知识

第2章 系统设置与基本操作

第3章 基础三维建模

第4章 复杂三维建模

第5章 多边形建模

第6章 材质与灯光的应用

摄影机与渲染器的应用

第8章 厨房场景效果的制作

三维模型制作

3ds Max

入门必学知识

内容导读

3ds Max是当前最受欢迎的设计软件之一，广泛应用于广告、影视、工业设计、建筑设计、三维动画、三维建模、多媒体制作、游戏、辅助教学以及工程可视化等领域。本章将对3ds Max的发展历程、应用领域、相关联应用软件等知识进行讲解。通过本章的学习，用户可以初步认识3ds Max并掌握基础操作知识。

思维导图

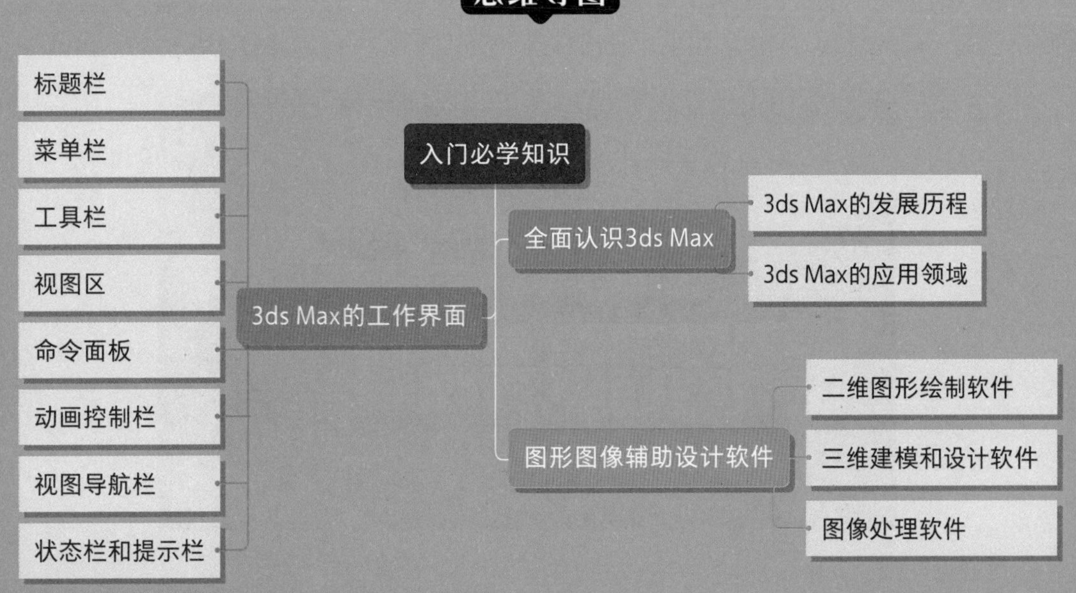

1.1 全面认识3ds Max

Autodesk公司出品的3ds Max是一款专业的三维建模、动画和渲染软件，它能够实现多种不同领域的模型设计与制作，且支持多种文件格式，还可以通过外部插件来实现更多的功能。与其他建模软件相比，3ds Max的操作更加简单，更容易上手，因此受到了广大用户的青睐。

1.1.1 3ds Max的发展历程

3ds Max是Autodesk公司开发的基于PC系统的三维制作和渲染软件，其前身是基于DOS操作系统的3D Studio系列软件，昔日曾在DOS平台上的军事、建筑行业独领风骚。

随着PC端的Windows系统和基于CGI工作站的大型三维设计软件Softimage、Lightwave等的普及，第一个Windows版本的3D Studio系列诞生，瞬间降低了CG（Computer Graphics，计算机图形）制作的门槛。此后，3ds Max不断开发并吸收各种优秀的插件，逐渐成为一款功能非常成熟的大型三维动画设计软件，不仅拥有完整的建模、渲染、动画、动力学、毛发、粒子系统等功能模块，还具备了完善的场景管理以及多用户、多软件的协作能力。

3ds Max的更新速度超乎人们的想象，Autodesk公司几乎每年都推出一个新的版本。版本越高其功能越强大，其宗旨是使3D创作者在更短的时间内创作出更高质量的作品。

1.1.2 3ds Max的应用领域

3ds Max的建模功能非常强大，在角色动画方面也具备很强的优势，可以说是最容易上手的3D软件，和其他相关软件配合流畅，制作出来的效果非常逼真，被广泛应用于建筑室内外设计、游戏开发、影视动画等领域。下面将对常用的几个领域进行介绍。

1）建筑设计

在建筑设计方面，3ds Max可以制作出高度逼真的建筑模型，甚至可以虚拟重建，使用户在建筑尚未完工前，就可以清晰地了解建筑的地理位置、外观、内部装修、园林景观、配套设施、自然现象（如风雨雷电、日出日落、阴晴圆缺）等，如图1-1所示。

图 1-1

2）室内设计

利用3ds Max软件可以制作出各式各样的三维室内模型，如家具、家电、生活用品模型等；此外，3ds Max还拥有灯光、材质贴图等细节设计工具，可以将建筑和环境动态地展现在人们面前，如图1-2所示。

图 1-2

3）游戏制作

电子游戏是现代人生活中重要的娱乐方式，而通过三维技术手段制作的三维游戏因其强大的视觉效果和高度的娱乐性受到市场的追捧。3ds Max能为游戏元素创建动画、动作，使这些游戏元素“动”起来，从而为玩家带来生气勃勃的视觉感官效果，如图1-3所示。

图 1-3

4）影视动画

影视动画是目前媒体中所能见到的最流行的画面形式之一。随着该形式的普及，3ds Max在动画电影中得到了广泛应用，如图1-4所示。利用3ds Max的动画功能制作出的影视特效和三维动画具有极强的立体感，其写实能力和表现力非常强，在现代影视制作中常用于弥补拍摄手法的不足，或者与实拍相结合甚至直接采用三维动画的形式制作影视特效，可以创作出人们闻所未闻、见所未见的视听奇观及虚拟现实。

图 1-4

1.2　3ds Max的工作界面

双击3ds Max的快捷方式图标即可启动3ds Max程序，启动界面如图1-5所示。

图 1-5

打开软件后，可以看到3ds Max的工作界面主要包含标题栏、菜单栏、功能区、工具栏、视图区、命令面板、动画控制栏、视图导航栏以及状态栏和提示栏等几部分，如图1-6所示。

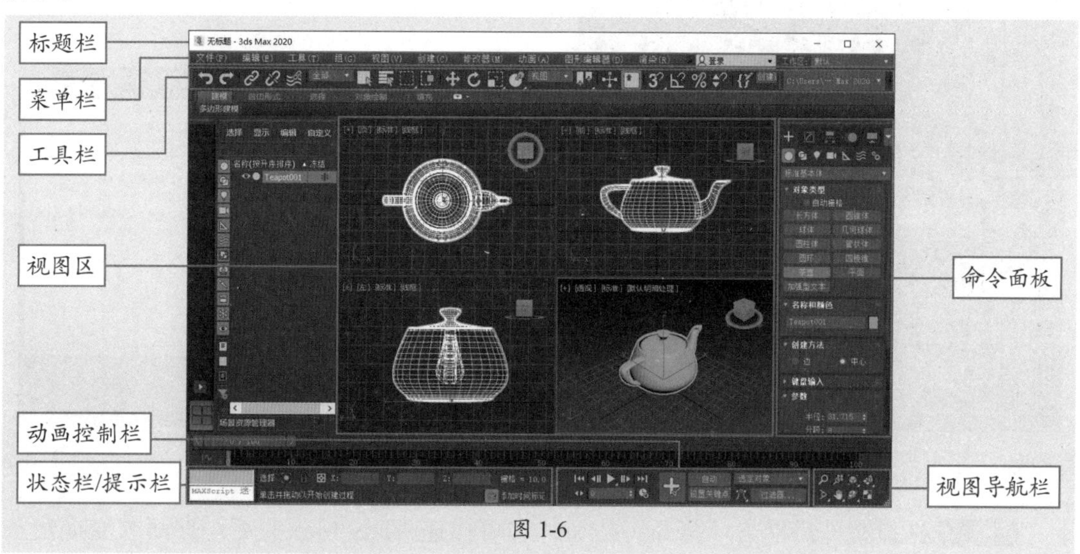

图 1-6

1.2.1 案例解析：调整工作界面颜色

3ds Max默认的界面颜色是黑灰色，用户可以根据自己的喜好设置界面颜色，也可以直接将界面设置为浅色。具体操作步骤如下。

步骤 01 启动3ds Max应用程序，可以看到默认的界面颜色如图1-7所示。

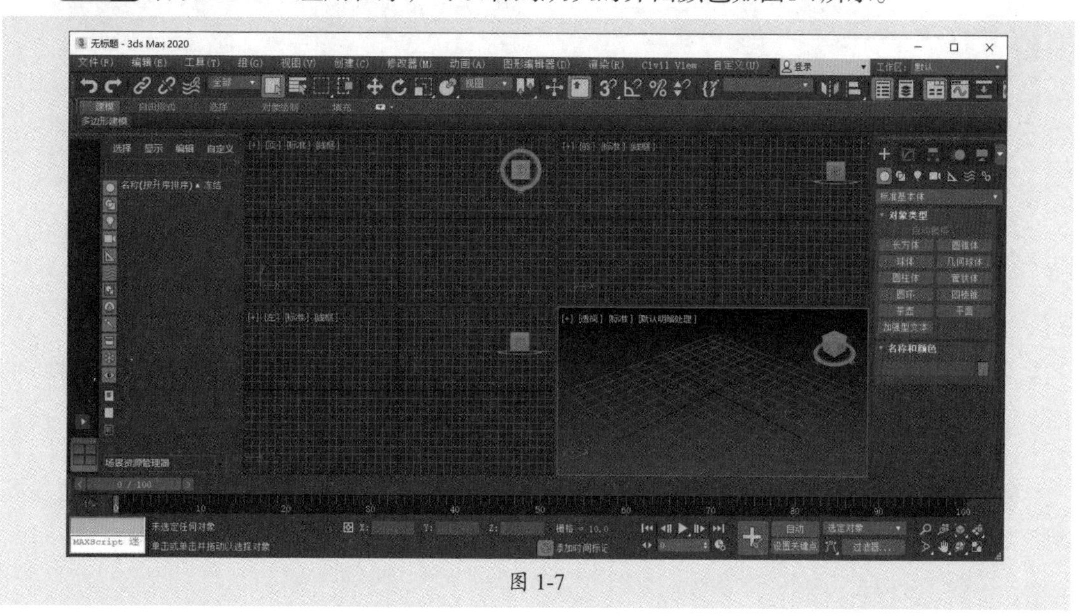

图 1-7

步骤 02 执行“自定义” | “自定义用户界面”命令，会打开“自定义用户界面”对话框，切换到“颜色”选项卡，如图1-8所示。

步骤 03 单击下方的“加载”按钮，会打开“加载颜色文件”对话框，从3ds Max的安装路径“X:\3ds Max\fr-FR\UI”文件夹下找到名为“ame-light.clrx”的文件，如图1-9所示。

图 1-8　　图 1-9

步骤 04 选择文件后单击“打开”按钮，即可快速将3ds Max的工作界面改变成浅灰色，如图1-10所示。

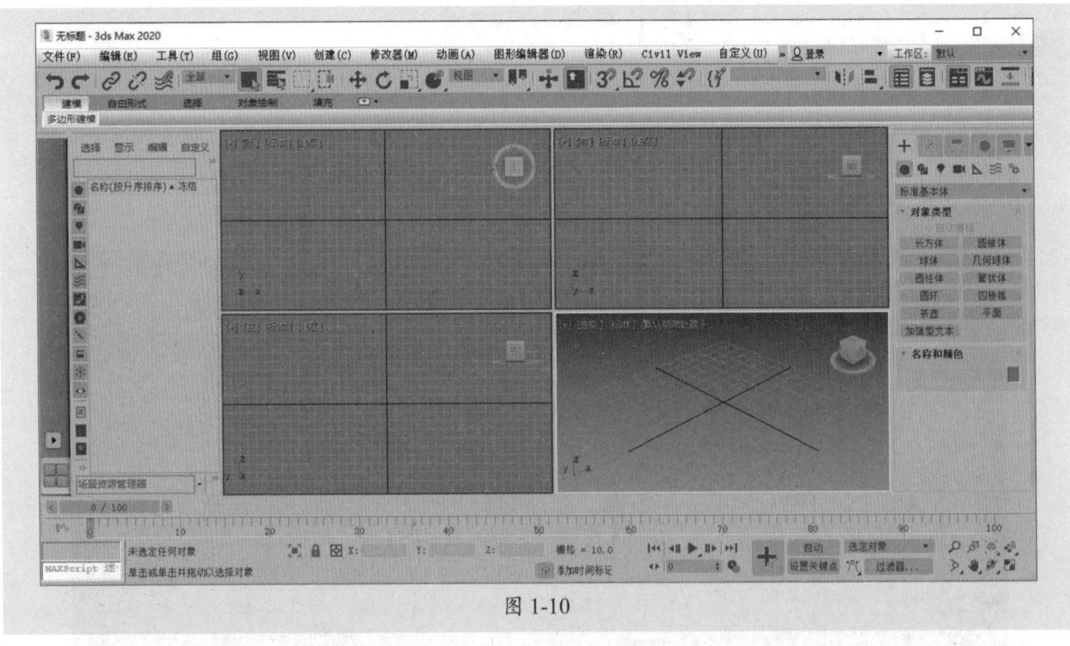

图 1-10

步骤 05 如果需要对界面中的其他元素或UI颜色进行局部设置，可以在“自定义用户界面”对话框的“颜色”选项卡中单击右侧色块进行颜色设置。

1.2.2 标题栏

同大多数基于Windows操作平台的应用程序一样，3ds Max的标题栏位于界面的最顶部，主要用于显示当前编辑的文件名称、软件版本信息和软件图标、快速访问工具栏和信息中心等。

1.2.3 菜单栏

菜单栏位于标题栏的下方，为用户提供了几乎所有3ds Max的操作命令，且菜单栏中的许多菜单命令都可以在工作界面的工具栏、命令面板或右键快捷菜单中方便地找到。菜单栏中包括“文件”“编辑”“工具”“组”“视图”“创建”“修改器”“动画”“图形编辑器”“渲染”、Civil View、“自定义”“脚本”、Interactive、“内容”、Arnold以及“帮助”共17个菜单项，如图1-11所示。

文件(F) 编辑(E) 工具(T) 组(G) 视图(V) 创建(C) 修改器(M) 动画(A) 图形编辑器(D) 渲染(R) Civil View 自定义(U) » 登录 ▾ 工作区: 默认 ▾

图 1-11

下面对一些重要的菜单项进行介绍。

- **文件：**该菜单中的命令主要用于对文件的打开、保存、导入与导出，以及摘要信息、文件属性等操作。
- **编辑：**该菜单中的命令主要用于对对象的复制、删除、选定、临时保存等。
- **工具：**该菜单中的命令包括常用的各种制作工具。
- **组：**该菜单中的命令主要用于将多个物体组合为一个整体，或分解一个组为多个物体。
- **视图：**该菜单中的命令主要用于对视图进行操作，但对对象不起作用。
- **创建：**该菜单中的命令主要用于创建物体、灯光、摄影机等。
- **修改器：**该菜单中的命令主要用于编辑修改物体或动画。
- **动画：**该菜单中的命令主要用于动画的制作和控制。
- **图形编辑器：**该菜单中的命令主要用于创建和编辑视图。
- **渲染：**该菜单中的命令可以通过某种算法体现场景的灯光、材质和贴图等效果。
- **自定义：**该菜单中的命令主要用于更改用户界面或系统设置。用户可以按照自己的喜好设置工作界面，将3ds Max的工具栏、菜单栏和命令面板放置在任意位置。
- **脚本：**该菜单中的命令主要用于脚本文件的创建、打开和运行等。
- **帮助：**该菜单中的命令主要是关于软件的帮助文件，包括在线帮助、插件信息等。

操作提示

在菜单列表中，若某个命令名称旁边有“…”号，即表示单击该命令将弹出一个对话框。若菜单中的命令名称右侧有一个小三角形，即表示该命令后还有其他的命令，单击小三角可以展开一个级联菜单。若菜单中的命令名称右侧有一个字母，即表示该命令的快捷键为该字母，可与键盘上的功能键配合使用。

1.2.4 工具栏

工具栏位于菜单栏的下方，它集合了3ds Max中比较常见的工具，如图1-12所示。该工具栏中常用工具的含义如表1-1所示。

图 1-12

表 1-1　常用工具介绍

图标	名称	含义
	选择并链接	用于将不同的物体进行链接
	断开当前选择链接	用于将链接的物体断开
	绑定到空间扭曲	用于粒子系统上，需将空间扭曲物体绑定到粒子上，这样才能产生作用
	选择对象	只能对场景中的物体进行选择，而无法对其进行操作
	按名称选择	单击后弹出操作窗口，在其中输入名称可以很容易地找到相应的物体，方便操作
	选择区域	矩形选择是一种选择类型，按住鼠标左键拖动来进行选择
	窗口/交叉	设置选择物体时的切换方式
	选择并移动	用户可以对选择的物体进行移动操作
	选择并旋转	用户可以对选择的物体进行旋转操作
	选择并均匀缩放	用户可以对选择的物体进行等比例的缩放操作
	选择并放置	将对象准确定位到另一个对象的曲面上，随时可以使用，不仅限于在创建对象时
	使用轴点中心	选择多个物体时可以通过此命令来设定轴中心点坐标的类型
	选择并操纵	针对用户设置的特殊参数进行操纵使用
	键盘快捷键覆盖切换	在“只使用‘主用户界面’快捷键”和“同时使用主快捷键和组快捷键”之间进行切换
	捕捉开关	可以使用户在操作时进行捕捉创建或修改
	角度捕捉切换	可以自定义捕捉角度，按指定的增量围绕指定轴旋转
	百分比捕捉切换	通过指定百分比增加对象的缩放
	微调器捕捉切换	可以设置3ds Max中所有微调器单次点击所增加或减少的值
	编辑命名选择集	通过该对话框可以直接从视口创建并命名选择集或选择要添加到选择集的对象
	镜像	可以对选择的物体进行镜像操作，如复制、关联复制等
	对齐	方便用户对物体进行对齐操作
	切换场景资源管理器	可以使用此工具管理场景中的所有物体对象
	切换层资源管理器	对场景中的物体可以使用此工具分类，即将物体放在不同的层中进行操作，以方便管理
	切换功能区	Graphite建模工具

（续表）

图标	名称	含义
	曲线编辑器	可以通过快速调节曲线来控制物体的运动状态
	图解视图	设置场景中元素的显示方式等
	材质编辑器	可以对物体赋予材质
	渲染设置	用于调节渲染参数
	渲染帧窗口	单击后可以对渲染进行设置
	渲染产品	制作完毕后可以使用该命令渲染输出，查看效果
	在线渲染	使用该命令打开用于设置在线渲染的对话框
	打开A360库	单击后可以在默认的Web浏览器中打开A360图像库主页

1.2.5 视图区

视图区是操作界面中最大的一个区域，也是3ds Max中用于实际工作的区域，默认状态下为4个视口显示，分别是顶视图、左视图、前视图和透视图，在这些视图中可以从不同的角度对场景中的对象进行观察和编辑。当用户按下改变窗口的快捷键时，即可切换到相应视口。快捷键所对应的视口如表1-2所示。

表1-2 快捷键对应的视口

快捷键	对应视口	快捷键	对应视口
T	顶视图	B	底视图
L	左视图	R	右视图
U	用户视图	F	前视图
K	后视图	C	摄影机视图
Shift+S	灯光视图	W	满屏视图

操作提示

视图区中各个视口的划分及显示方式并不是固定的，而是可以自由改变的，用户可以根据观察对象的需要随时改变视口大小或显示方式。将鼠标指针移至视口相接处，拖动鼠标即可改变视口大小。单击视口左上角的视图名称就可以切换视图，也可以通过快捷键进行切换。

1.2.6 命令面板

命令面板是3ds Max中使用频率较高的区域，绝大多数场景对象的创建，将在这里编辑完成。因此命令面板非常重要，熟练掌握命令面板中的工具和命令是学习3ds Max的核心内容。命令面板由创建面板、修改面板、层次面板、运动面板、显示面板和实用程序面板组成，如图1-13所示。

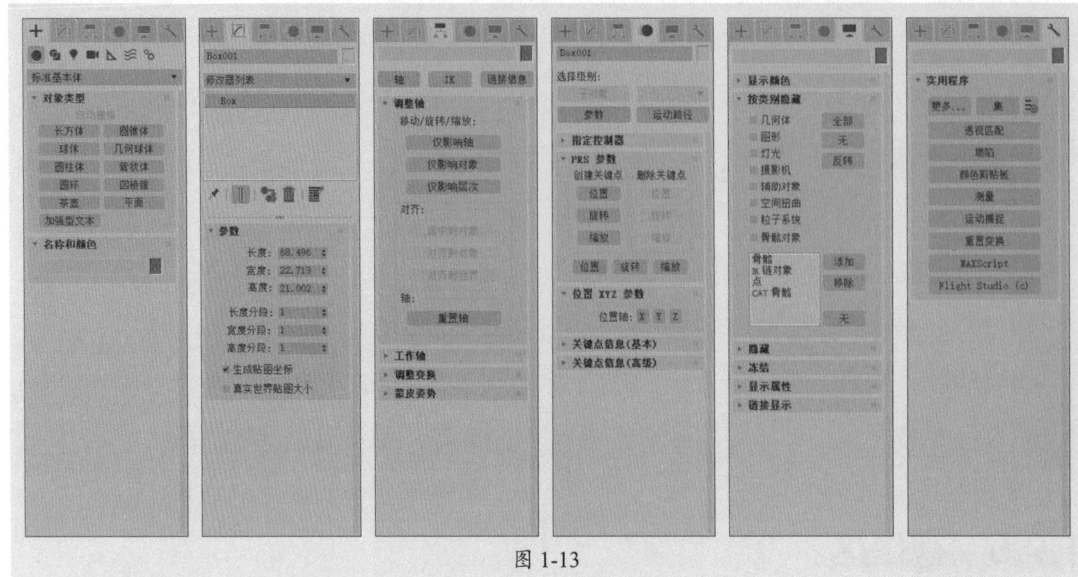

图 1-13

- **创建面板：**该面板提供用于创建对象的命令，分为7个类别，包括几何体、图形、灯光、摄影机、辅助对象、空间扭曲及系统。
- **修改面板：**通过该面板可以在场景中放置一些基本对象，包括3D几何体、2D形态、灯光、摄影机、空间扭曲及辅助对象。创建对象的同时系统会为每个对象指定一组创建参数，该参数根据对象类型定义其几何和其他特性。
- **层次面板：**通过该面板可以访问用来调整对象间链接的工具。通过将一个对象与另一个对象链接，可以创建父子关系，将应用到父对象的变换同时传递给子对象。
- **运动面板：**该面板用于设置各个对象的运动方式和轨迹，以及高级动画参数。
- **显示面板：**通过该面板可以访问场景中控制对象显示方式的工具。可以隐藏和取消隐藏、冻结和解冻对象改变其显示特性、加速视口显示及简化建模步骤。
- **实用程序面板：**通过该面板可以访问3ds Max设定的各种小型程序，并可以编辑各个插件。它是3ds Max系统与用户之间进行对话的桥梁。

1.2.7 动画控制栏

动画控制栏位于工作界面的底部，主要用于制作动画时，进行动画记录、动画帧选择、控制动画的播放和动画时间等，如图1-14所示。

图 1-14

由图1-14可知，动画控制栏由自动关键点、设置关键点、选定对象、关键点过滤器、控制动画显示区和“时间配置”按钮6部分组成，下面介绍各按钮的含义。

- **自动关键点：** 单击该按钮后，时间帧将显示为红色，在不同的时间上移动或编辑图形即可设置动画。
- **设置关键点：** 用于在合适的时间创建关键帧。
- **关键点过滤器：** 在“设置关键点过滤器”对话框中，可以对关键帧进行过滤，只有当某个复选框被选中后，有关该选项的参数才可以被定义为关键帧。
- **控制动画显示区：** 控制动画的显示，其中包含“转到开头”“关键点模式切换”“上一帧”“播放动画”“下一帧”“转到结尾”“设置关键帧位置”等，在该区域单击指定按钮，即可执行相应的操作。
- **时间配置：** 单击该按钮，即可打开“时间配置”对话框，在其中可以设置动画的时间显示类型、帧速度、播放模式、动画时间和关键点字符等。

1.2.8 视图导航栏

视图导航栏主要用于控制视图的大小和方位，通过单击导航栏内相应的按钮，即可更改视图中物体的显示状态，如图1-15所示。

图 1-15

视图导航栏由“缩放”“缩放所有视图”“最大化显示选定对象”“所有视图最大化显示选定对象”“视野”“平移视图”“环绕子对象”“最大化视口切换”等8个按钮组成，具体按钮会根据当前视图的类型进行相应的更改。各按钮的含义如表1-3所示。

表 1-3 视口导航按钮介绍

图标	名称	用途
	缩放	当在“透视图”或“正交”视口中按住鼠标左键拖动时，单击“缩放”按钮可调整视口大小
	缩放所有视图	在4个视图的任意一个窗口中按住鼠标左键拖动可以同时缩放4个视图
	缩放区域	在视图中框选局部区域，可以将该区域放大显示
	视野	调整视口中可见场景数量和透视张量
	平移视图	沿着平行于视口的方向移动摄影机
	最大化显示选定对象	当用户要对单个物体进行观察操作时，可以使用此命令最大化显示所选对象
	所有视图最大化显示选定对象	选择物体后单击该按钮，可以看到4个视图同时最大化显示所选对象的效果
	环绕子对象	使用视口中心作为旋转的中心。如果对象靠近视口边缘，则可能会旋转出视口
	最大化视口切换	可在默认视口大小和全屏之间进行切换

1.2.9 状态栏和提示栏

状态栏和提示栏在动画控制栏的左侧，主要用于提示当前选择的物体数目以及使用的命令、坐标位置和栅格的单位，如图1-16所示。

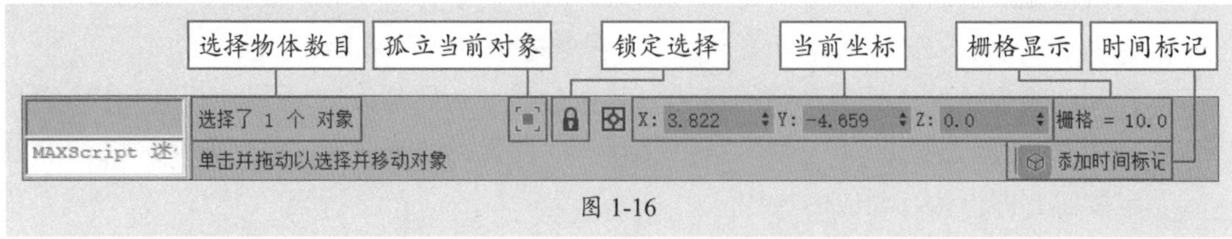

图 1-16

1.3 图形图像辅助设计软件

随着三维制作技术的不断发展，3ds Max与其他辅助设计软件的协同使用已经成为现代设计行业中不可或缺的一部分，多种技术的组合使用能够有效地提高工作效率，并使设计师能够更好地传达设计理念。

在实际的工作中，设计者仅使用3ds Max会有一定的局限性，还应掌握多门软件的操作才能更好地协同完成设计方案。

1.3.1 二维图形绘制软件

AutoCAD是Autodesk公司开发的自动计算机辅助设计软件，主要用于绘图和设计，其操作界面如图1-17所示。随着科学技术的发展，如今AutoCAD已经被广泛应用到园林设计、建筑设计、机械设计等行业。凭着其强大的绘图功能，设计者可以很好地进行结构规划和布局，以及材料和尺寸的精确标注，再通过导入导出的方式将图纸导入到3ds Max中进行进一步的细节设计和渲染。

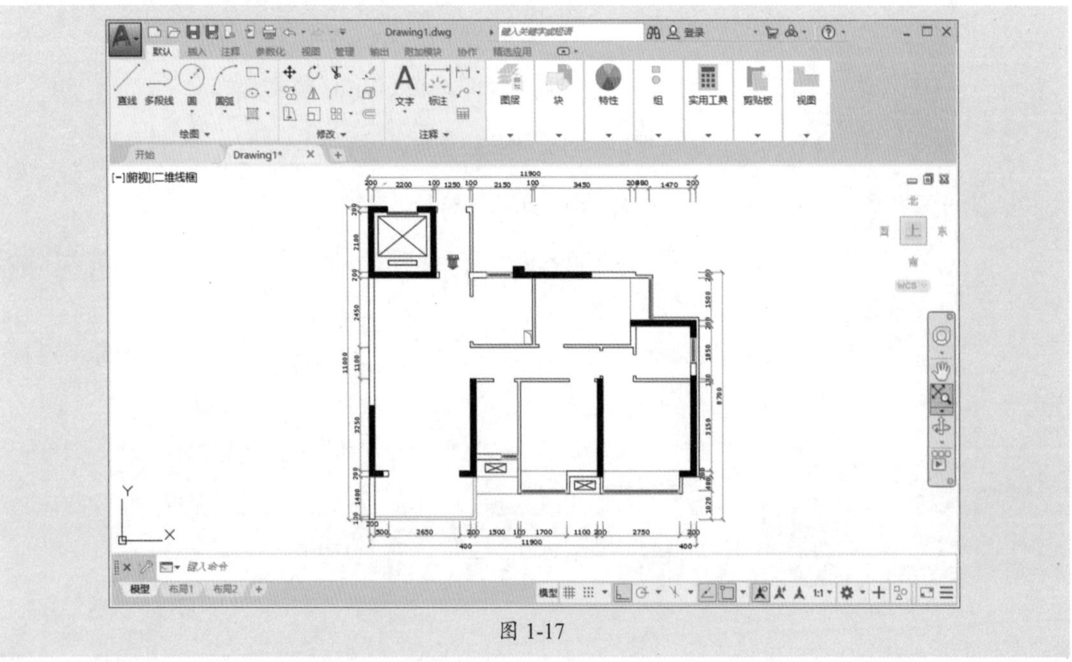

图 1-17

1）绘制与编辑二维图形

AutoCAD的“绘图”菜单中包含丰富的绘图命令，使用它们可以绘制直线、构造线、多段线、圆、矩形、多边形、椭圆等基本图形，也可以将绘制的图形转换为面域，对其进行填充。如果借助“修改”菜单中的命令，还可以绘制出各种各样的二维图形。

2）标注图形尺寸

尺寸标注是向图形中添加测量注释的过程，是整个绘图过程中不可缺少的一步。AutoCAD的“标注”菜单中包含了一套完整的尺寸标注和编辑命令，使用它们可以在图形的各个方向上创建各种类型的标注，也可以方便、快捷地以一定格式创建符合行业或项目标准的标注。

标注显示了对象的测量值，对象之间的距离、角度，或者特征与指定原点的距离。在AutoCAD中提供了线性、半径和角度3种基本的标注类型，可以进行水平、垂直、对齐、旋转、坐标、基线或连续等标注。此外，还可以进行引线标注、公差标注，以及自定义粗糙度标注。

3）输出与打印图形

AutoCAD不仅允许将所绘图形以不同样式通过绘图仪或打印机输出，还能够将不同格式的图形导入AutoCAD或将AutoCAD图形以其他格式输出。因此，当图形绘制完成之后可以使用多种方法将其输出。例如，可以将图形打印在图纸上，或创建成文件以供其他应用程序使用。

1.3.2 三维建模和设计软件

SketchUp是一款直观、灵活、易于使用的三维设计工具，它能够为设计者带来边构思边展示设计效果的体验，打破了设计者思想表现的束缚，快速形成设计方案，使设计者可以更加直观地在电脑上进行构思设计操作，其操作界面如图1-18所示。因此，有人称它为建筑创作上的一大革命。

图 1-18

SketchUp之所以能够快速、全面地被诸多设计领域的设计者接受并推崇，主要有以下几种区别于其他三维软件的特点。

1）直观的显示效果

在使用SketchUp进行设计创作时，可以实现“所见即所得”，在设计过程中的任何阶段都可以作为直观的三维成品来观察，并且能够快速切换不同的显示风格。它摆脱了传统绘图方法的繁重与枯燥，还可以与用户进行更为直接、有效的交流。

2）建模高效、快捷

SketchUp提供三维的坐标轴，这一点和3ds Max的坐标轴相似，但是SketchUp有个特殊的功能，就是在绘制草图时，只要稍微留意一下跟踪线的颜色，即可准确定位图形的坐标。SketchUp“画线成面，推拉成体”的操作方法极为便捷，在软件中不需要频繁地切换视图，有了智能绘图工具（如平行、垂直、量角器等），可以在三维界面中轻松地绘制出二维图形，然后直接推拉成三维立体模型。

3）材质和贴图使用便捷

SketchUp拥有自己的材质库，用户也可以根据自己的需要赋予模型各种材质和贴图，并且能够实时显示出来，从而直观地看到效果。同时，SketchUp还可以直接用Google Map的全景照片来进行模型贴图，这样对制作类似于“数字城市”的项目来讲，是一种提高效率的方法。材质确定后，还可以方便地修改色调，并能够直观地显示修改结果，以避免反复的试验过程。

4）全面的软件支持与互转

SketchUp不但能在模型的建立上满足建筑制图高精确度的要求，还能完美结合VRay、Piranesi、Artlantis等渲染器实现多种风格的表现效果。此外，SketchUp与AutoCAD、3ds Max、Revit等常用设计软件可以进行十分快捷的文件转换互用，且满足多个设计领域的需求。

1.3.3 图像处理软件

众所周知，Photoshop是图像处理领域的巨无霸，在出版印刷、广告设计、美术创意、图像编辑等领域得到了极为广泛的应用，是平面、三维、建筑、影视后期等领域设计师必备的一款图像处理软件。

利用Photoshop可以真实地再现现实生活中的图像，也可以创建出现实生活中并不存在的虚幻景象。它可以完成精确的图像编辑任务，可以对图像进行缩放、旋转或透视等操作，也可以修补、修饰图像的残缺等，还可以将几幅图像通过图层操作、工具应用等编辑手法，合成完整的、意义明确的设计作品，如图1-19所示。

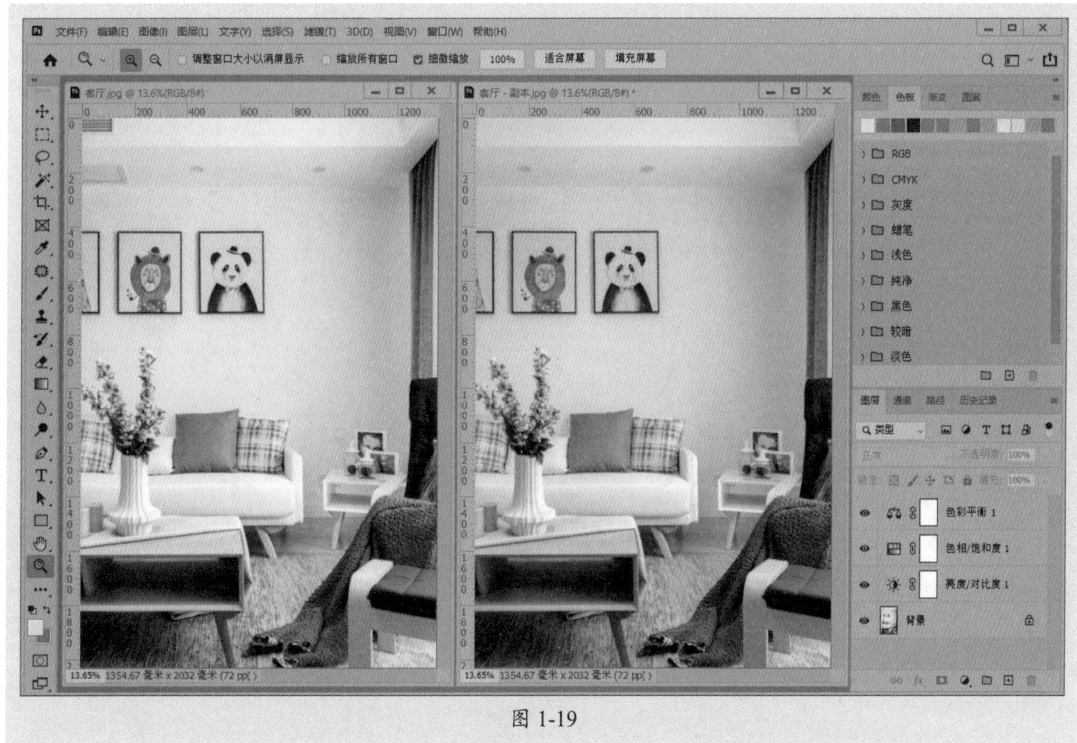

图 1-19

1）平面设计

这是Photoshop应用最广泛的领域，无论是图书封面，还是招贴、海报，这些平面印刷品通常都需要使用Photoshop软件进行处理。

2）广告摄影

广告摄影作为一种对视觉要求非常高的工作，其最终成品往往需要经过Photoshop的修改才能得到满意的效果。

3）影像创意

影像创意是Photoshop软件的特长，通过Photoshop软件的处理可以将不同的对象组合在一起，使图像发生变化。

4）视觉创意

视觉创意与设计是设计艺术的一个分支，此类设计通常没有非常明显的商业目的，但由于它为广大设计爱好者提供了广阔的设计空间，因此越来越多的设计爱好者开始学习Photoshop，并进行具有个人特色与风格的视觉创意。

5）后期修饰

在制作的建筑效果图包括许多三维场景时，人物与配景（包括场景）的颜色往往需要在Photoshop中增加并调整。

课堂实战 自定义用户界面布局

用户可以拥有自定义的界面布局，用户可以通过“自定义用户界面”对话框更改自己所喜好的面板配置，并且可以进行保存，而使用“加载自定义用户界面方案”按钮可以快速配置以往保存过的界面方案。具体操作步骤如下。

步骤 01 启动3ds Max应用程序，如图1-20所示。

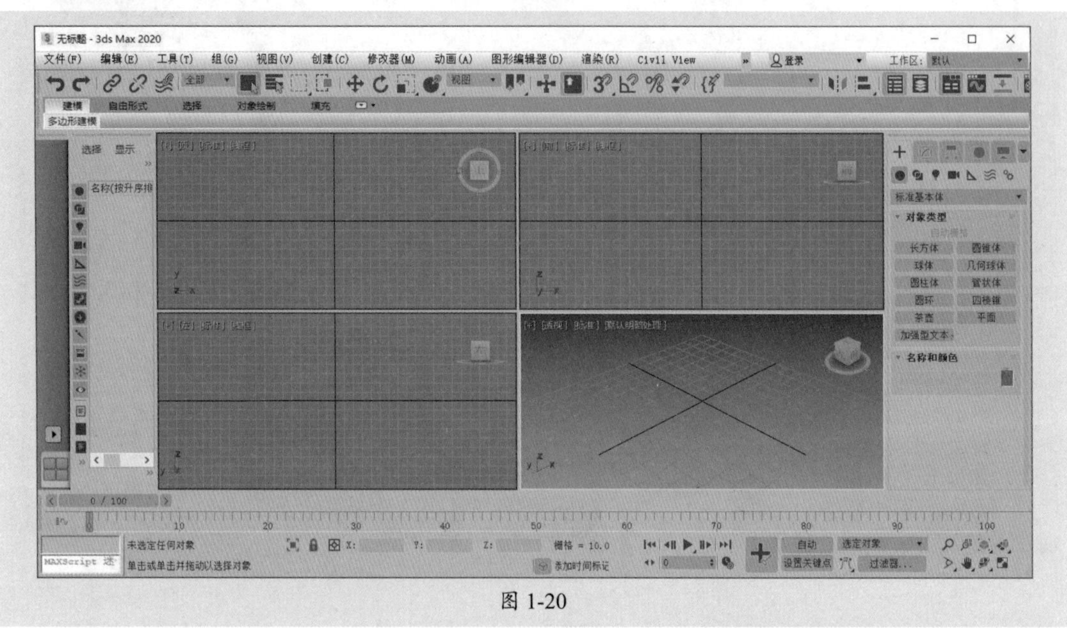

图 1-20

步骤 02 在菜单栏空白处单击鼠标右键，会弹出一个工具栏菜单，用户可以从中勾选需要展示的工具栏，取消显示不需要的，如图1-21所示。

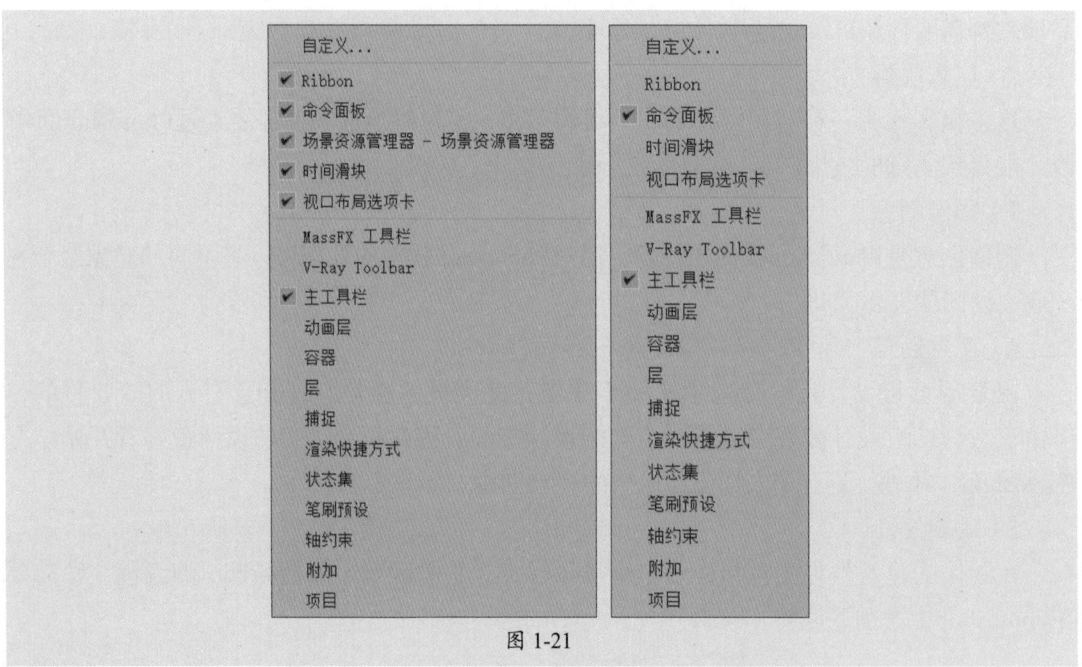

图 1-21

步骤 03 设置后的工作界面布局如图1-22所示。

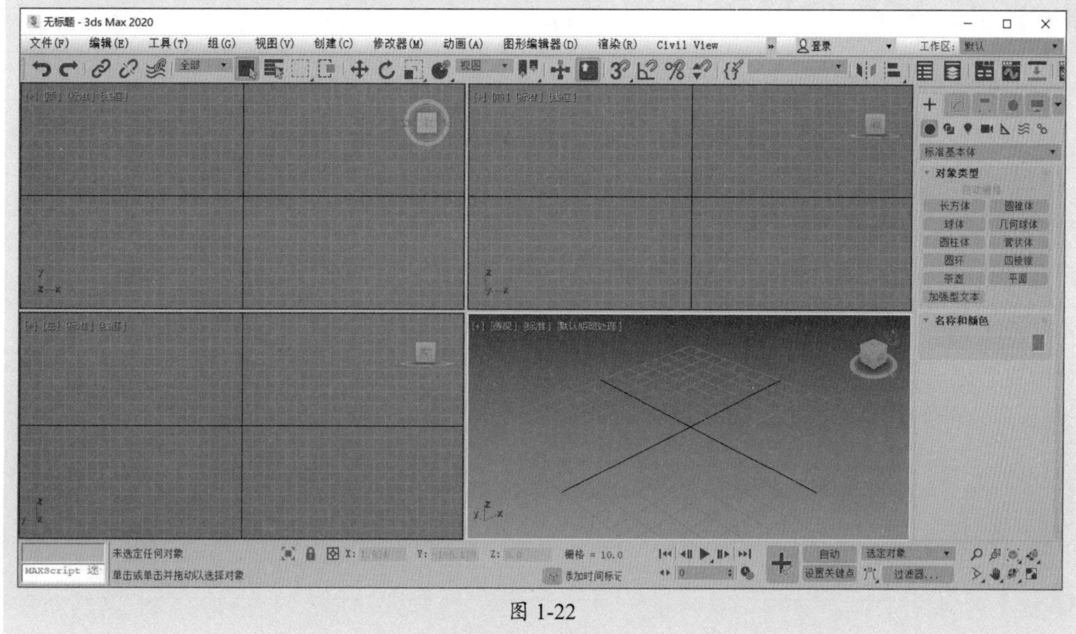

图 1-22

步骤 04 执行“自定义”|“自定义用户界面”命令，会打开“自定义用户界面”对话框，切换到“工具栏”选项卡，如图1-23所示。

步骤 05 单击“保存”按钮，会打开“保存UI文件为”对话框，输入文件名，指定存储路径，如图1-24所示。单击“保存”按钮，即可将自定义方案保存为UI文件格式，需要再次调用该方案时，可以单击“加载”按钮加载文件对象。

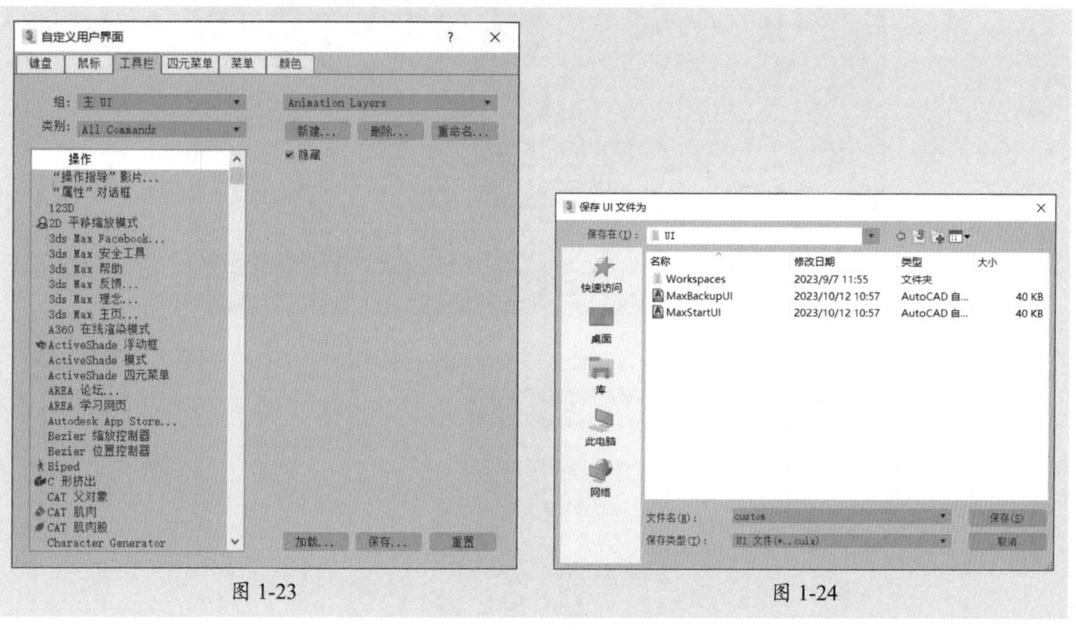

图 1-23　　图 1-24

课后练习 设置视口布局

下面将根据个人习惯对用户界面进行自定义设置，如图1-25所示。

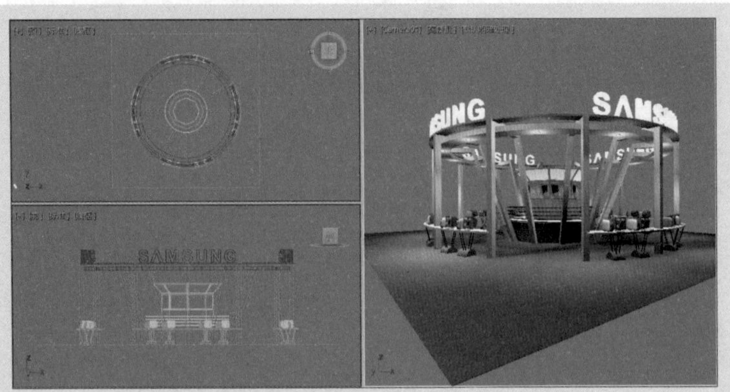

图 1-25

1. 技术要点

- 打开“视口配置”对话框，在“布局”选项卡中选择布局类型。
- 分别设置各个视口的视图类型和视图显示方式。

2. 分步演示

本案例的分步演示效果如图1-26所示。

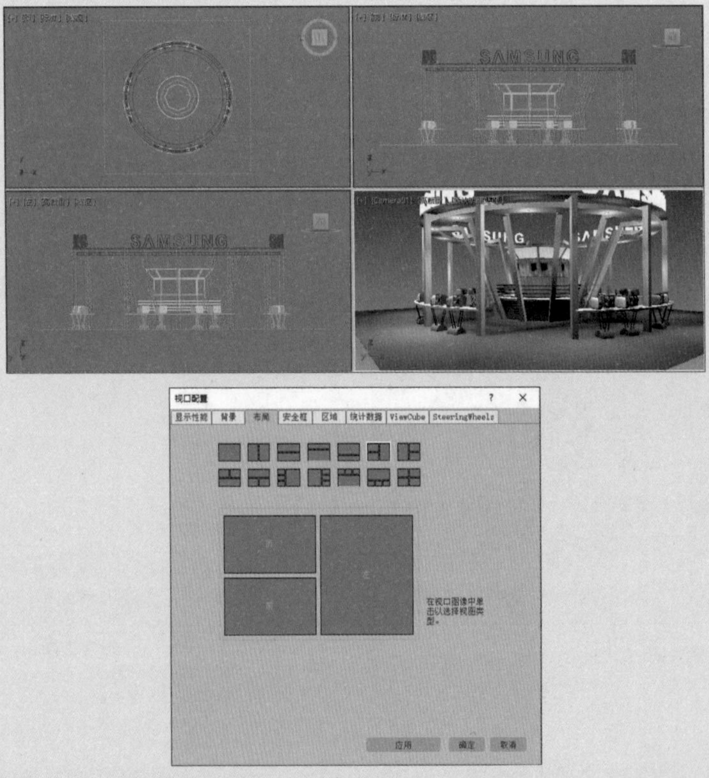

图 1-26

拓展赏析

中国四大发明之指南针

指南针是用于辨别方位的一种简单仪器，又称指北针。指南针的主要组成部分是一根装在轴上的磁针，在天然地磁场的作用下磁针的南极始终指向地理南极，利用这一特性可以很好地辨别方向。指南针常用于航海、测量、旅行以及军事活动等方面。

指南针在古时叫司南，最早出现在战国时期，《韩非子 · 有度》一篇中说到："司南之杓，投之于地，其柢指南。"司南由青铜盘和天然磁石制成的磁勺组成，盘上刻有二十四向，磁勺置于盘中心，拨动勺柄使其旋转，停止时勺柄指向为南，勺口指向为北，如图1-27所示。

图 1-27

指南针的发展经过了一个漫长的时期，在不同的时期以不同的形式出现。司南之后，人们又发明了堪舆罗盘、航海罗盘、指南鱼、指南车等指南工具。下面对指南针的发展历程、放置方法以及主要用途进行概括，如图1-28所示。

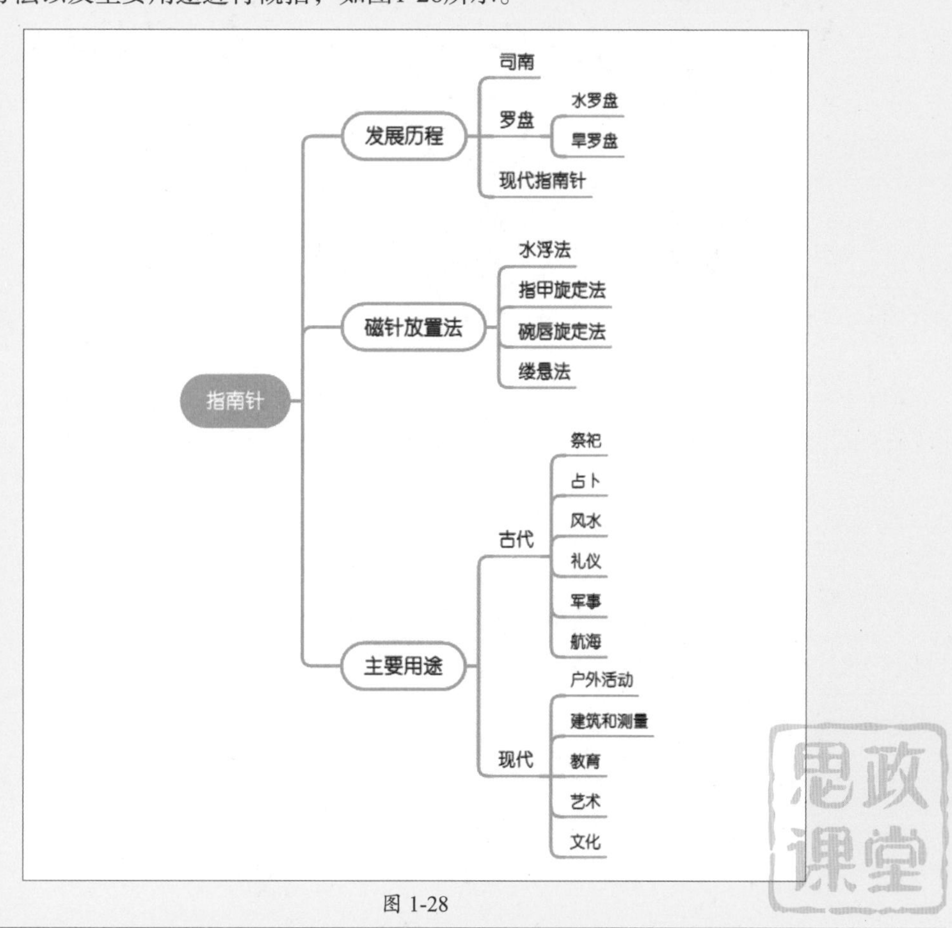

图 1-28

第2章

系统设置与基本操作

内容导读

对于刚刚接触到3ds Max的读者来说，掌握其基本操作是进一步学习3ds Max的基础。本章主要介绍系统环境的设置、图形文件的基本操作以及图形对象的基本操作。通过本章的学习，读者可以掌握对场景文件及对象的基本操作。

思维导图

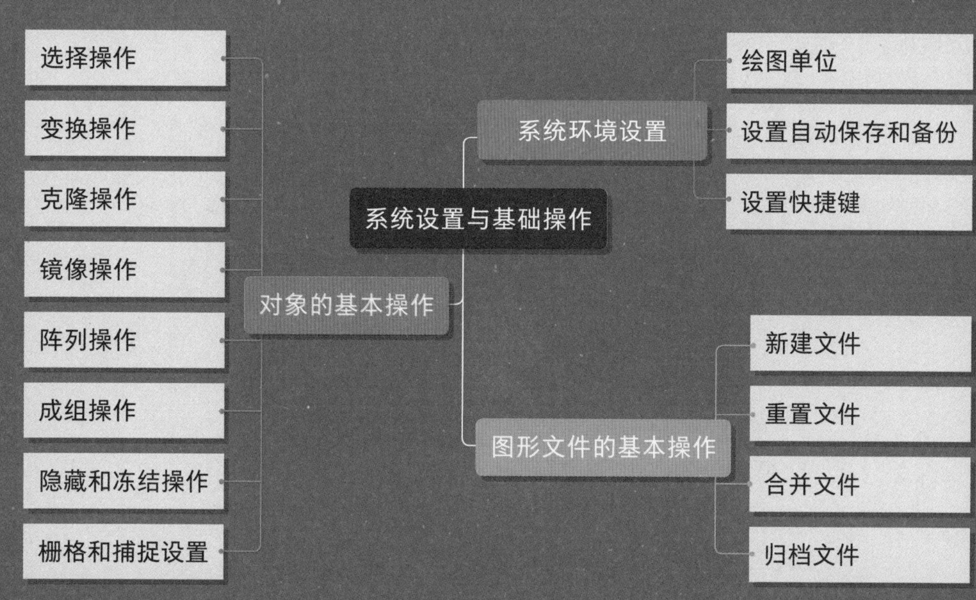

2.1 系统环境设置

在创建模型之前，需要对3ds Max的“单位”“自动保存”和“快捷键”等选项进行设置。通过以上基础设置可以方便用户创建模型，提高工作效率。

2.1.1 案例解析：绘图准备——单位设置

本案例中将介绍系统单位的设置，具体操作步骤如下。

步骤 01 执行“自定义”|“单位设置”命令，打开“单位设置”对话框，如图2-1所示。

步骤 02 单击对话框上方的“系统单位设置”按钮，打开“系统单位设置”对话框，在“系统单位比例”选项组的下拉列表框中选择“毫米”选项，如图2-2所示。

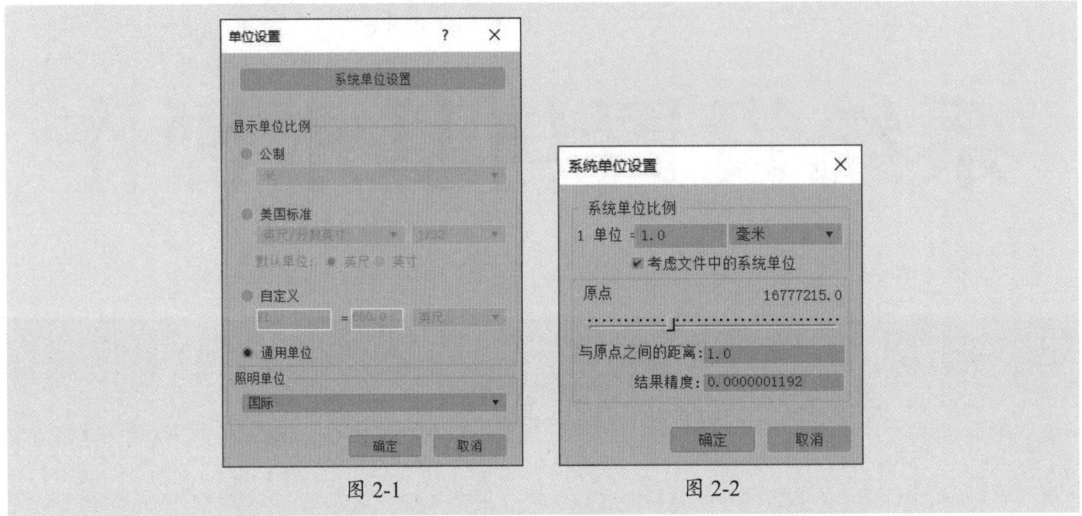

图 2-1　　图 2-2

步骤 03 单击“确定”按钮关闭对话框，返回到“单位设置”对话框，在“显示单位比例”选项组中选中“公制”单选按钮，激活“公制”单位列表框，如图2-3所示。

步骤 04 单击下拉按钮，在弹出的下拉列表框中选择“毫米”选项，如图2-4所示。设置完成后单击“确定”按钮关闭对话框，即可完成单位设置操作。

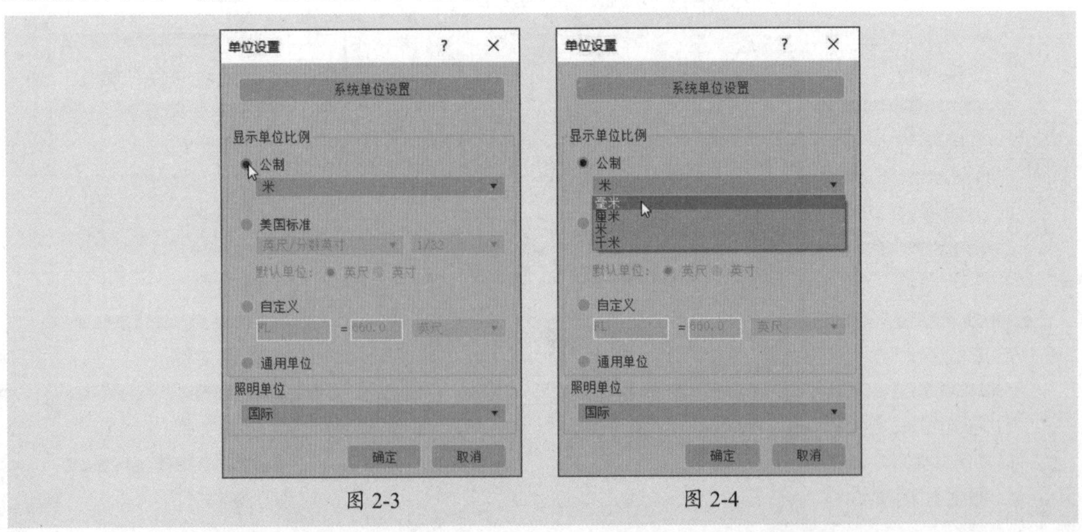

图 2-3　　图 2-4

2.1.2 绘图单位

单位是连接3ds Max三维世界与物理世界的关键。在插入外部模型时，如果插入的模型和软件中设置的单位不同，可能会出现插入的模型显示过小，所以在创建和插入模型之前需要进行单位设置。

“单位设置”对话框能够建立单位显示的方式，通过它可以在通用单位和标准单位（英尺和英寸，还是公制）之间进行选择，如图2-5所示。也可以创建自定义单位，这些自定义单位可以在创建任何对象时使用。

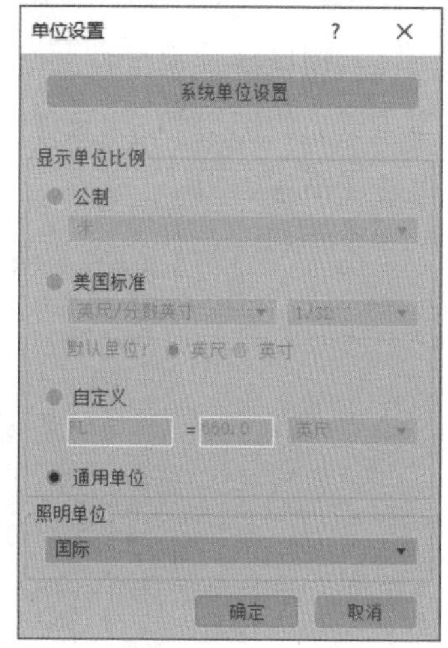

图 2-5

操作提示

在进行单位设置时，通常从公制、美国标准、通用单位中选择。根据国内的情况，建议使用公制系统。对于大的场景，可以米为具体的显示单位；而较小的场景，则可以厘米为单位；如果是准确的产品建模，还可以把单位设置为毫米。

2.1.3 设置自动保存和备份

在插入或创建的图形较大时，计算机的运行速度会越来越慢，为了提高计算机的性能，用户可以更改备份的时间间隔。在“首选项设置”对话框的“文件”选项卡中可以对该功能进行设置，如图2-6所示。

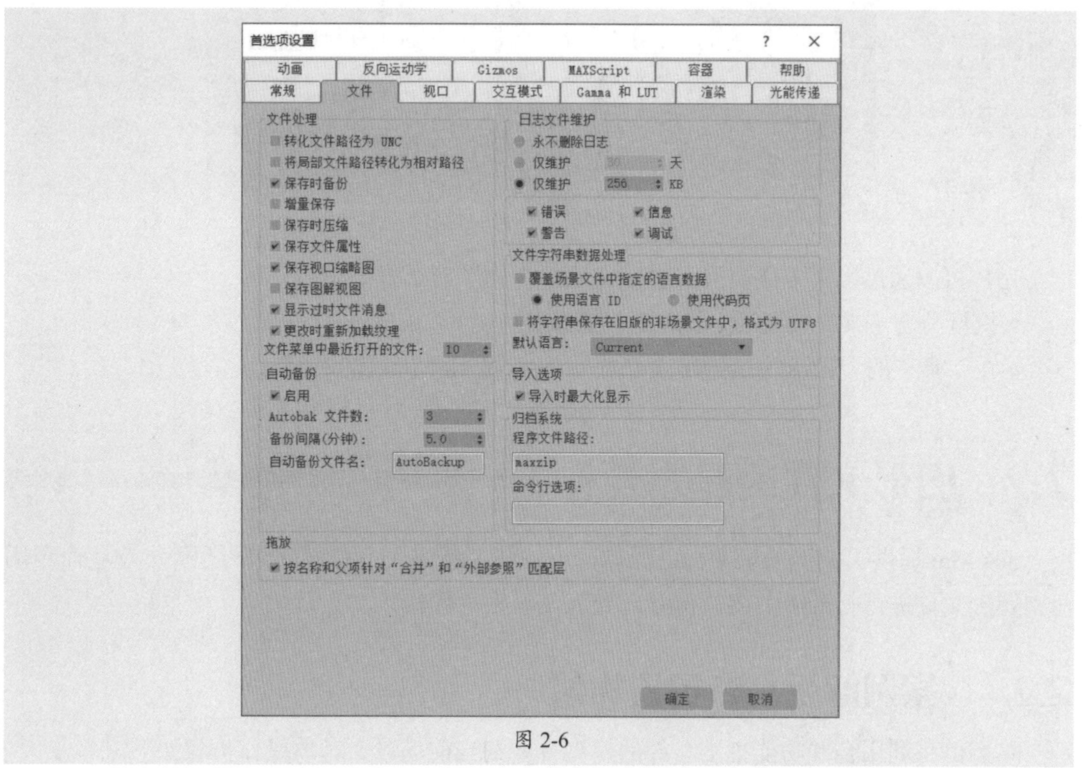

图 2-6

用户可以通过以下方法打开“首选项设置”对话框。

- 执行“文件”|“首选项”命令。
- 执行“自定义”|“首选项”命令。

2.1.4 设置快捷键

利用快捷键创建模型可以大幅提高工作效率，节省了查找菜单命令或者工具的时间。为了避免快捷键和外部软件的冲突，用户可以通过“自定义用户界面”对话框来设置快捷键，如图2-7所示。

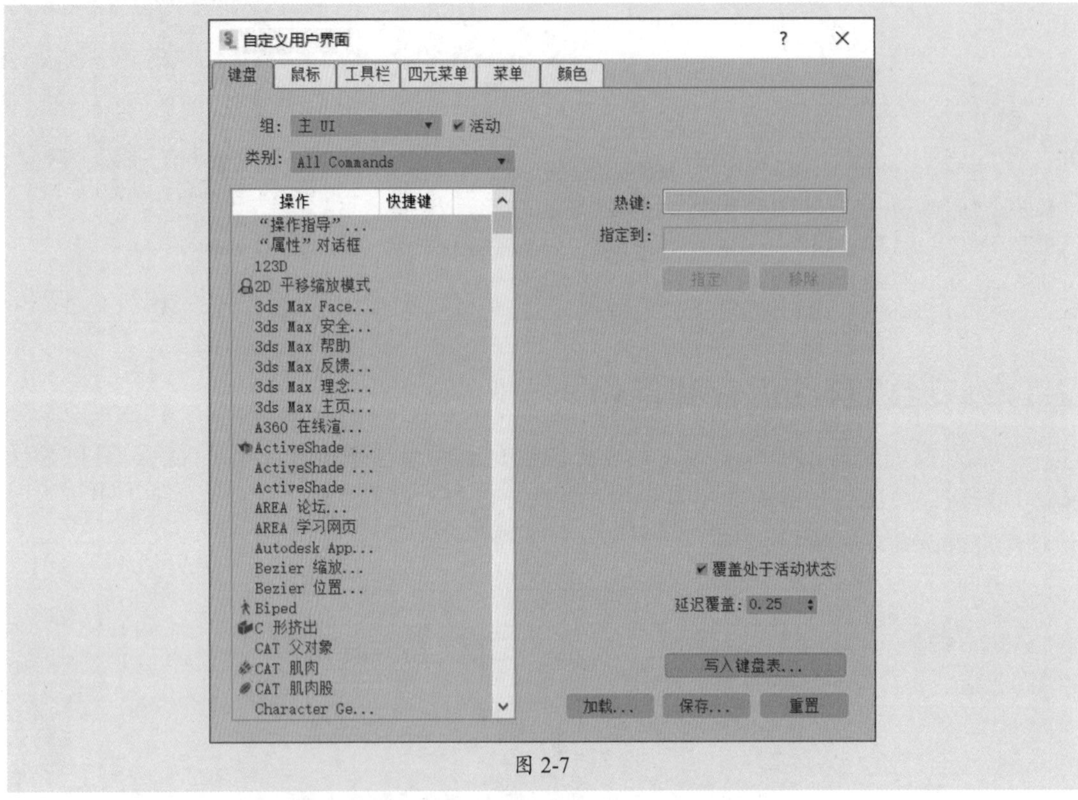

图 2-7

用户可以通过以下方法打开“自定义用户界面”对话框。

- 执行“自定义”|“自定义用户界面”命令。
- 在工具栏的“键盘快捷键覆盖切换”按钮上单击鼠标右键。

2.2 图形文件的基本操作

3ds Max提供了关于场景文件的操作命令，如“新建”“重置”“归档”等，这些命令用于对图形文件进行打开、关闭、保存、导入及导出等操作。

2.2.1 案例解析：布置置物架

本案例将利用合并功能把准备好的模型合并到当前场景，具体操作步骤如下。

步骤 01 打开准备好的素材场景，如图2-8所示。

图 2-8

步骤 02 执行“文件”|“导入”|“合并”命令，打开“合并文件”对话框，选择要合并到当前场景的模型文件，如图2-9所示。

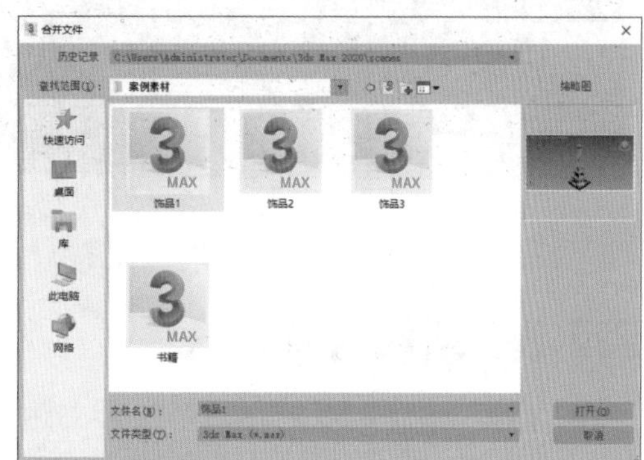

图 2-9

步骤 03 单击“打开”按钮，此时系统会弹出“合并”对话框，选择要合并到当前场景的模型对象，如图2-10所示。

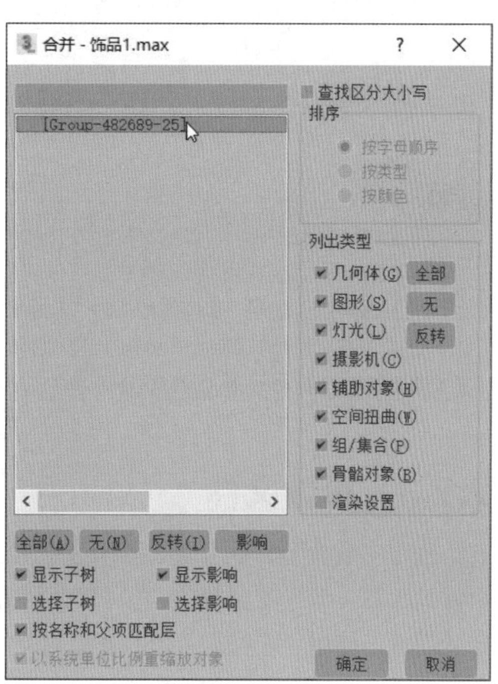

图 2-10

步骤 04 单击“确定”按钮，即可将对象合并到当前场景。激活“移动”工具，调整对象的位置，如图2-11所示。

步骤 05 按照同样的方法，合并其他装饰模型到场景中，并移动到合适的位置。至此，完成布置置物架的操作，如图2-12所示。

图 2-11

图 2-12

2.2.2 新建文件

“新建”命令可以新建一个场景文件。执行“文件”|“新建”命令，在其子菜单中将出现两种新建方式，下面对它们的含义进行介绍。

- **新建全部：**该命令可以清除当前场景的内容，保留系统设置，如视口配置、捕捉设置、材质编辑器、背景图像等。
- **从模板新建：**用新场景刷新3ds Max，根据需要确定是否保留旧场景。

操作提示

下面对3ds Max中最常见的文件类型进行介绍。

（1）MAX文件是完整的场景文件。

（2）CHR文件是用“保存类型”为“3ds Max角色”功能保存的角色文件。

（3）DRF文件是VIZ Render中的场景文件，VIZ Render是包含在AutoCAD软件中的一款渲染工具。该文件类型类似于Autodesk VIZ之前版本中的MAX文件。

2.2.3 重置文件

使用“重置”命令可以清除所有数据并重置3ds Max设置（包括视口配置、捕捉设置、材质编辑器、背景图像等），还可以还原启动默认设置，并移除当前会话期间所做的任何自定义设置。使用“重置”命令的效果与退出并重新启动3ds Max的效果相同。

执行“文件”|“重置”命令，系统会弹出提示框，如图2-13所示。用户可以根据需要选择“保存”“不保存”或“取消”。

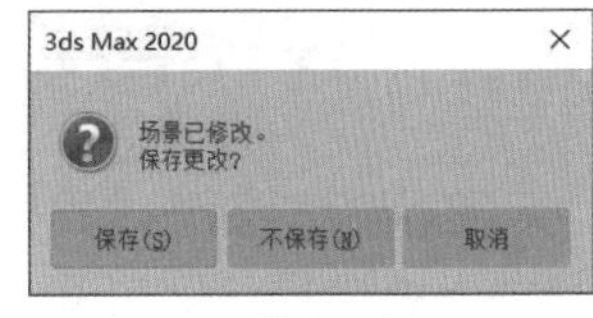

图 2-13

2.2.4 合并文件

3ds Max中很多相近的命令都集中在“导入”系列命令中，比如“导入”“合并”等。如果用户想要将其他MAX或CHR文件添加到当前场景中，可以使用“合并”命令。

执行“文件”|“导入”|“合并”命令，系统会打开“合并文件”对话框，如图2-14所示。选择准备好的场景文件，单击“打开”按钮，会弹出“合并”对话框，选择要合并的对象，单击“确定”按钮即可将对象添加到当前场景中，如图2-15所示。

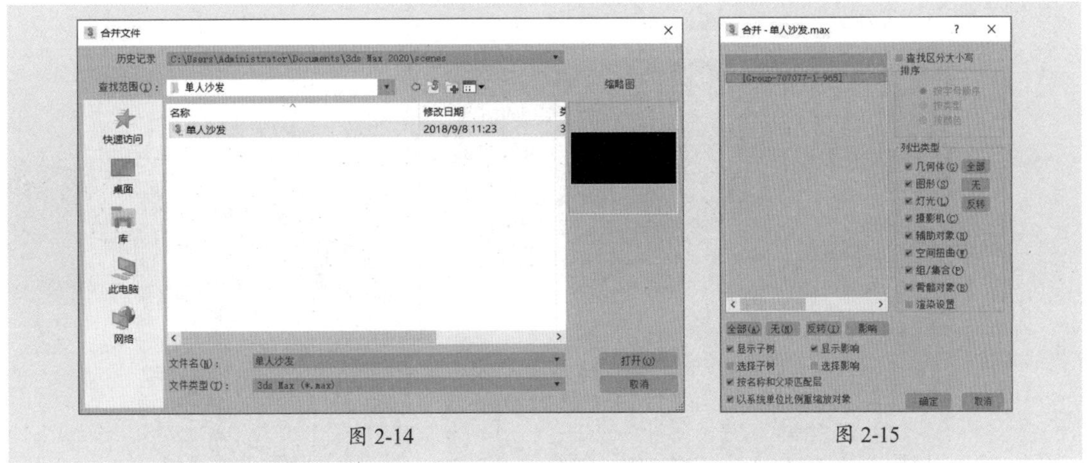

图 2-14　　　　图 2-15

2.2.5 归档文件

一个完整的场景文件中包含了模型、灯光、材质贴图等多种元素，而场景资源可能遍布计算机各处。使用“归档”命令可以将场景文件的所有资源整合到一个压缩文件中，以防止后期文件复制或移动时发生资源丢失。

执行“文件”|“归档”命令，会打开“文件归档”对话框，如图2-16所示。用户可在该对话框中设置归档路径及名称。

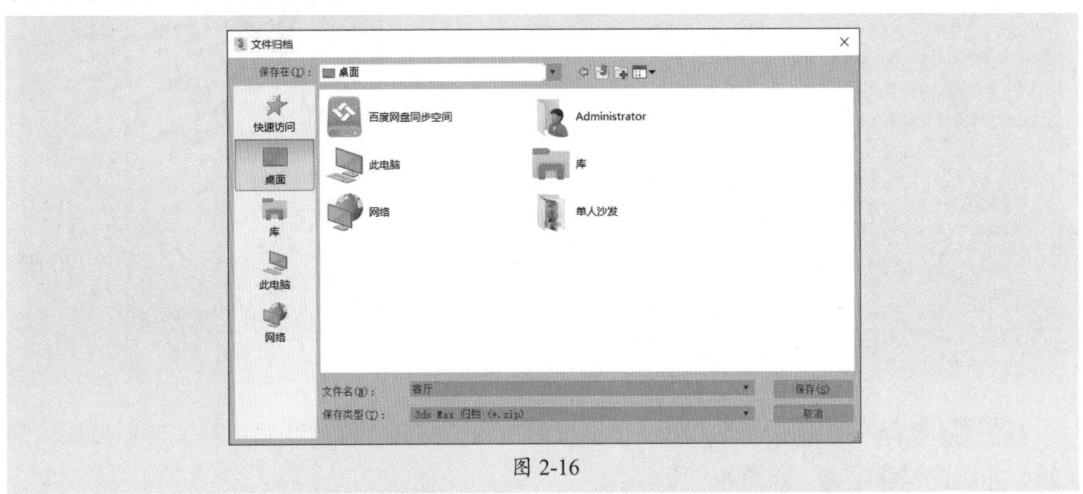

图 2-16

2.3 对象的基本操作

在场景的创建过程中经常需要对对象进行基本操作，包括选择、变换、克隆、镜像、阵列、隐藏等。

2.3.1 案例解析：创建简易楼梯模型

3ds Max的建模方法多种多样，非常灵活，下面就利用克隆、阵列等功能制作一个简易的楼梯模型。具体操作步骤如下。

步骤 01 创建一个长方体作为一节楼梯踏步，在修改面板中设置长方体相关参数，如图2-17、图2-18所示。

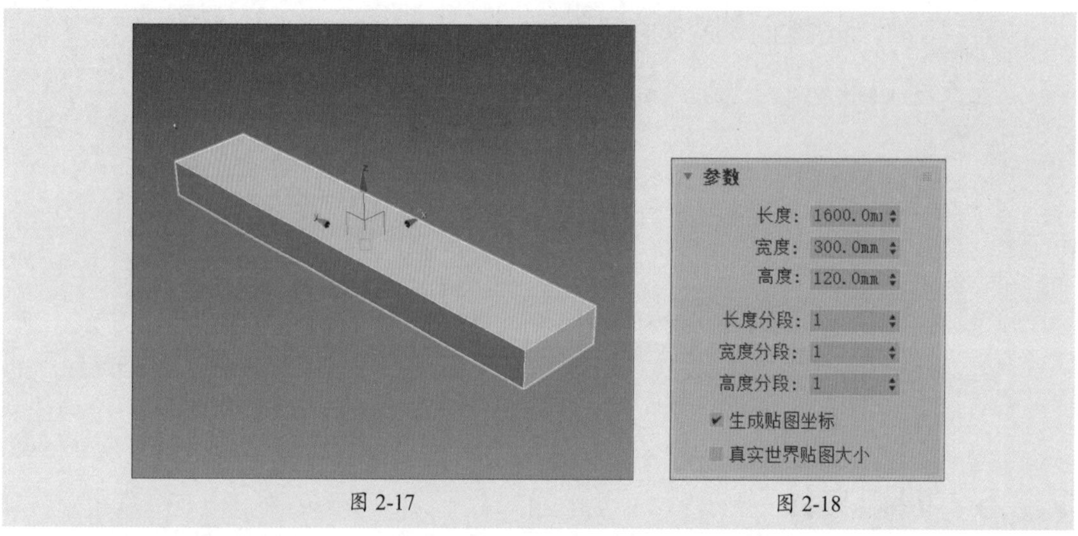

图 2-17　　图 2-18

步骤 02 激活移动工具，执行“工具”|“阵列”命令，打开“阵列”对话框，分别在“阵列变换：世界坐标（使用选择中心）”选项组和“阵列维度”选项组中设置参数，如图2-19所示。单击“预览”按钮，即可在视口中预览阵列效果，如图2-20所示。

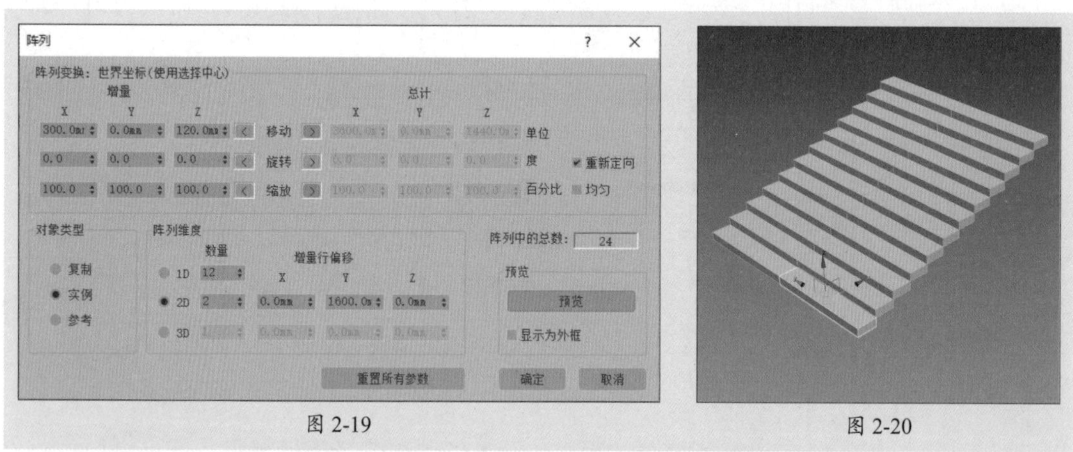

图 2-19　　图 2-20

步骤 03 选择一列踏步模型，单击“镜像”按钮，打开“镜像”对话框，选择镜像轴为Z轴，并设置偏移距离，如图2-21所示。

步骤 04 单击“确定”按钮即可进行镜像偏移操作，如图2-22所示。

步骤 05 选择一个踏步，按Ctrl+V组合键，打开“克隆选项”对话框，以“复制”方式克隆对象，如图2-23所示。

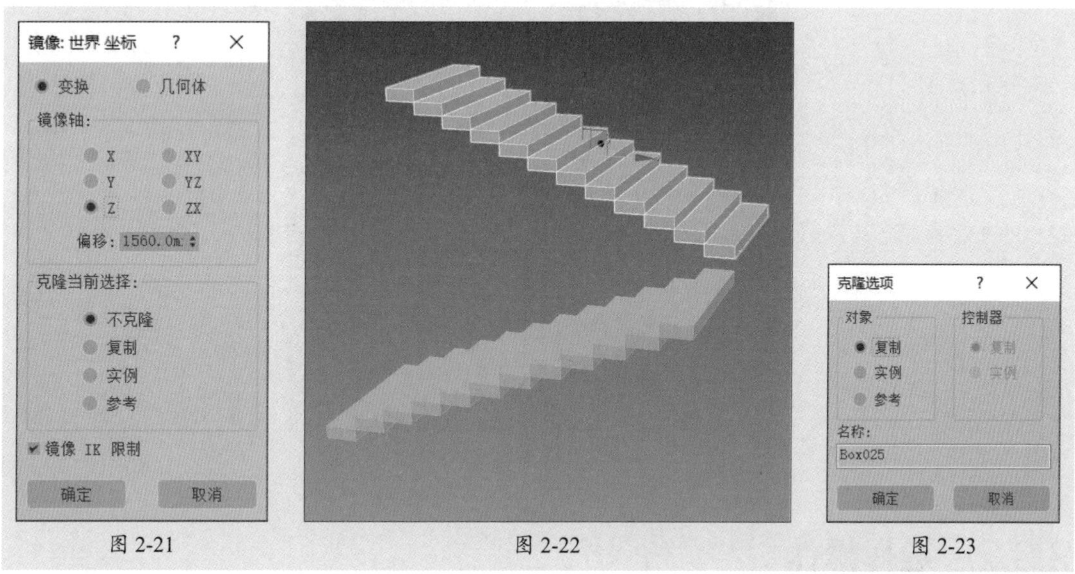

图 2-21　　图 2-22　　图 2-23

步骤 06 在修改面板中重新设置对象参数，制作出一个楼梯转折平台，如图2-24、图2-25所示。

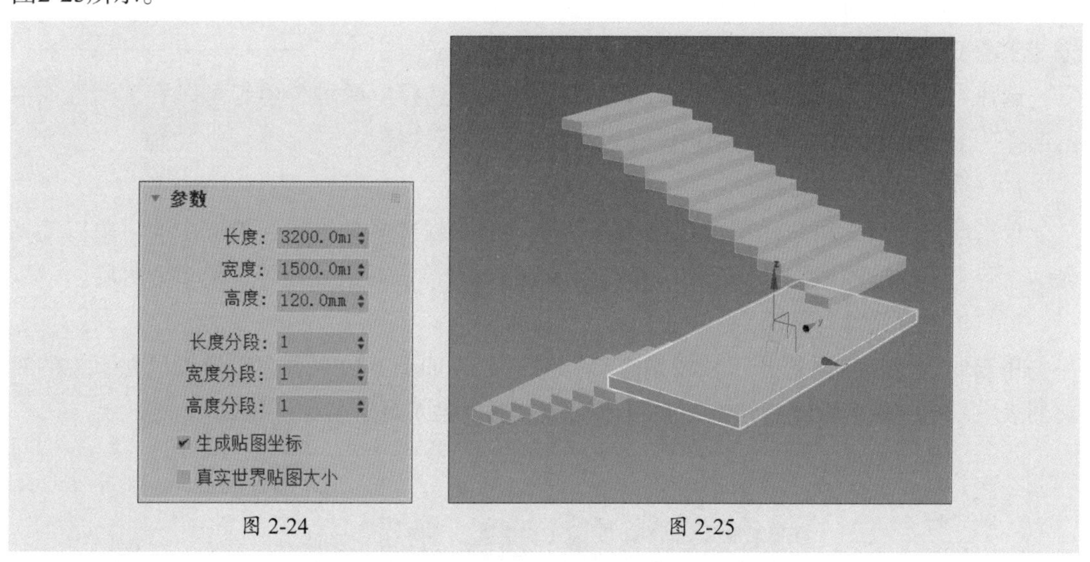

图 2-24　　图 2-25

步骤 07 右键单击移动工具，弹出“移动变换输入”对话框，在“偏移：世界”选项组中分别设置X、Y、Z轴向上的参数，如图2-26～图2-28所示。

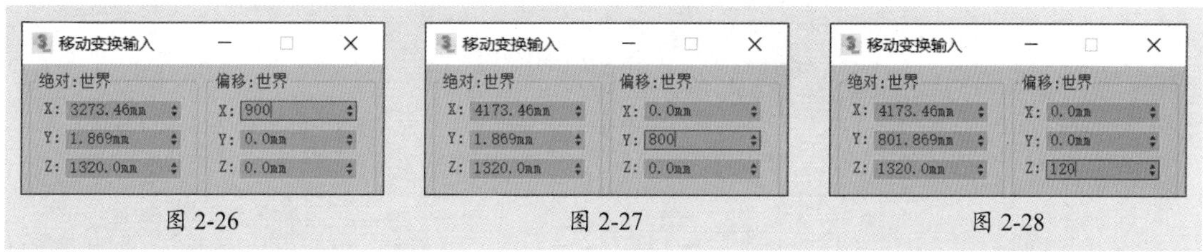

图 2-26　　图 2-27　　图 2-28

步骤 08 按Enter键确认操作，最终制作出的楼梯模型如图2-29所示。

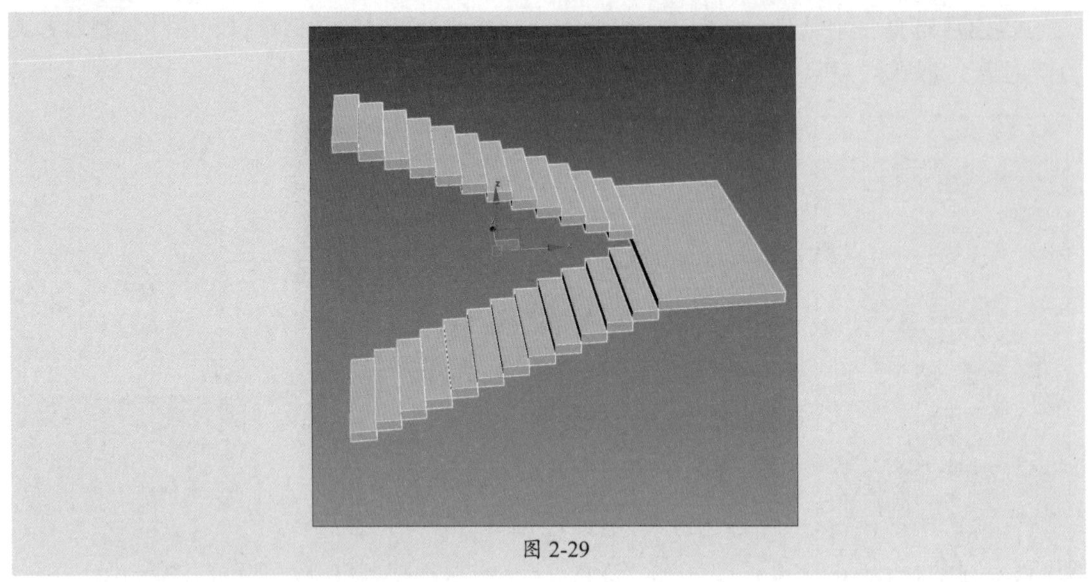

图 2-29

2.3.2 选择操作

要对对象进行操作，首先要选择对象。快速并准确地选择对象，是熟练运用3ds Max的关键。

1. 选择按钮

选择对象的工具主要有“选择对象”和“按名称选择”两种，前者可以直接框选或单击选择一个或多个对象；后者则可以通过对象名称进行选择。

1）“选择对象”按钮

单击此按钮后，可以用鼠标单击选择一个对象或框选多个对象，被选中的对象以高亮显示。若想一次选中多个对象，可以按住Ctrl键的同时单击对象，即可选中多个对象。

2）“按名称选择”按钮

单击此按钮，可以打开“从场景选择”对话框，如图2-30所示。用户可以在下方的对象列表中双击对象名称进行选择，也可以在输入框中输入对象名称进行选择。

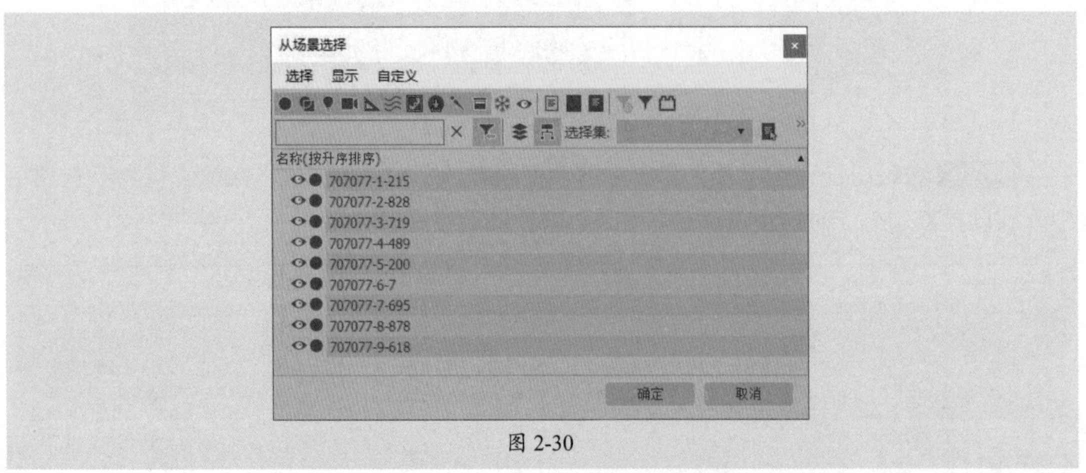

图 2-30

2. 选择区域

选择区域的形状包括矩形选区、圆形选区、围栏选区、套索选区、绘制选择区域、窗口及交叉7种。执行“编辑”|“选择区域”命令，在其级联菜单中可以选择需要的选择方式，如图2-31所示。

3. 过滤选择

“选择过滤器”中将对象分为全部、几何体、图形、灯光、摄影机、辅助对象、扭曲等12个类型，如图2-32所示。利用“选择过滤器”可以对对象的选择进行范围限定，屏蔽其他对象而只显示限定类型的对象。当场景比较复杂，且需要对某一类对象进行操作时，可以使用“选择过滤器”。

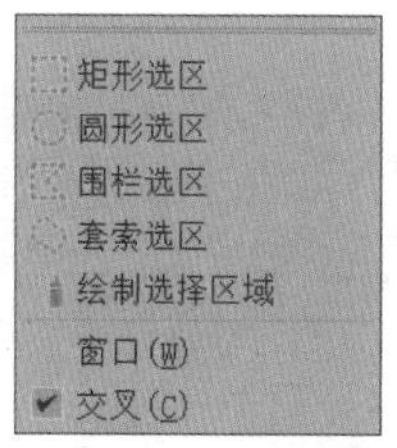

图 2-31

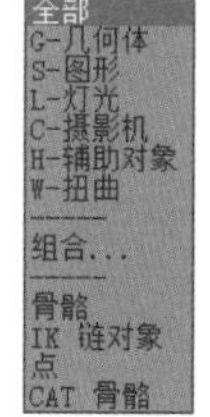

图 2-32

2.3.3 变换操作

变换对象是指将对象重新定位，包括改变对象的位置、旋转角度或者变换对象的比例等。用户可以选择对象，然后使用主工具栏中的各种变换按钮来进行变换操作。移动、旋转和缩放属于对象的基本变换。

1. 移动对象

移动是最常使用的变换工具，可以改变对象的位置，在主工具栏中单击“选择并移动”按钮，即可激活移动工具。单击物体对象后，视口中会出现一个三维坐标系，如图2-33所示。当一个坐标轴被选中时它会显示为高亮黄色，它可以在三个轴向上对物体进行移动；把鼠标指针放在两个坐标轴的中间，可将对象在两个坐标轴形成的平面上随意移动。

右键单击“选择并移动”按钮，会弹出“移动变换输入”对话框，如图2-34所示。在该对话框的“偏移：世界”选项组中输入数值，可以控制对象在三个坐标轴上的精确移动。

图 2-33

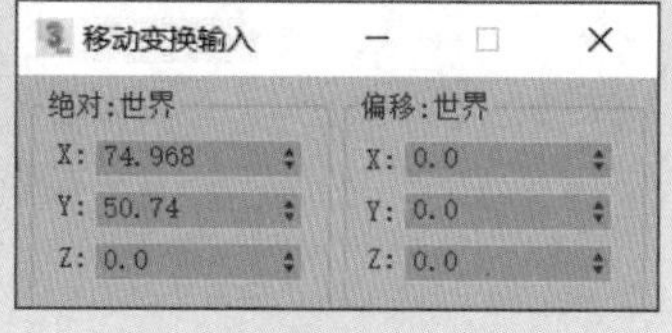

图 2-34

2. 旋转对象

需要调整对象的视角时，可以单击主工具栏中的“选择并旋转”按钮，当前被选中的对象可以沿三个坐标轴进行旋转，如图2-35所示。

右键单击“选择并旋转”按钮，会弹出“旋转变换输入”对话框，如图2-36所示。在该对话框的“偏移：世界”选项组中输入数值，可以控制对象在三个坐标轴上的精确旋转。

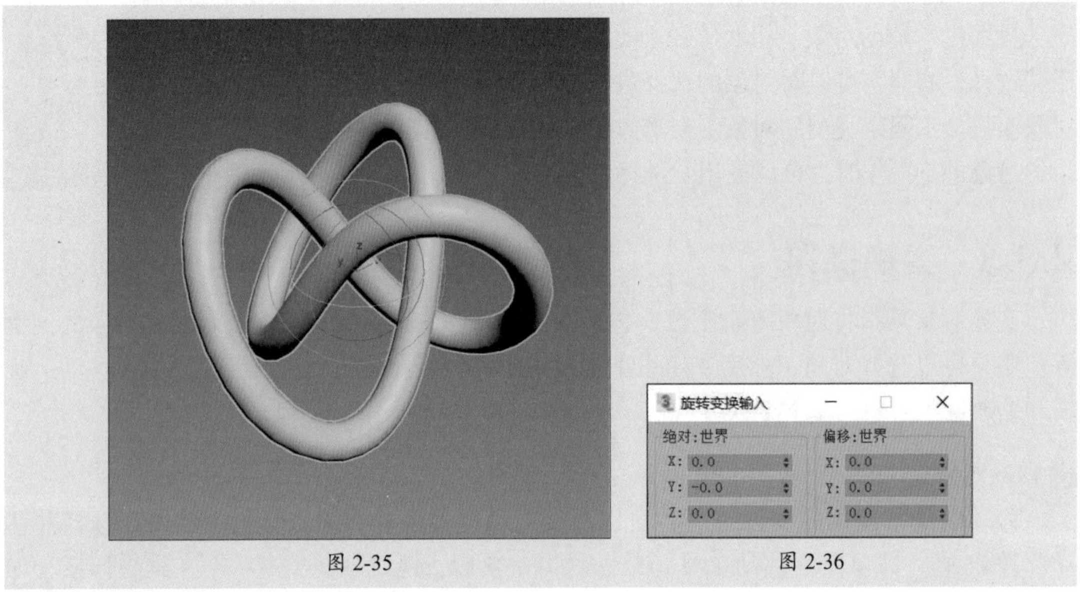

图 2-35　　图 2-36

3. 缩放对象

若要调整场景中对象的比例大小，可以单击主工具栏中的“选择并均匀缩放”按钮，即可对对象进行等比例缩放，如图2-37所示。

右键单击“选择并均匀缩放”按钮，会弹出“缩放变换输入”对话框，如图2-38所示。在该对话框的“偏移：世界”选项组中输入百分比数值，可以对对象进行精确缩放。

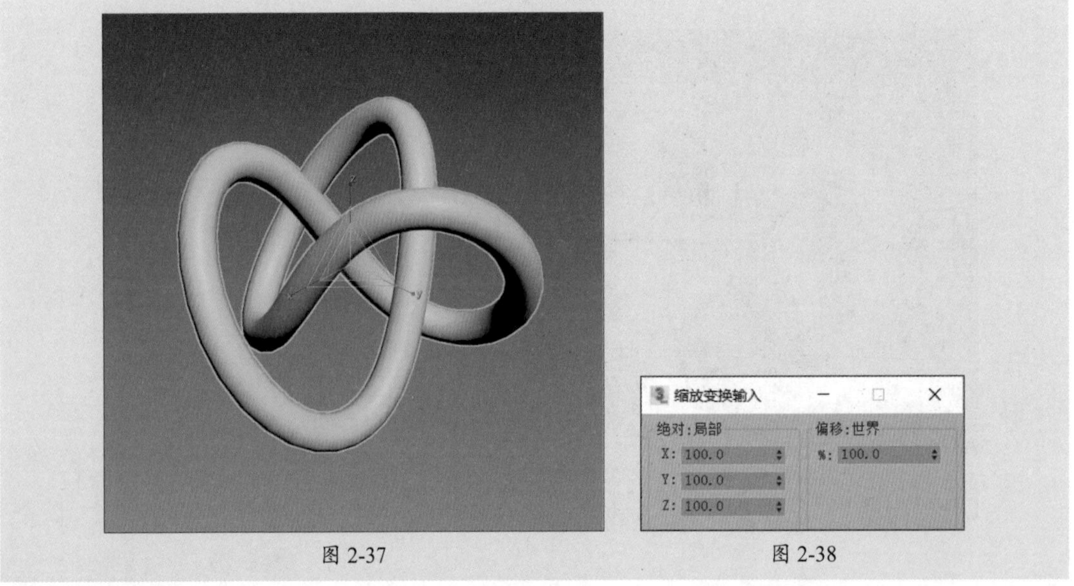

图 2-37　　图 2-38

2.3.4 克隆操作

3ds Max提供了多种克隆方式，用户可以快速创建一个或多个选定对象的多个版本。下面介绍克隆对象的几种方法。

1. 使用“克隆”命令克隆对象

使用“克隆”命令只能复制一个对象，且复制得到的对象与原对象位置重合。选择对象后，执行“编辑”|“克隆”命令，会打开“克隆选项”对话框，如图2-39所示。

2. 使用变换命令克隆对象

选择对象，按住Shift键的同时使用移动、旋转或缩放工具操作对象，也会弹出“克隆选项”对话框，如图2-40所示。

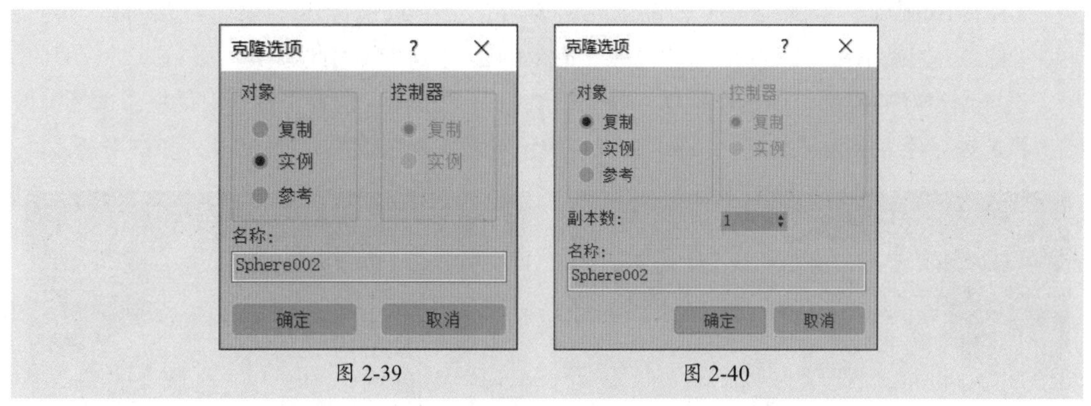

图 2-39　　图 2-40

下面对对话框中各选项的含义进行介绍。

- **复制**：创建一个与原始对象完全无关的克隆对象。修改一个对象时，不会对另一个对象产生影响。
- **实例**：创建与原始对象完全可交互的克隆对象。修改实例对象时，原始对象也会发生相同的改变。
- **参考**：克隆对象时，创建与原始对象有关的克隆对象。参考对象之前更改对该对象应用的修改器的参数时，将会更改这两个对象。但是，新修改器可以应用参考对象之一。因此，它只会影响应用该修改器的对象。
- **副本数**：可实现一次复制多个对象，而且每个对象的间距都相同。
- **名称**：为复制得到的对象重新命名。默认使用序号递增的方式命名。

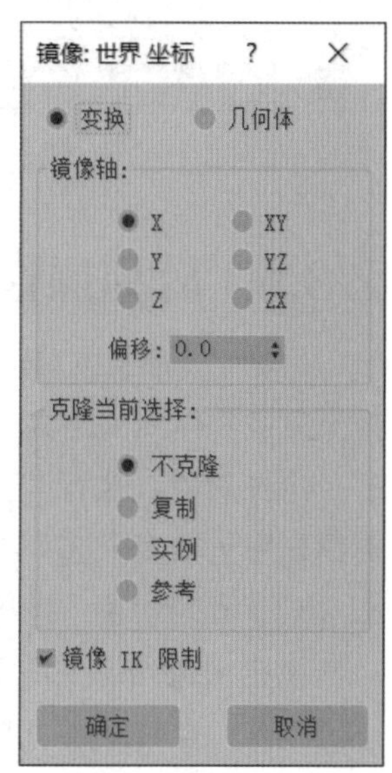

图 2-41

2.3.5 镜像操作

在视口中选择任一对象，在主工具栏上单击“镜像”按钮将打开“镜像：世界坐标”对话框，如图2-41所示。在开启的对话框中设置镜像参数，然后单击“确定”按钮即可完成镜像操作。

下面对对话框中各选项的含义进行介绍。

“镜像轴”选项组表示镜像轴选择为X、Y、Z、XY、YZ和ZX，选择其一可指定镜像的方向。这些选项等同于“轴约束”工具栏上的选项按钮。其中“偏移”选项用于指定镜像对象轴点距原始对象轴点之间的距离。

“克隆当前选择”选项组用于确定由“镜像”功能创建的副本的类型。默认设置为“不克隆”。

- **不克隆：** 在不制作副本的情况下，镜像选定对象。
- **复制：** 将选定对象的副本镜像到指定位置。
- **实例：** 将选定对象的实例镜像到指定位置。
- **参考：** 将选定对象的参考镜像到指定位置。
- **镜像IK限制：** 当围绕一个轴镜像几何体时，会导致镜像IK约束（与几何体一起镜像）。如果不希望IK约束受“镜像”命令的影响，可禁用此选项。

选择创建好的模型，单击“镜像”按钮，会打开“镜像：世界坐标”对话框，选择镜像轴，再选择克隆方式为“复制”，即可在视口中预览镜像复制效果，如图2-42、图2-43所示。

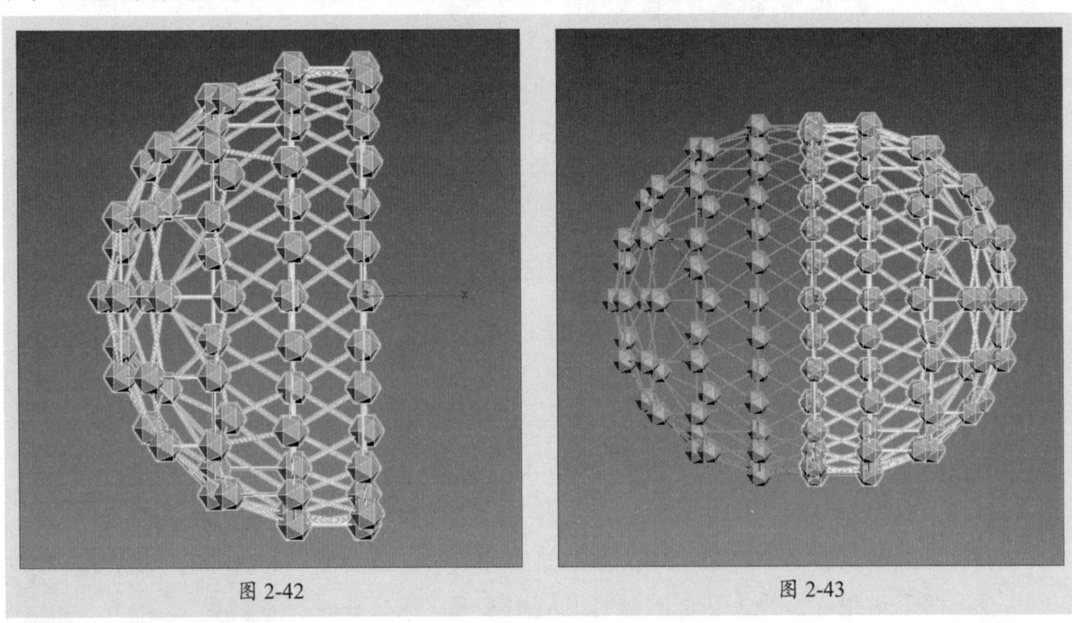

图 2-42　　图 2-43

2.3.6　阵列操作

“阵列”命令在3ds Max中有着很大的作用，可以基于当前选择创建对象阵列，并精确控制复制物体间的距离。

选择对象，执行“工具”|“阵列”命令，会打开“阵列”对话框，如图2-44所示。该对话框中包括多个选项组，下面对各选项的含义进行介绍。

1）“阵列变换：世界坐标（使用轴点中心）”选项组

该选项组列出了活动坐标系和变换中心，用于设置第一行阵列变换所在的位置，可以确定各个元素的距离、旋转或缩放以及所沿的轴。

- **增量X/Y/Z：** 其下所设置的参数可以应用于阵列中的各个对象。设置“增量移动X”

数值为20，表示沿着X轴阵列对象，对象中心之间的间隔是20个单位；设置“增量旋转X”数值为20，则表示阵列中每个对象沿X轴向前旋转20°角，在完成的阵列中，每个对象都发生了旋转，均偏移原位置20°角。

- **总计X/Y/Z：** 其下所设置的参数可以应用于阵列中的总距离、总度数或总缩放比例。

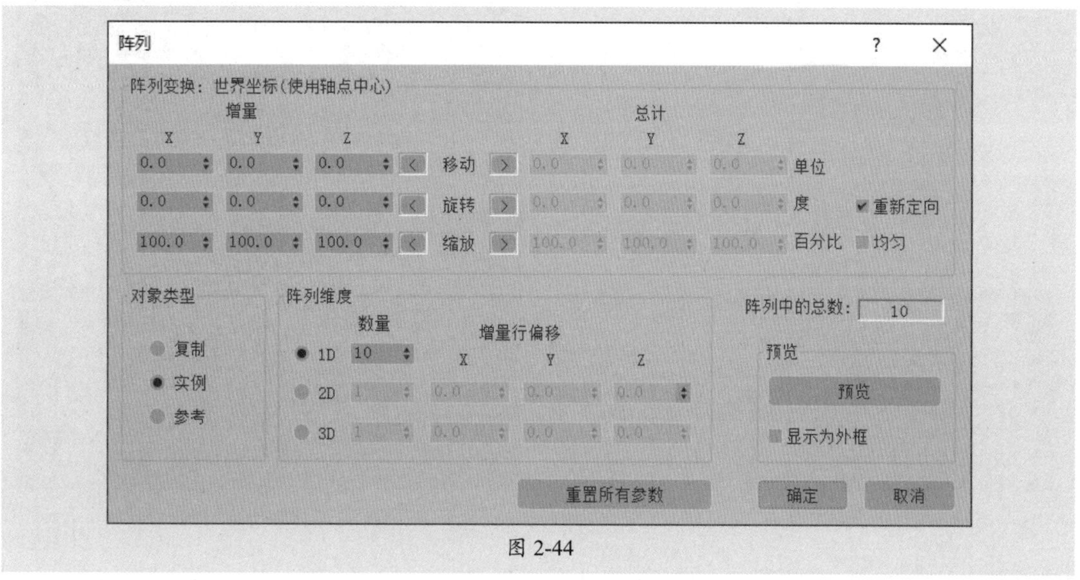

图 2-44

2）“对象类型”选项组

该选项组用于确定由“阵列”功能创建的副本的类型。

3）“阵列维度”选项组

该选项组用于添加阵列变换维数。

- **1D：** 根据“阵列变换：世界坐标（使用轴点中心）”选项组中的设置，创建一维阵列。其后的数量用于指定在阵列的该维度中对象的总和，参数设置及效果如图2-45、图2-46所示。

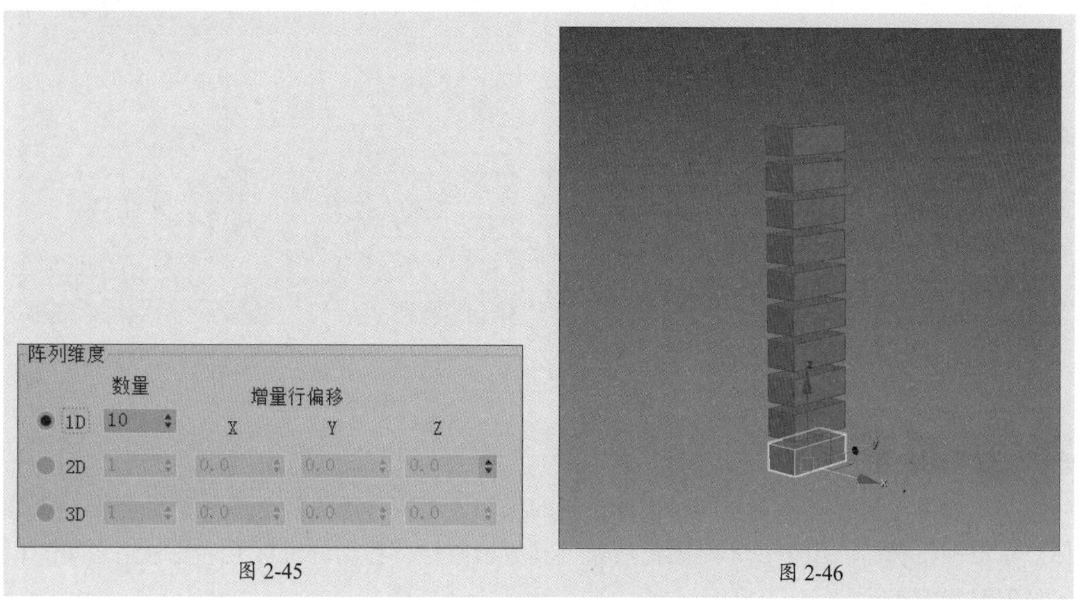

图 2-45

图 2-46

- **2D**：用于创建二维阵列。其后的数量用于指定阵列中第二维对象的总和，X/Y/Z对应的参数则指定沿阵列第二维每个轴的增量偏移距离，参数设置及效果如图2-47、图2-48所示。

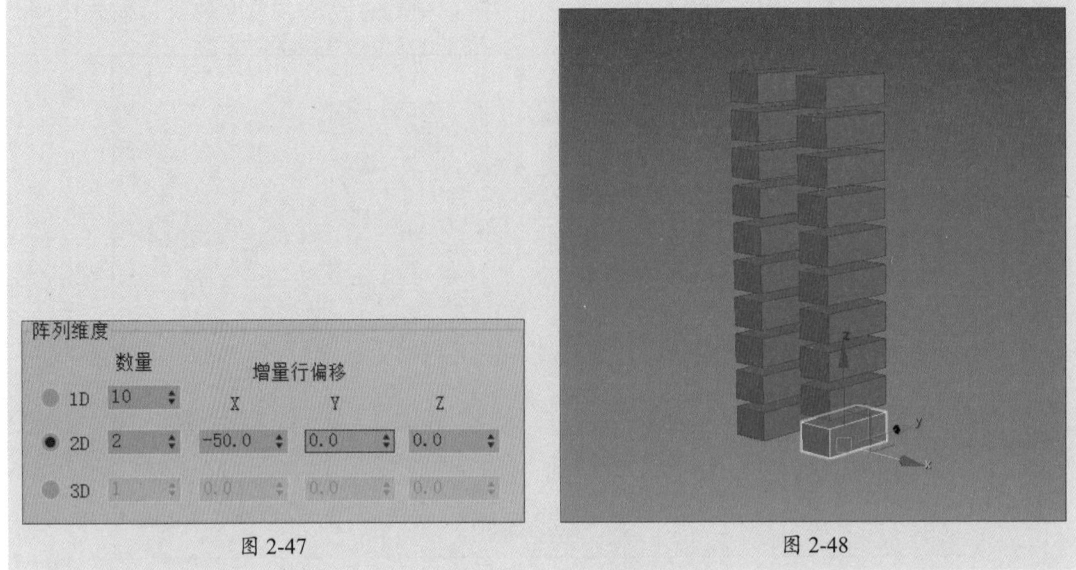

图 2-47　　图 2-48

- **3D**：用于创建三维阵列。其后的数量用于指定阵列中第三维对象的总和，X/Y/Z对应的参数则指定沿阵列第三维的每个轴的增量偏移距离，参数设置及效果如图2-49、图2-50所示。

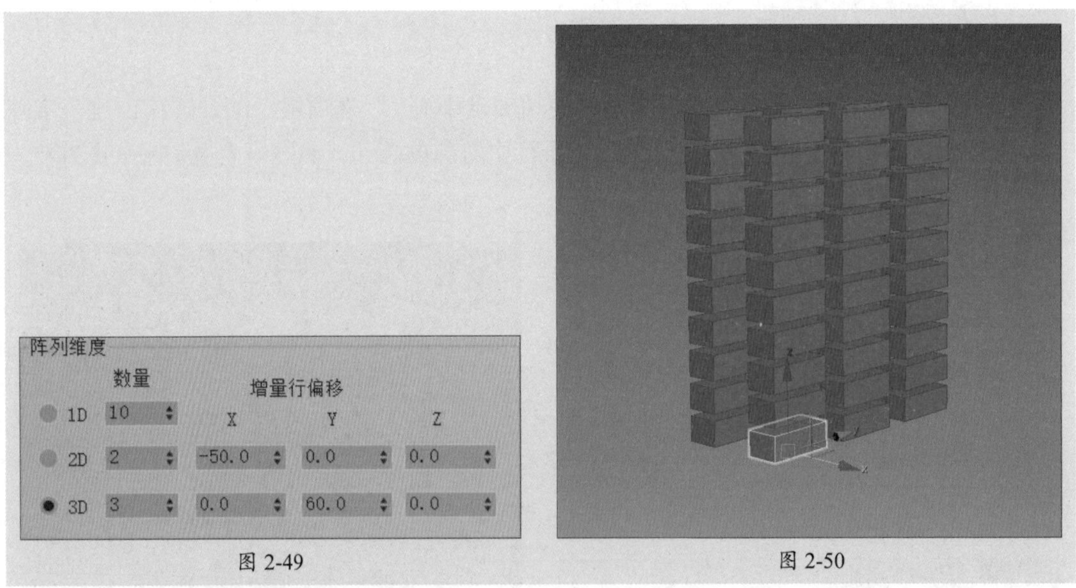

图 2-49　　图 2-50

2.3.7　成组操作

用户如果需要对多个对象同时进行相同的操作，可以考虑先将这些对象组合成一个整体。对象被组合后，组中每个对象仍然保持其原始属性，移动群组对象时各对象之间的相对位置保持不变。

控制成组操作的命令集中在“组”菜单栏中，它包含用于将场景中的对象成组和解组的所有功能，如图2-51所示。

图 2-51

- **组**：可将对象或组的选择集组成一个组。
- **解组**：可将当前组分离为其组件对象或组。
- **打开**：可暂时对组进行解组，并访问组内的对象。
- **关闭**：可关闭重新组合打开的组。
- **附加**：可将选定对象添加为现有组的一部分。
- **分离**：可从对象的组中分离选定对象。
- **炸开**：可解开组中的所有对象。它与“解组”命令不同，后者只解组一个层级。
- **集合**：在其级联菜单中提供了用于管理集合的命令。

2.3.8 隐藏和冻结操作

在视图中选择所要操作的对象，单击鼠标右键，在弹出的快捷菜单中将显示“隐藏选定对象”“全部取消隐藏”“冻结当前选择”等选项。下面将对常用选项进行介绍。

1. 隐藏与取消隐藏

在建模过程中为了便于操作，常常将部分物体暂时隐藏，在需要的时候再将其显示。

在视口中选择需要隐藏的对象并单击鼠标右键，弹出快捷菜单，如图2-52所示，选择“隐藏选定对象”或“隐藏未选定对象”命令，将实现隐藏操作。当不需要隐藏对象时，同样在视口中单击鼠标右键，在弹出的快捷菜单中选择“全部取消隐藏”或“按名称取消隐藏”命令，场景中的对象将不再被隐藏。

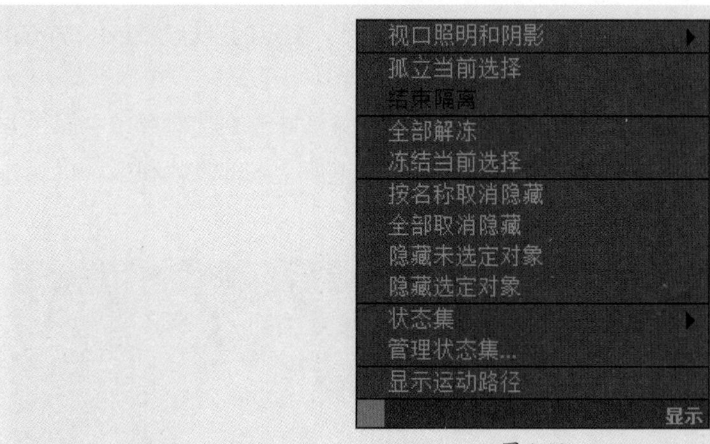

图 2-52

2. 冻结与解冻

在建模过程中为了便于操作，避免场景中对象的误操作，常常将部分物体暂时冻结，在需要的时候再将其解冻。

在视口中选择需要冻结的对象并单击鼠标右键，在弹出的快捷菜单中选择“冻结当前选择”命令，将实现冻结操作。图2-53、图2-54所示为对象冻结前后的效果。当不需要冻结对象时，同样在视口中单击鼠标右键，在弹出的快捷菜单中选择“全部解冻”命令，场景中的对象将不再被冻结。

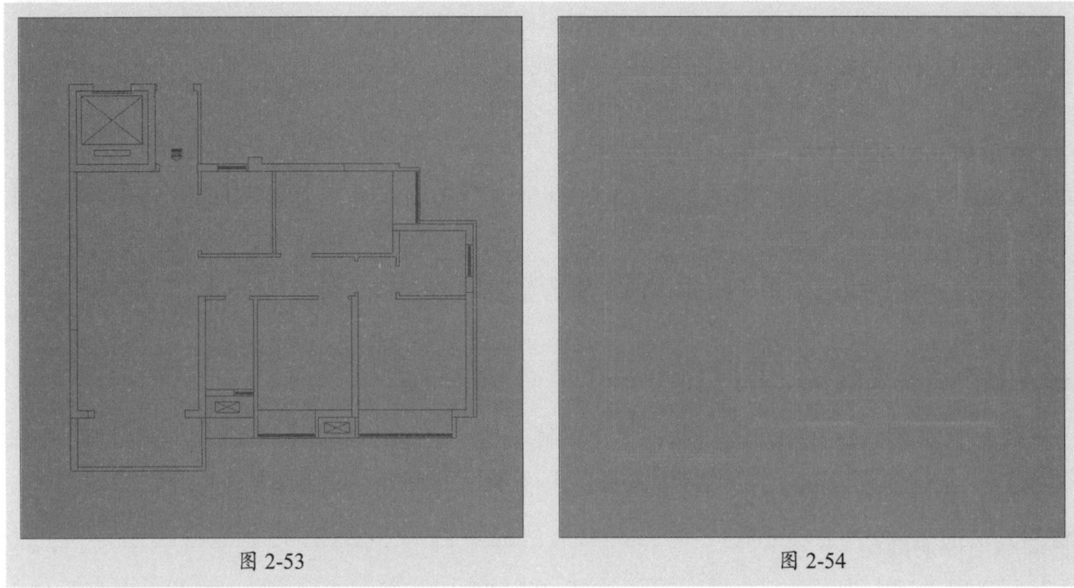

图 2-53　　图 2-54

2.3.9　栅格和捕捉设置

1. 栅格设置

3ds Max每个视口都包含垂直线和水平线，这些线组成了3ds Max的主栅格。主栅格包含黑色垂直线和黑色水平线，这两条线在三维空间的中心相交，交点的坐标是X=0、Y=0和Z=0。其余栅格都为灰色显示。

顶视图、前视图和左视图显示的场景没有透视效果，这就意味着在这些视口中同一方向的栅格线总是平行的，不能相交，如图2-55所示。透视图类似于人的眼睛和摄影机观察时看到的效果，视口中的栅格线是可以相交的，如图2-56所示。

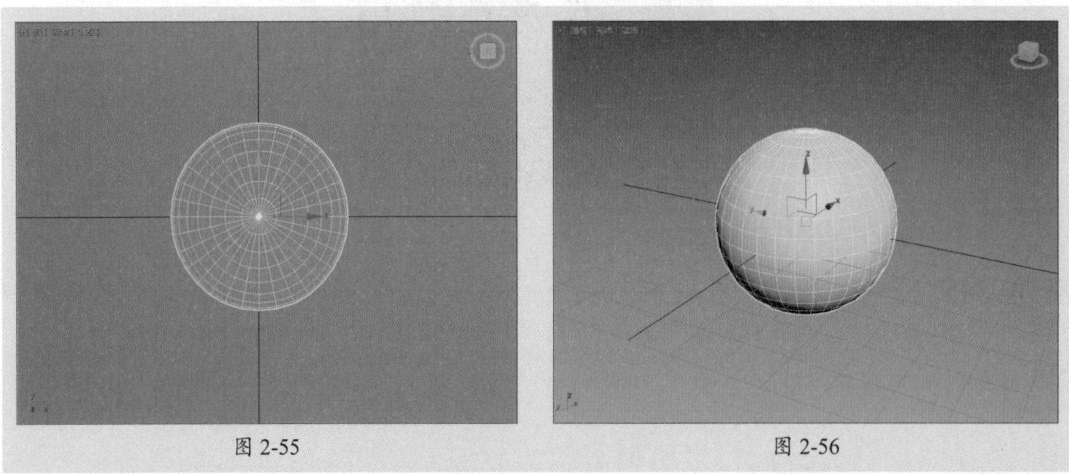

图 2-55　　图 2-56

使用鼠标右键单击主工具栏中的“捕捉开关”按钮，会打开“栅格和捕捉设置”对话框，切换到“主栅格”选项卡，可以设置栅格尺寸等属性，如图2-57所示。

2. 捕捉设置

捕捉操作能够捕捉处于活动状态位置的3D空间的控制范围，而且有很多捕捉类型可供选择。打开“栅格和捕捉设置”对话框，切换到“捕捉”选项卡，用户可以使用这些复选框启用捕捉设置的任何组合，如图2-58所示。

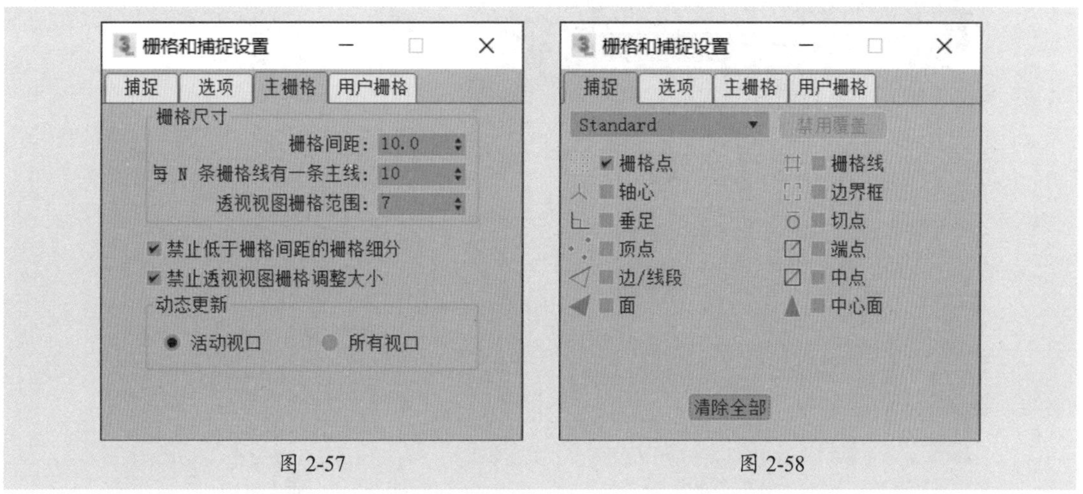

图 2-57　　图 2-58

与捕捉操作相关的工具按钮包括捕捉开关、角度捕捉、百分比捕捉、微调器捕捉。下面介绍常用的捕捉工具。

1）捕捉开关

这3个按钮代表了3种捕捉模式，能够捕捉处于活动状态位置的3D空间的控制范围。在“捕捉”选项卡中有很多捕捉类型可用，可以激活不同的选项。

2）角度捕捉

用于确定多数功能的增量旋转，包括标准旋转变换。随着旋转对象或对象组，对象以设置的增量围绕指定轴旋转。

3）百分比捕捉

通过指定的百分比增加对象的缩放。当按下捕捉按钮后，可以捕捉栅格点、切点、中点、轴心、中心面和其他选项。

课堂实战 创建茶几模型

下面结合本章所学的知识创建一个简易茶几模型，具体操作步骤如下。

步骤 01 创建一个切角圆柱体作为茶几桌面，并设置参数，如图2-59、图2-60所示。

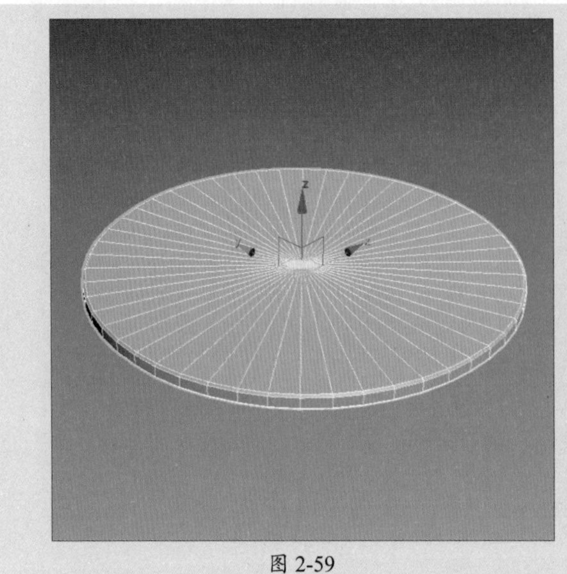

图 2-59

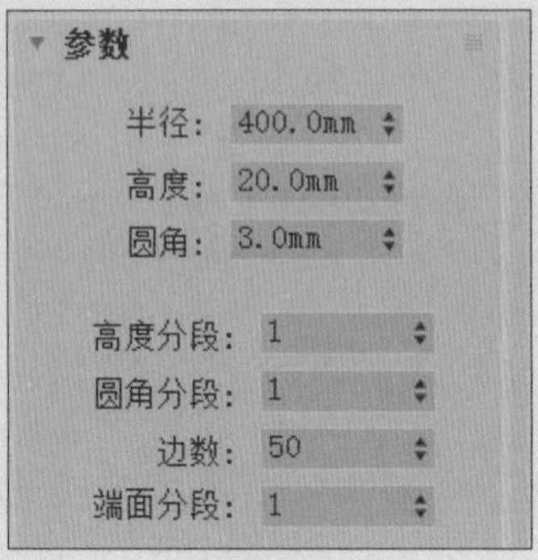

参数
半径: 400.0mm
高度: 20.0mm
圆角: 3.0mm
高度分段: 1
圆角分段: 1
边数: 50
端面分段: 1

图 2-60

步骤 02 按Ctrl+V组合键，打开“克隆选项”对话框，选择克隆方式为“复制”，如图2-61所示。

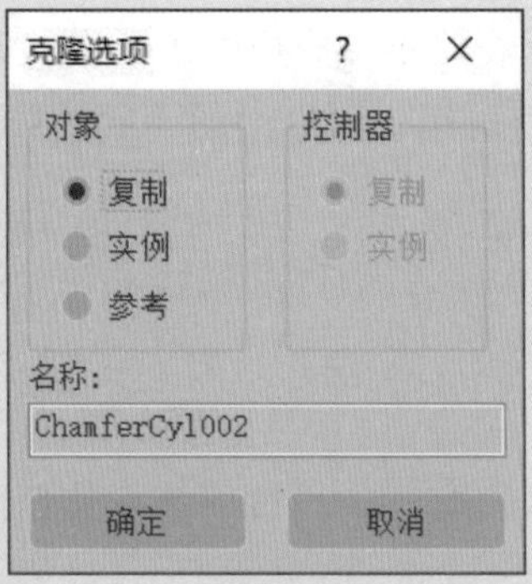

克隆选项
对象
复制
实例
参考
控制器
复制
实例
名称:
ChamferCyl002
确定
取消

图 2-61

步骤 03 单击“确定”按钮复制切角圆柱体，再右键单击移动工具打开“移动变换输入”对话框，设置沿Z轴向下移动400 mm，如图2-62所示。

移动变换输入
绝对:世界
X: 0.0mm
Y: 0.0mm
Z: 0.0mm
偏移:世界
X: 0.0mm
Y: 0.0mm
Z: -400

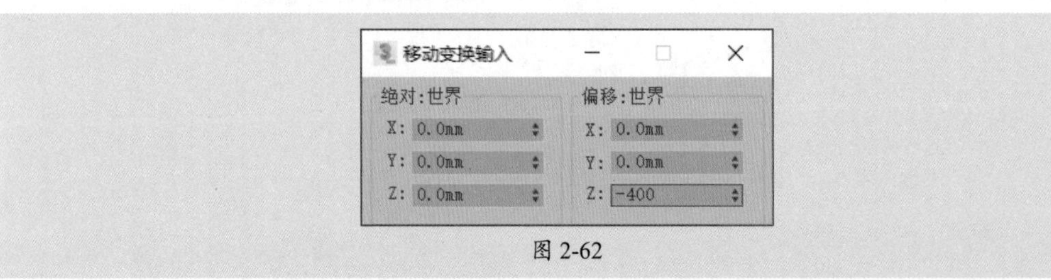

图 2-62

步骤 04 按Enter键即可完成移动操作，如图2-63所示。

步骤 05 重新设置切角圆柱体的半径为200 mm，效果如图2-64所示。

图 2-63

图 2-64

步骤 06 创建一个半径为10 mm、高度为380 mm的圆柱体作为立柱，并调整位置，如图2-65所示。

步骤 07 切换到顶视图，激活“使用变换坐标中心”，调整坐标中心到模型中心，如图2-66所示。

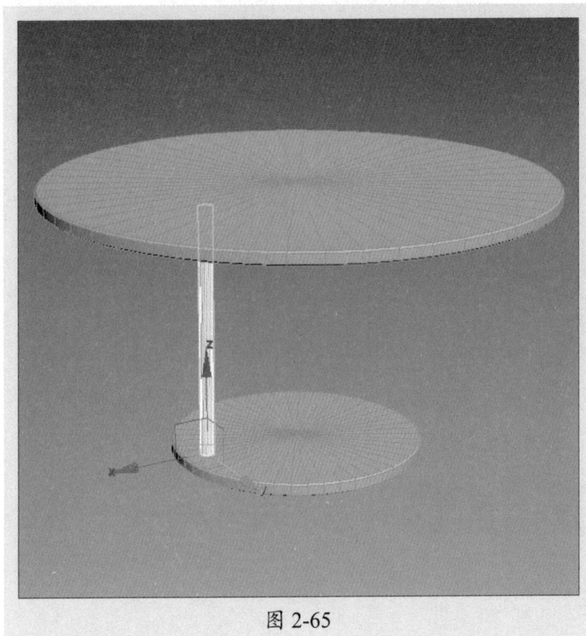

图 2-65

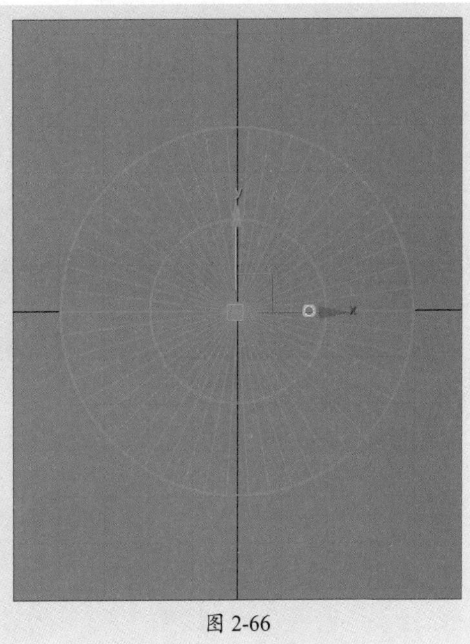

图 2-66

步骤 08 执行“工具”|“阵列”命令，打开“阵列”对话框，在“阵列变换：屏幕坐标（使用变换坐标中心）”选项组和“阵列维度”选项组中设置参数，如图2-67所示。

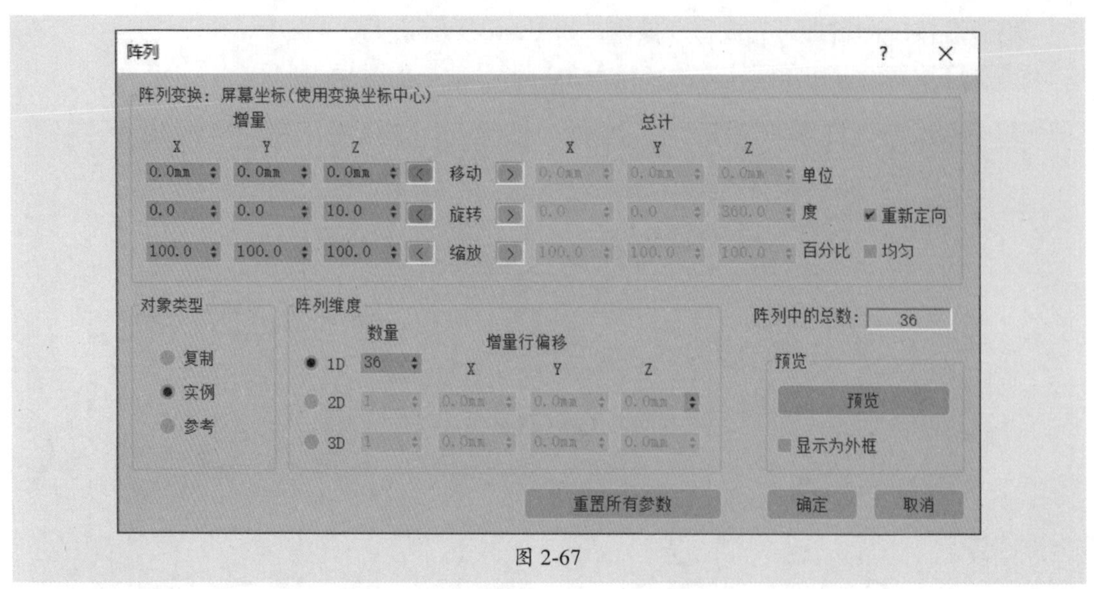

图 2-67

步骤 09 单击“预览”按钮可以预览阵列效果，然后单击“确定”按钮完成阵列操作，如图2-68所示。

步骤 10 选择性删除部分圆柱体，完成茶几模型的制作，如图2-69所示。

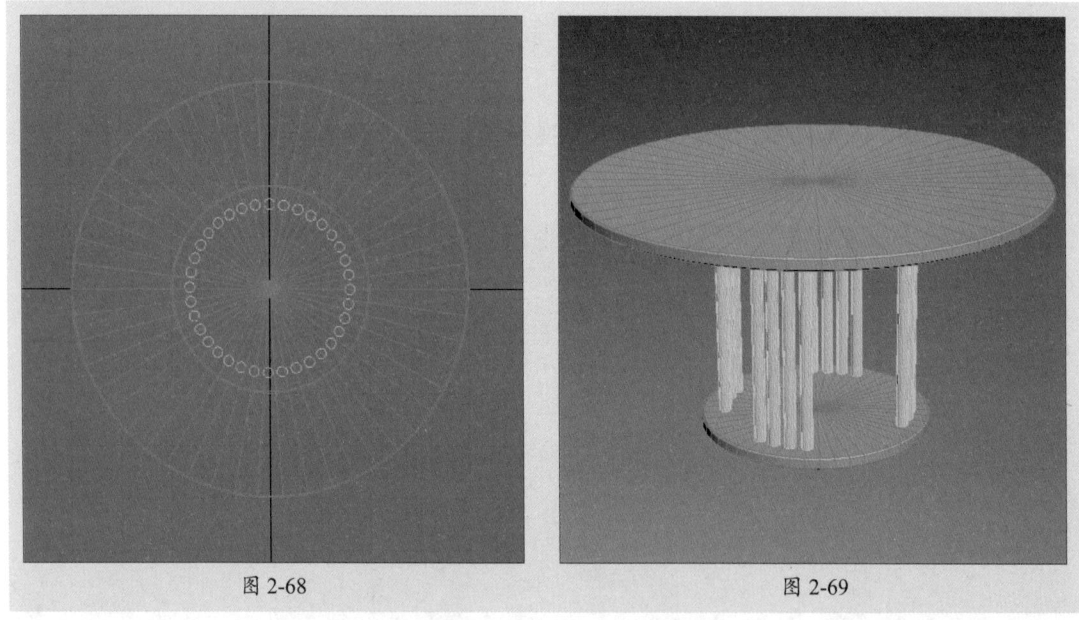
图 2-68　　图 2-69

课后练习 创建书架模型

下面利用对象的克隆、镜像等基本操作功能制作简易的书架模型，如图2-70所示。

图 2-70

1. 技术要点

- 创建长方体，以“复制”方式进行克隆操作，并调整参数。
- 旋转长方体，再进行镜像操作。

2. 分步演示

本案例的分步演示效果如图2-71所示。

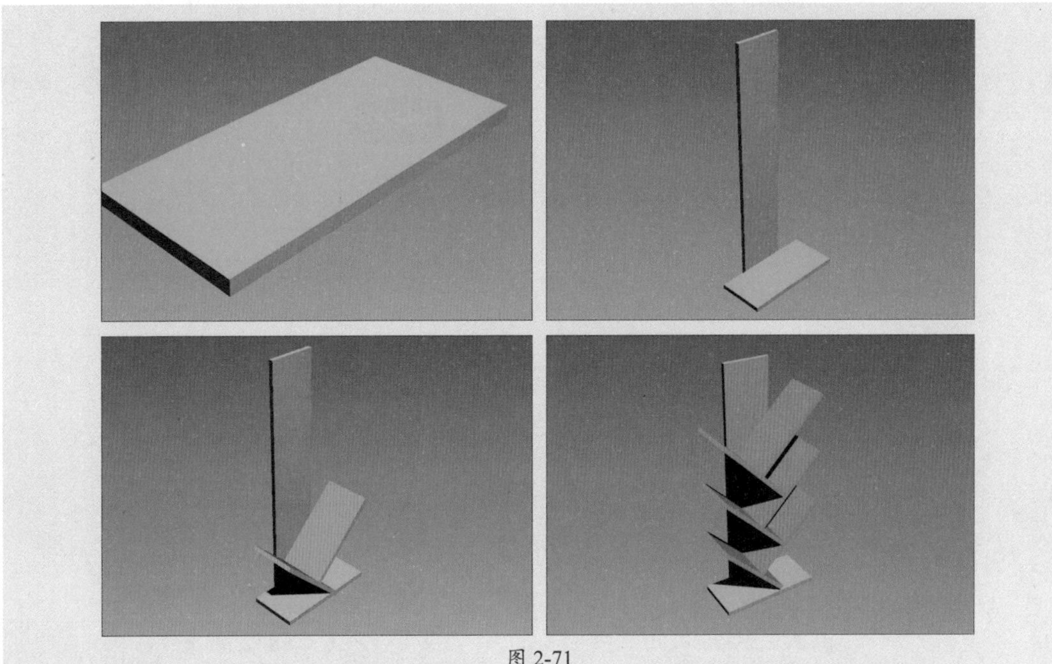

图 2-71

拓展赏析

中国四大发明之造纸术

在文字出现以前，古人使用绳结记事、结珠记事；文字出现以后，多使用龟甲、兽骨、金石、竹简、木牍、缣帛之类进行记事，如图2-72～图2-75所示。

图 2-72

图 2-73

图 2-74

图 2-75

随着社会的发展，人们从生活中得到启发，制造出了植物纤维纸。到了东汉时期，任尚方令的蔡伦在前人造纸的基础上改进了造纸工艺，并扩大了原料范围，使用树皮、渔网等廉价材料制造出了可大量生产的纸，自此造纸术被推广开来。图2-76所示为造纸术的工艺流程、手工纸分类以及传统名纸的介绍。

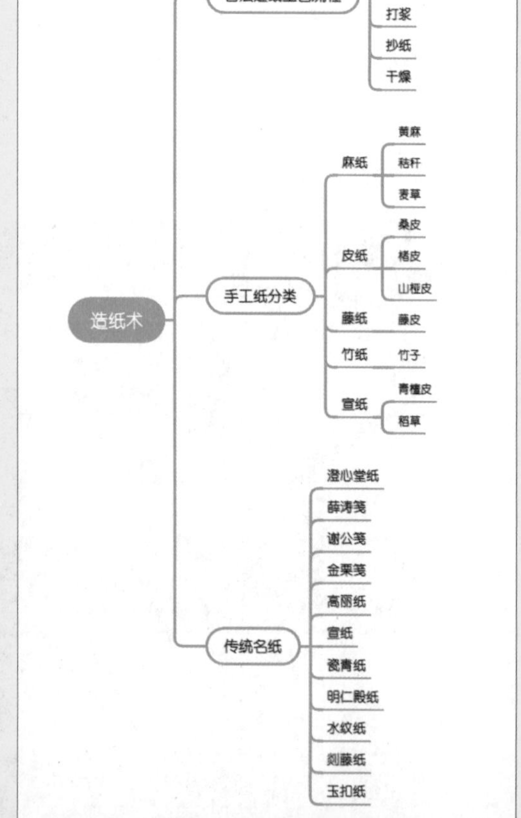

图 2-76

第3章

基础三维建模

内容导读

三维建模是三维设计的第一步，是三维世界的核心和基础。没有一个好的模型，一切好的效果都难以呈现。3ds Max具有多种建模手段，这里主要讲述的是其内置的样条线和几何体建模，即样条线、标准基本体、扩展基本体的创建。

通过对本章内容的学习，读者可以了解基本的建模方法与技巧，为后面章节的知识学习做好进一步的铺垫。

思维导图

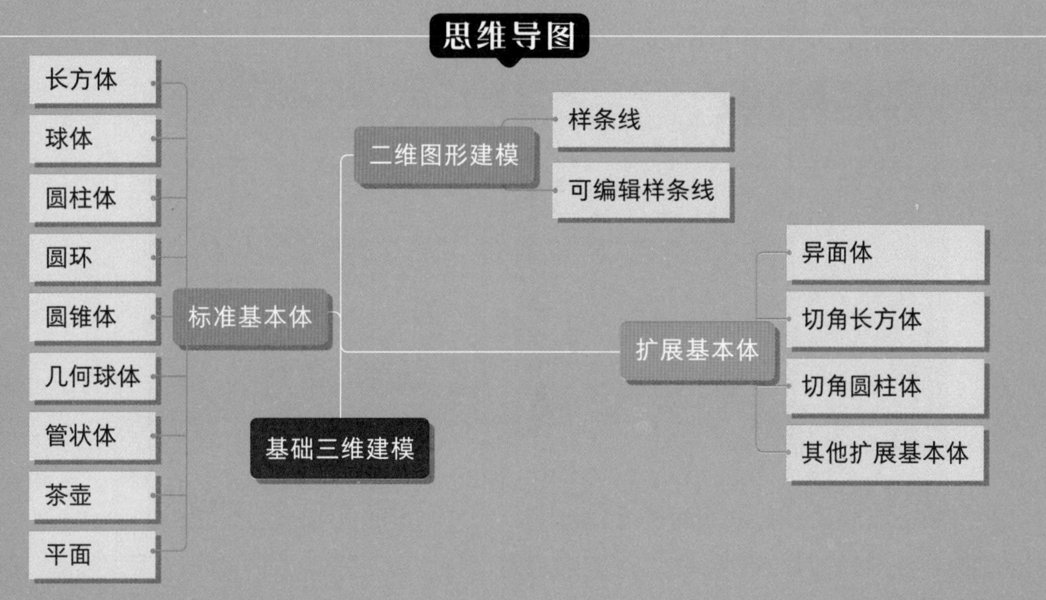

3.1 二维图形建模

在3ds Max中，二维图形建模是一种常用的建模方法，也是制作大部分模型的方法。想要掌握二维图形建模的方法，就必须学会二维图形的建立和编辑，3ds Max提供了丰富的二维图形工具和编辑命令，下面的小节会详细介绍。

3.1.1 案例解析：创建椅子模型

本案例将利用样条线的“渲染”可视功能制作一个椅子模型，具体操作步骤如下。

步骤 01 在“创建”面板中单击“线”按钮，在前视图中绘制样条线轮廓，如图3-1所示。

步骤 02 进入“顶点”子层级，激活移动工具，调整顶点位置，如图3-2所示。

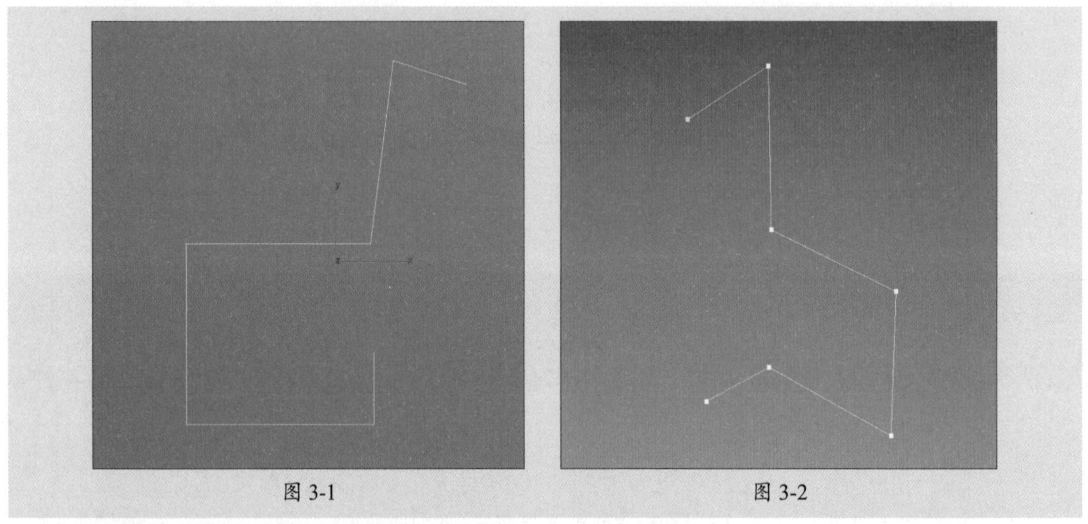

图 3-1　　图 3-2

步骤 03 退出堆栈，切换到左视图，如图3-3所示。

步骤 04 单击“镜像”按钮，打开“镜像：屏幕坐标”对话框，选择镜像轴为X轴，克隆方式为“实例”，如图3-4所示。

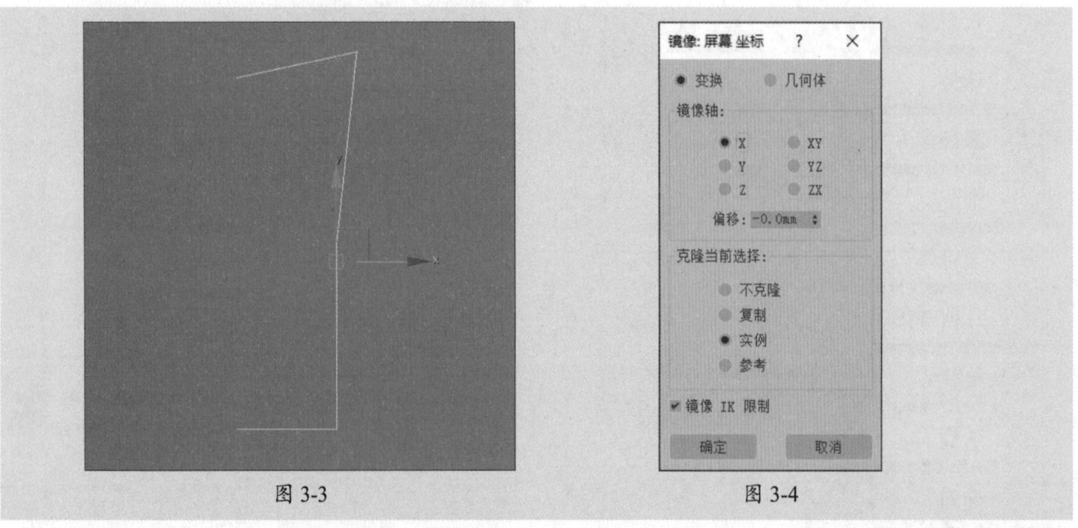

图 3-3　　图 3-4

步骤05 单击“确定”按钮即可镜像复制对象，如图3-5所示。

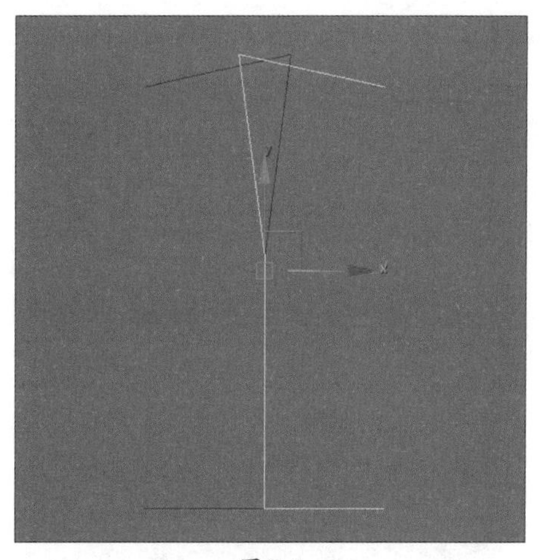

图 3-5

步骤06 在工具栏中右键单击“捕捉开关”按钮，会打开“栅格和捕捉设置”对话框，在“捕捉”选项卡中选中“顶点”复选框，如图3-6所示。

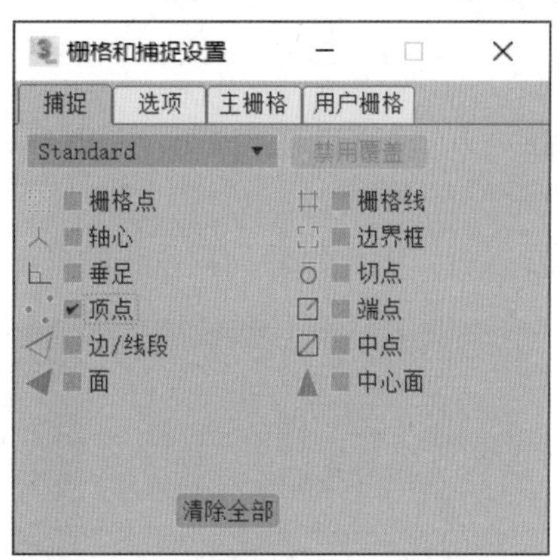

图 3-6

步骤07 单击激活捕捉开关，使用移动工具捕捉对齐样条线，如图3-7所示。

步骤08 选择其中一个样条线，进入“顶点”子层级，选择如图3-8所示的顶点。

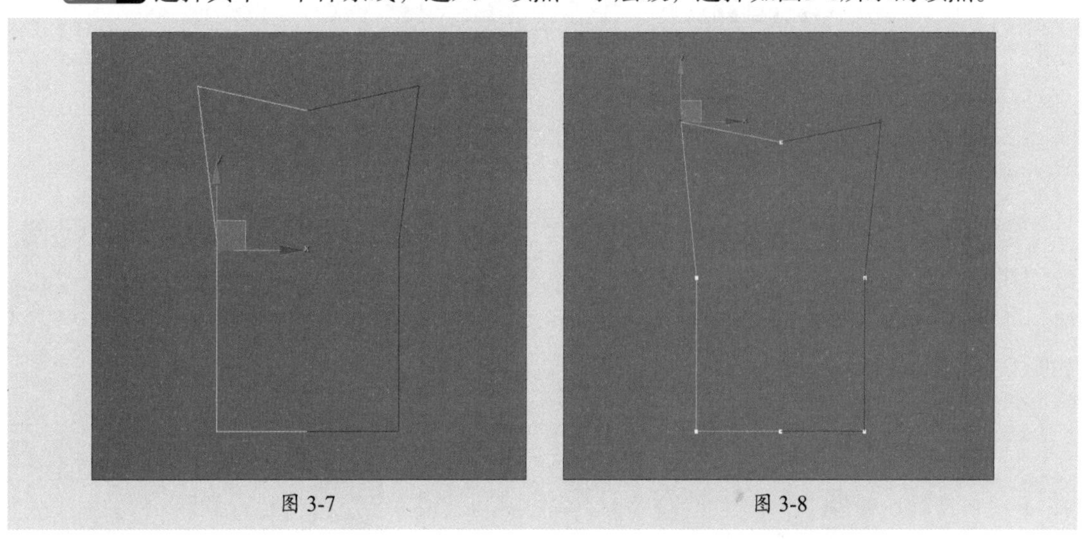

图 3-7

图 3-8

步骤09 在“几何体”卷展栏中单击“圆角”按钮，按住并拖动鼠标即可制作出圆角效果，如图3-9所示。

步骤 10 用同样的方法，制作其他顶点的圆角效果，如图3-10所示。

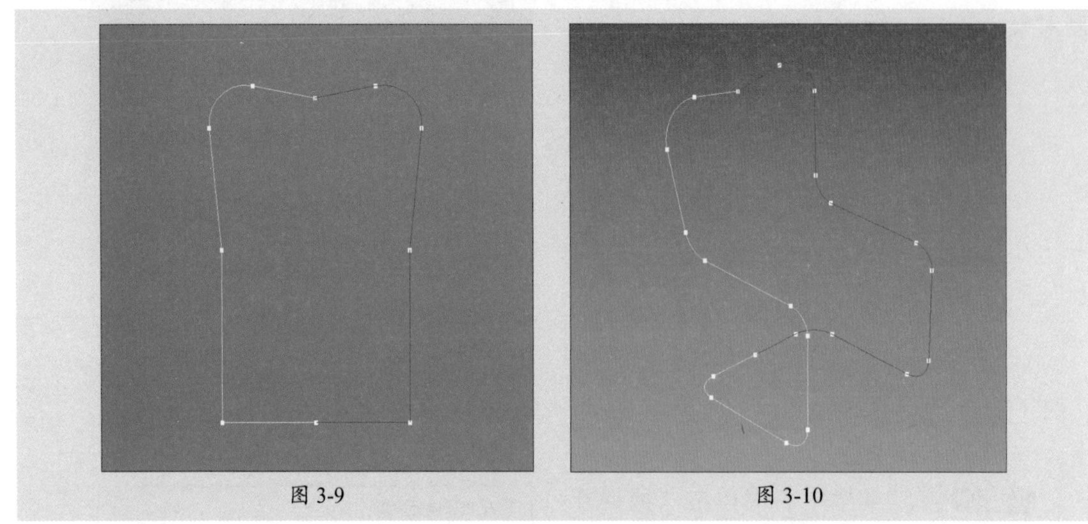

图 3-9　　图 3-10

步骤 11 展开“渲染”卷展栏，启用渲染效果并选中“矩形”单选按钮，设置矩形参数，如图3-11所示。

步骤 12 在视口中可以看到样条线的可渲染效果，如图3-12所示。

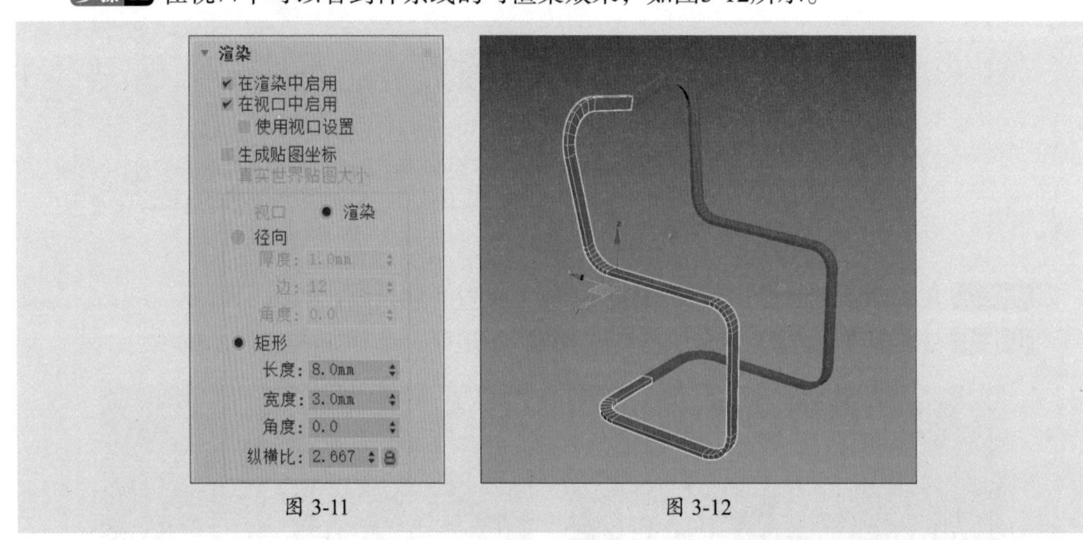

图 3-11　　图 3-12

步骤 13 在“创建”面板中单击“矩形”按钮，在左视图中创建一个矩形，并开启渲染设置，如图3-13、图3-14所示。

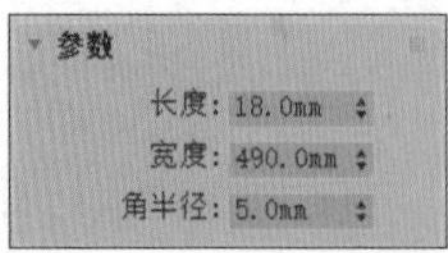

图 3-13　　图 3-14

步骤 14 切换到前视图，将矩形移动到边缘位置，按住Shift键进行克隆操作，系统会弹出“克隆选项”对话框，设置副本数，如图3-15所示。

步骤 15 单击“确定”按钮即可完成克隆操作，如图3-16所示。

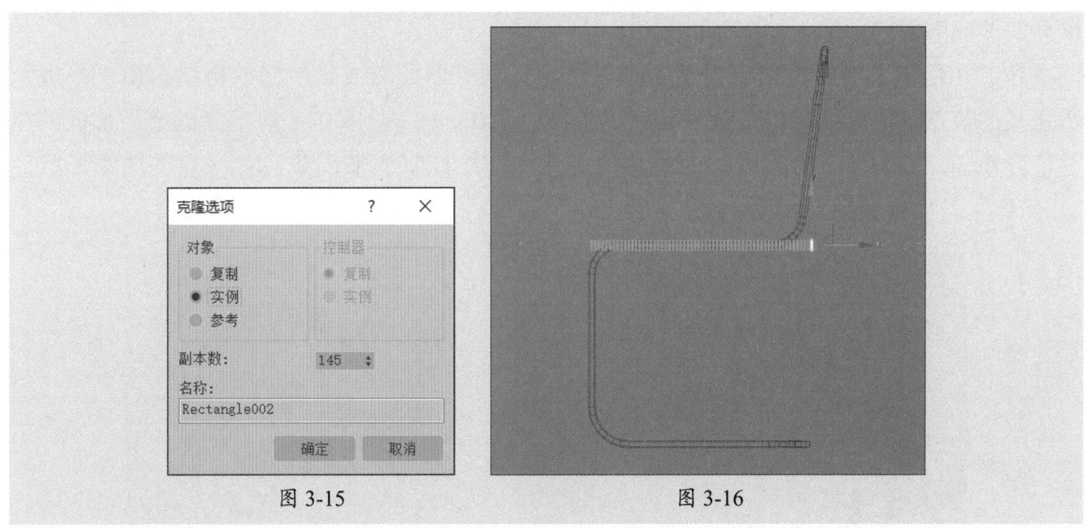

图 3-15　　图 3-16

步骤 16 在前视图中使用移动工具和旋转工具调整两端矩形的位置和角度，如图3-17所示。

步骤 17 调整完毕后，切换到透视图，可以看到最终的椅子模型效果，如图3-18所示。

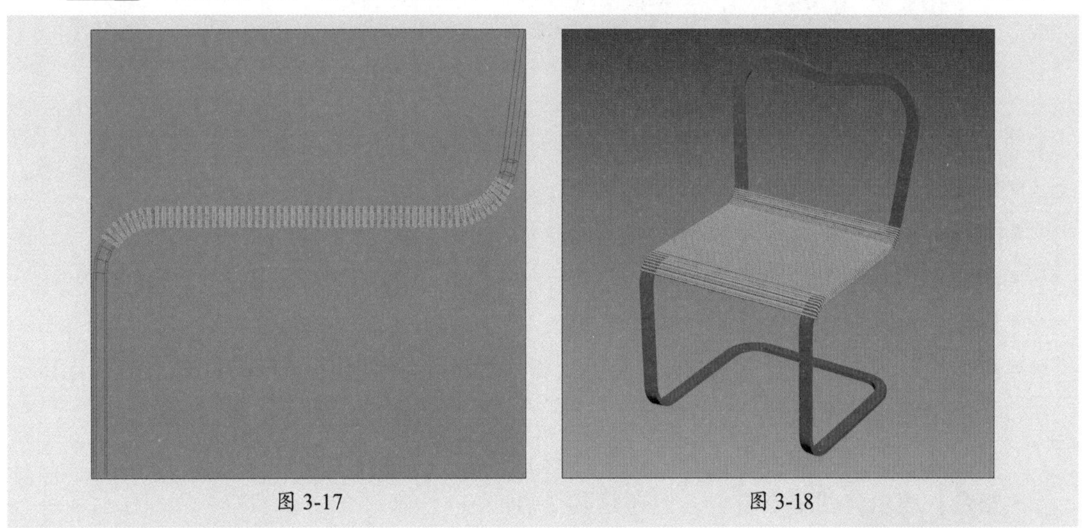

图 3-17　　图 3-18

3.1.2 样条线

3ds Max中提供了12种样条线类型，如线、矩形、圆、椭圆、弧、圆环等，如图3-19所示。利用样条线可以创建三维建模实体，所以掌握样条线的创建是非常必要的。

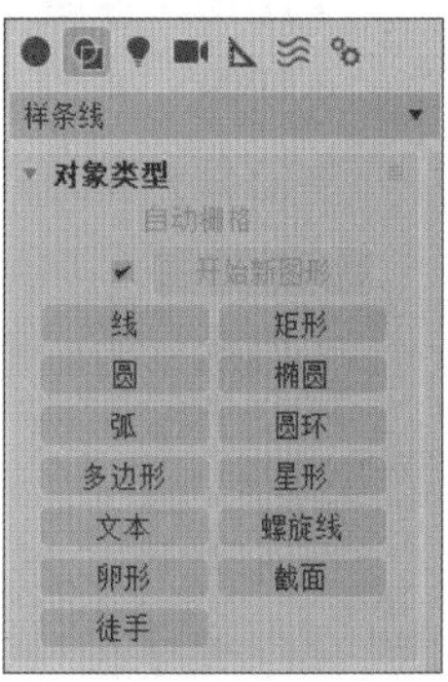

图 3-19

1. 线

线在样条线中比较特殊，没有可编辑的参数，只能利用顶点、线段和样条线子层级进行编辑。单击鼠标左键时若立即释放鼠标便形成折角，若继续拖动鼠标一段距离后再释放鼠标便形成圆滑的弯角，如图3-20所示。

在“几何体”卷展栏中，由“角点”所定义的点形成的线是严格的折线，由“平滑”所定义的节点形成的线可以是圆滑相接的曲线，由Bezier（贝塞尔）所定义的节点形成的线是依照Bezier算法得出的曲线，通过移动一点的切线控制柄来调节经过该点的曲线形状。“几何体”卷展栏如图3-21所示。

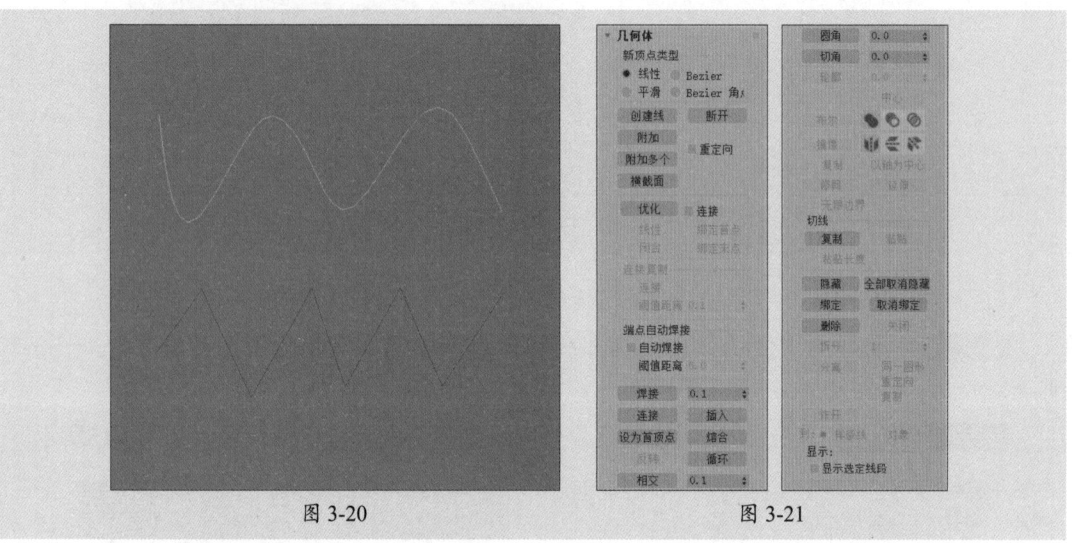

图 3-20　　　　图 3-21

下面介绍“几何体”展卷栏中常用选项的含义。

- **创建线：** 在样条线的基础上再加线。
- **断开：** 将一个顶点断开成两个。
- **附加：** 将两条线转换为一条线。
- **优化：** 可以在线条上任意加点。
- **焊接：** 将断开的点焊接起来，“连接”和“焊接”的作用是一样的，只不过“连接”必须是重合的两点。
- **插入：** 不但可以插入点，还可以插入线。
- **熔合：** 表示将两个点重合，但还是两个点。
- **圆角：** 给直角一个圆滑度。
- **切角：** 将直角切成一条直线。
- **隐藏：** 把选中的点隐藏起来，但该点还是存在的。而“全部取消隐藏”是把隐藏的点都显示出来。
- **删除：** 表示删除不需要的点。

2. 矩形

矩形常用于创建简单家具的拉伸原型。其主要参数有“可渲染”“步数”“长度”“宽度”和“角半径”，其中常用选项的含义如下。

- **长度：** 设置矩形的长度。
- **宽度：** 设置矩形的宽度。
- **角半径：** 设置角半径的大小。

单击“矩形”按钮，在顶视图中拖动鼠标即可创建矩形样条线，如图3-22所示。进入“修改”命令面板，在“参数”卷展栏中可以设置样条线的参数，如图3-23所示。

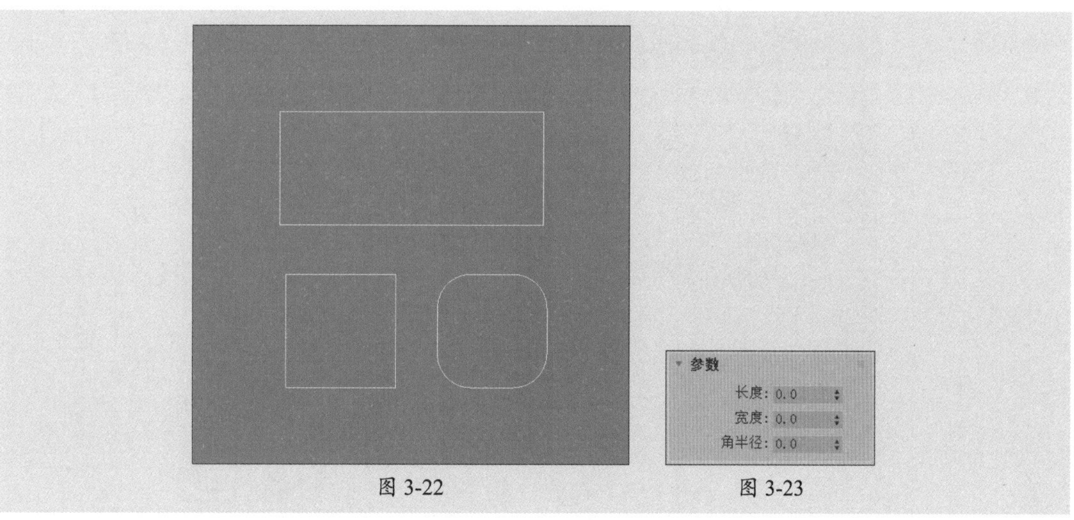

图 3-22　　图 3-23

3. 圆 / 椭圆

在命令面板中单击“圆”按钮。在任意视图中单击并拖动鼠标即可创建圆，如图3-24所示。

创建椭圆样条线的方法和创建圆形样条线的方法类似，通过“参数”卷展栏可以设置半轴的长度和宽度，如图3-25所示。

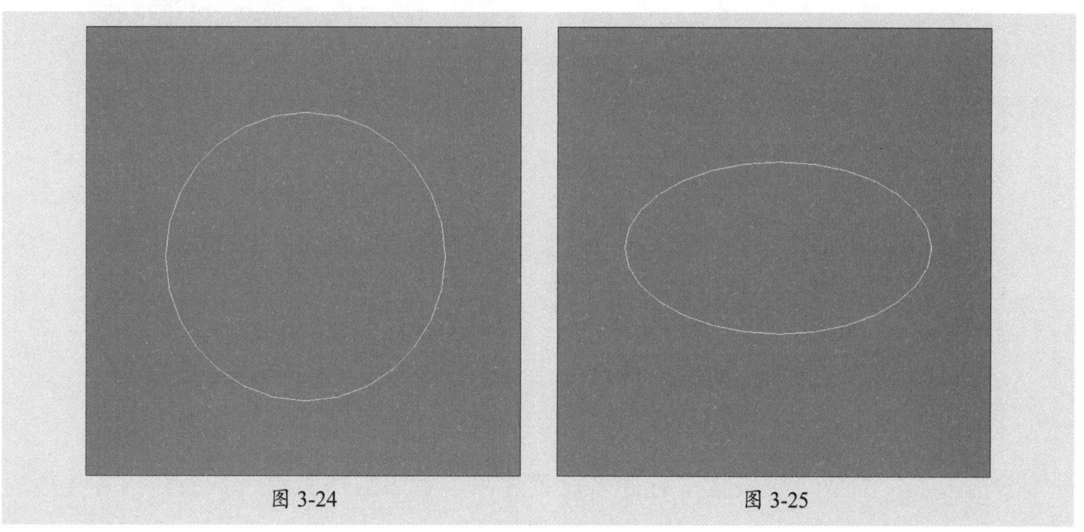
图 3-24　　图 3-25

操作提示

使用3ds Max创建对象时，在不同的视口创建的物体的轴是不一样的，这样在对物体进行操作时会产生细微的区别。

4. 圆环

圆环需要设置内框线和外框线，在命令面板中单击“圆环”按钮，在顶视图中拖动鼠标创建圆环外框线，释放鼠标左键并拖动鼠标，即可创建圆环内框线，如图3-26所示。单击鼠标左键完成创建圆环操作，在“参数”卷展栏中可以设置半径1和半径2的大小，如图3-27所示。

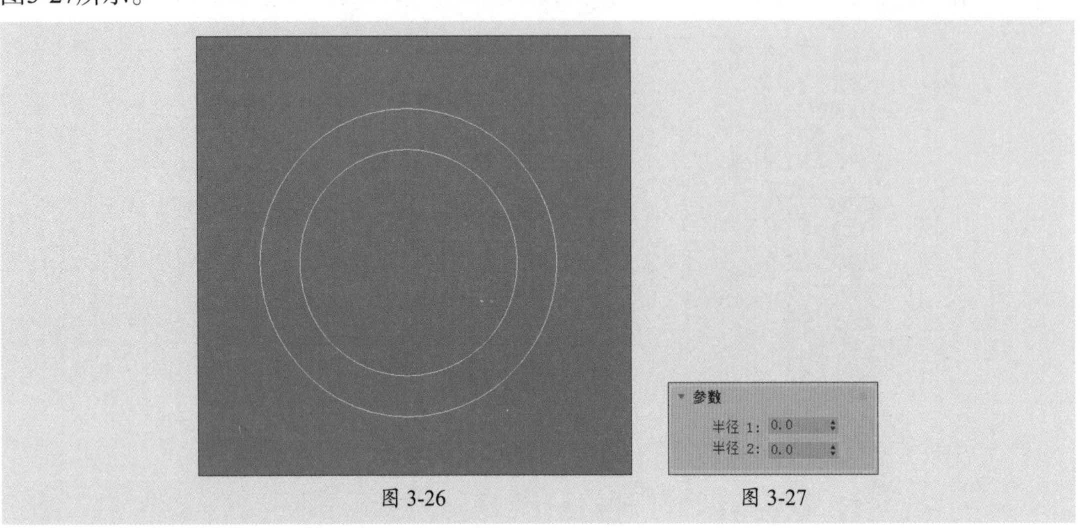

图 3-26　　图 3-27

5. 多边形 / 星形

多边形和星形属于多线段的样条线图形，通过边数和点数可以设置样条线的形状，如图3-28、图3-29所示。

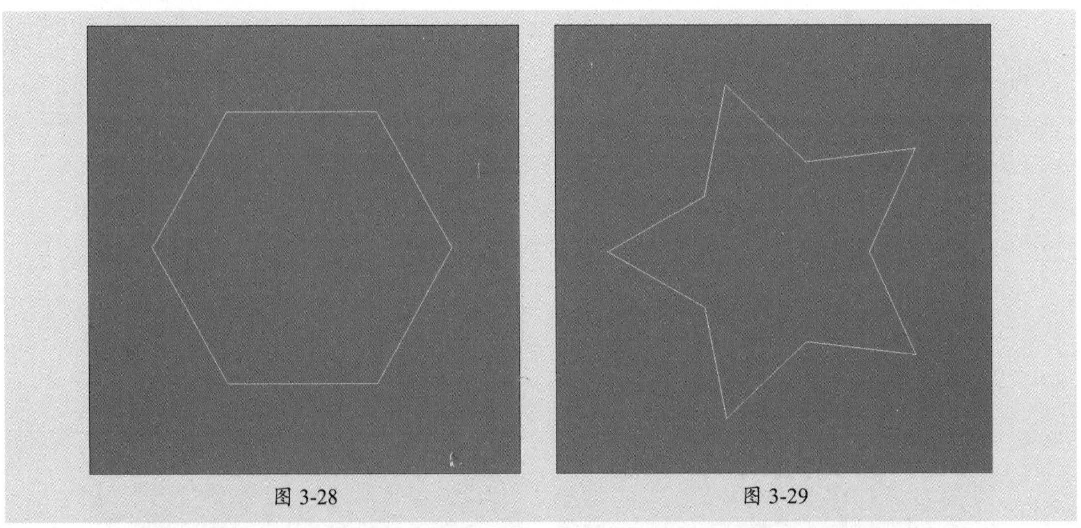

图 3-28　　图 3-29

多边形在“参数”卷展栏中有许多设置选项，如图3-30所示。下面介绍各选项的含义。

- **半径**：设置多边形半径的大小。
- **内接和外接**：内接是指多边形的中心点到角点之间的距离为内切圆的半径，外接是指多边形的中心点到角点之间的距离为外切圆的半径。
- **边数**：设置多边形边数。其数值范围为3～100，默认边数为6。

- **角半径：** 设置圆角半径的大小。
- **圆形：** 选中该复选框，多边形即可变成圆形。

设置星形的选项有“半径1”“半径2”“点”“扭曲”等，如图3-31所示。下面介绍各选项的含义。

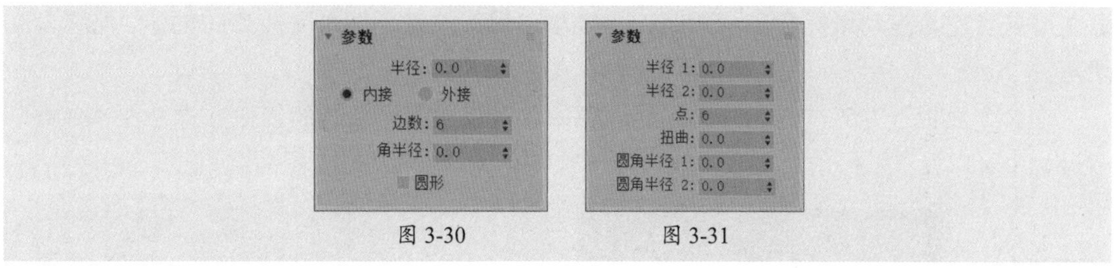

图 3-30　　图 3-31

- **半径1和半径2：** 设置星形的内、外半径。
- **点：** 设置星形的顶点数目。默认情况下，星形的顶点数目为6。其数值范围为3～100。
- **扭曲：** 设置星形的扭曲程度。
- **圆角半径1和圆角半径2：** 设置星形内、外圆环上的圆角半径大小。

操作提示

在创建星形半径2时，向内拖动鼠标，可将第一个半径作为星形的顶点，或者向外拖动鼠标，将第二个半径作为星形的顶点。

6. 文本

在设计过程中，许多方面都需要创建文本，比如店面名称、商品的品牌等。在命令面板中单击“文本”按钮，接着在视图中单击即可创建一个默认的文本，文本内容为“MAX文本”，如图3-32所示。在其“参数”卷展栏中用户可以对文本的字体、大小、属性等进行设置，如图3-33所示。

图 3-32

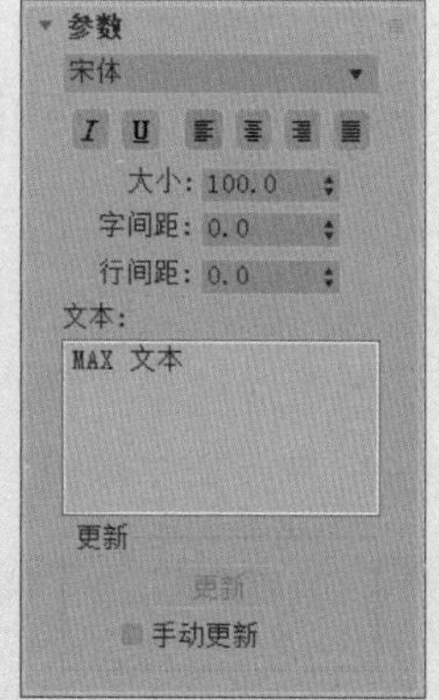

图 3-33

操作提示

在创建复杂的场景时，为模型命名一个标志性的名称，会为接下来的操作带来很大的便利。

7. 弧

利用“弧”样条线可以创建圆弧和扇形，创建的弧形状可以通过修改器生成带有平滑圆角的图形。

在命令面板中单击“弧”按钮，在绘图区单击并拖动鼠标创建线段，释放鼠标左键后上下或者左右拖动鼠标可显示弧线，再次单击鼠标左键，即可完成弧的创建，如图3-34所示。

在命令面板下方的“创建方法”卷展栏中，可以设置样条线的创建方式，在“参数”卷展栏中可以设置弧样条线的各参数，如图3-35所示。

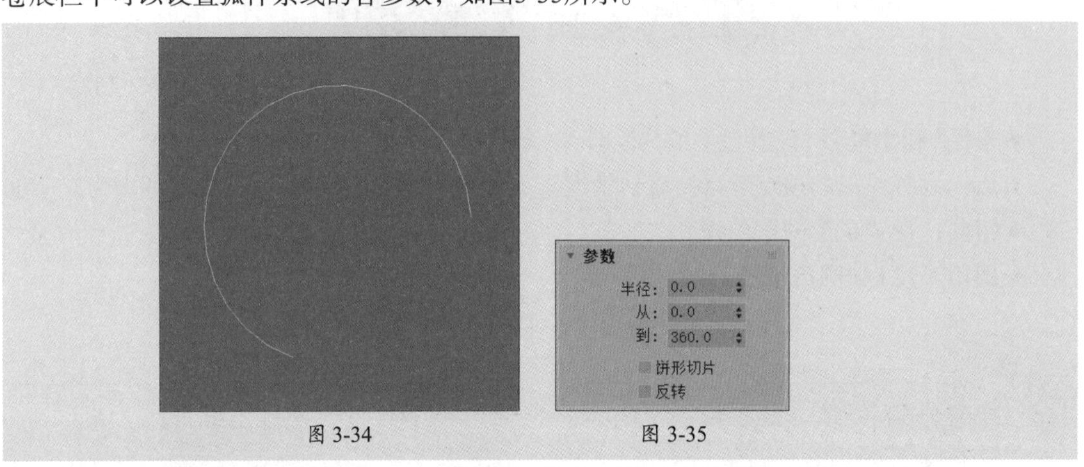

图 3-34　　图 3-35

下面介绍各选项的含义。

- **端点-端点-中央：** 设置“弧”样条线以端点-端点-中央的方式进行创建。
- **中央-端点-端点：** 设置“弧”样条线以中央-端点-端点的方式进行创建。
- **半径：** 设置弧形的半径。
- **从：** 设置弧形样条线的起始角度。
- **到：** 设置弧形样条线的终止角度。
- **饼形切片：** 选中该复选框，创建的弧形样条线会更改成封闭的扇形。
- **反转：** 选中该复选框，即可反转弧形，生成弧形所属圆周另一半的弧形。

8. 螺旋线

利用“螺旋线”图形工具可以创建弹簧及旋转楼梯扶手等不规则的圆弧形状，如图3-36所示。螺旋线可以通过“半径1”“半径2”“高度”“圈数”“偏移”“顺时针”和“逆时针”等选项进行设置，其“参数”卷展栏如图3-37所示。

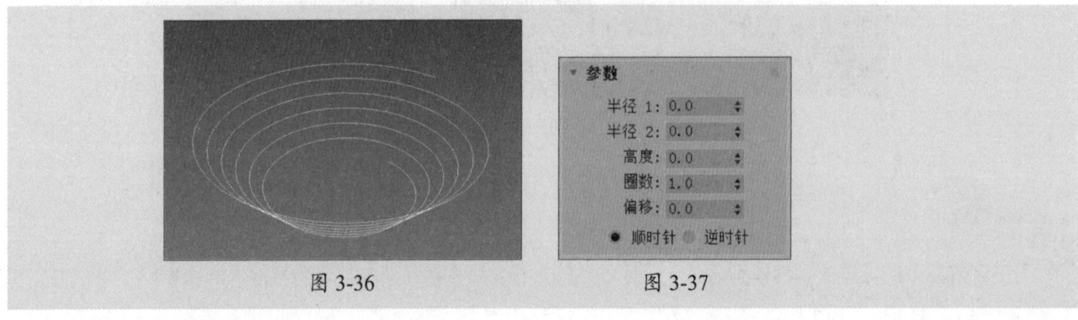

图 3-36　　图 3-37

下面介绍各选项的含义。

- **半径1和半径2：** 设置螺旋线的半径。
- **高度：** 设置螺旋线在起始圆环和结束圆环之间的高度。
- **圈数：** 设置螺旋线的圈数。
- **偏移：** 设置螺旋线的偏移距离。
- **顺时针和逆时针：** 设置螺旋线的旋转方向。

3.1.3 可编辑样条线

二维图形对象包括三种子对象，分别是“顶点”“线段”“样条线”，而3ds Max提供的样条线对象，都可以被塌陷成一个可编辑样条线对象。参数化图形被塌陷后，将不能再访问之前的创建参数，其属性名称在堆栈栏也会变为“可编辑样条线”，并拥有三个子对象层级。

创建一个样条线，单击鼠标右键，在弹出的快捷菜单中选择“转换为”|“转换为可编辑样条线”命令，即可将对象塌陷为可编辑样条线，在修改堆栈中可以看到其子对象层级，如图3-38、图3-39所示。

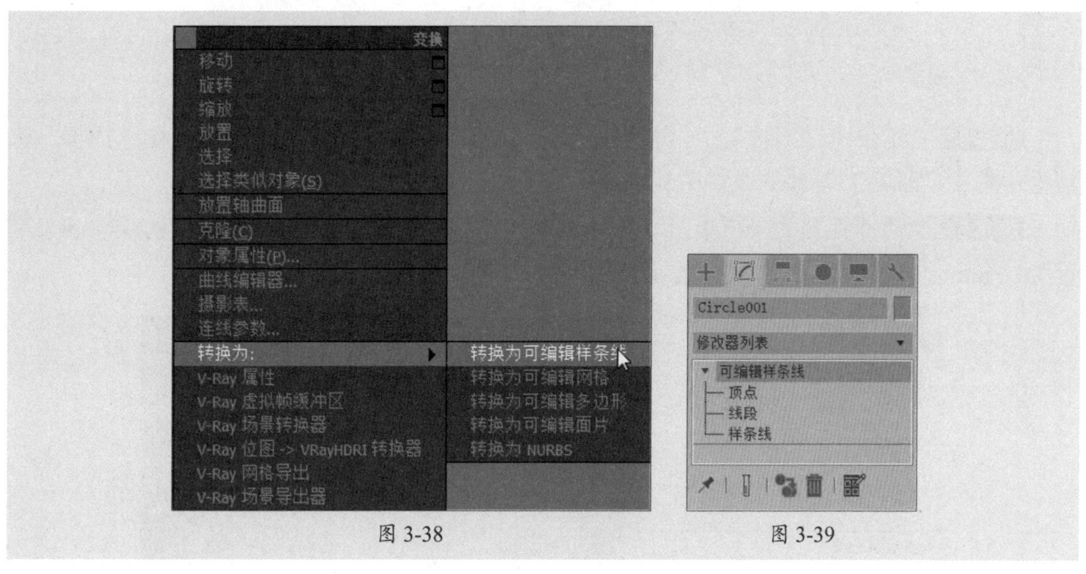

图 3-38　　　　图 3-39

3.2 标准基本体

复杂的模型都是由许多标准体组合而成，所以学习如何创建标准基本体是非常关键的。标准基本体是最简单的三维物体，在视图中拖动鼠标即可创建标准基本体。

用户可以通过以下方式调用标准基本体命令。

- 执行“创建”|“标准基本体”的子命令。
- 在命令面板中单击“创建”按钮，然后在其下方单击“几何体”按钮，打开“几何体”面板，并在该面板的“对象类型”卷展栏中单击相应的标准基本体按钮。

3.2.1 案例解析：创建茶几组合模型

本案例中将利用样条线与基本标准体创建一组茶几模型，具体操作步骤如下。

步骤 01 单击“管状体”按钮，创建一个管状体，并在“参数”卷展栏中设置半径、高度等参数，如图3-40、图3-41所示。

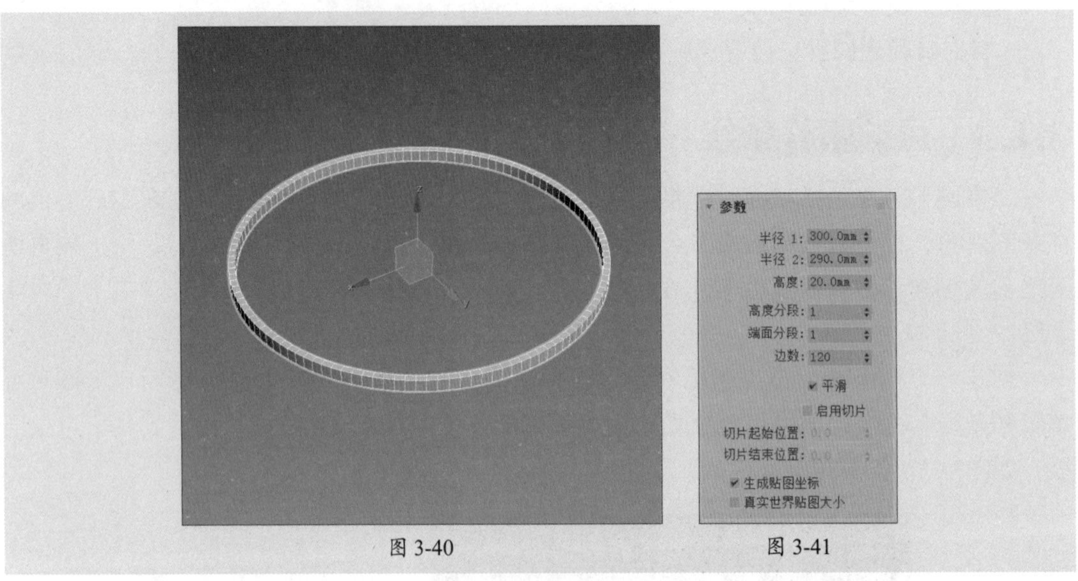

图 3-40　　图 3-41

步骤 02 右键单击“捕捉开关”按钮，打开“栅格和捕捉设置”对话框，在“捕捉”选项卡中选中“轴心”复选框，如图3-42所示。

步骤 03 激活捕捉开关，再单击“圆柱体”按钮，捕捉轴心创建一个半径为295 mm、高度为20 mm、边数为120的圆柱体作为桌面，并调整位置，如图3-43所示。

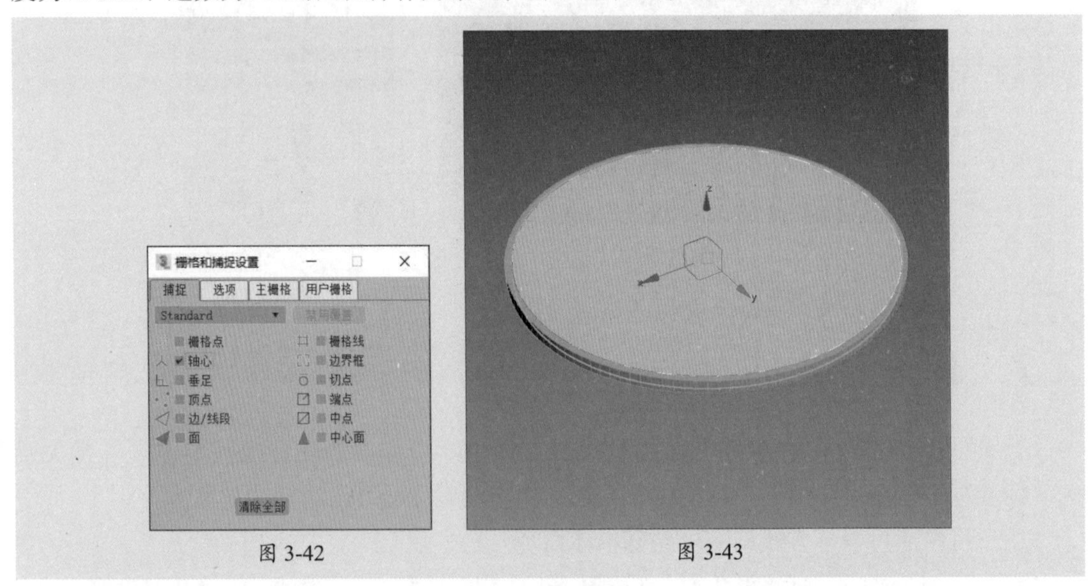

图 3-42　　图 3-43

步骤 04 按Ctrl+V组合键，以“复制”方式克隆对象，如图3-44所示。

步骤 05 右键单击移动工具，打开“移动变换输入”对话框，设置Z轴偏移参数为-400，如图3-45所示。

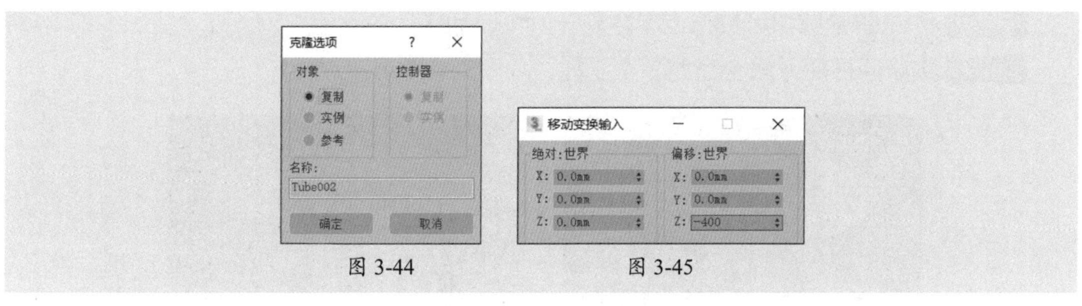

图 3-44　　图 3-45

步骤 06 按Enter键即可精确移动对象，如图3-46所示。

步骤 07 再次按Ctrl+V组合键克隆对象，并启用切片效果，在“参数”卷展栏中重新调整参数，如图3-47所示。

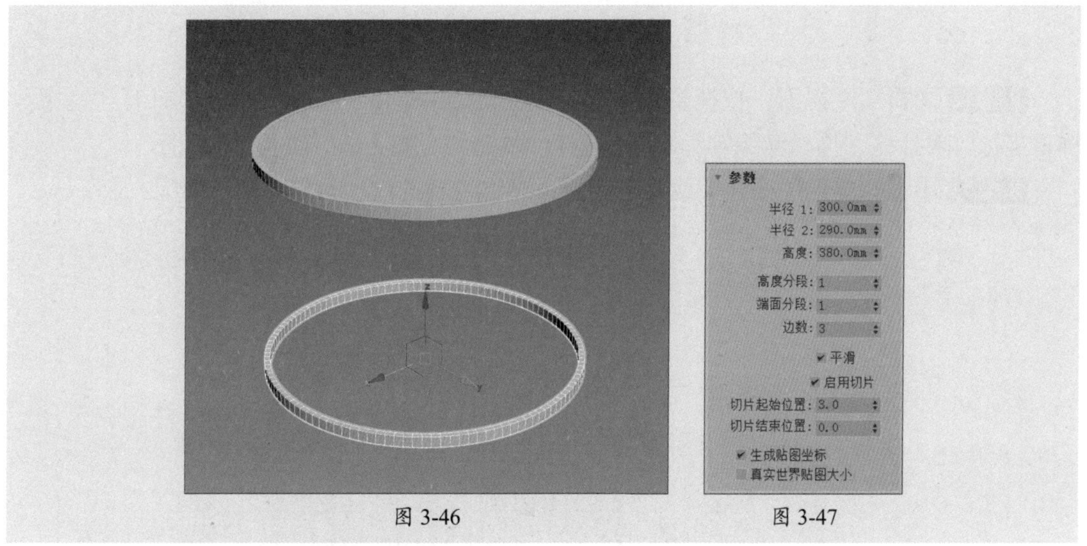

图 3-46　　图 3-47

步骤 08 重新设置后的模型作为茶几立柱，效果如图3-48所示。

步骤 09 按Ctrl+V组合键克隆对象，接着切换到顶视图，右键单击旋转工具，打开“旋转变换输入”对话框，这里设置Z轴偏移参数为120，如图3-49所示。

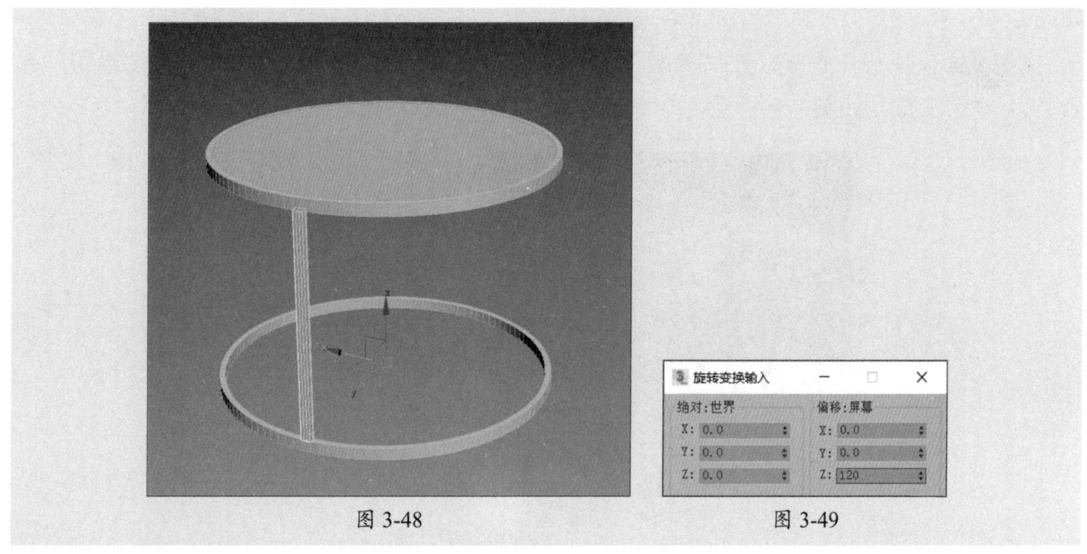

图 3-48　　图 3-49

步骤 10 按Enter键后即可按指定度数旋转对象，如图3-50所示。

步骤 11 按照同样的方法再复制一个立柱，如图3-51所示。

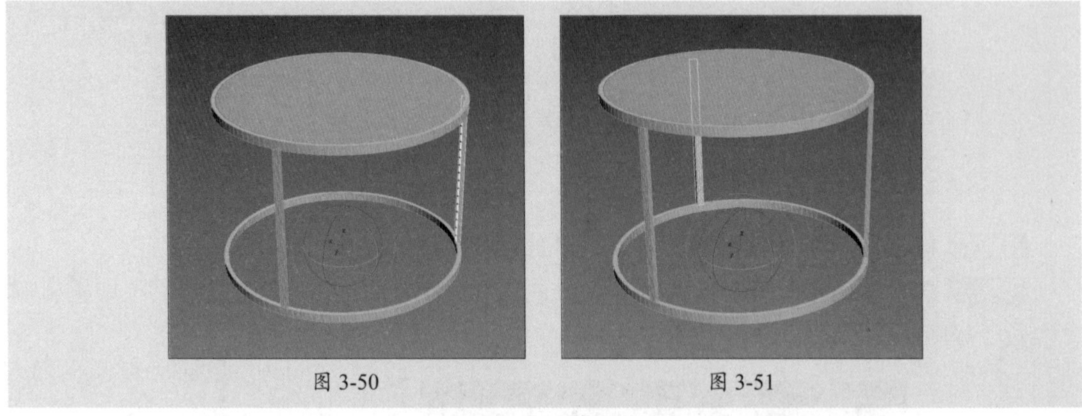

图 3-50　　图 3-51

步骤 12 切换到左视图，选择茶几模型，在工具栏中单击“镜像”按钮，打开“镜像：屏幕坐标”对话框，选择镜像轴为X，再选择“复制”克隆方式，如图3-52所示。

步骤 13 单击“确定”按钮完成镜像复制，再将复制的模型对象移出，如图3-53所示。

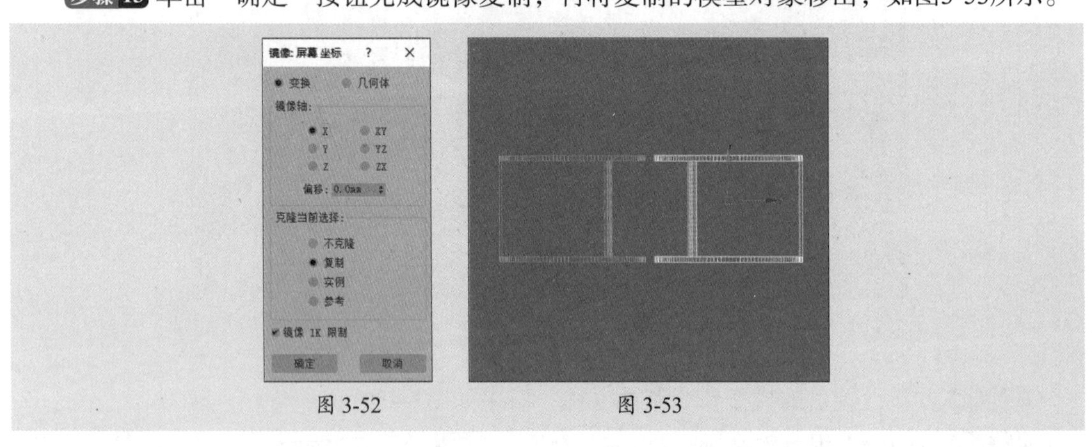

图 3-52　　图 3-53

步骤 14 重新调整新复制的茶几模型尺寸，设置总体半径为200 mm，高度为300 mm，如图3-54所示。

步骤 15 选择茶几底座，在“参数”卷展栏中选中“启用切片”复选框，并设置切片起始/结束位置参数，如图3-55所示。

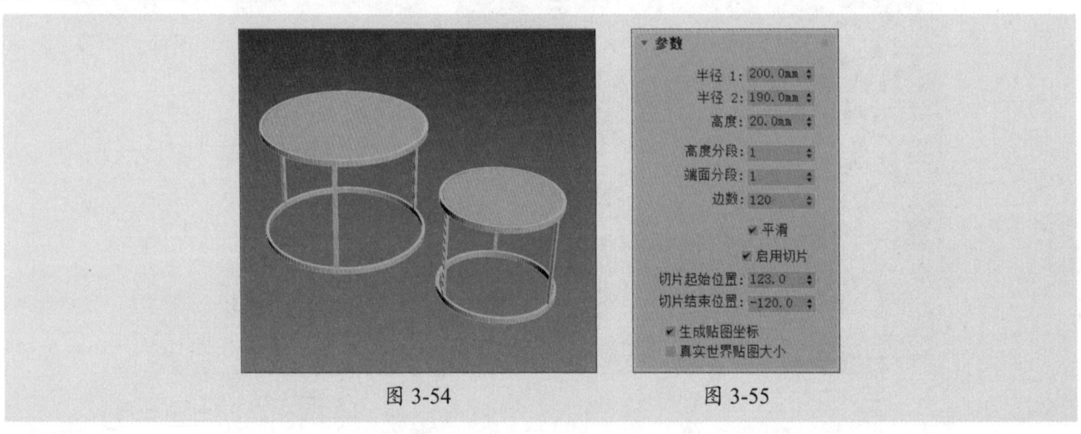

图 3-54　　图 3-55

步骤 16 设置后的茶几底座如图3-56所示。

步骤 17 调整模型位置，完成茶几组合模型的制作，如图3-57所示。

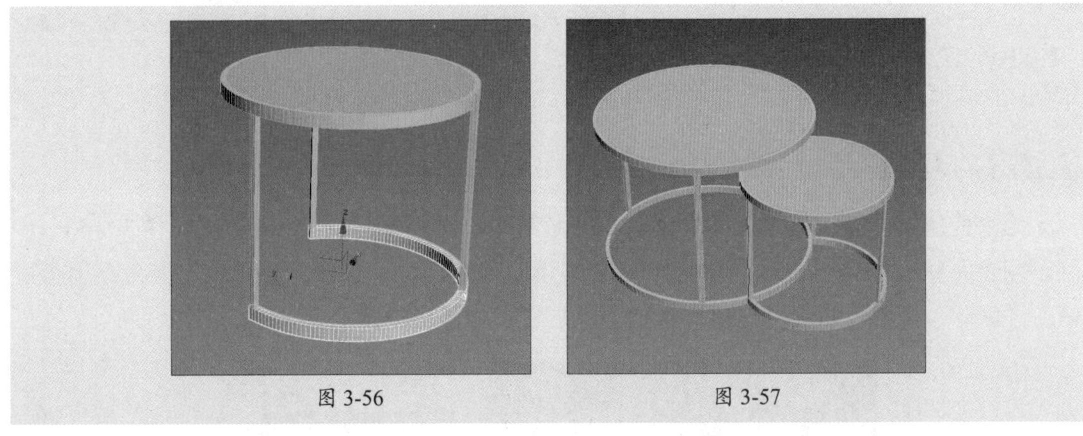

图 3-56　　图 3-57

3.2.2 长方体

长方体是基础建模应用最广泛的标准基本体之一，现实中与长方体接近的物体很多，可以使用长方体创建出很多模型，如方桌、墙体等，同时还可以将长方体用作多边形建模的基础物体。

利用“长方体”命令可以创建出长方体或立方体，如图3-58、图3-59所示。

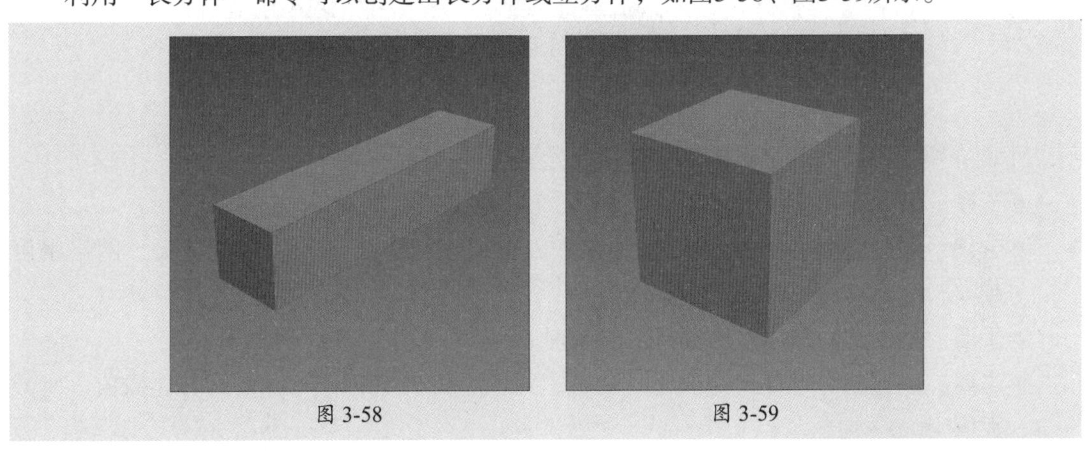

图 3-58　　图 3-59

用户可以通过“参数”卷展栏设置长方体的长度、宽度和高度等参数，如图3-60所示。下面介绍各参数的含义。

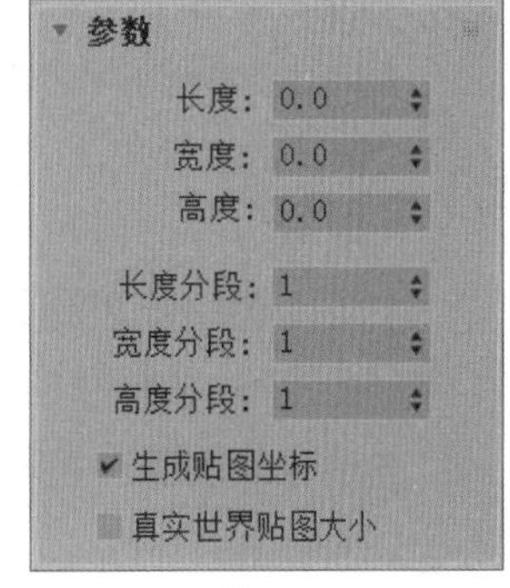

图 3-60

- **长度、宽度、高度：** 设置立方体的长度数值，拖动鼠标创建立方体时，其余微调框中的数值也会随之更改。
- **长度分段、宽度分段、高度分段：** 设置各轴上的分段数量。
- **生成贴图坐标：** 为创建的长方体生成贴图材质坐标，默认为启用。
- **真实世界贴图大小：** 贴图大小由绝对尺寸决定，与对象相对尺寸无关。

操作提示

在创建长方体时，按住Ctrl键的同时拖动鼠标，可以使创建的长方体的地面宽度和长度保持一致，再调整高度即可创建出具有正方形底面的长方体。

3.2.3 球体

无论是建筑建模，还是工业建模时，球形结构也是必不可少的一种结构。在3ds Max中可以创建完整的球体，也可以创建半球或球体的其他部分，如图3-61所示。在命令面板中单击“球体”按钮，将打开球体“参数”卷展栏，如图3-62所示。

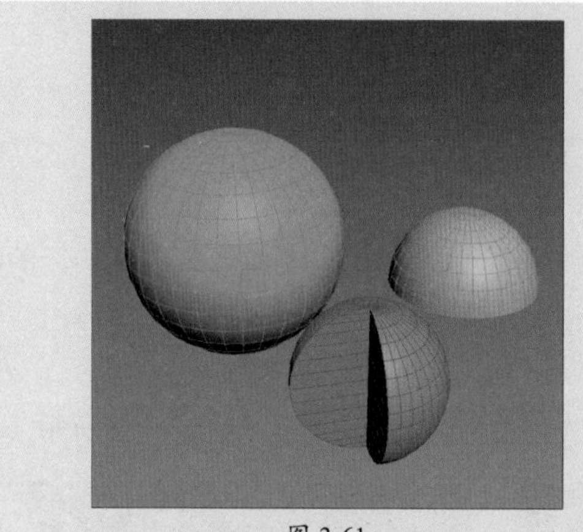

图 3-61

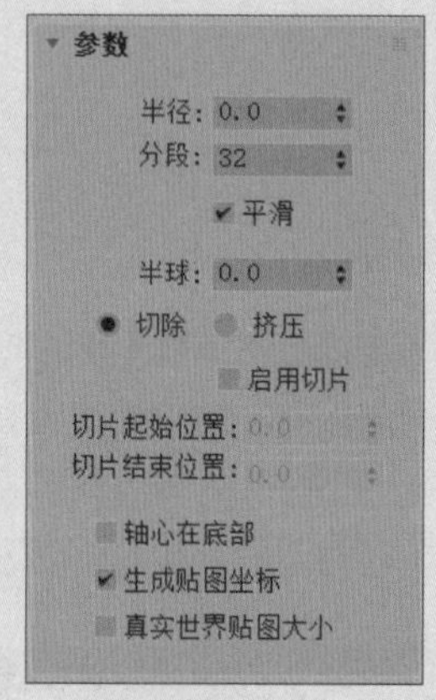

图 3-62

下面介绍“参数”卷展栏中部分选项的含义。

- **半径：** 设置球体半径的大小。
- **分段：** 设置球体的分段数目。设置分段会形成网格线，分段数值越大，网格密度越大。
- **平滑：** 将创建的球体表面进行平滑处理。
- **半球：** 创建部分球体，定义半球数值，可以定义减去创建球体的百分比数值。有效数值为0.0～1.0。
- **切除：** 通过在半球断开时去除球体中的顶点和面来减少它们的数量。默认为启用状态。
- **挤压：** 保持球体顶点数和面数不变，将几何体向球体的顶部挤压，直到体积越来越小。
- **启用切片：** 选中该复选框，可以从某角度和另一角度创建球体。
- **切片起始位置和切片结束位置：** 选中“启用切片”复选框，即可激活“切片起始位置”和“切片结束位置”微调框，在其中可以设置切片的起始角度和终止角度。
- **轴心在底部：** 将轴心设置为球体的底部。默认为禁用状态。

3.2.4 圆柱体

圆柱体在现实中很常见，比如玻璃杯和桌腿等。和创建球体类似，用户可以创建完整的圆柱体或者圆柱体的一部分，如图3-63所示。在命令面板中单击“圆柱体”按钮后，将弹出圆柱体的“参数”卷展栏，如图3-64所示。

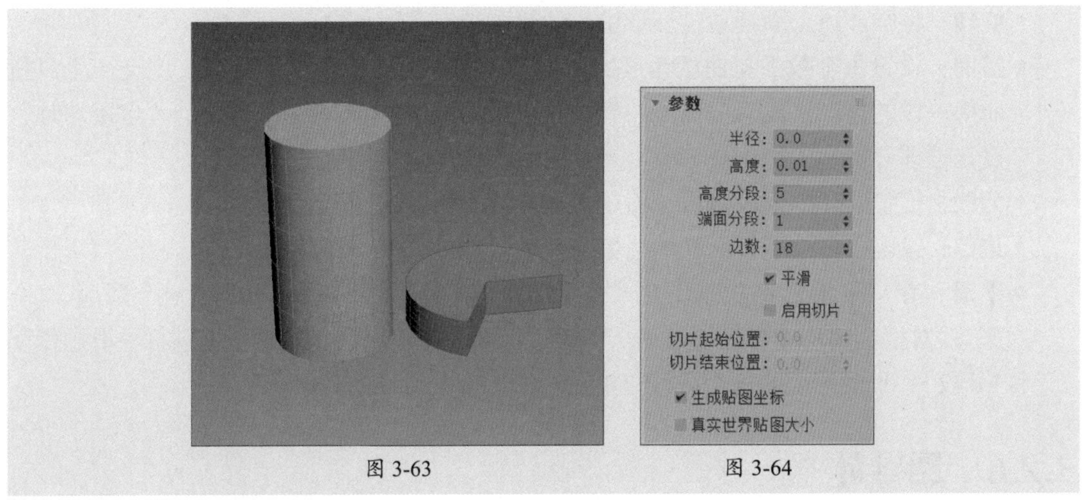

图 3-63　图 3-64

下面介绍“参数”卷展栏中部分选项的含义。

- **半径：** 设置圆柱体的半径大小。
- **高度：** 设置圆柱体的高度值，当数值为负数时，将在构造平面下创建圆柱体。
- **高度分段：** 设置圆柱体高度上的分段数值。
- **端面分段：** 设置圆柱体顶面和底面中心的同心分段数量。
- **边数：** 设置圆柱体周围的边数。

3.2.5 圆环

圆环可以用于创建环形或具有圆形横截面的环状物体。其创建方法和其他标准基本体的创建方法有许多相同点，用户可以创建完整的圆环，也可以创建圆环的一部分，如图3-65所示。在命令面板中单击“圆环”按钮后，将弹出“参数”卷展栏，如图3-66所示。

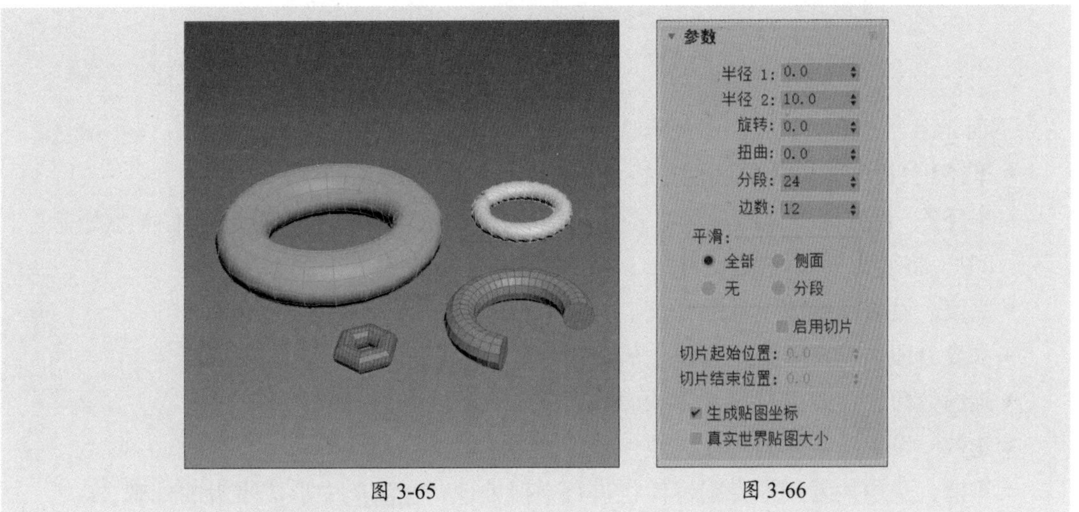

图 3-65　图 3-66

下面介绍“参数”卷展栏中部分选项的含义。

- **半径1：** 设置圆环轴半径的大小。
- **半径2：** 设置截面半径的大小，定义圆环的粗细程度。
- **旋转：** 将圆环顶点围绕通过环形中心的圆形旋转。
- **扭曲：** 设置每个截面扭曲的角度，产生扭曲的表面。数值设置不当，就会产生只扭曲第一段的情况，此时只需要将扭曲值设置为360.0，或者选中下方的“启用切片”复选框即可。
- **分段：** 设置圆环的分段数目。值越大，得到的圆形越光滑。
- **边数：** 设置圆环上下方向上的边数。
- **平滑：** 在“平滑”选项组中包含“全部”“侧面”“无”和“分段”4个选项。“全部”：对整个圆环进行平滑处理。“侧面”：平滑圆环侧面。“无”：不进行平滑操作。“分段”：平滑圆环的每个分段，沿着环形生成类似环的分段。

3.2.6 圆锥体

圆锥体大多用于创建天台、吊坠等，利用“参数”卷展栏中的选项，可以将圆锥体定义成许多形状，如图3-67所示。在命令面板中单击“圆锥体”按钮，将弹出圆锥体的“参数”卷展栏，如图3-68所示。

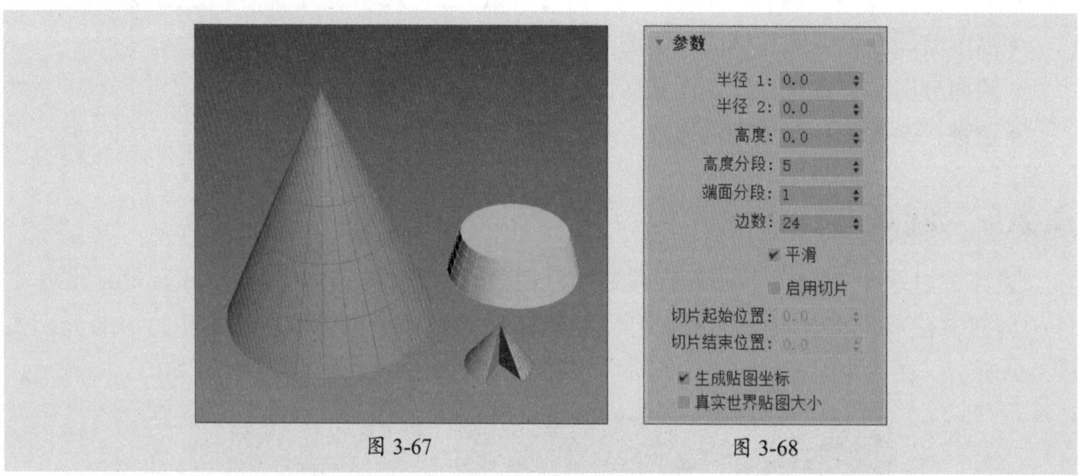

图 3-67　　图 3-68

下面介绍“参数”卷展栏中部分选项的含义。

- **半径1：** 设置圆锥体的底面半径大小。
- **半径2：** 设置圆锥体的顶面半径。当值为0时，圆锥体将变为尖顶圆锥体；当值大于0时，将变为平顶圆锥体。
- **高度：** 设置圆锥体主轴的高度。
- **高度分段：** 设置圆锥体高度上的分段数。
- **端面分段：** 设置沿着圆锥体顶面和底面中心的同心分段数。
- **边数：** 设置圆锥体的侧面边数。
- **平滑：** 选中该复选框，圆锥体将进行平滑处理，在渲染中形成平滑的外观。
- **启用切片：** 选中该复选框，将激活“切片起始位置”和“切片结束位置”微调框，在其中可以设置切片的角度。

3.2.7 几何球体

几何球体是由三角形面拼接而成，其创建方法和球体的创建方法一致。在命令面板中单击“几何球体”按钮后，在任意视图中拖动鼠标即可创建几何球体，如图3-69所示。单击“几何球体”按钮后，将弹出“参数”卷展栏，如图3-70所示。

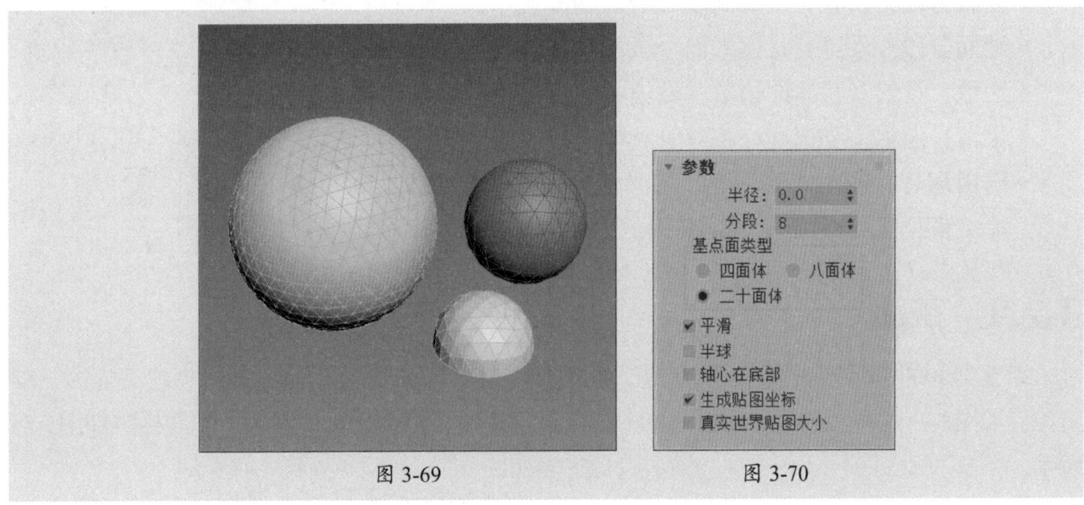

图 3-69　　图 3-70

下面介绍“参数”卷展栏中部分选项的含义。

- **半径：**设置几何球体的半径大小。
- **分段：**设置几何球体的分段。设置分段数值后，将创建网格，数值越大，网格密度越大，几何球体越光滑。
- **基点面类型：**在“基点面类型”选项组中包含“四面体”“八面体”“二十面体”3个选项，这些选项分别代表相应的几何球体的面值。
- **平滑：**选中该复选框，渲染时平滑显示几何球体。
- **半球：**选中该复选框，将几何球体设置为半球状。
- **轴心在底部：**选中该复选框，几何球体的中心将设置为底部。

3.2.8 管状体

管状体的外形与圆柱体相似，不过管状体是空心的，主要用于管道之类模型的制作，如图3-71所示。其创建方法非常简单，在命令面板中单击“管状体”按钮，将弹出“参数”卷展栏，如图3-72所示。

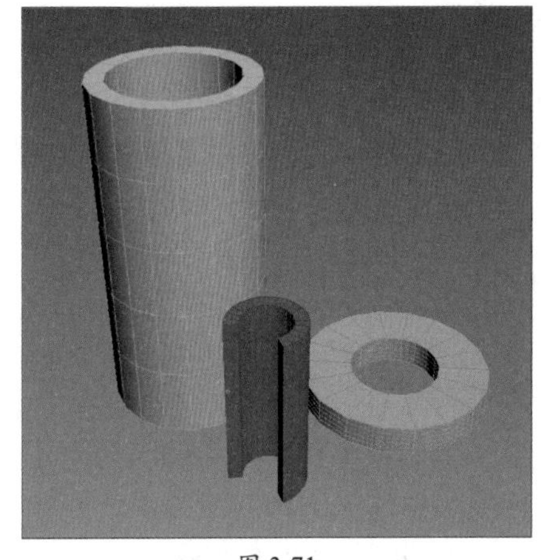

图 3-71

下面介绍“参数”卷展栏中部分选项的含义。

- **半径1和半径2：** 设置管状体的底面圆环的内径和外径的大小。
- **高度：** 设置管状体的高度。
- **高度分段：** 设置管状体高度分段的精度。
- **端面分段：** 设置管状体端面分段的精度。
- **边数：** 设置管状体的边数。数值越大，渲染的管状体越平滑。
- **平滑：** 选中该复选框，将对管状体进行平滑处理。
- **启用切片：** 选中该复选框，将激活“切片起始位置”和“切片结束位置”微调框，在其中可以设置切片的角度。

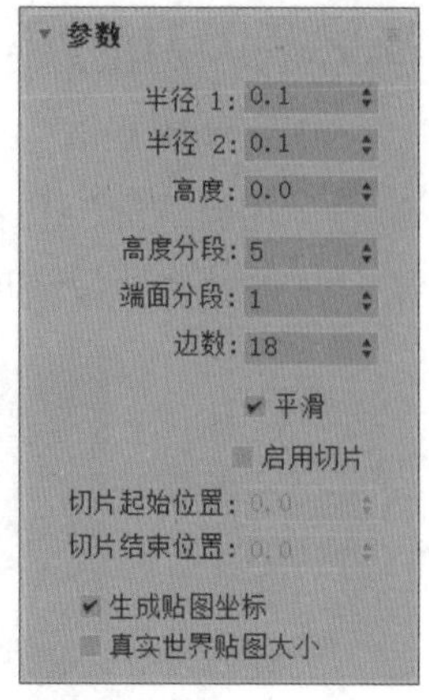

图 3-72

3.2.9 茶壶

茶壶是标准基本体中唯一完整的三维模型实体，单击并拖动鼠标即可创建茶壶的三维实体，如图3-73所示。在命令面板中单击“茶壶”按钮，将会显示“参数”卷展栏，如图3-74所示。

图 3-73　　图 3-74

下面介绍“参数”卷展栏中部分选项的含义。

- **半径：** 设置茶壶的半径大小。
- **分段：** 设置茶壶及单独部件的分段数。
- **茶壶部件：** 在“茶壶部件”选项组中包含“壶体”“壶把”“壶嘴”“壶盖”4个选项，取消选中相应的复选框，则在视图区将不显示该部件。

3.2.10 平面

平面是一种没有厚度的长方体，在渲染时可以无限放大，如图3-75所示。平面常用来创建大型场景的地面或墙体。此外，用户还可以为平面模型添加噪波等修改器，来创建陡峭的地形或波涛起伏的海面。

在命令面板中单击“平面”按钮，将显示“参数”卷展栏，如图3-76所示。

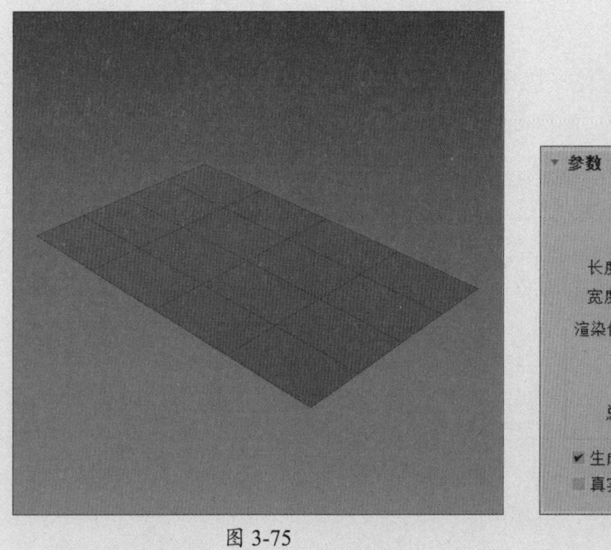

图 3-75

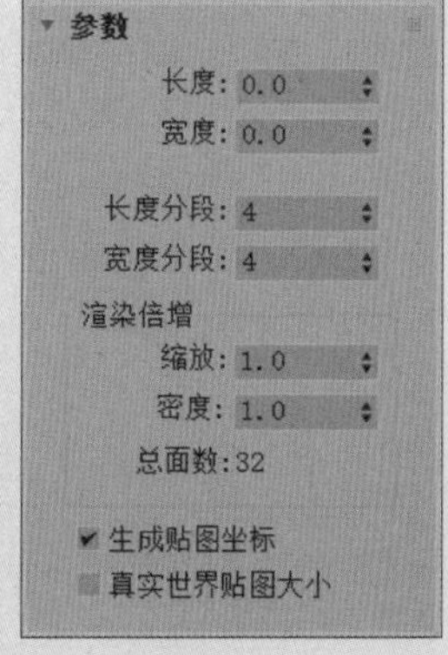

图 3-76

下面介绍“参数”卷展栏中部分选项的含义。

- **长度**：设置平面的长度。
- **宽度**：设置平面的宽度。
- **长度分段**：设置长度的分段数量。
- **宽度分段**：设置宽度的分段数量。
- **渲染倍增**：“渲染倍增”选项组中包含“缩放”“密度”“总面数”3个选项。“缩放”用于指定平面几何体的长度和宽度在渲染时的倍增数，从平面几何体中心向外缩放；“密度”用于指定平面几何体的长度和宽度分段数在渲染时的倍增数值；“总面数”用于显示创建平面物体时的总面数。

3.3 扩展基本体

扩展基本体是3ds Max复杂基本体的集合，可以创建带有倒角、圆角和特殊形状的物体，和标准基本体相比，它较为复杂一些。用户可以通过以下方式创建扩展基本体。

- 执行“创建”|“扩展基本体”的子命令。
- 在命令面板中单击“创建”按钮，然后单击“标准基本体”右侧的▼按钮，在弹出的下拉列表框中选择“扩展基本体”选项，在下方的“对象类型”卷展栏中单击相应的扩展基本体按钮。

操作提示

在3ds Max中，无论是标准基本体模型还是扩展基本体模型，都具有创建参数，用户可以通过这些创建参数对几何体进行适当的变形处理。

3.3.1 案例解析：创建儿童桌凳组合模型

本案例将利用扩展基本体结合其他建模知识创建一套儿童桌凳组合模型，具体操作步骤如下。

步骤 01 单击“切角长方体”按钮，创建一个切角长方体作为桌面，并在“参数”卷展栏中设置切角长方体的参数，如图3-77、图3-78所示。

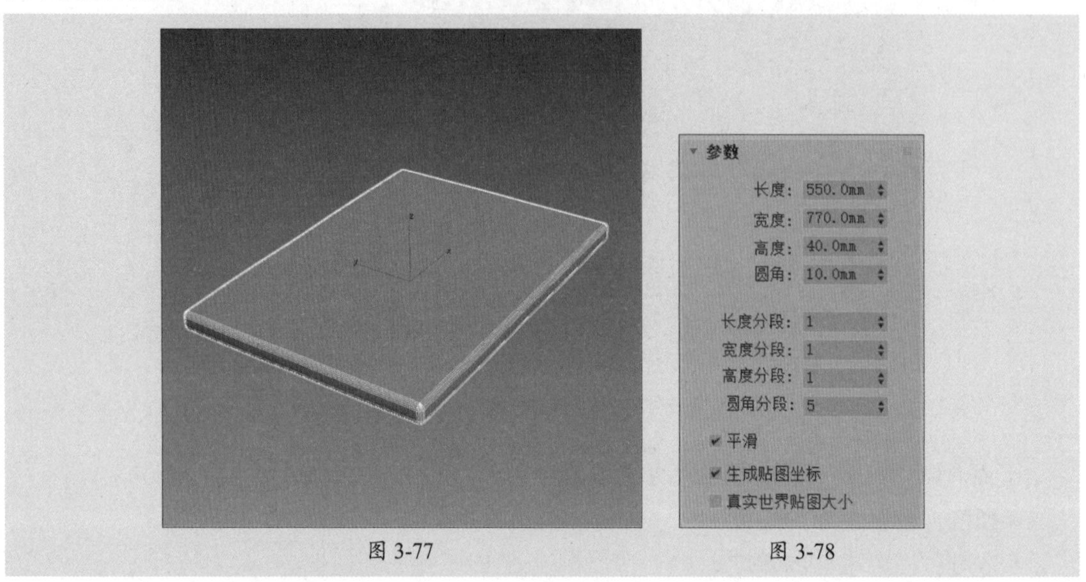

图 3-77　　图 3-78

步骤 02 单击“圆锥体”按钮，创建一个圆锥体作为桌腿，在“参数”卷展栏中设置圆锥体的参数，将圆锥体设置成圆台造型，如图3-79、图3-80所示。

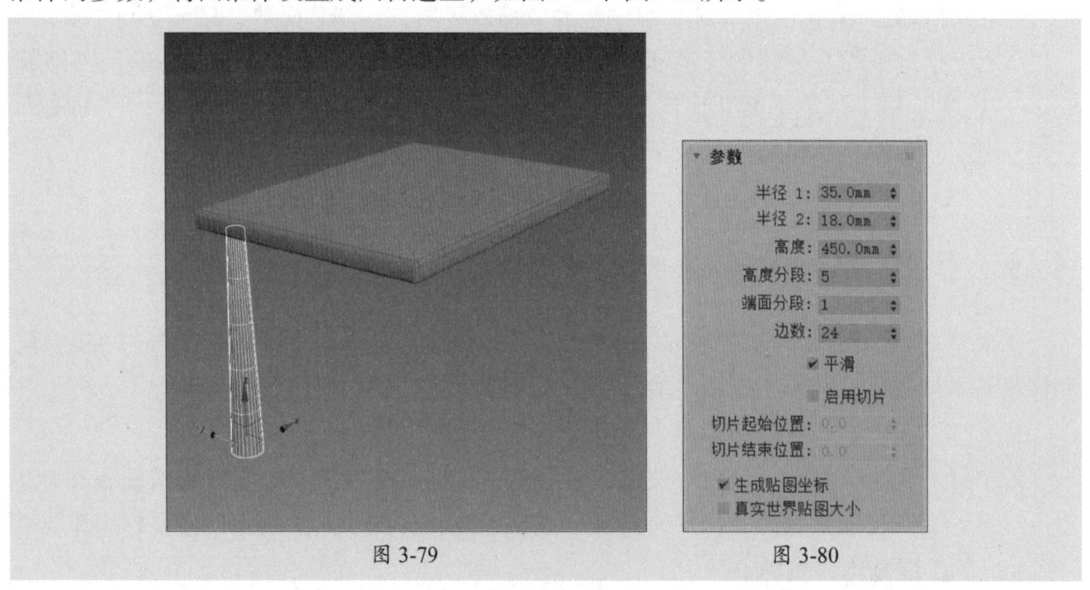

图 3-79　　图 3-80

步骤 03 激活旋转工具，分别在前视图和左视图中沿Z轴旋转桌腿，接着在顶视图中调整桌腿位置，如图3-81所示。

步骤 04 在工具栏中单击“镜像”按钮，打开“镜像：屏幕坐标”对话框，以X轴为镜像轴，再选择“实例”克隆方式，如图3-82所示。

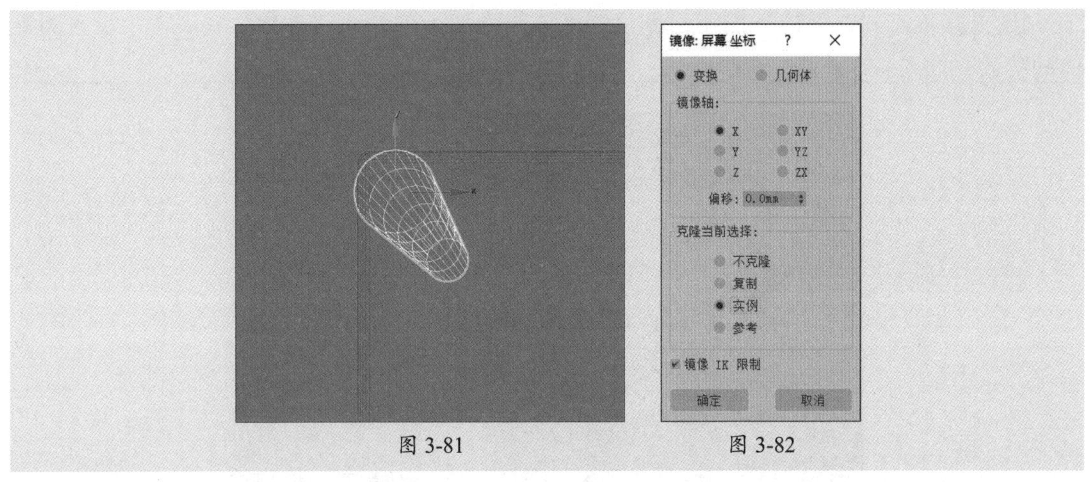

图 3-81　　图 3-82

步骤 05 单击“确定”按钮即可镜像复制对象，再调整桌腿位置，如图3-83所示。

步骤 06 切换到前视图，选择两条桌腿，再使用镜像工具复制对象，即可制作出儿童桌模型，如图3-84所示。

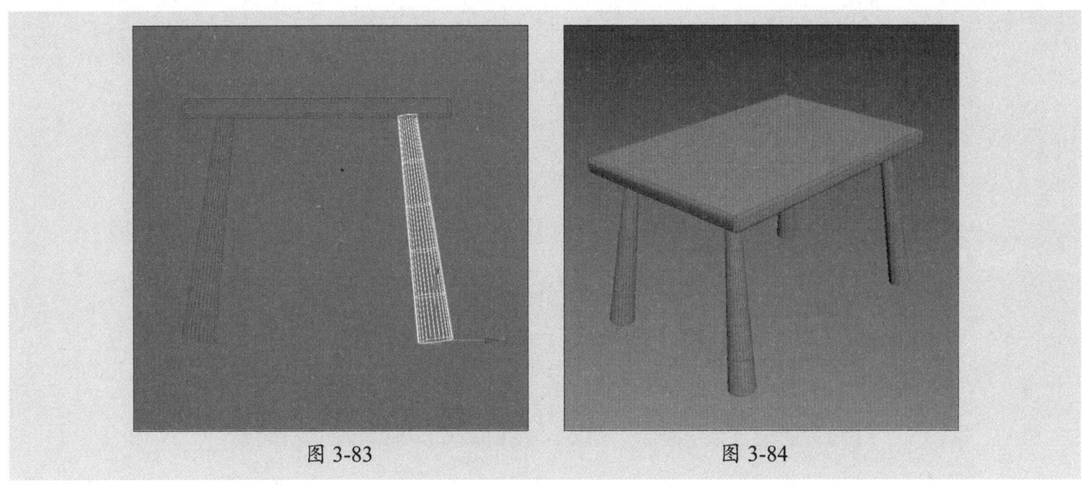

图 3-83　　图 3-84

步骤 07 单击“切角圆柱体”按钮，创建切角圆柱体作为凳子面，在“参数”卷展栏中设置切角圆柱体的参数，如图3-85、图3-86所示。

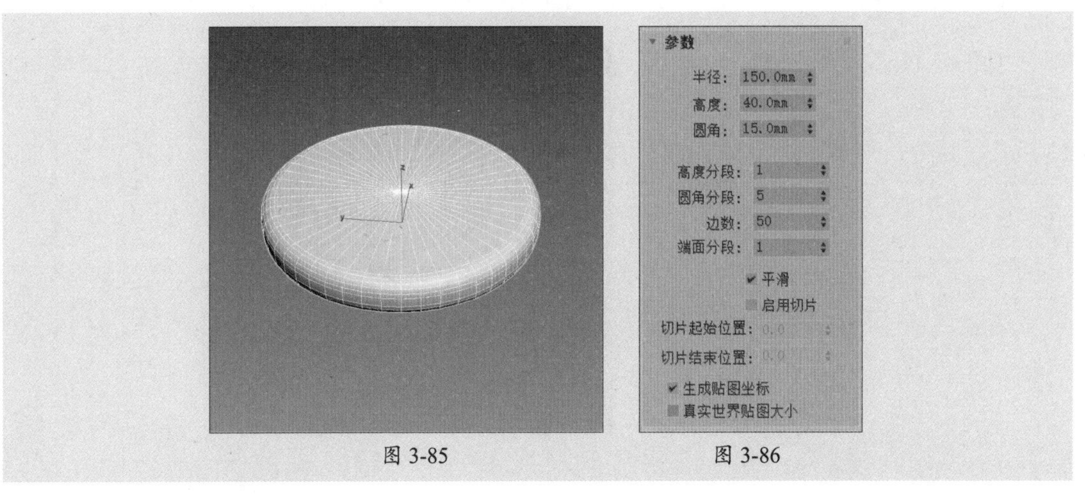

图 3-85　　图 3-86

步骤 08 单击“圆锥体”按钮，创建圆锥体作为凳子腿，在“参数”卷展栏中设置圆锥体的参数，如图3-87、图3-88所示。

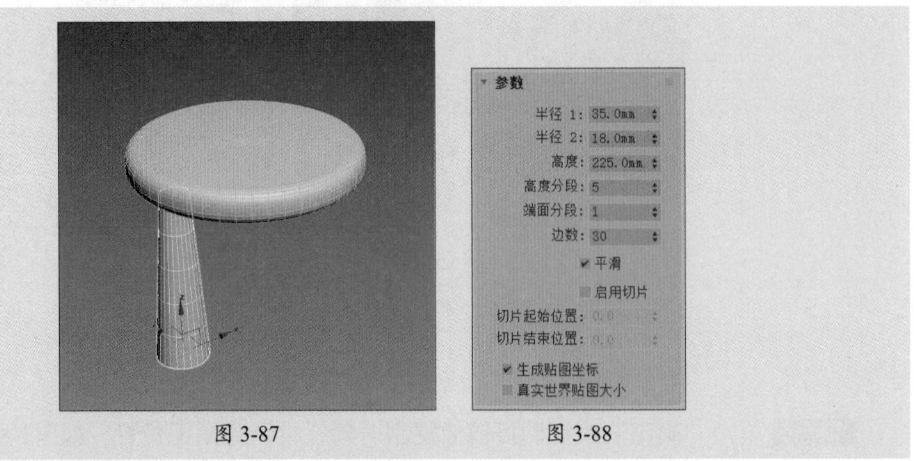

图 3-87　　图 3-88

步骤 09 单击“球体”按钮，创建一个半径为35 mm的半球体，在“参数”卷展栏中设置半球的参数，并将半球体对齐到凳子腿，如图3-89、图3-90所示。

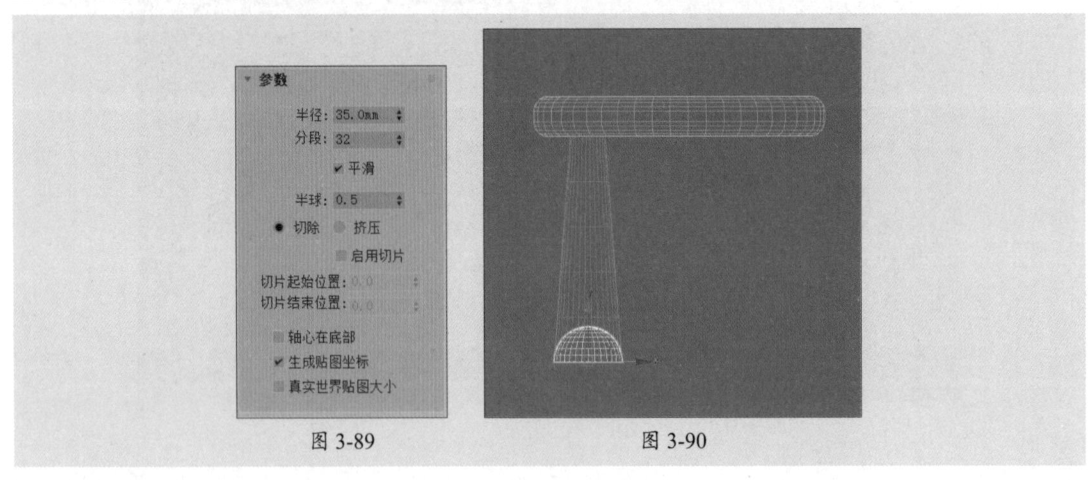

图 3-89　　图 3-90

步骤 10 在前视图中选择半球体，单击“镜像”按钮，打开“镜像：屏幕坐标”对话框，以Y轴为镜像轴镜像对象，如图3-91、图3-92所示。

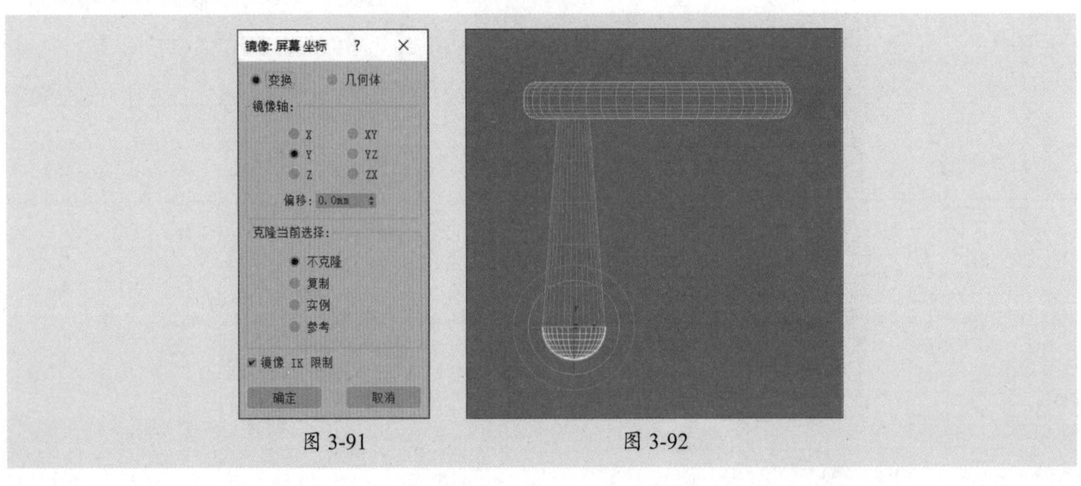

图 3-91　　图 3-92

步骤 11 全选凳子腿模型，使用旋转工具旋转对象，并调整凳子腿位置，如图3-93所示。

步骤 12 使用镜像工具镜像凳子腿，制作出凳子模型，如图3-94所示。

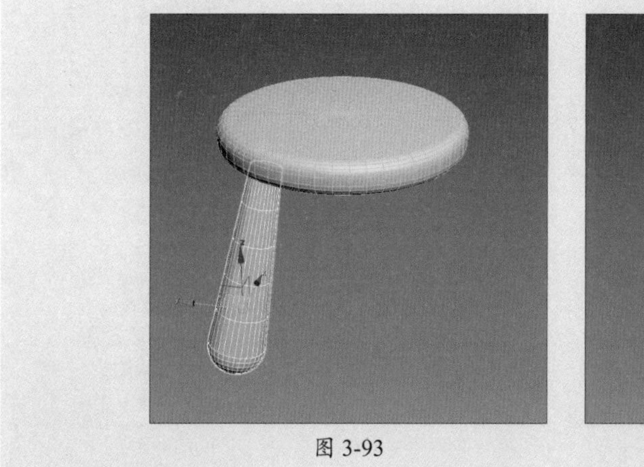

图 3-93

图 3-94

步骤 13 激活移动工具，选择凳子模型，按住Shift键进行实例复制，即可完成桌凳组合的制作，如图3-95所示。

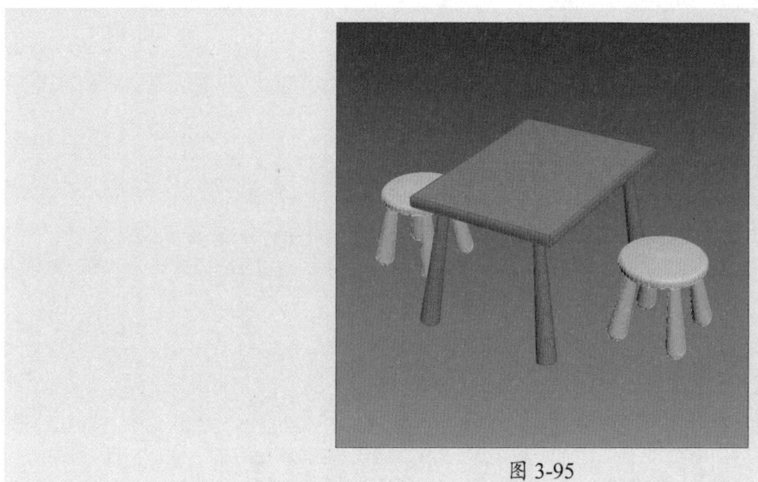

图 3-95

3.3.2 异面体

异面体是由多个边面组合而成的三维实体图形，它可以调节异面体边面的状态，也可以调整实体面的数量改变其形状，如图3-96所示。在“扩展基本体”命令面板中单击“异面体”按钮后，将弹出创建异面体的“参数”卷展栏，如图3-97所示。

图 3-96

下面介绍“参数”卷展栏中部分选项组的含义。

- **系列：** 该选项组中包含“四面体”“立方体/八面体”“十二面体/二十面体”“星形1”“星形2”5个选项。该选项组主要用来定义创建异面体的形状和边面的数量。
- **系列参数：** 系列参数中的P和Q两个参数控制异面体的顶点和轴线双重变换关系，两者之和不可以大于1。
- **轴向比率：** 轴向比率中的P、Q、R三个参数分别为其中一个面的轴线，设置相应的参数可以使其面进行凸出或者凹陷。
- **顶点：** 设置异面体的顶点。
- **半径：** 设置创建异面体的半径大小。

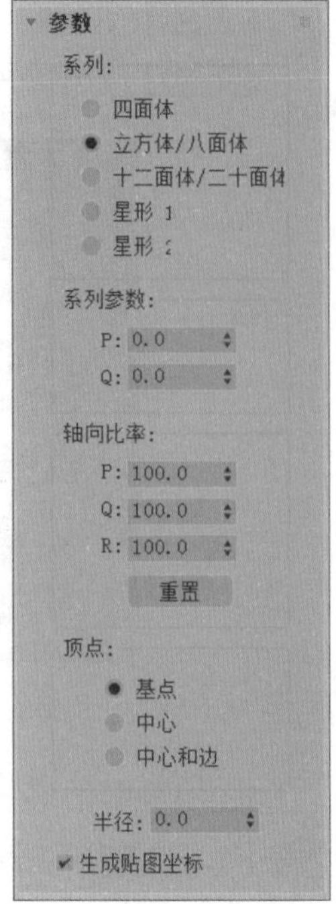

图 3-97

3.3.3 切角长方体

切角长方体常被用于创建带有圆角的长方体结构，如图3-98所示。在“扩展基本体”命令面板中单击“切角长方体”按钮后，将弹出设置切角长方体的“参数”卷展栏，如图3-99所示。

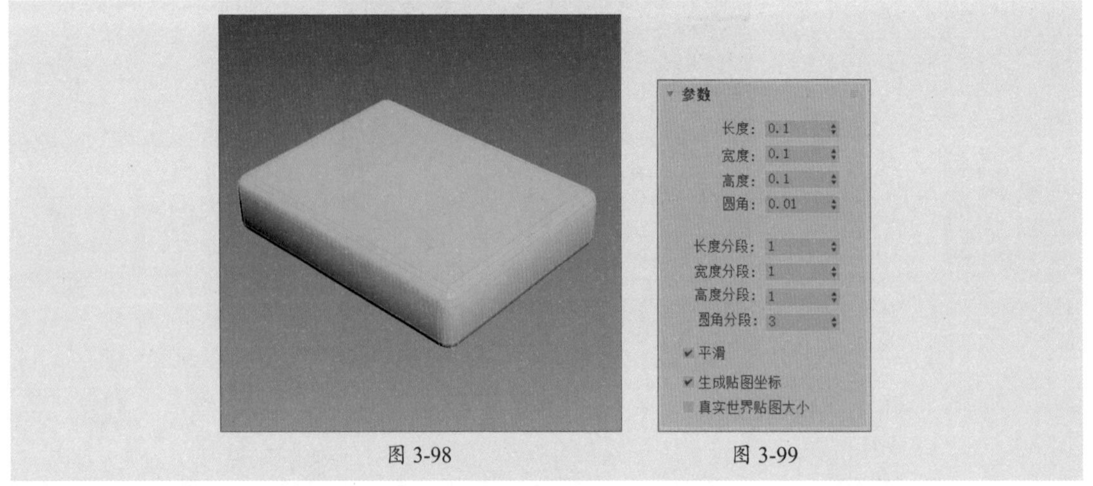

图 3-98　　图 3-99

下面介绍“参数”卷展栏中部分选项的含义。

- **长度、宽度：** 设置切角长方体底面或顶面的长度和宽度。
- **高度：** 设置切角长方体的高度。
- **圆角：** 设置切角长方体的圆角半径。值越大，圆角半径越明显。
- **长度分段、宽度分段、高度分段、圆角分段：** 设置切角长方体分别在长度、宽度、高度和圆角上的分段数目。

3.3.4 切角圆柱体

切角圆柱体是圆柱体的扩展物体，常被用于创建带有圆角效果的圆柱体，如图3-100所示。创建切角圆柱体的方法和创建切角长方体的方法相同，但两者“参数”卷展栏中的部分参数设置不同，切角圆柱体的“参数”卷展栏如图3-101所示。

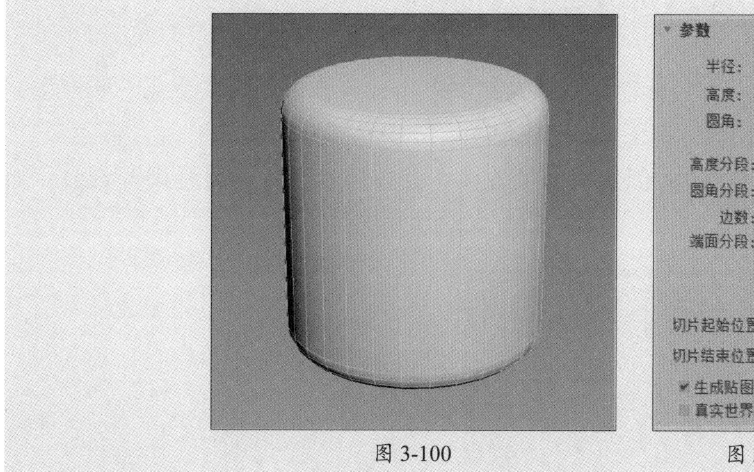

图 3-100

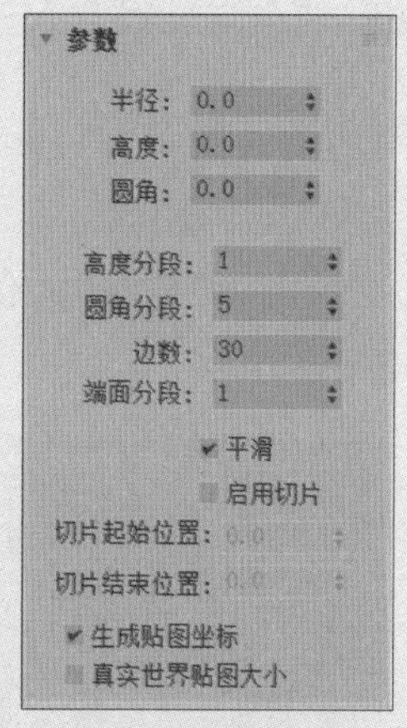

图 3-101

下面介绍“参数”卷展栏中部分选项的含义。

- **半径：** 设置切角圆柱体的底面或顶面的半径大小。
- **高度：** 设置切角圆柱体的高度。
- **圆角：** 设置切角圆柱体的圆角半径大小。
- **高度分段、圆角分段、端面分段：** 设置切角圆柱体的高度、圆角和端面的分段数目。
- **边数：** 设置切角圆柱体的边数。数值越大，圆柱体越平滑。
- **平滑：** 选中该复选框，即可将创建的切角圆柱体在渲染中进行平滑处理。
- **启用切片：** 选中该复选框，将激活“切片起始位置”和“切片结束位置”微调框，在其中可以设置切片的角度。

3.3.5 油罐、胶囊、纺锤、软管

油罐、胶囊、纺锤是特殊效果的圆柱体；而软管则是一个能连接两个对象的弹性对象，因而能反映这两个对象的运动，如图3-102所示。

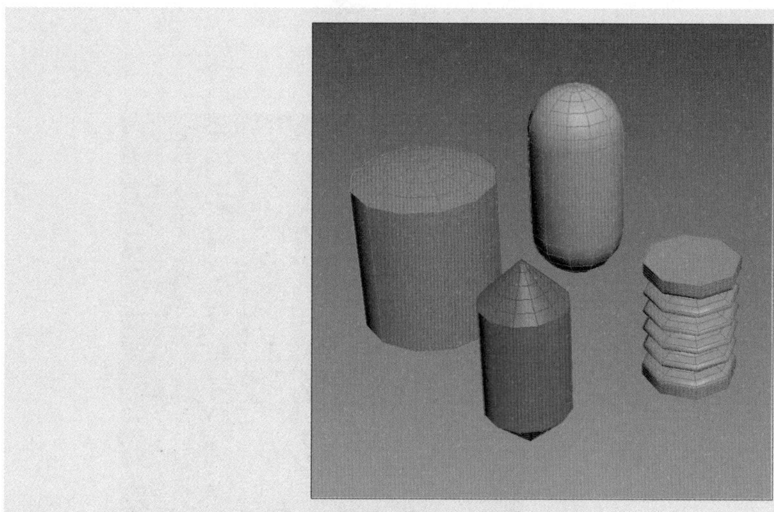

图 3-102

课堂实战 创建双人床模型

下面结合本章所学的样条线、标准基本体及扩展基本体等知识创建一个双人床模型，其中涉及“挤出”修改器的使用，在下一章有具体介绍。具体操作步骤如下。

步骤 01 单击“长方体”按钮，创建一个长方体，并在“参数”卷展栏设置参数，如图3-103、图3-104所示。

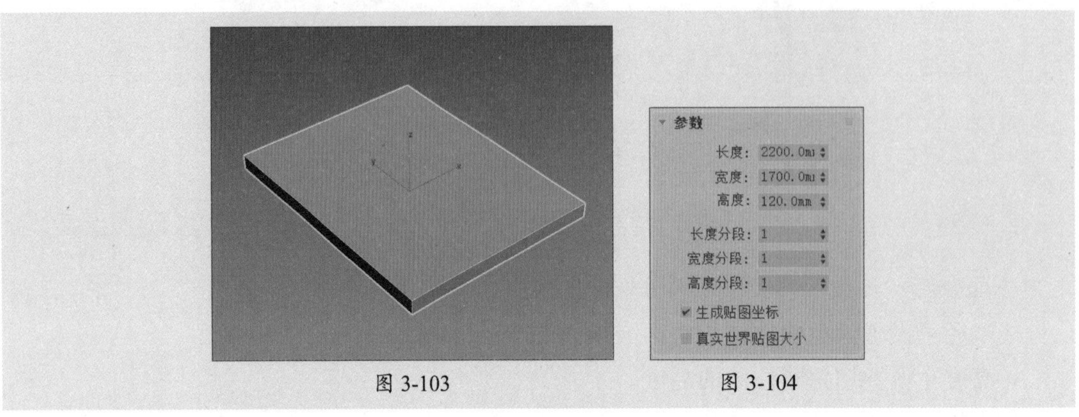

图 3-103　　图 3-104

步骤 02 按Ctrl+V组合键，弹出“克隆选项”对话框，以“复制”方式克隆对象，如图3-105所示。

步骤 03 右键单击移动工具，在弹出的“移动变换输入”对话框中设置沿Z轴移动参数为-200，如图3-106所示。按Enter键精确移动对象。

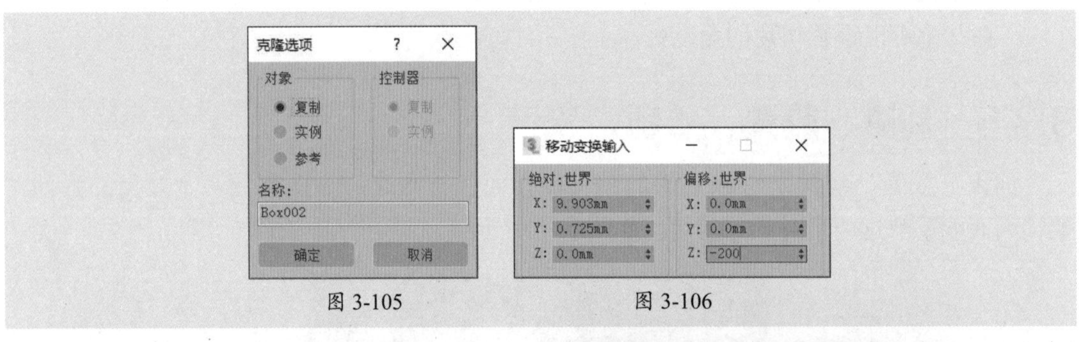

图 3-105　　图 3-106

步骤 04 在“参数”卷展栏中重新设置长方体的尺寸，切换到顶视图，对齐两个长方体，如图3-107所示。

图 3-107

步骤 05 在“栅格和捕捉设置”对话框中选中“端点”复选框，然后关闭对话框。单击“矩形”按钮，在顶视图中捕捉绘制矩形，再单击鼠标右键，在弹出的快捷菜单中选择“转换为”|“转换为可编辑样条线”命令，如图3-108所示。

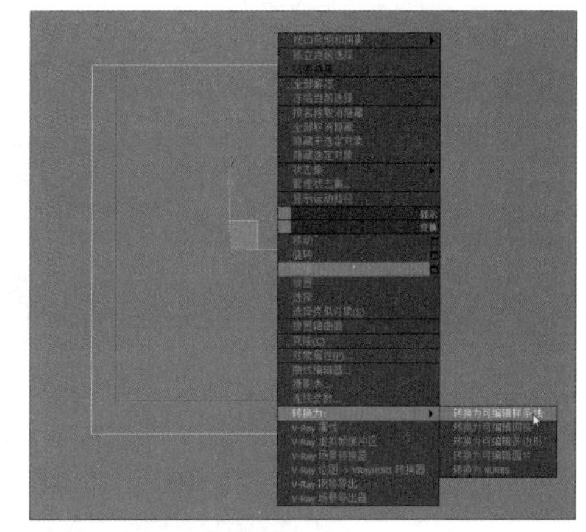

图 3-108

步骤 06 进入“样条线”子层级，在“几何体”卷展栏中设置“轮廓”参数为60 mm，将样条线向内偏移，如图3-109所示。

步骤 07 为样条线添加“挤出”修改器，设置挤出高度为40 mm，效果如图3-110所示。

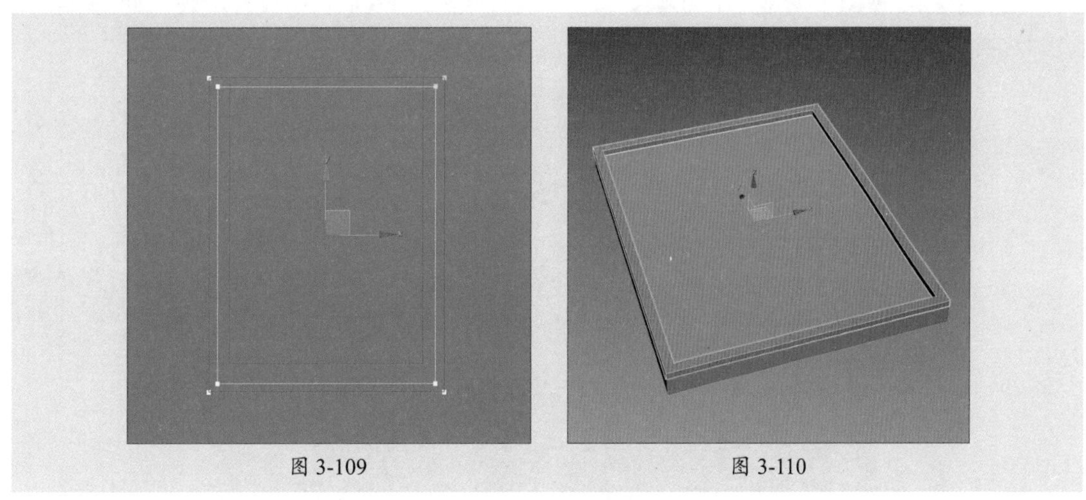

图 3-109　　图 3-110

步骤 08 单击“切角长方体”按钮，捕捉内框创建一个切角长方体作为床垫，然后在“参数”卷展栏中设置圆角等参数，如图3-111、图3-112所示。

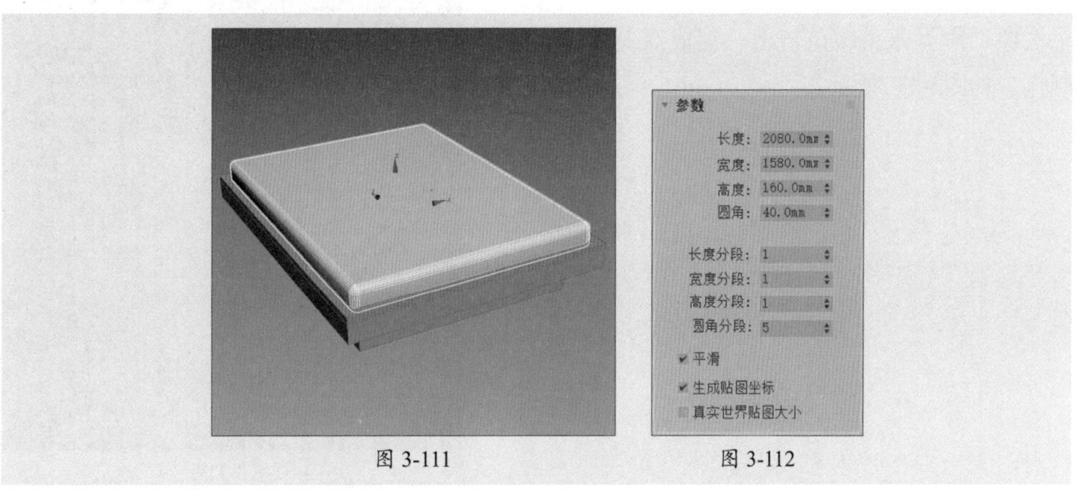

图 3-111　　图 3-112

步骤09 单击“长方体”按钮，创建一个长方体作为床头背板，设置参数并调整位置，如图3-113、图3-114所示。

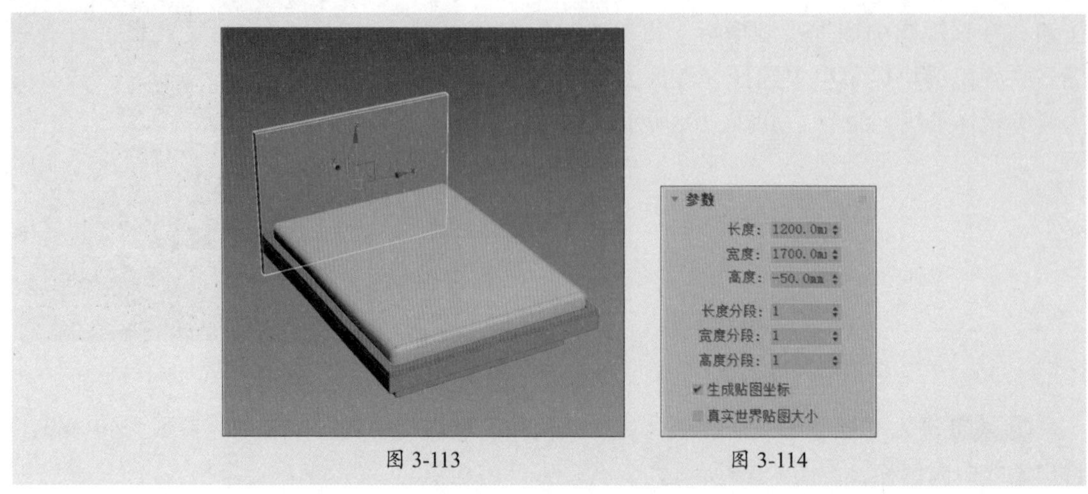

图 3-113　　图 3-114

步骤10 在前视图中创建一个切角长方体，并在“参数”卷展栏中设置参数，如图3-115、图3-116所示。

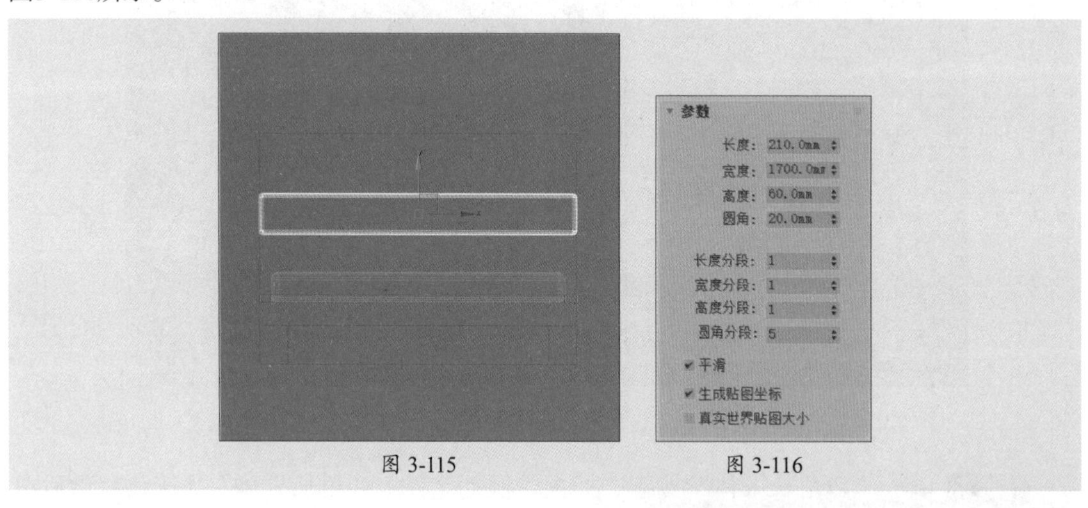

图 3-115　　图 3-116

步骤11 调整切角长方体的位置，并复制多个对象，作为床头软包造型，完成双人床模型的制作，如图3-117所示。

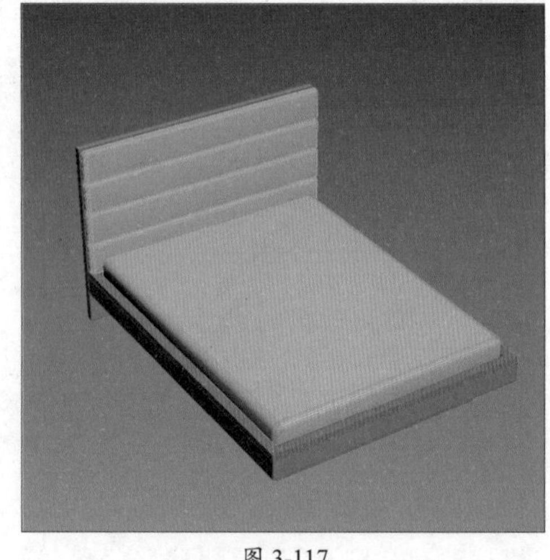

图 3-117

课后练习 制作单人沙发模型

下面将根据本章所学的基础建模知识制作一个简易的单人沙发模型，如图3-118所示。

图 3-118

1. 技术要点

- 利用边缘平滑的扩展基本体制作沙发主体和靠枕模型。
- 创建圆柱体作为沙发支脚。

2. 分步演示

本案例的分步演示效果如图3-119所示。

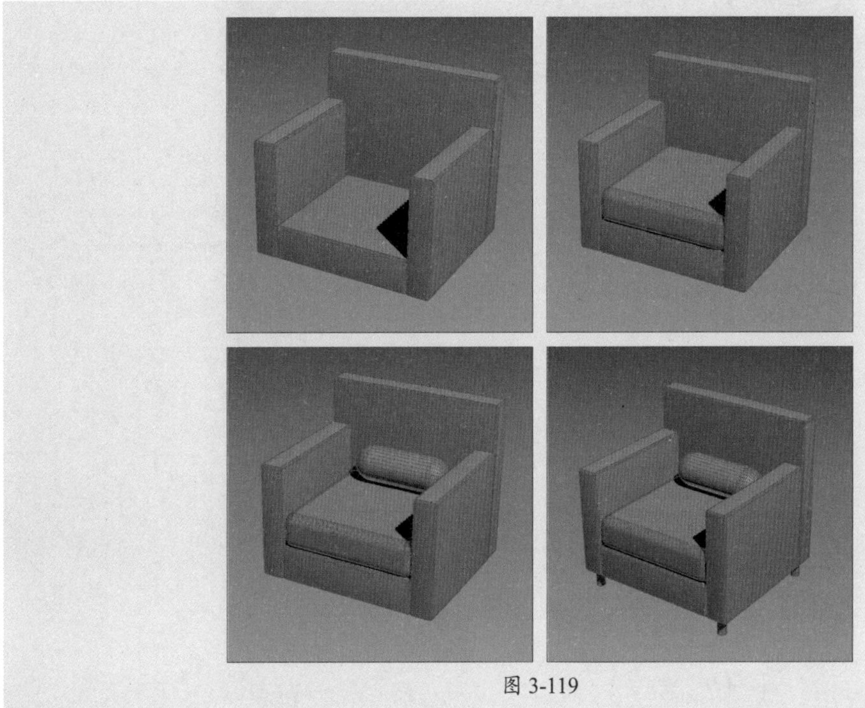

图 3-119

拓展赏析

中华第一绣之苏绣

刺绣又称丝绣、针绣，起源于虞舜之时，历经两千多年，如今已是中国最具代表性的传统手工艺之一，凝聚了深厚的民族文化底蕴。

苏绣与湘绣、粤绣、蜀绣并称为中国四大名绣。作为中国四大名绣之首，苏绣作品图案秀丽，色彩清雅，构思巧妙，绣工细致，针法活泼，其风骨神韵就如江南风景一般，婉转温柔。图3-120所示为一幅苏绣作品。下面对苏绣的特点及分类等进行介绍，如图3-121所示。

图 3-120

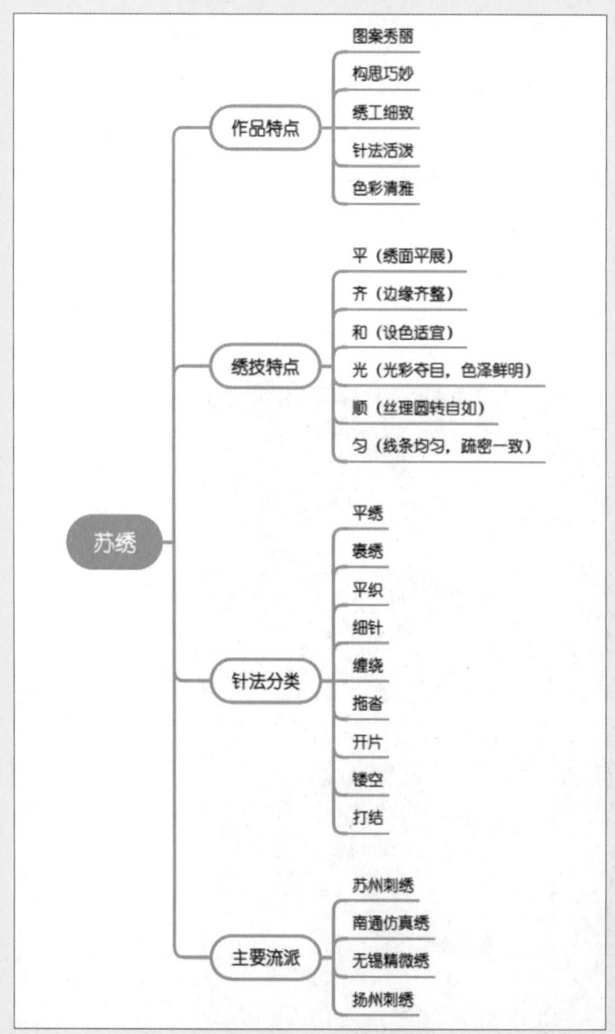

图 3-121

第4章

复杂三维建模

内容导读

在3ds Max中，除了内置的几何体模型外，用户可以通过对二维图形的挤压、放样等操作来制作三维模型，还可以利用基础模型、面片、网格等来创建三维物体。本章将对这些建模技术进行介绍。

通过对本章内容的学习，读者可以更加全面地了解建模的方法，掌握各种建模的操作方法，从而高效地创建出自己想要的模型。

思维导图

- 复杂三维建模
  - 修改器建模
    - FFD修改器
    - “挤出”修改器
    - “车削”修改器
    - “弯曲”修改器
    - “扭曲”修改器
    - “晶格”修改器
    - “壳”修改器
    - “细化”修改器
    - “网格平滑”修改器
  - 创建复合对象
    - 布尔
    - 放样
  - 可编辑网格建模
    - 转换为可编辑网格
    - 可编辑网格参数设置
  - NURBS建模
    - 认识NURBS对象
    - 编辑NURBS对象

4.1 创建复合对象

可以结合两个或多个对象来创建一个新的参数化对象，这种对象被称为复合对象，用户可以不断编辑修改构成复合对象的参数。

在“创建”面板中选择“复合对象”选项，即可在卷展栏中看到所有对象类型，如图4-1所示。

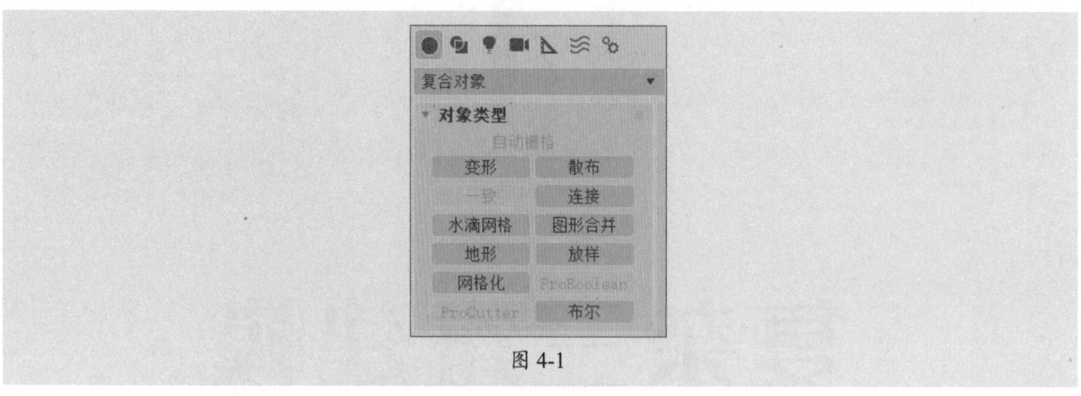

图 4-1

4.1.1 案例解析：创建记事本模型

本案例将利用布尔功能结合“挤出”修改器创建一个记事本模型，具体操作步骤如下。

步骤 01 单击“矩形”按钮，创建一个长度为105 mm、宽度为68 mm、角半径为5 mm的圆角矩形，如图4-2所示。

步骤 02 为圆角矩形添加“挤出”修改器，设置挤出数量为10 mm，分段为20，制作出记事本内页造型，如图4-3所示。

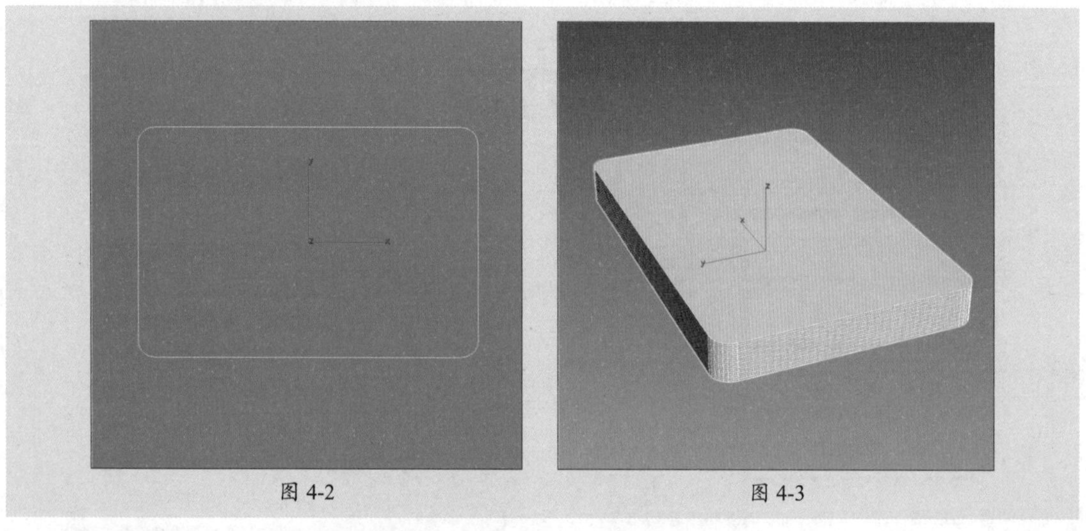

图 4-2　　图 4-3

步骤 03 单击“切角长方体”按钮，创建一个长度为110mm、宽度为173 mm、高度为2 mm的切角长方体作为记事本封皮，设置圆角为1mm，圆角分段为5，调整对象到模型底部，如图4-4所示。

步骤 04 按Ctrl+V组合键“实例”克隆对象，再右键单击移动工具，在弹出的“移动变换输入”对话框中设置Z轴的偏移参数为12 mm，如图4-5所示。

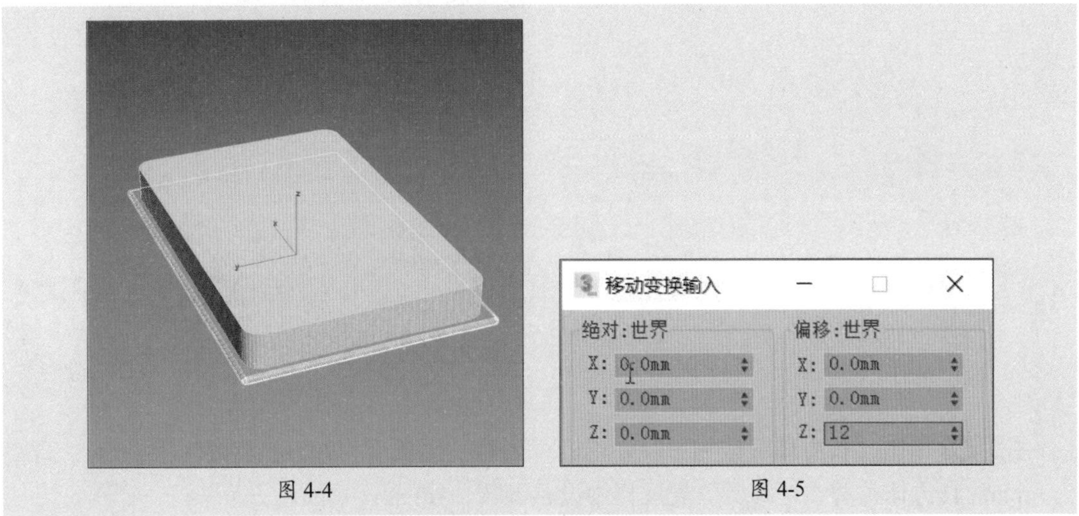

图 4-4　　图 4-5

步骤 05 按Enter键将对象沿指定尺寸移动，如图4-6所示。

步骤 06 单击“管状体”按钮，在左视图中创建一个半径1为11 mm、半径2为10 mm、高度为2 mm的管状体，设置边数为60，并调整对象的位置，如图4-7所示。

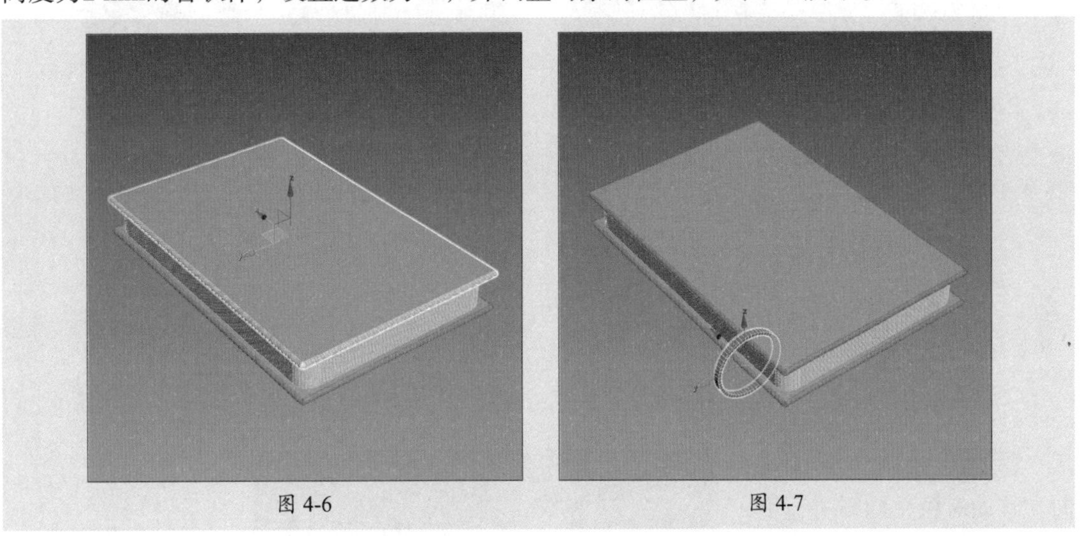

图 4-6　　图 4-7

步骤 07 切换到前视图，激活移动工具，按住Shift键移动对象，在弹出的“克隆选项”对话框中设置副本数，如图4-8所示。

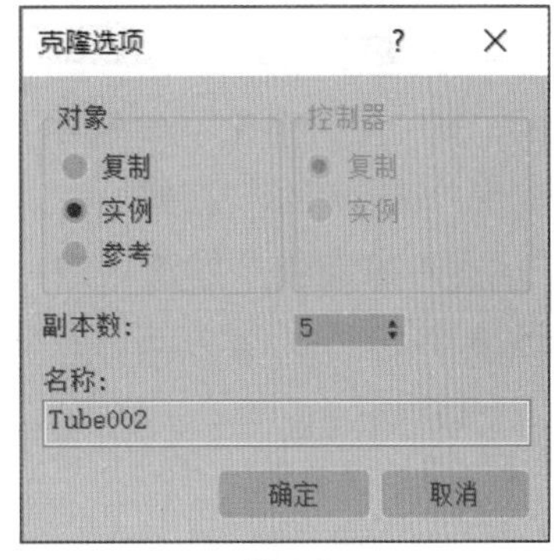

图 4-8

步骤08 单击“确定”按钮完成克隆操作，如图4-9所示。

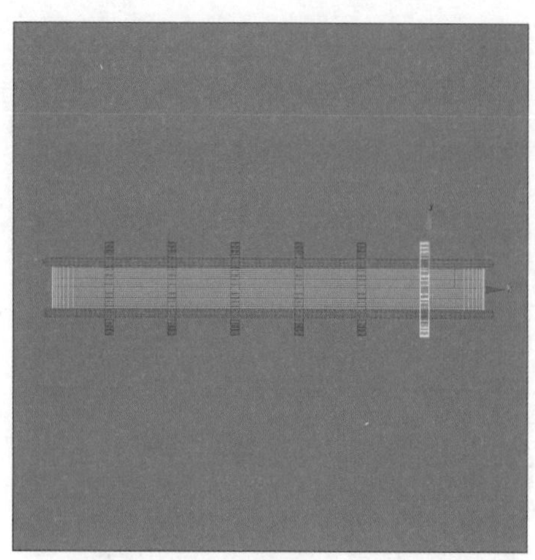
图 4-9

步骤09 单击“长方体”按钮，在左视图中创建一个长度为20 mm、宽度为6 mm、高度为3 mm的长方体，并在“参数”卷展栏中设置参数，如图4-10所示。

步骤10 切换到顶视图，调整长方体的位置，使其对齐到管状体，如图4-11所示。

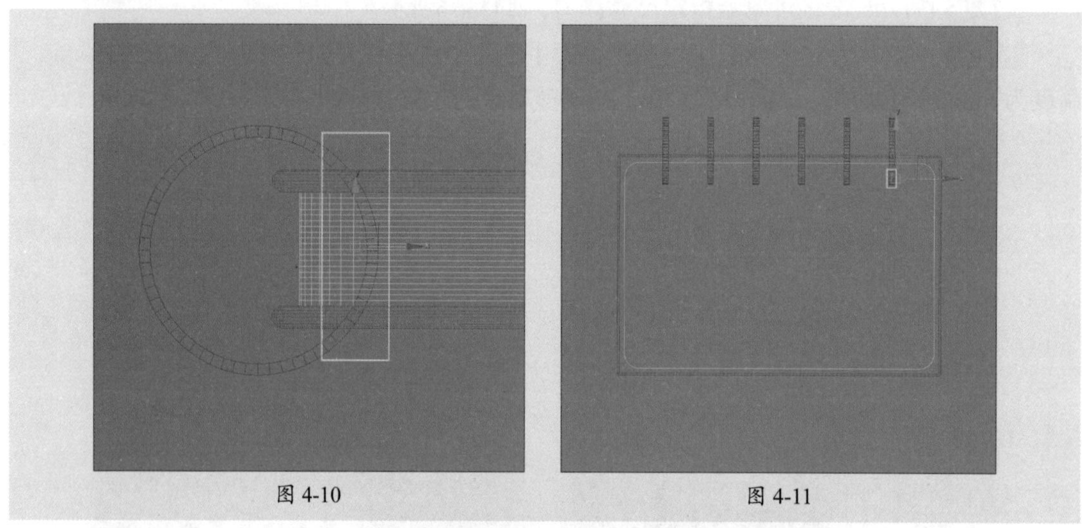
图 4-10　　图 4-11

步骤11 再按住Shift键向左移动对象，同样进行克隆操作，如图4-12所示。

步骤12 选择记事本封面，在“复合对象”命令面板中单击“布尔”按钮，在“运算对象参数”卷展栏中选择“合并”运算方式，如图4-13所示。

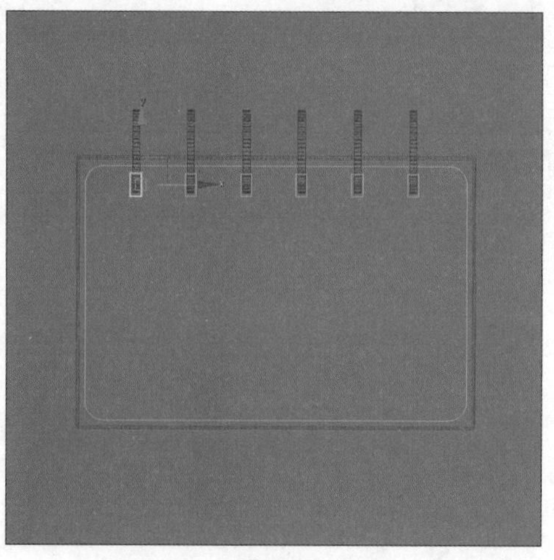
图 4-12

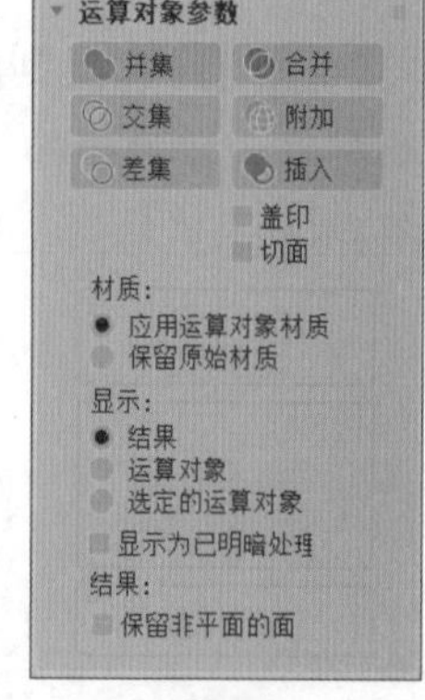

图 4-13

步骤13 在“布尔参数”卷展栏中单击“添加运算对象”按钮，在视口中单击拾取记事本封底对象，即可将二者合并成一个整体，如图4-14所示。

步骤14 按照同样的操作方法，将六个长方体合并为一个整体，如图4-15所示。

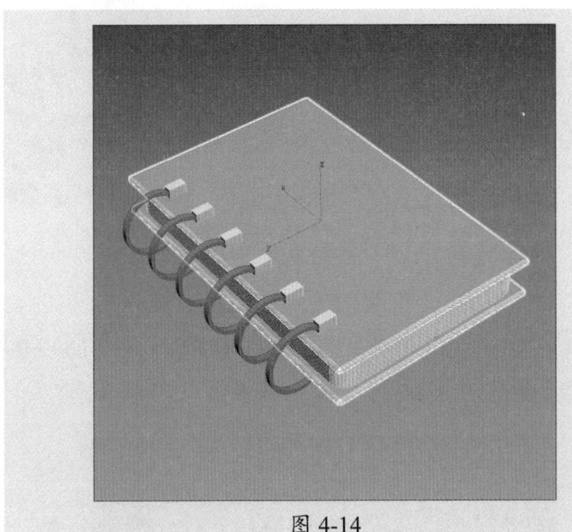
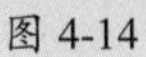

图 4-14

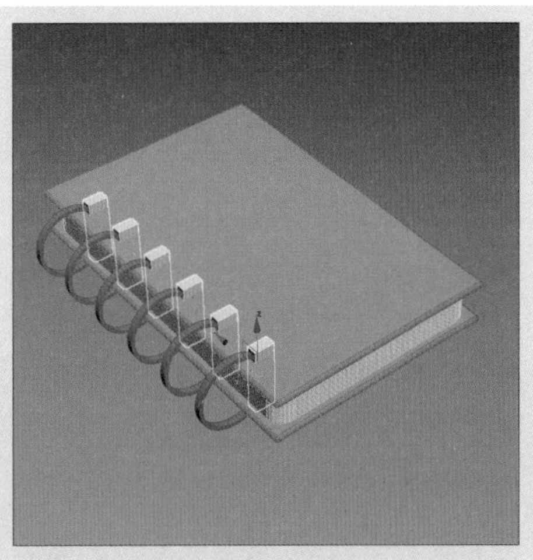

图 4-15

步骤15 保持长方体选中状态，按Ctrl+V组合键，以“复制”方式克隆对象。再选择记事本封面，再次单击“布尔”按钮，选择“差集”运算方式，接着在视口中单击拾取长方体对象，制作出镂空造型，隐藏另一组长方体对象即可看到镂空效果，如图4-16所示。

步骤16 选择记事本内页模型，同样执行“布尔”差集操作，单击拾取长方体模型，为内页模型也创建镂空造型，即可完成记事本模型的制作，如图4-17所示。

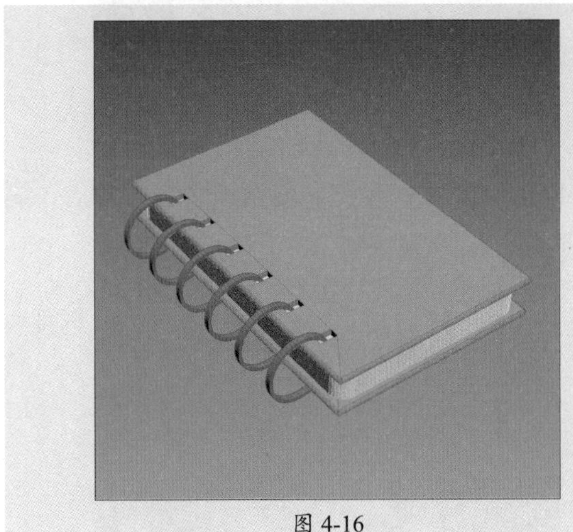

图 4-16

图 4-17

4.1.2 布尔

布尔是通过对两个以上的物体进行布尔运算，从而得到新的物体形态。布尔运算包括并集、差集、交集、合并等运算方式，利用不同的运算方式，会形成不同的物体形状。

在视口中选取源对象，接着在命令面板中单击“布尔”按钮，此时会打开参数卷展栏，包括“布尔参数”和“运算对象参数”卷展栏，如图4-18、图4-19所示。单击“添加运算对象”按钮，接着在“运算对象参数”卷展栏中选择合适的运算方式，然后在视口中选取目标对象即可进行布尔运算。

图 4-18

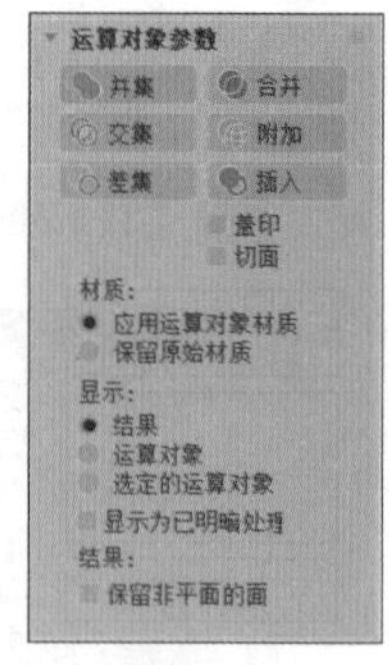

图 4-19

布尔运算方式包括并集、交集、差集、合并、附加、插入6种，其具体含义介绍如下。

- **并集：** 并集运算可以使两个对象的体积结合在一起。使用该运算方式后，几何体的相交部分或重叠部分会被丢弃。线框模式下运算前后的效果如图4-20、图4-21所示。

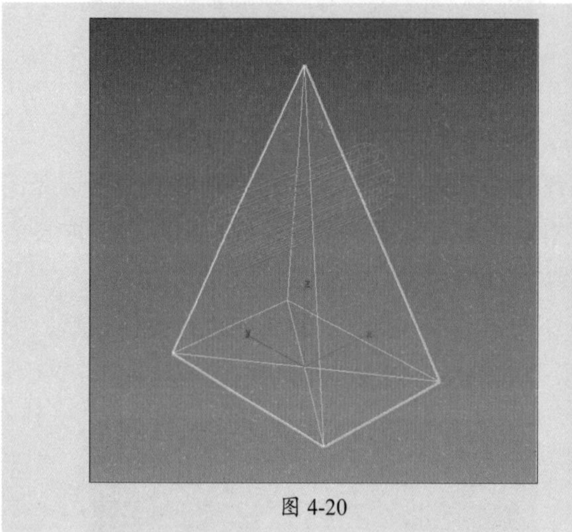
图 4-20

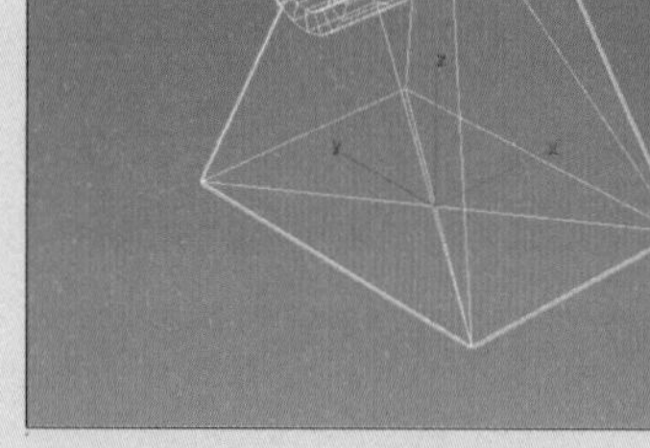
图 4-21

- **交集：** 交集运算可以使两个原始对象共同的重叠体积相交。使用该运算方式后，剩余的几何体会被丢弃，效果如图4-22所示。
- **差集：** 差集运算可以从基础对象移除相交的体积，效果如图4-23所示。

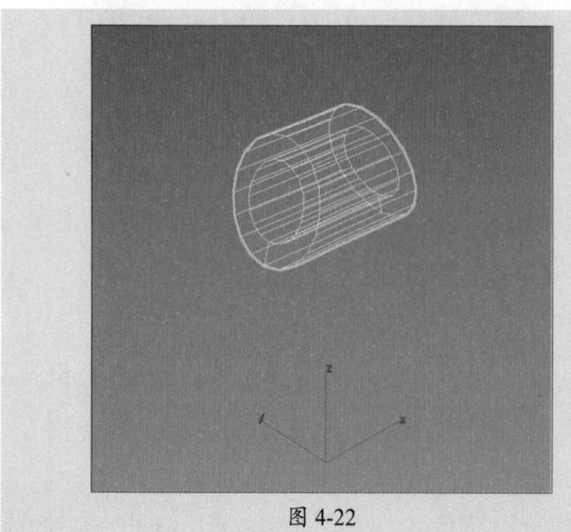
图 4-22

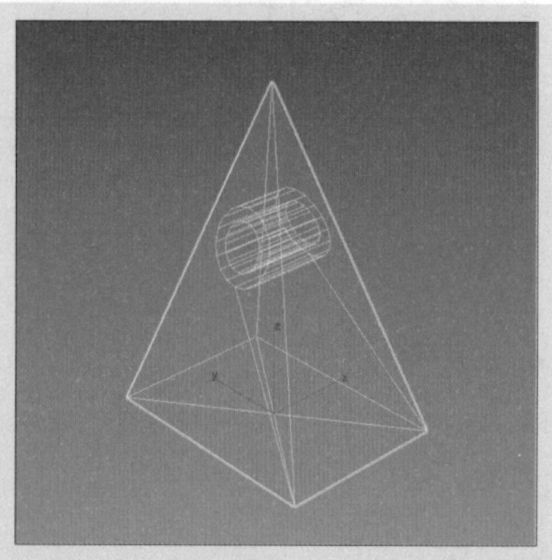
图 4-23

- **合并：** 合并运算可以使两个网格相交并组合，而不移除任何原始多边形，效果如图4-24所示。
- **附加：** 附加运算可以将多个对象合并成一个对象，而不影响各对象的拓扑，效果如图4-25所示。
- **插入：** 插入运算可以从操作对象A减去操作对象B的边界图形，操作对象B的图形不受此操作的影响。其运算效果与合并运算效果类似。

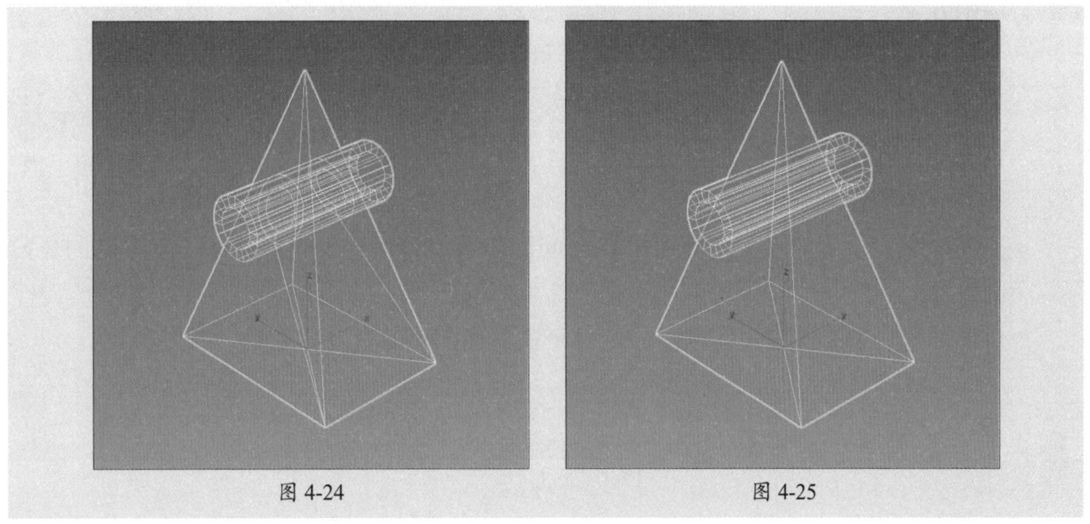

图 4-24　　图 4-25

4.1.3 放样

放样是将二维图形作为横截面，沿着一定的路径生成三维模型。同一路径上可以在不同段给予不同的截面，从而实现很多复杂模型的构建。

选择横截面，在“复合对象”命令面板中单击“放样”按钮，在“创建方法”卷展栏中单击“获取路径”按钮，接着在视口中单击路径即可完成放样操作，如图4-26、图4-27所示。如果先选择路径，则需单击“获取图形”按钮并拾取横截面。

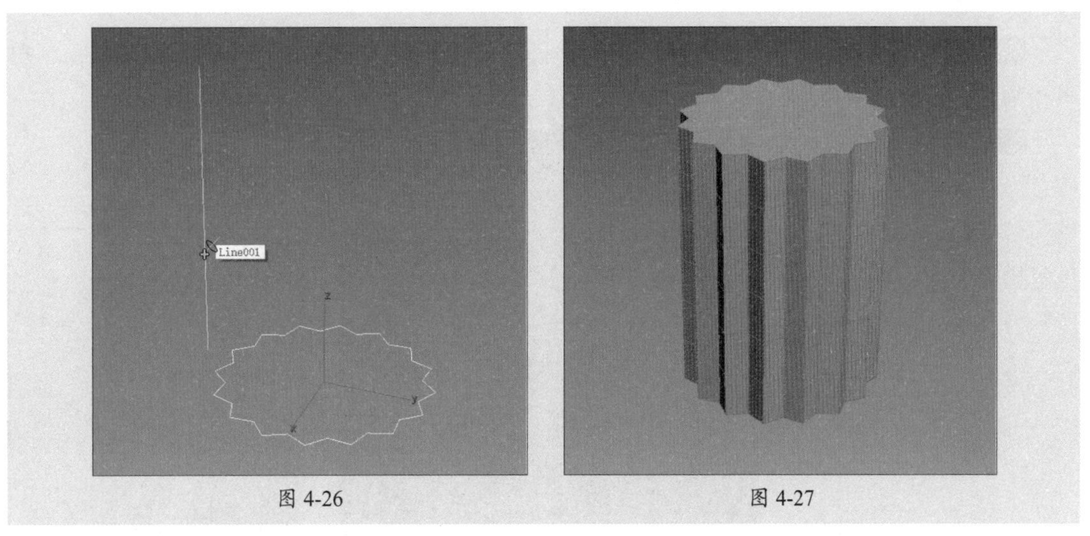

图 4-26　　图 4-27

“放样”命令的参数面板主要包括“曲面参数”“路径参数”“蒙皮参数”3个卷展栏，

如图4-28～图4-30所示。

常用选项的含义介绍如下。

- **路径：** 通过输入值或拖动微调器来设置路径的级别。
- **图形步数：** 设置横截面图形的每个顶点之间的步数。该值会影响围绕放样周界的边的数目。

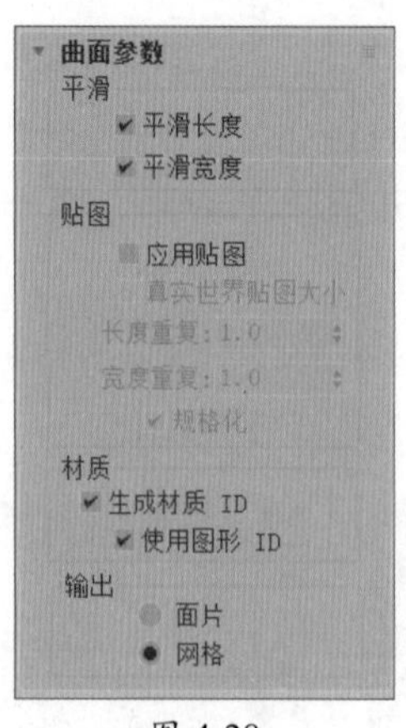

图 4-28

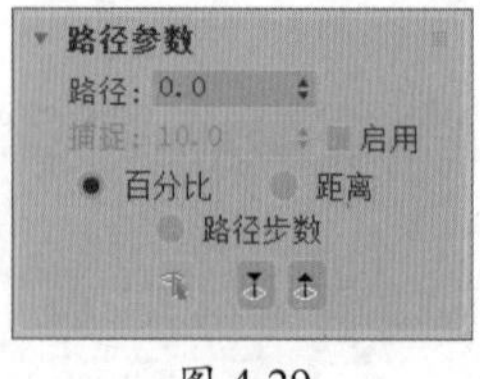

图 4-29

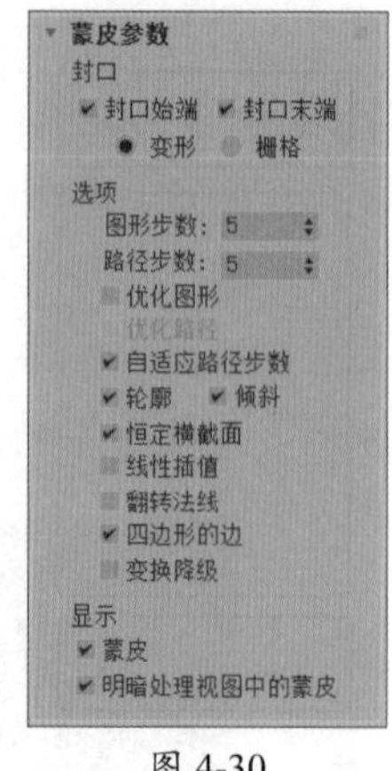

图 4-30

- **路径步数：** 设置路径的每个主分段之间的步数。该值会影响沿放样长度方向的分段的数目。
- **优化图形：** 如果选中该复选框，则对于横截面图形的直分段忽略“图形步数”。

4.2 修改器建模

修改器是用于修改场景中的几何体的工具，它们根据参数的设置来修改对象。同一对象可以添加多个修改器，后一个修改器接收前一个修改器传递来的参数，且添加修改器的次序对最后的结果影响很大。3ds Max中提供了多种修改器，常用的有挤出、车削、扭曲、晶格、细化等。

4.2.1 案例解析：创建垃圾桶模型

本案例将利用布尔、“挤出”修改器、“晶格”修改器等知识创建一个垃圾桶模型，具体操作步骤如下。

步骤 01 单击“矩形”按钮，在顶视图中创建一个长度为350 mm、宽度为250 mm、角半径为15 mm的圆角矩形，如图4-31所示。

步骤 02 选择对象，按Ctrl+V组合键，以“复制”方式克隆对象，重复操作两次，如图4-32所示。

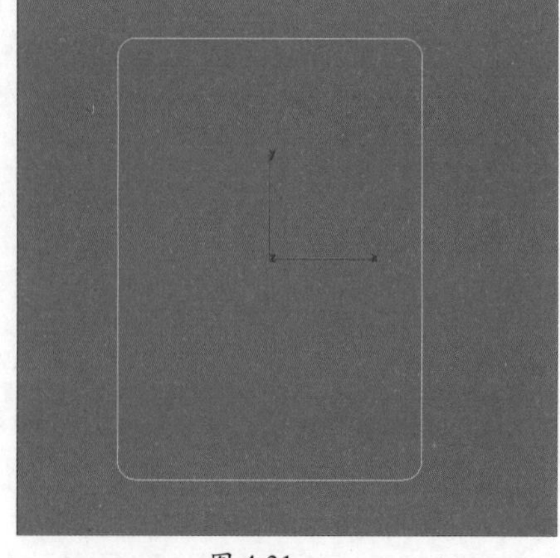

图 4-31

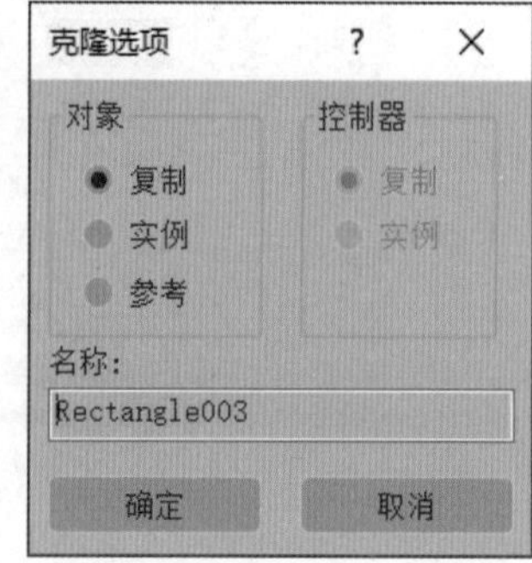

图 4-32

步骤 03 选择其中一个矩形，将其转换为可编辑样条线。进入“样条线”子层级，在“几何体”卷展栏中设置“轮廓”值为-5，再按Enter键，为样条线向外侧创建轮廓，如图4-33所示。

步骤 04 为样条线添加“挤出”修改器，设置挤出数量为600 mm，制作出垃圾桶桶身造型，如图4-34所示。

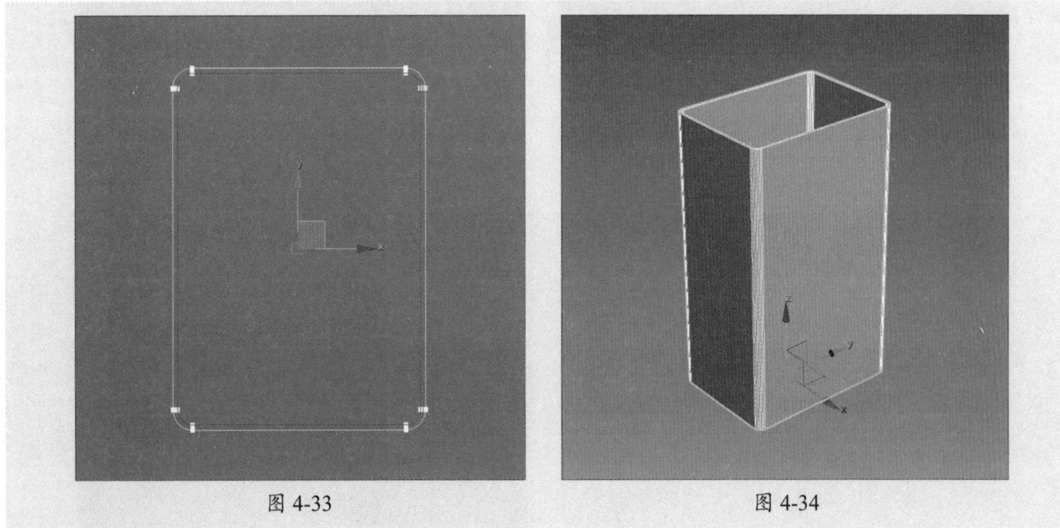

图 4-33　　图 4-34

步骤 05 再选择一个矩形，为其添加“挤出”修改器，设置挤出数量为-15 mm，使其置于桶身底部，如图4-35所示。

步骤 06 将最后一个矩形移动到垃圾桶上方，切换到顶视图，使用缩放工具适当缩小对象，如图4-36所示。

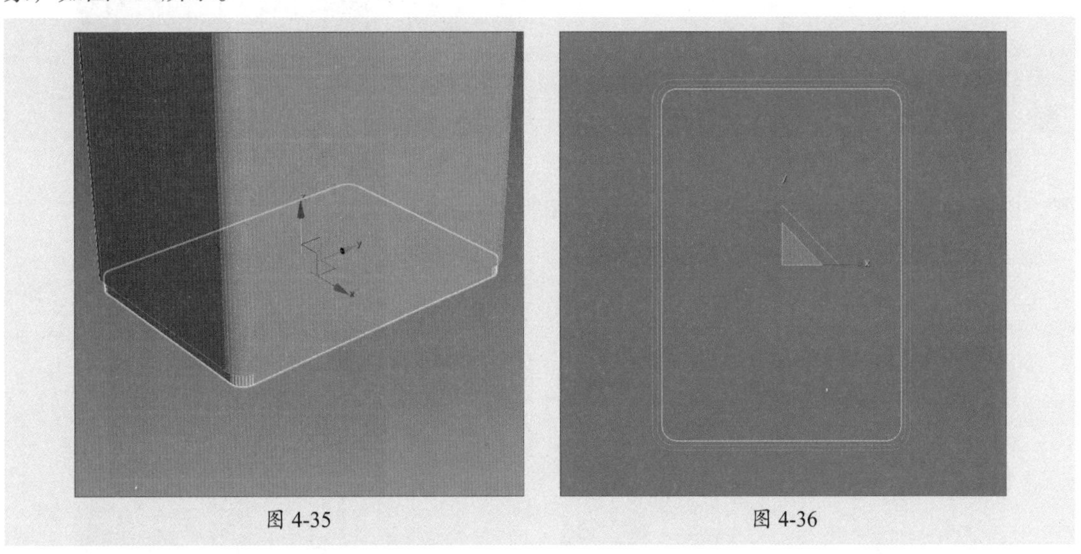

图 4-35　　图 4-36

步骤 07 将其转换为可编辑样条线，进入“样条线”子层级，在“几何体”卷展栏中设置“轮廓”值为-10，按Enter键即可为样条线制作出轮廓，如图4-37所示。

步骤 08 为样条线添加“挤出”修改器，设置挤出数量为30 mm，再调整对象位置，如图4-38所示。

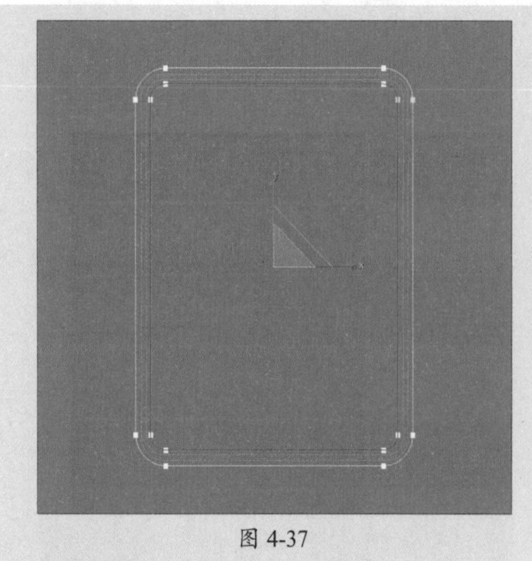

图 4-37

图 4-38

步骤 09 单击“平面”按钮，在顶视图中创建一个尺寸为350 mm*250 mm的平面，并设置“长度分段”为30，“宽度分段”为20，再调整对象的位置，如图4-39所示。

图 4-39

步骤 10 为平面对象添加“晶格”修改器，在“参数”卷展栏中分别设置支柱和节点的参数，如图4-40所示。

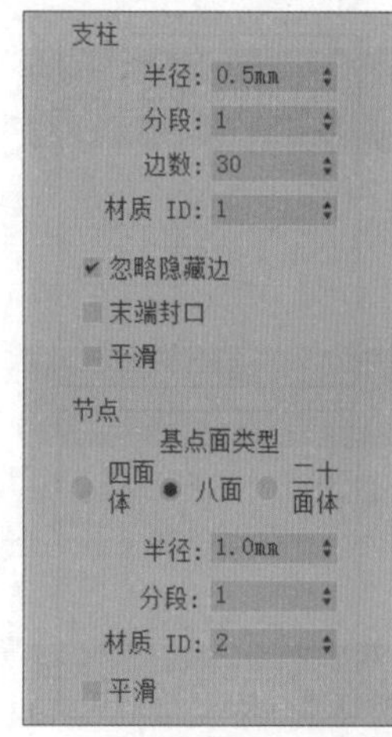

图 4-40

步骤 11 制作出的网格效果如图4-41所示。

步骤 12 在左视图中创建一个长度为220 mm、宽度为100 mm、角半径为20 mm的圆角矩形，如图4-42所示。

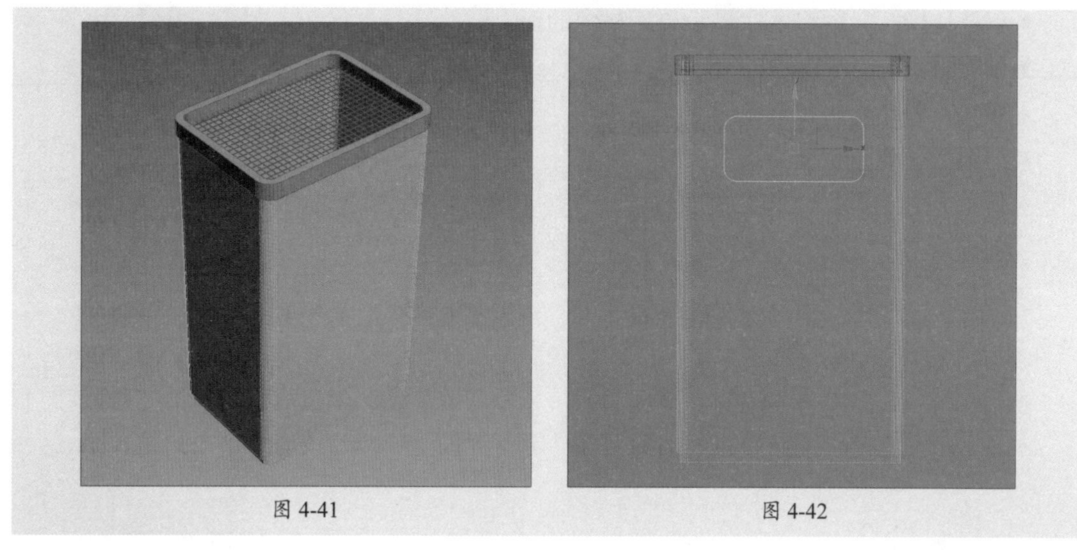

图 4-41　　　　图 4-42

步骤13 为其添加“挤出”修改器，设置挤出数量为350 mm，并在顶视图中调整对象的位置，如图4-43所示。

步骤14 选择桶身模型，在“复合对象”命令面板中单击“布尔”按钮，在参数面板中选择“差集”运算方式，单击“添加运算对象”按钮，接着在视口中单击拾取新创建的对象，将其从桶身模型中减去，即可完成垃圾桶模型的创建，如图4-44所示。

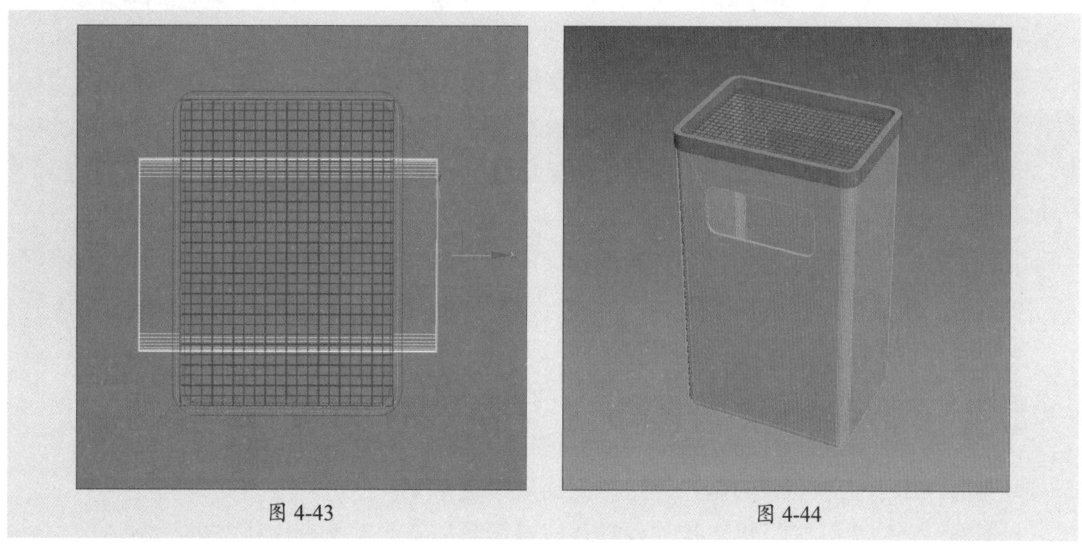

图 4-43　　　　图 4-44

4.2.2 FFD修改器

FFD修改器是对网格对象进行变形修改的主要修改器之一，其特点是通过控制点的移动带动网格对象表面产生平滑一致的变形。在使用FFD修改器后，命令面板的下方将显示“FFD参数”卷展栏，如图4-45所示。

下面具体介绍“FFD参数”卷展栏中部分选项的含义。

- **晶格：**只显示控制点形成的矩阵。
- **源体积：**显示初始矩阵。

- **仅在体内**：只影响处在最小单元格内的面。
- **所有顶点**：影响对象的全部节点。
- **重置**：回到初始状态。
- **与图形一致**：转换为图形。
- **外部点/内部点**：仅控制受“与图形一致”影响的对象内部点。
- **偏移**：设置偏移量。

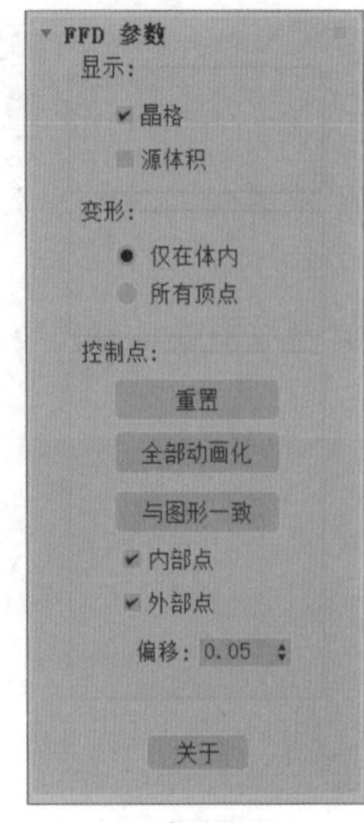

图 4-45

4.2.3 “挤出”修改器

“挤出”修改器可以将绘制的二维样条线挤出厚度，从而产生三维实体。如果绘制的线段为封闭的，即可挤出带有底面面积的三维实体；若绘制的线段不是封闭的，那么挤出的实体则是片状的。

“挤出”修改器可以使二维样条线沿着Z轴方向生长。“挤出”修改器的应用十分广泛，许多图形都可以先绘制线，然后再挤出图形，最后形成三维实体。在使用“挤出”修改器后，命令面板的下方将弹出“参数”卷展栏，如图4-46所示。

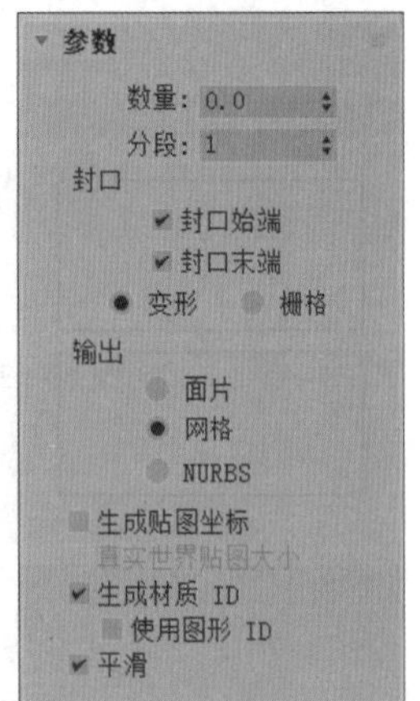

图 4-46

下面介绍“参数”展卷栏中各选项的含义。

- **数量**：设置挤出实体的厚度。
- **分段**：设置挤出厚度上的分段数量。
- **封口**：该选项组主要设置在挤出实体的顶面和底面上是否封盖实体。“封口始端”在顶端加面封盖物体。“封口末端”在底端加面封盖物体。
- **变形**：用于变形动画的制作，保证点面数恒定不变。
- **栅格**：对边界线进行重新排列处理，以最精简的点面数来获取优秀的模型。
- **输出**：设置挤出的实体输出模型的类型。
- **生成贴图坐标**：为挤出的三维实体生成贴图材质坐标。选中该复选框，将激活“真实世界贴图大小”复选框。
- **真实世界贴图大小**：贴图大小由绝对坐标尺寸决定，与对象相对尺寸无关。
- **生成材质ID**：自动生成材质ID。一般设置顶面材质ID为1，底面材质ID为2，侧面材质ID为3。
- **使用图形ID**：选中该复选框，将使用样条线的材质ID。
- **平滑**：将挤出的实体平滑显示。

4.2.4 “车削”修改器

“车削”修改器可以将绘制的二维样条线旋转一周，生成三维实体，用户也可以设置旋转角度，更改实体旋转效果。在使用“车削”修改器后，命令面板的下方将显示“参数”卷展栏，如图4-47所示。

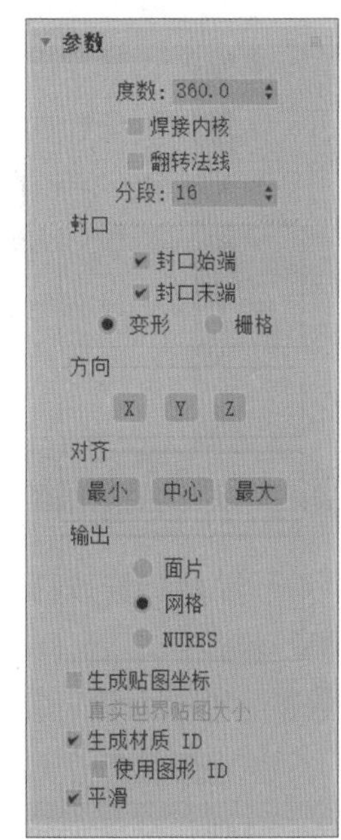

图 4-47

下面介绍“参数”卷展栏中常用选项的含义。

- **度数：**设置车削实体的旋转度数。
- **焊接内核：**将中心轴向上重合的点进行焊接精减，以得到结构相对简单的模型。
- **翻转法线：**将模型表面的法线方向反向。
- **分段：**设置车削线段后，旋转出的实体上的分段。值越大，实体表面越光滑。
- **封口：**该选项组主要设置在挤出实体的顶面和底面上是否封盖实体。
- **方向：**该选项组用于设置实体进行车削旋转的坐标轴。
- **对齐：**该选项组用来控制曲线旋转的对齐方式。
- **输出：**设置挤出的实体输出模型的类型。
- **生成材质ID：**自动生成材质ID。一般设置顶面材质ID为1，底面材质ID为2，侧面材质ID为3。
- **使用图形ID：**选中该复选框，将使用样条线的材质ID。
- **平滑：**将挤出的实体平滑显示。

4.2.5 “弯曲”修改器

“弯曲”修改器可以使物体弯曲变形，用户也可以设置弯曲角度和方向等，还可以将修改限制在指定的范围内。该修改器常被用于管道变形和人体弯曲等。在调用“弯曲”修改器后，命令面板的下方将弹出“参数”卷展栏，如图4-48所示。

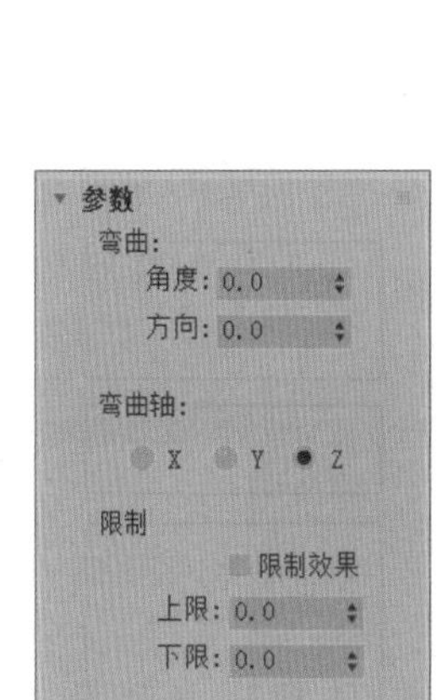

图 4-48

下面介绍“参数”卷展栏中常用选项的含义。

- **弯曲：**控制实体的角度和方向值。
- **方向：**控制实体弯曲的方向。
- **X/Y/Z：**指定执行弯曲时所沿着的轴向。
- **限制效果：**对弯曲效果应用限制约束。
- **上限：**设置弯曲效果的上限。
- **下限：**设置弯曲效果的下限。

4.2.6 “扭曲”修改器

“扭曲”修改器可在对象的几何体中心进行旋转，使其产生扭曲的特殊效果。其“参数”卷展栏与“弯曲”修改器的类似，如图4-49所示。

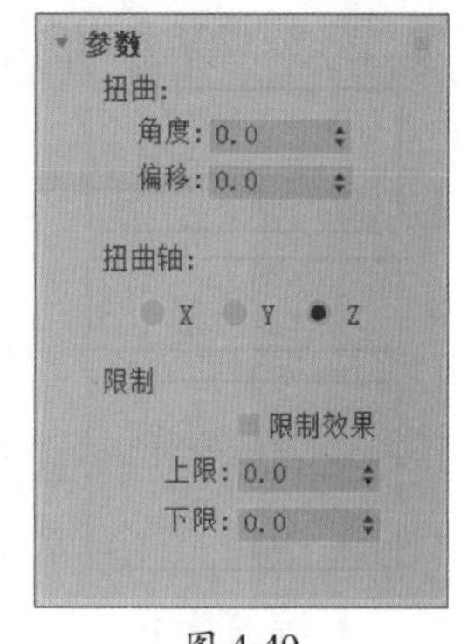

图 4-49

下面介绍“参数”卷展栏中各选项的含义。

- **角度**：确定围绕垂直轴扭曲的量。
- **偏移**：使扭曲旋转在对象的任意末端聚团。
- **X/Y/Z**：指定执行扭曲时所沿着的轴向。
- **限制效果**：对扭曲效果应用限制约束。
- **上限**：设置扭曲效果的上限。
- **下限**：设置扭曲效果的下限。

4.2.7 “晶格”修改器

“晶格”修改器可以将创建的实体进行晶格处理，快速地创建框架结构。在使用“晶格”修改器之后，命令面板的下方将弹出“参数”卷展栏，如图4-50所示。下面介绍“参数”卷展栏中常用选项的含义。

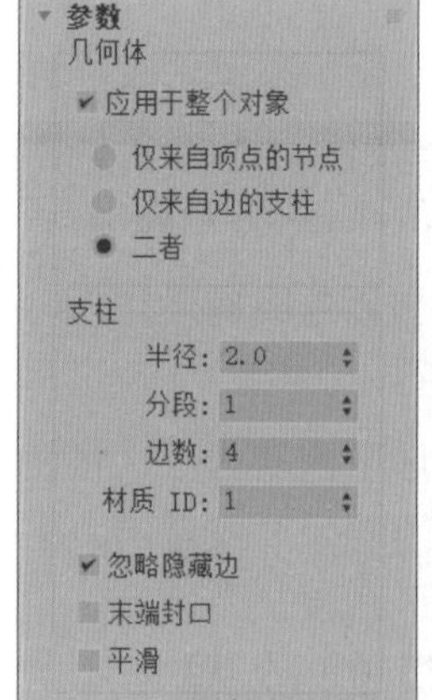

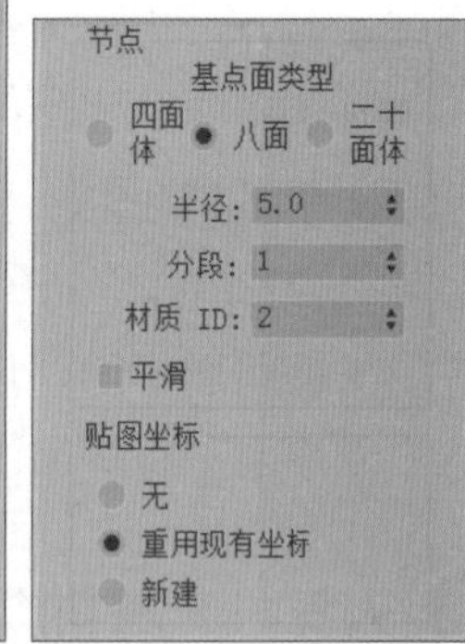

图 4-50

- **应用于整个对象**：选中该复选框，然后选择晶格显示的物体类型。在该复选框下包含“仅来自顶点的节点”“仅来自边的支柱”和“二者”3个单选按钮，它们分别表示晶格是以顶点、支柱以及顶点和支柱显示。
- **半径**：设置物体框架的半径大小。
- **分段**：设置框架结构上物体的分段数值。
- **边数**：设置框架结构上物体的边。
- **材质ID**：设置框架的材质ID号。通过设置ID号可以对物体不同位置赋予不同的材质。
- **平滑**：使晶格实体后的框架平滑显示。
- **基点面类型**：设置节点面的类型。其中包括“四面体”“八面”和“二十面体”3个选项。
- **半径**：设计节点的半径大小。

4.2.8 “壳”修改器

“壳”修改器可以将模型产生厚度效果，可以产生向内的厚度或向外的厚度。其“参数”卷展栏如图4-51所示。

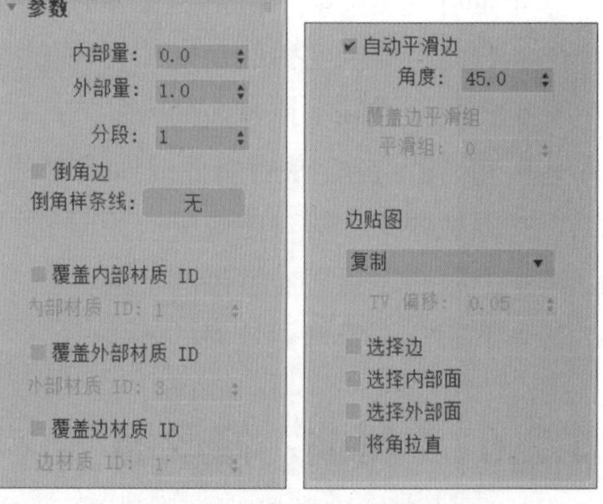

图 4-51

下面介绍“参数”卷展栏中常用选项的含义。

- **内部量/外部量**：以3ds Max通用单位表

示的距离，按此距离从原始位置将内部曲面向内移动以及将外部曲面向外移动。

- **分段：** 每一边的细分值。
- **倒角边：** 选中该复选框，并制定“倒角样条线”，3ds Max会使用样条线定义边的剖面和分辨率。
- **倒角样条线：** 选择此选项，然后选择打开样条线定义边的形状和分辨率。
- **覆盖内部材质ID：** 选中该复选框，设置“内部材质ID”参数，为所有的内部曲面多边形制定材质ID。
- **自动平滑边：** 选中该复选框，设置“角度”参数，应用自动、基于角平滑到边面。
- **角度：** 在边面之间指定最大角，该边面由“自动平滑边”平滑。

4.2.9 “细化”修改器

“细化”修改器会对当前选择的曲面进行细分。它在渲染曲面时特别有用，并为其他修改器创建附加的网格分辨率。如果子对象选择拒绝堆栈，那么整个对象会被细化。其“参数”卷展栏如图4-52所示。

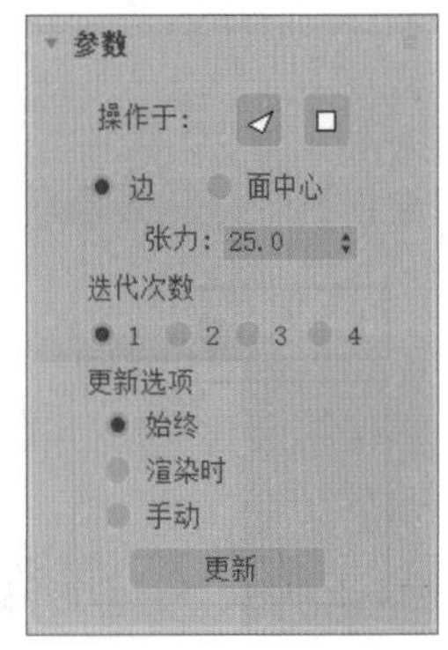

图 4-52

下面介绍“参数”卷展栏中部分选项的含义。

- **面：** 将选择作为三角形面集来处理。
- **多边形：** 拆分多边形面。
- **边：** 选择从面或多边形的中心到每条边的中点进行细分。
- **面中心：** 选择从面或多边形的中心到角顶点进行细分。
- **张力：** 决定新面在经过边细分后是平面、凹面还是凸面。
- **迭代次数：** 设置应用细分的次数。

4.2.10 “网格平滑”修改器

“网格平滑”修改器可以通过多种不同方法平滑场景中的几何体，其效果是使角和边变得圆滑。“网格平滑”修改器允许用户细分几何体，同时在角和边插补新的面以及将单个平滑组应用于对象中的所有面。设置参数可控制新面的大小和数量，以及影响曲面的方式。其参数卷展栏如图4-53所示。

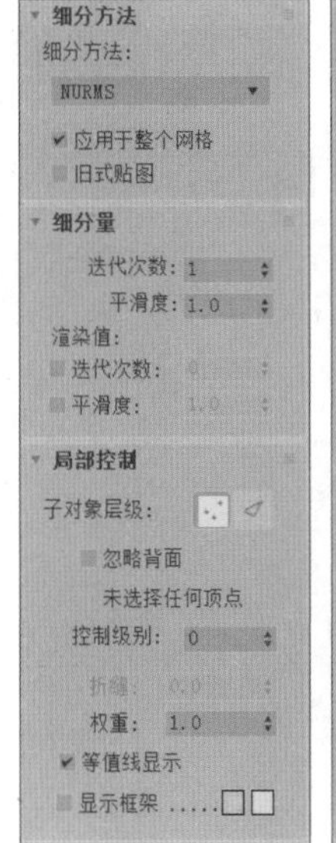

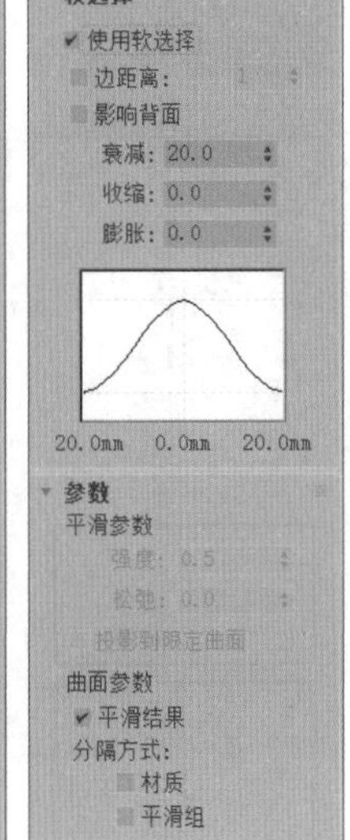

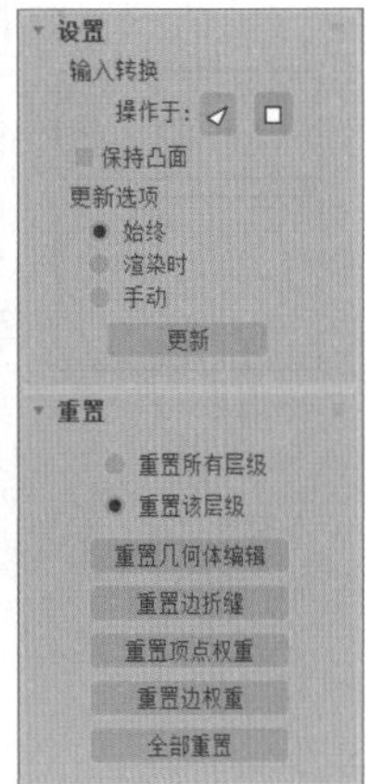

图 4-53

下面对较为常用的选项含义进行介绍。

- **细分方法**：选择相应的空间可确定修改器操作的输出对象，包括经典、四边形输出、NURMS三种类型。
- **迭代次数**：用于设置网格细分的次数。增加该数值时，每次新的迭代会通过在迭代之前对顶点、边和曲面创建平滑插补顶点来细分网格。其默认数值为0，范围为0～10。
- **平滑度**：用于对尖锐的锐角添加面以平滑对象。计算得到的平滑度为顶点连接的所有边的平均角度，数值为0则会禁止创建任何面；数值为1会将面添加到所有的顶点，使它们位于一个平面。
- **渲染值**：用于在渲染时对对象应用不同的平滑迭代次数和不同的平滑度值。一般来说，使用较低的迭代次数和平滑度进行建模，可在视口中迅速处理低分辨率对象；使用较高值进行渲染，可生成更加平滑的效果。

4.3 可编辑网格建模

可编辑网格是一种可变形对象，适用于创建简单、少边的对象或用于网格平滑和HSDS建模的控制网格。用户可以将NURBS或面片曲面转换为可编辑网格。

4.3.1 案例解析：创建水杯模型

本案例将利用可编辑网格功能结合“壳”修改器、“细分”修改器、“网格平滑”修改器等知识创建一个水杯模型，具体操作步骤如下。

步骤 01 单击“切角圆柱体”按钮，创建一个切角圆柱体，如图4-54所示，然后在“参数”卷展栏中设置半径、高度、圆角等参数，如图4-55所示。

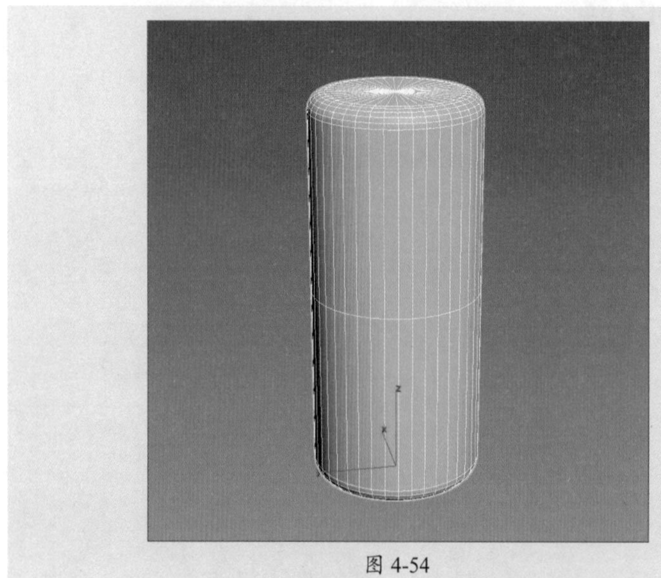

图 4-54

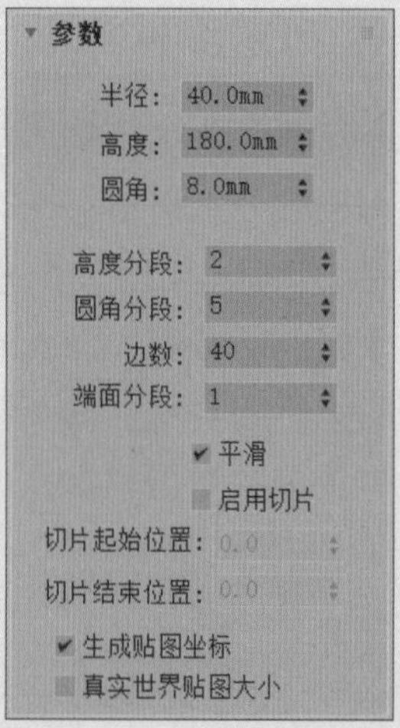

参数
半径：40.0mm
高度：180.0mm
圆角：8.0mm
高度分段：2
圆角分段：5
边数：40
端面分段：1
平滑
启用切片
切片起始位置：0.0
切片结束位置：0.0
生成贴图坐标
真实世界贴图大小

图 4-55

步骤 02 选择对象，单击鼠标右键，在弹出的快捷菜单中选择“转换为”|“转换为可编辑网格”命令，将对象转换为可编辑网格对象，如图4-56所示。打开修改器堆栈，进入“多边形”子层级，选择上半部分的多边形，按Delete键删除，如图4-57所示。

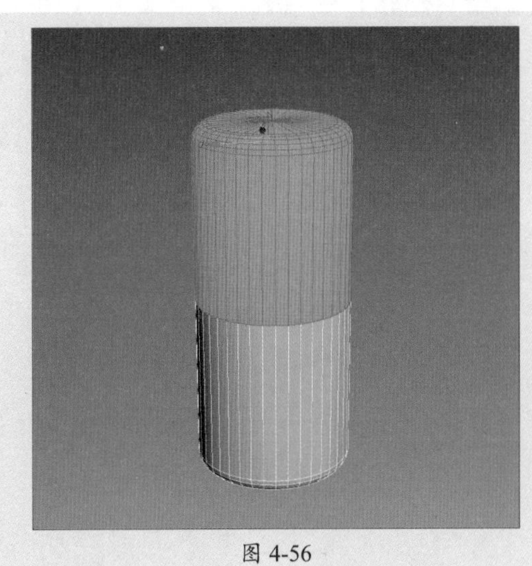
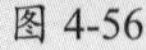

图 4-56

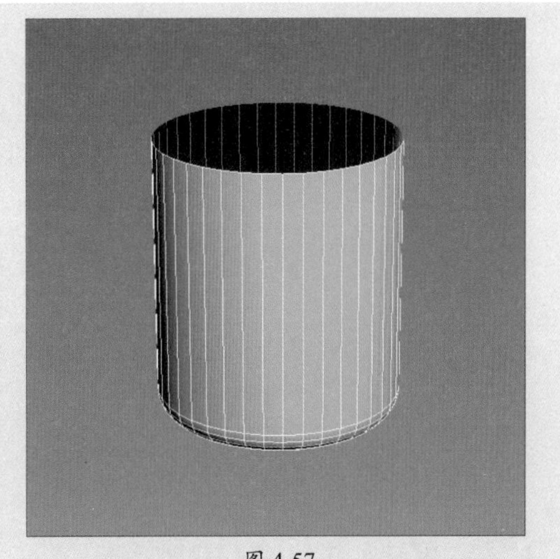

图 4-57

步骤 03 退出堆栈，为网格对象添加“壳”修改器，设置“内部量”为2 mm，初步制作出杯子模型，效果如图4-58所示。

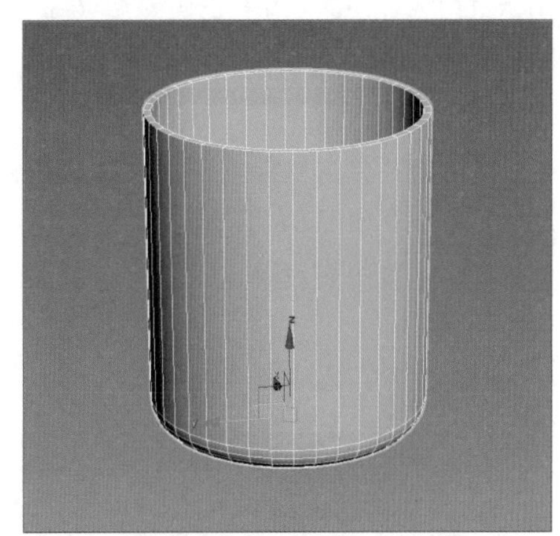

图 4-58

步骤 04 为杯子模型添加“细分”修改器，在“参数”卷展栏中设置细分为5 mm，如图4-59所示。

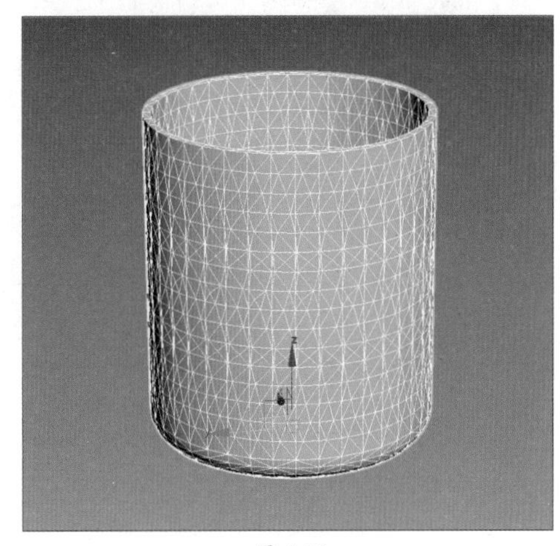

图 4-59

步骤05 为杯子模型添加“网格平滑”修改器，在“细分量”卷展栏中设置“迭代次数”为2，完成水杯模型的制作，如图4-60所示。

图 4-60

4.3.2 转换为可编辑网格

用户可以将3ds Max中大多数对象转换为可编辑网格，但是对于开口样条线对象，只有顶点可用，因为在转换为网格时开放样条线没有面和边。用户可以通过以下方式将对象转换为可编辑网格。

- 选择对象并单击鼠标右键，在弹出的快捷菜单中选择“转换为”|“转换为可编辑网格”命令，如图4-61所示。
- 在修改堆栈中右键单击对象名，在弹出的快捷菜单中选择“可编辑网格”命令，如图4-62所示。
- 选择对象并在修改器列表中为其添加“编辑网格”修改器。

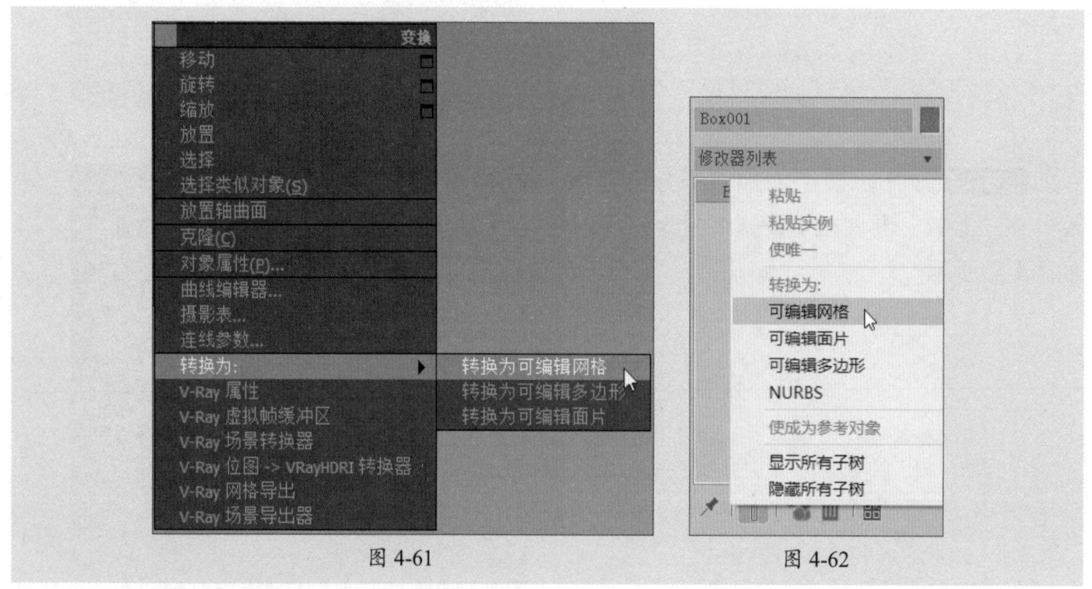

图 4-61　　图 4-62

4.3.3 可编辑网格参数设置

将模型转化为可编辑网格后，可以看到其子层级分别为顶点、边、面、多边形和元素5种。网格对象的参数面板中共有4个卷展栏，分别是“选择”卷展栏、“软选择”卷展栏、“编辑几何体”卷展栏以及“曲面属性”卷展栏，如图4-63～图4-66所示。

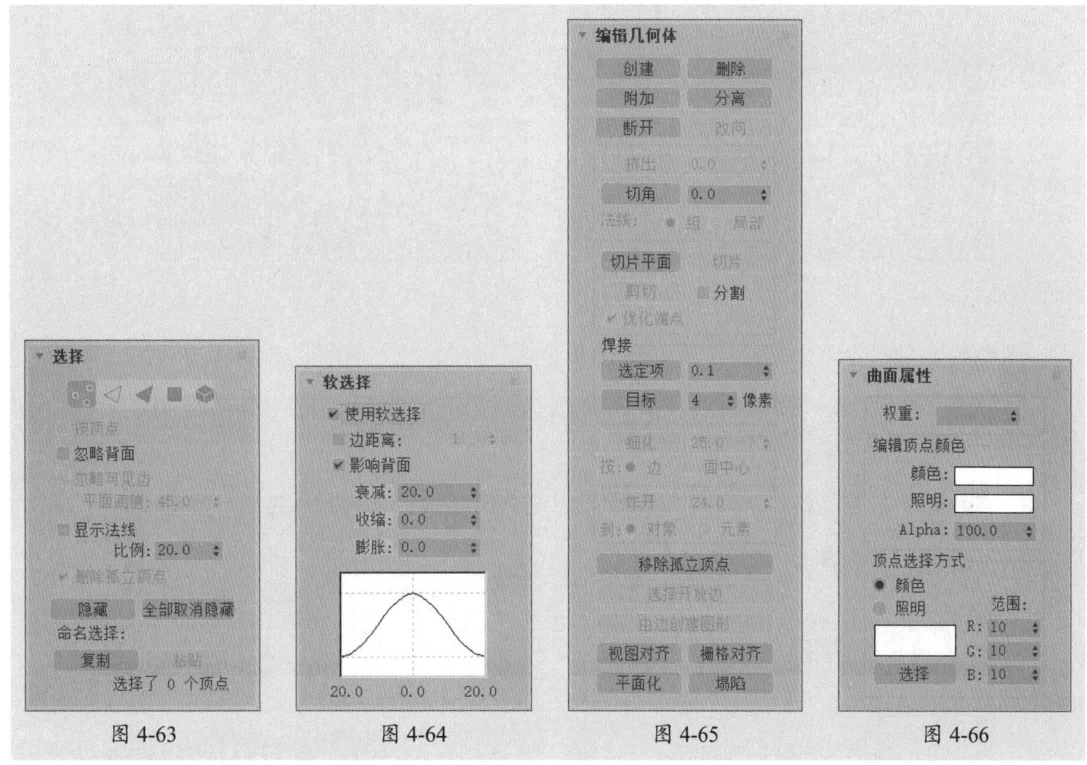

图 4-63　　图 4-64　　图 4-65　　图 4-66

4.4 NURBS建模

NURBS建模是3ds Max中建模方式之一，包括NURBS曲面和NURBS曲线。NURBS表示非均匀有理数B样条线，是设计和建模曲面的行业标准，特别适用于含有复杂曲线造型的曲面建模。

4.4.1 案例解析：创建盆栽仙人掌模型

下面利用本节学习的NURBS建模知识以及“散布”功能、“车削”修改器创建一个盆栽仙人掌模型，具体操作步骤如下。

步骤 01 单击“点曲线”按钮，在顶视图中绘制一个封闭的曲线轮廓，如图4-67所示。

步骤 02 激活移动工具，按住Shift键沿Z轴向上移动对象，复制一个新的曲线，如图4-68所示。

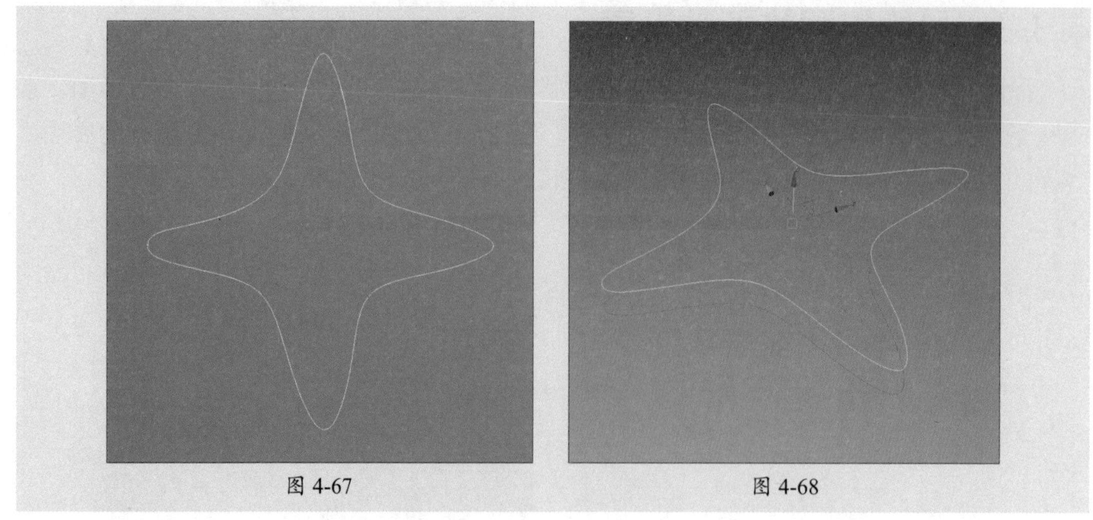
图 4-67　　图 4-68

步骤03 进入“点”子层级，在顶视图中调整四个角点，如图4-69所示。

步骤04 退出堆栈，调整曲线位置，再选择两个曲线对象，按住Shift键向上复制，如图4-70所示。

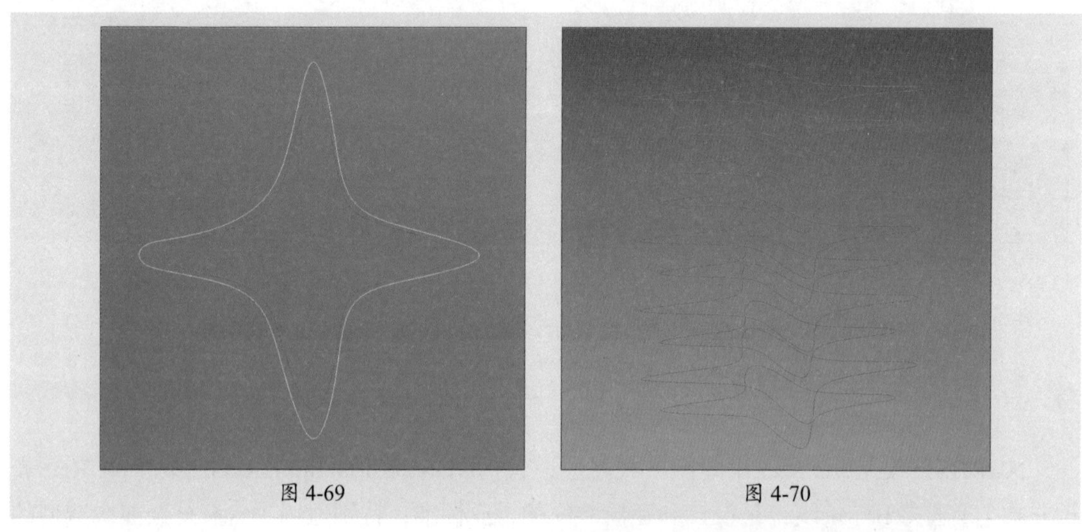
图 4-69　　图 4-70

步骤05 选择顶部的曲线再向上复制，再使用缩放工具缩放两个曲线对象，如图4-71所示。

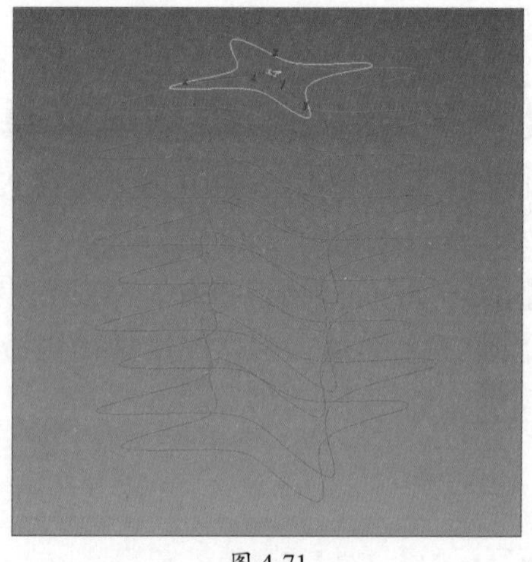
图 4-71

步骤06 选择一条曲线，进入“修改”面板，按Ctrl+T组合键打开NURBS工具箱，单击“创建U向放样曲面”按钮，如图4-72所示。

图 4-72

步骤07 从最底部的曲线开始，依次单击拾取对象，创建出曲面效果，如图4-73所示。

步骤08 在“U向放样曲面”参数卷展栏中选中“翻转法线”复选框，可以翻转曲面，效果如图4-74所示。

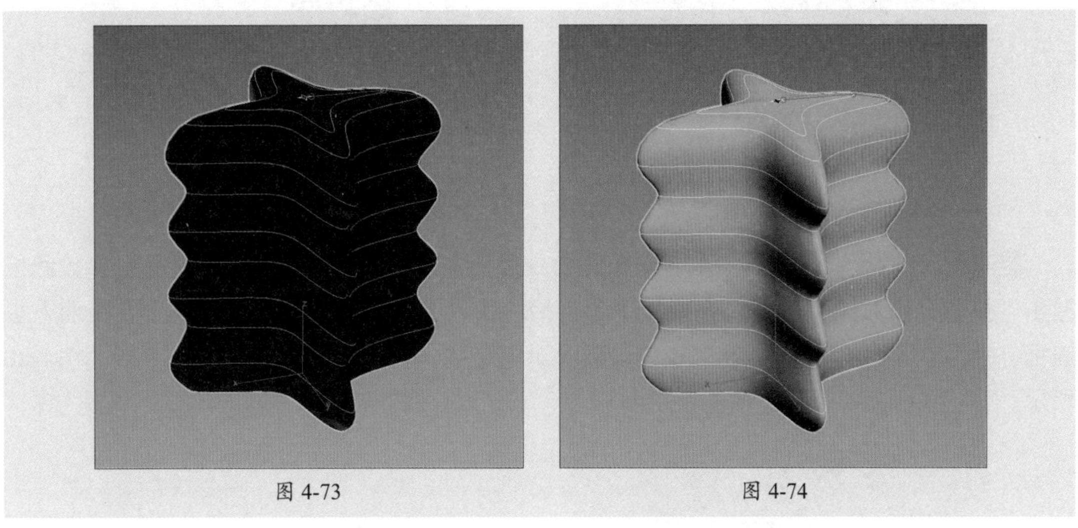
图 4-73　　图 4-74

步骤09 继续在顶视图中创建NURBS曲线，复制多个曲线并缩放大小，然后在前视图中调整位置，如图4-75、图4-76所示。

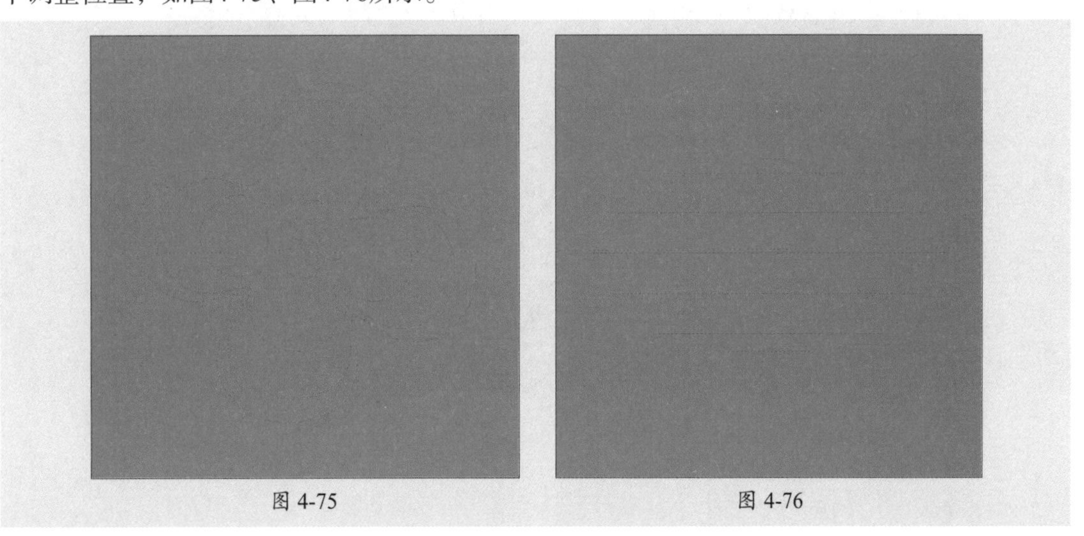
图 4-75　　图 4-76

步骤 10 在NURBS工具箱中单击“创建U向放样曲面”按钮，依次拾取曲线，创建出曲面对象，并翻转对象，调整位置至仙人掌模型上方，如图4-77所示。

步骤 11 单击“圆锥体”按钮，创建一个圆锥体，并适当调整尺寸，如图4-78所示。

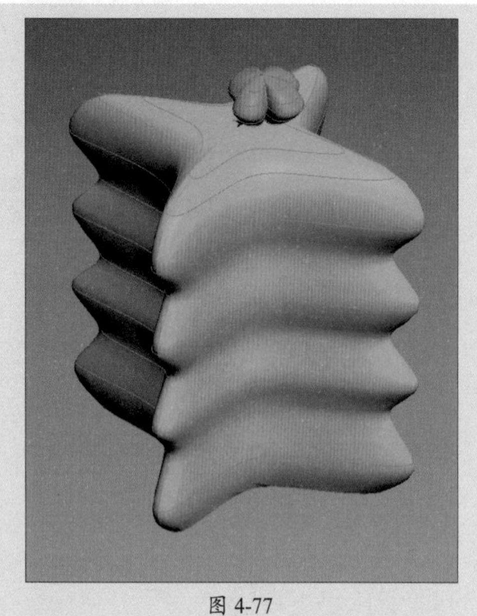

图 4-77

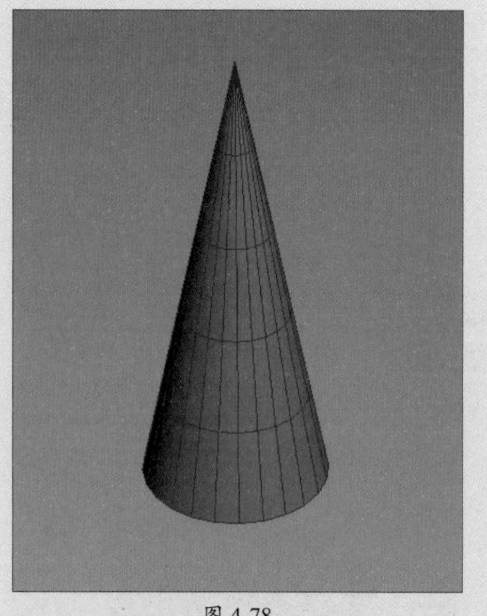

图 4-78

步骤 12 选择圆锥体，在“复合对象”命令面板中单击“散布”按钮，接着在参数面板单击“拾取分布对象”按钮，在视口中单击拾取仙人掌主体模型，使圆锥体分布在仙人掌表面，然后在“散布对象”卷展栏中设置源对象参数，使之更加自然，如图4-79、图4-80所示。

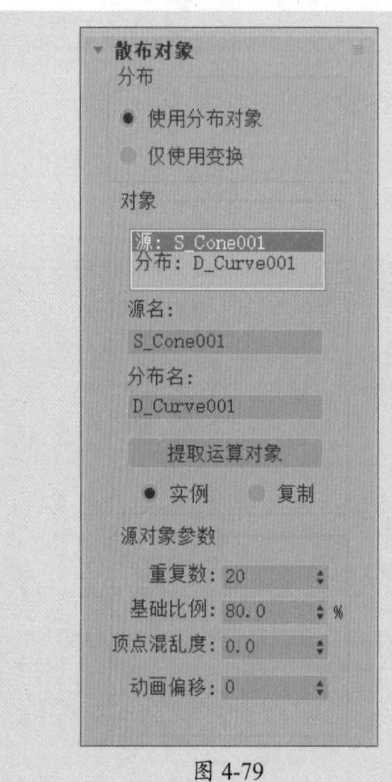

图 4-79

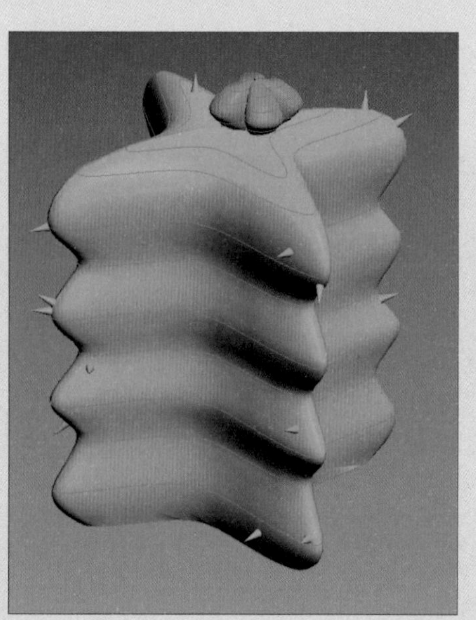

图 4-80

步骤 13 单击“线”按钮，在前视图中绘制一个封闭的样条线，如图4-81所示。

步骤 14 进入“顶点”子层级，调整顶点位置，如图4-82所示。

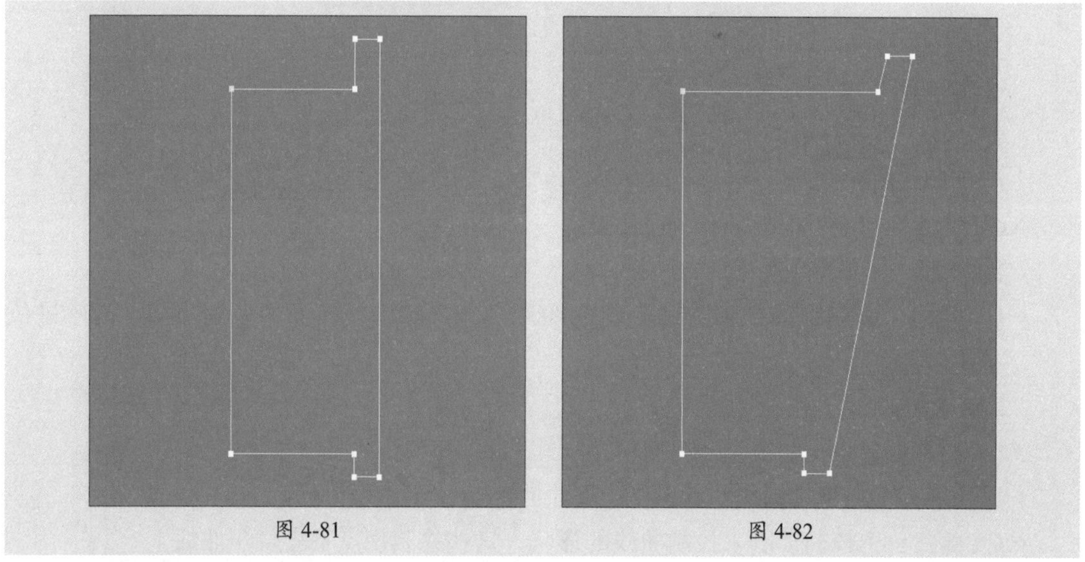

图 4-81　　图 4-82

步骤 15 选择上下两侧的四个顶点，在“几何体”卷展栏中单击“圆角”按钮，接着在视口中拖动鼠标制作出圆角效果，如图4-83所示。

步骤 16 为样条线添加“车削”修改器，选中“焊接内核”复选框，设置分段数量为40，再单击“最小”按钮，制作出花盆模型，调整花盆模型的位置。至此，完成盆栽仙人掌模型的制作，如图4-84所示。

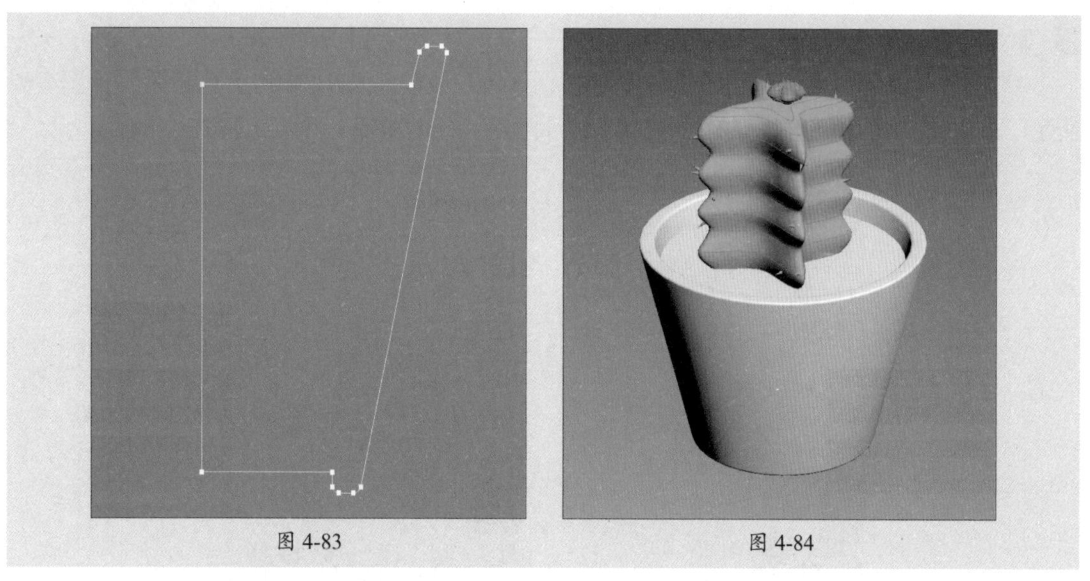

图 4-83　　图 4-84

4.4.2 认识NURBS对象

NURBS对象包含曲线和曲面两种，如图4-85、图4-86所示。NURBS建模也就是创建NURBS曲线和NURBS曲面的过程，使用它可以使以前实体建模难以达到的圆滑曲面的构建变得简单方便。

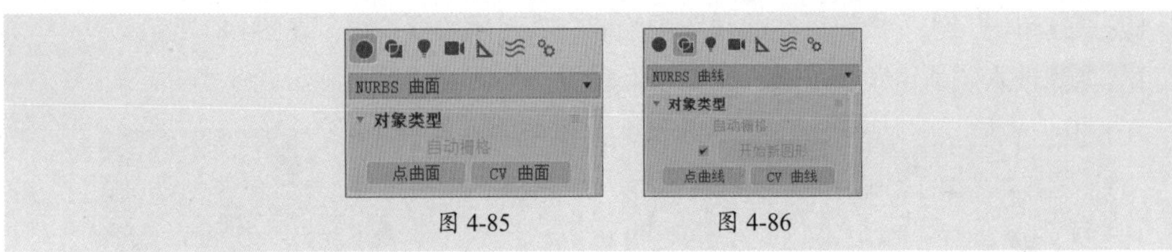

图 4-85　　图 4-86

1）NURBS曲面

NURBS曲面包含点曲面和CV曲面两种。

- **点曲面：** 由点来控制模型的形状，每个点始终位于曲面的表面上。
- **CV曲面：** 由控制顶点来控制模型的形状，CV形成围绕曲面的控制晶格，而不是位于曲面上。

2）NURBS曲线

NURBS曲线包含点曲线和CV曲线两种。

- **点曲线：** 由点来控制曲线的形状，每个点始终位于曲线上。
- **CV曲线：** 由控制顶点来控制曲线的形状，这些控制顶点不必位于曲线上。

4.4.3　编辑NURBS对象

在NURBS对象的参数面板中共有七个卷展栏，分别是“常规”卷展栏、“显示线参数”卷展栏、“曲面近似”卷展栏、“曲线近似”卷展栏、“创建点”卷展栏、“创建曲线”卷展栏以及“创建曲面”卷展栏，下面介绍较为常用的几个卷展栏。

1.“常规”卷展栏

“常规”卷展栏中包含了“附加”按钮、“导入”按钮以及NURBS工具箱等，如图4-87所示。单击“NURBS创建工具箱”按钮，即可打开NURBS工具箱，如图4-88所示。

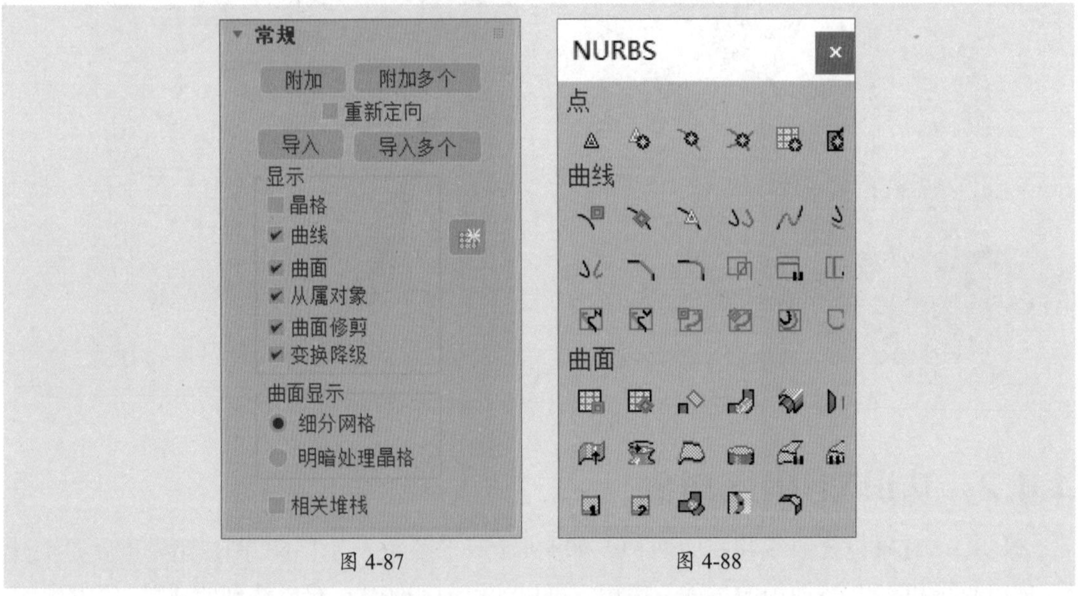

图 4-87　　图 4-88

NURBS工具箱中提供了创建点、曲线以及曲面的工具，其具体功能介绍如表4-1所示。

表 4-1 常见工具介绍

图标	名称	功能
	创建点	可以创建独立的点
	创建偏移点	可以创建与现有点重合的从属点或在现有点相对距离上创建该点
	创建曲线点	可以创建依赖于曲线或与其相关的从属点
	创建曲线-曲线点	可以在两条曲线的相交处创建从属点
	创建曲面点	可以创建依赖于曲面或与其相关的从属点
	创建曲面-曲线点	可以在曲面和曲线的相交处创建从属点
	创建CV曲线	可以创建独立的CV曲线子对象
	创建点曲线	可以创建独立的点曲线子对象
	创建拟合曲线	可以创建拟合在选定点上的点曲线
	创建变换曲线	可以创建不同位置、旋转或缩放的原始曲线的副本
	创建混合曲线	可以将一条曲线的一端与其他曲线的一端连接起来，从而混合父曲线的曲率，以在两个曲线之间创建平滑的曲线
	创建偏移曲线	可以从原始曲线、父曲线偏移
	创建镜像曲线	可以创建原始曲线的镜像图形
	创建切角曲线	可以创建两个父曲线之间直倒角的曲线
	创建圆角曲线	可以创建两个父曲线之间圆角的曲线
	创建曲面-曲面相交曲线	可以创建两个曲面相交定义的曲线
	创建U向等参曲线	可以从NURBS曲面的U向等参线创建从属曲线
	创建V向等参曲线	可以从NURBS曲面的V向等参线创建从属曲线
	创建法向投影曲线	可以基于原始曲线，以曲面法线的方向投影到曲面
	创建向量投影曲线	除了从原始曲线到曲面的投影位于可控的矢量方向外，该曲线与法向投影曲线完全相同
	创建曲面上的CV曲线	可以在曲面上绘制CV曲线

（续表）

图标	名称	功能
	创建曲面上的点曲线	可以在曲面上绘制点曲线
	创建曲面偏移曲线	可以创建依赖于曲面的曲线偏移
	创建曲面边曲线	可以创建位于曲面边界的从属曲线
	创建CV曲面	可以创建独立的CV曲面子对象
	创建点曲面	可以创建独立的点曲面子对象
	创建变换曲面	可以创建具有不同位置、旋转或缩放的原始曲面的副本
	创建混合曲面	可以将一个曲面与另一个曲面相连接，混合父曲面的曲率以在两个曲面之间创建平滑曲面
	创建偏移曲面	可以沿着父曲面法线与指定的原始距离偏移
	创建镜像曲面	可以创建原始曲面的镜像图像
	创建挤出曲面	可以从曲面子对象中挤出曲面
	创建车削曲面	可以通过曲线子对象生成曲面
	创建规则曲面	可以通过两个曲线子对象生成曲面的两个相反边界
	创建封口曲面	可以创建封口闭合曲线或闭合曲面边的曲面
	创建U向放样曲面	可以穿过多个曲线子对象插入一个曲面
	创建UV放样曲面	与U向放样曲面相似，但在U向和V向会包含一组曲线
	创建单轨扫描	可以使用至少两条曲线构建曲面，一条轨道曲线定义曲面的边，另一条曲线定义曲面的横截面
	创建双轨扫描	可以使用至少三条曲线构建曲面
	创建多边混合曲面	可以由三个或四个其他曲线或曲面子对象定义的边填充成曲面
	创建多重曲线修剪曲面	可以创建用多条组成环的曲线进行修剪的现有曲面
	创建圆角曲面	可以创建连接其他两个曲面的弧形转角

2. “曲面近似”卷展栏

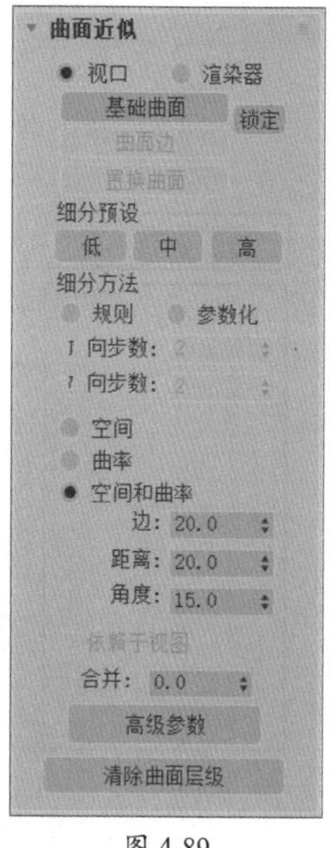

图 4-89

为了渲染和显示视口，可以使用“曲面近似”卷展栏，控制NURBS模型中的曲面子层级的近似值求解方式，如图4-89所示。其中常用选项的含义如下。

- **基础曲面**：启用此选项后，设置将影响选择集中的整个曲面。
- **曲面边**：启用该选项后，设置将影响由修剪曲线定义的曲面边的细分。
- **置换曲面**：只有在选中“渲染器”单选按钮的时候才启用。
- **细分预设**：用于选择低、中、高质量层级的预设曲面近似值。
- **细分方法**：如果选中“视口”单选按钮，该组中的控件会影响NURBS曲面在视口中的显示。如果选中“渲染器”单选按钮，这些控件还会影响渲染器显示曲面的方式。
- **规则**：根据U向步数V向步数在整个曲面内生成固定的细化。
- **参数化**：根据U向步数V向步数生成自适应细化。
- **空间**：生成由三角形面组成的统一细化。
- **曲率**：根据曲面的曲率生成可变的细化。
- **空间和曲率**：通过所有三个值使空间方法和曲率方法完美结合。

3. “曲线近似”卷展栏

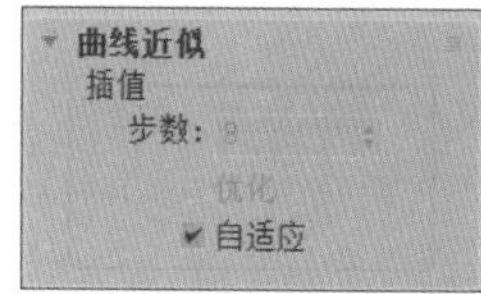

图 4-90

在模型级别上，近似空间影响模型中的所有曲线子对象。“曲线近似”卷展栏如图4-90所示，各选项的含义如下。

- 步数：用于设置每个曲线段的最大线段数。
- 优化：启用此复选框可以优化曲线。
- 自适应：基于曲率自适应分割曲线。

4. “创建点 / 曲线 / 曲面”卷展栏

这3个卷展栏中的工具与NURBS工具箱中的工具相对应，主要用来创建点、曲线、曲面对象，如图4-91～图4-93所示。

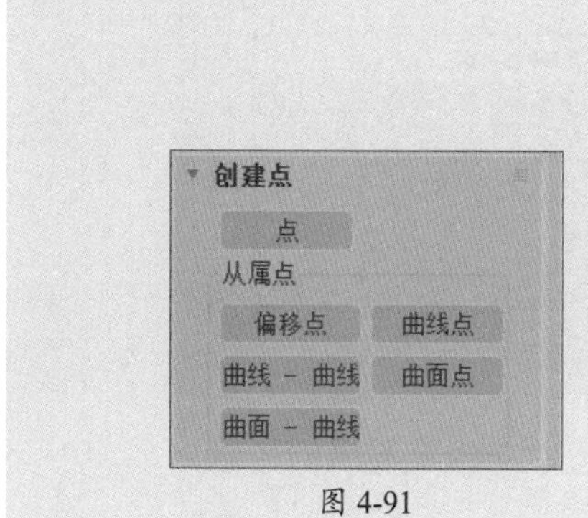

图 4-91

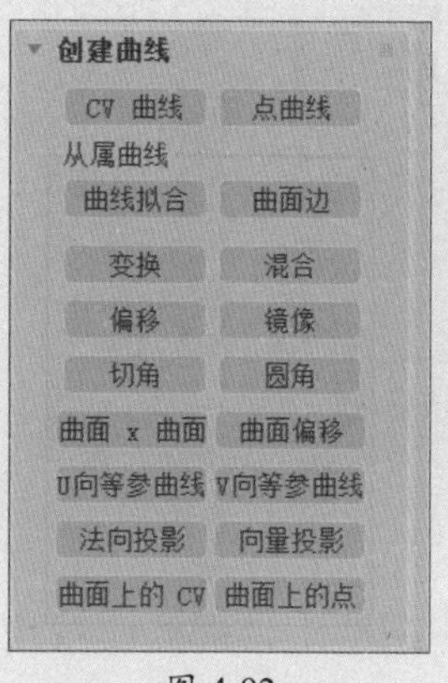

图 4-92

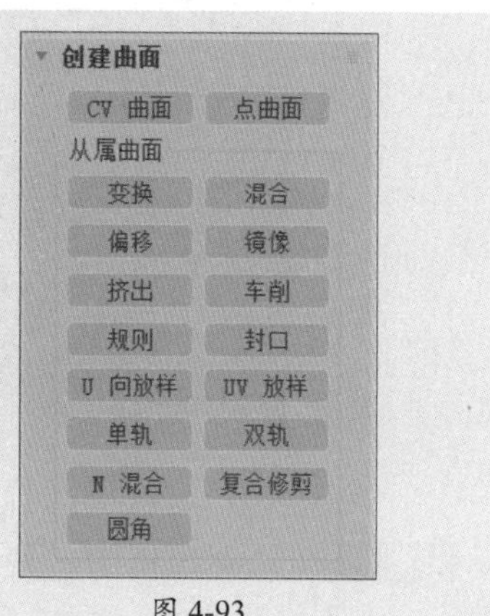

图 4-93

课堂实战 创建煤油灯模型

下面利用NURBS建模技巧结合本章所学知识创建一个煤油灯模型，具体操作步骤如下。

步骤 01 单击“圆”按钮，在顶视图中绘制一个半径为75 mm的圆，并在参数面板中设置步数为30，如图4-94、图4-95所示。

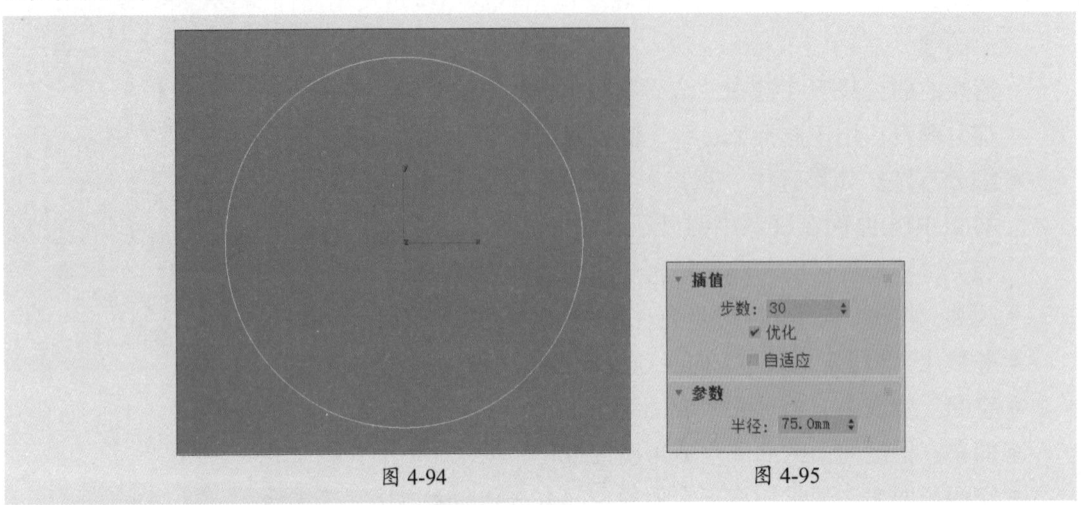

图 4-94　　图 4-95

步骤 02 单击鼠标右键，在弹出的快捷菜单中选择“转换为”|“转换为NURBS”命令，将其转换为NURBS对象，如图4-96所示。

步骤 03 进入“曲线”子层级，激活移动工具，按住Shift键向上移动对象。在弹出的“子对象克隆选项”对话框中选中“独立复制”单选按钮，如图4-97所示，单击“确定”按钮即可复制曲线。

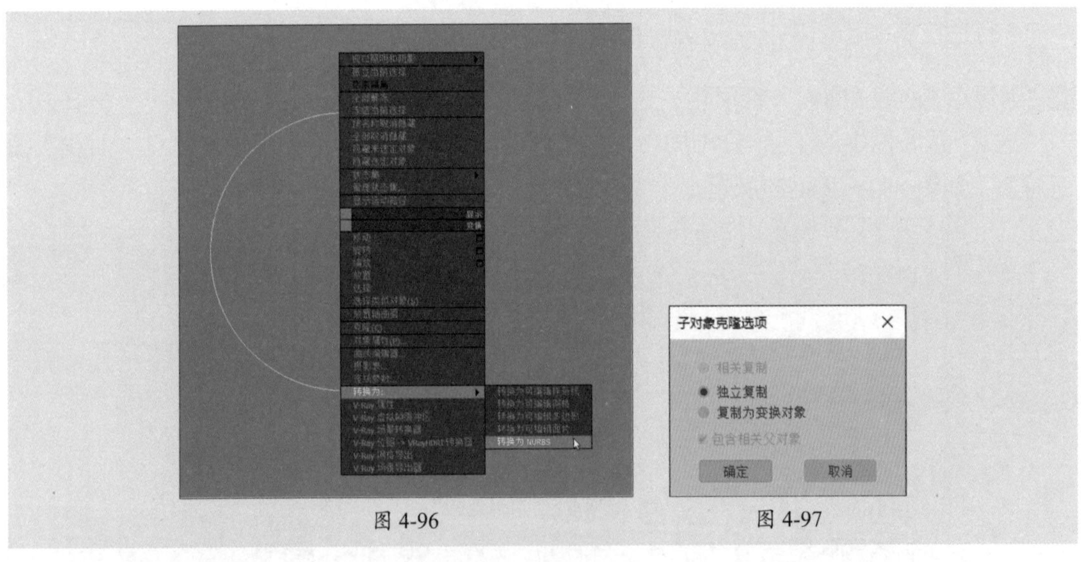

图 4-96　　图 4-97

步骤 04 切换到顶视图，使用缩放工具缩放曲线比例，并调整对象的位置，如图4-98所示。

步骤05 使用同样的方法继续复制曲线，并调整其大小和位置，布置成煤油灯灯座轮廓，如图4-99所示。

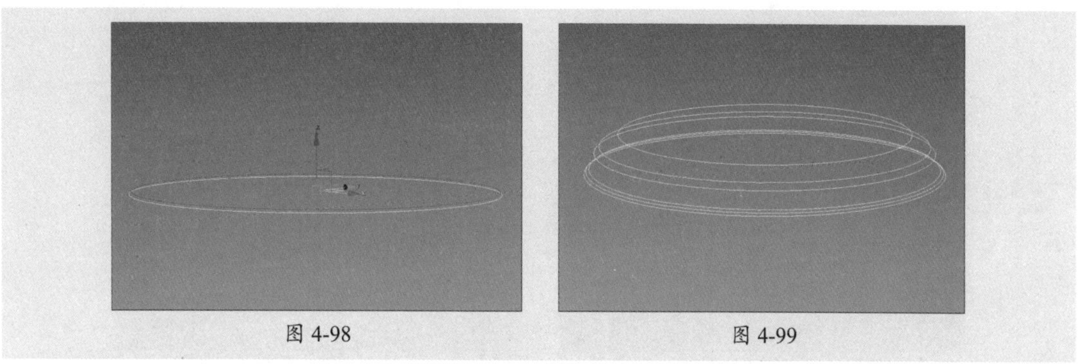

图 4-98　　图 4-99

步骤06 按Ctrl+T组合键打开NURBS工具箱，单击“创建U向放样曲面”按钮，在视口中依次单击拾取曲线，创建出第一段灯座的曲面造型，如图4-100所示。

步骤07 在“U向放样曲面”参数卷展栏中选中“翻转法线”复选框，翻转曲面，效果如图4-101所示。

图 4-100　　图 4-101

步骤08 选择对象进入“曲线”子层级，选择最顶部的曲线向上进行复制，接着在“曲线公用”卷展栏中单击“分离”按钮，将曲线分离出来，如图4-102所示。

步骤09 选择分离出来的NURBS曲线，进入“曲线”子层级，按住Shift键向上复制，如图4-103所示。

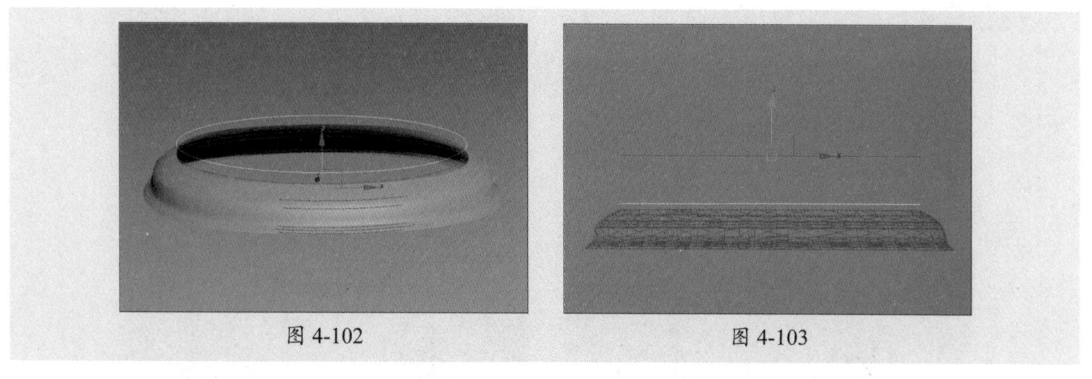

图 4-102　　图 4-103

步骤10 使用“创建U向放样曲面”工具拾取两条曲线，制作第二段灯座，并和第一段灯座对齐，如图4-104所示。

步骤 11 从曲面中分离出曲线，进入“曲线”子层级，复制多条曲线并调整曲线的位置和比例，如图4-105所示。

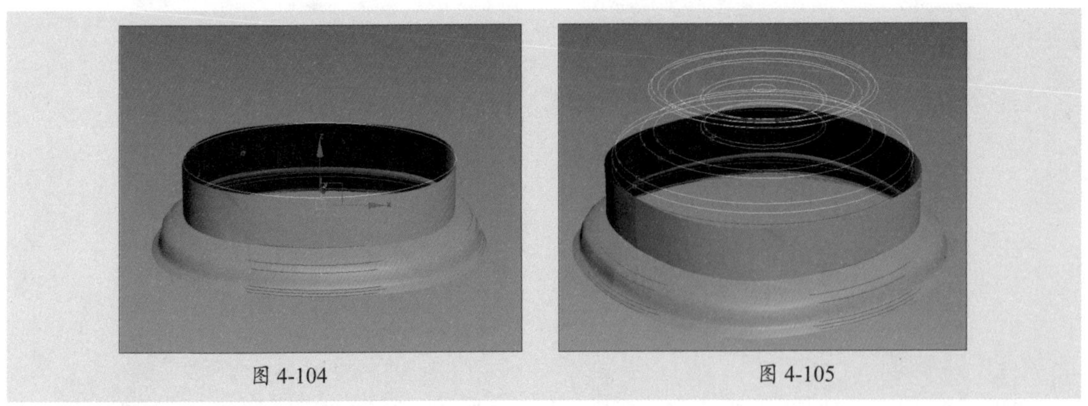
图 4-104　　图 4-105

步骤 12 使用“创建U向放样曲面”工具拾取曲线创建曲面，完成灯座造型的制作。为了便于观察，可以改变模型的颜色，如图4-106所示。

步骤 13 再次进入“曲线”子层级，复制顶部的一条曲线，并进行分离操作，如图4-107所示。

图 4-106　　图 4-107

步骤 14 继续进入“曲线”子层级，复制曲线并调整曲线的位置及比例，如图4-108所示。

步骤 15 使用“创建U向放样曲面”工具拾取曲线创建灯罩造型，如图4-109所示。

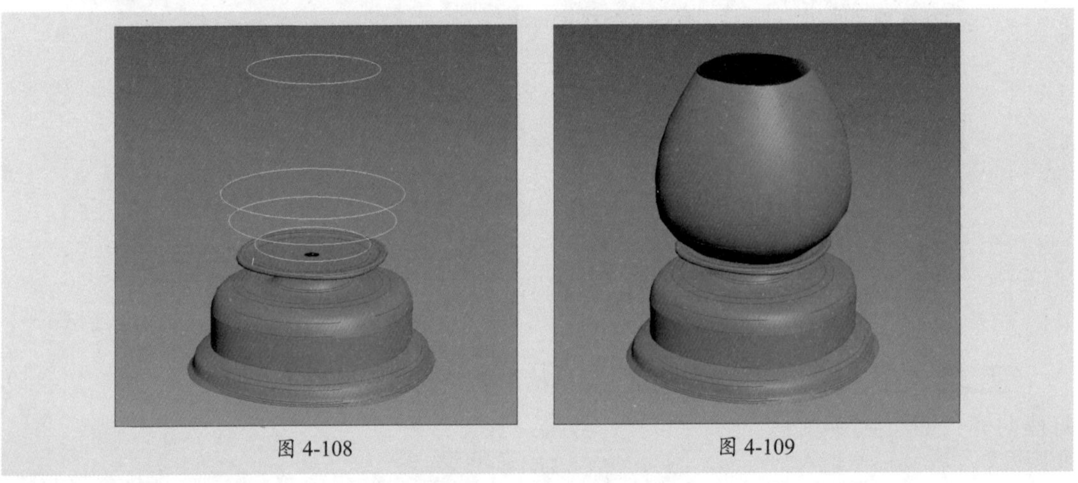
图 4-108　　图 4-109

步骤16 使用同样的方法创建灯头造型，如图4-110、图4-111所示。

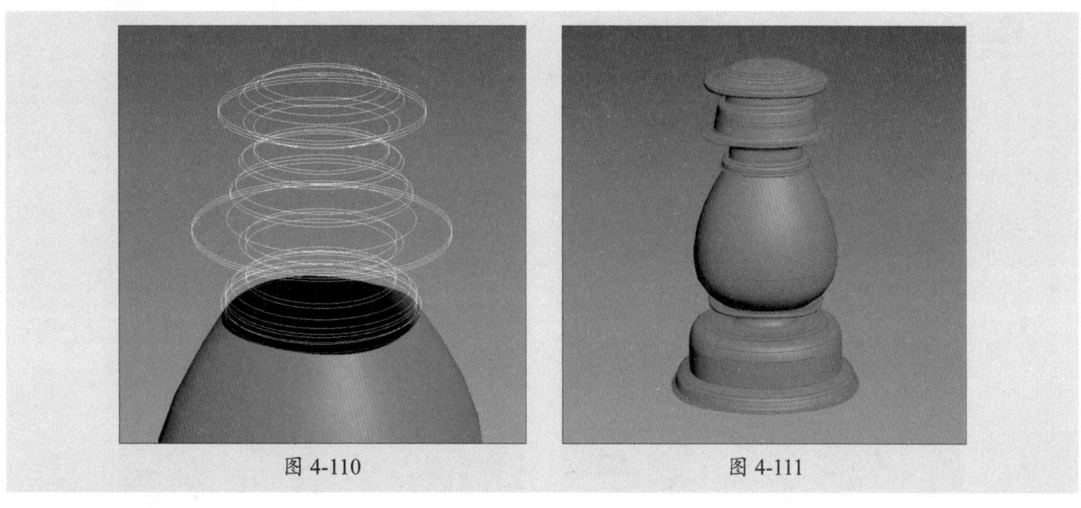

图 4-110　　图 4-111

步骤17 单击“线”按钮，在左视图中绘制如图4-112所示的样条线。

步骤18 进入“顶点”子层级，选择全部顶点，单击鼠标右键，在弹出的快捷菜单中选择“平滑”命令，再适当调整顶点，如图4-113所示。

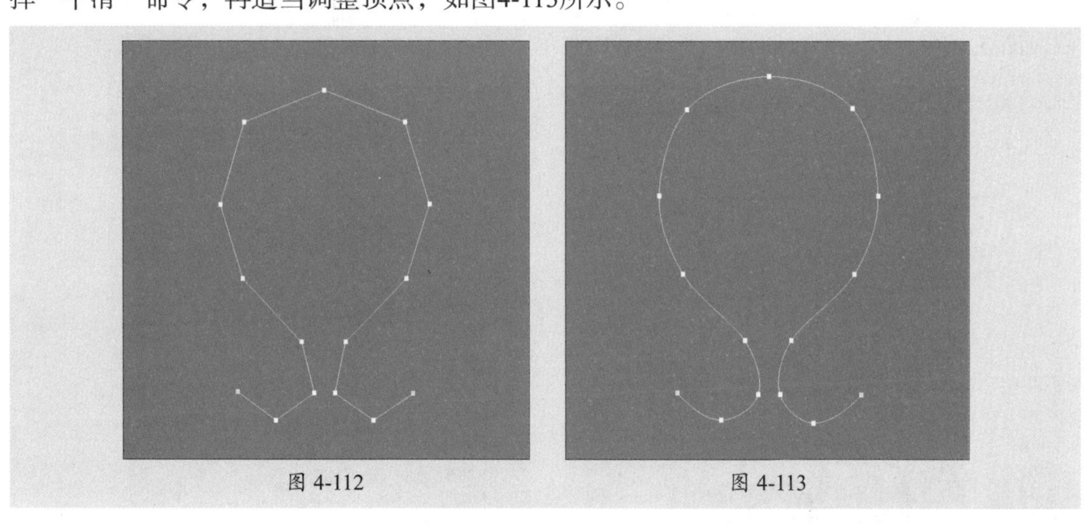

图 4-112　　图 4-113

步骤19 在“渲染”卷展栏中启用渲染效果，并设置径向参数，在视口中调整对象的位置，如图4-114、图4-115所示。

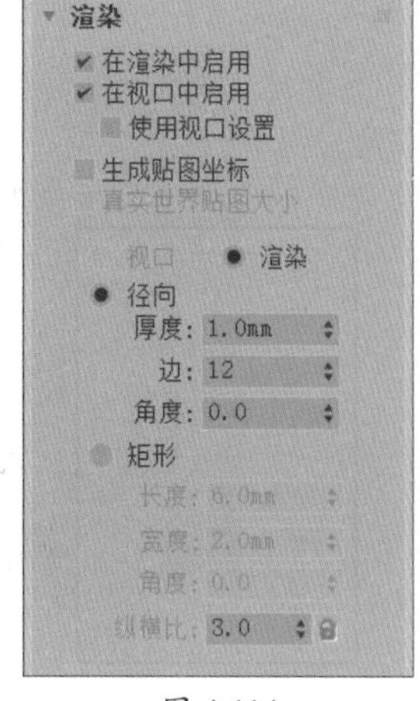

图 4-114

图 4-115

步骤 20 单击“点曲线”按钮，在前视图中绘制一条封闭曲线作为截面，如图4-116所示。

步骤 21 在左视图中绘制一条把手轮廓的曲线，如图4-117所示。

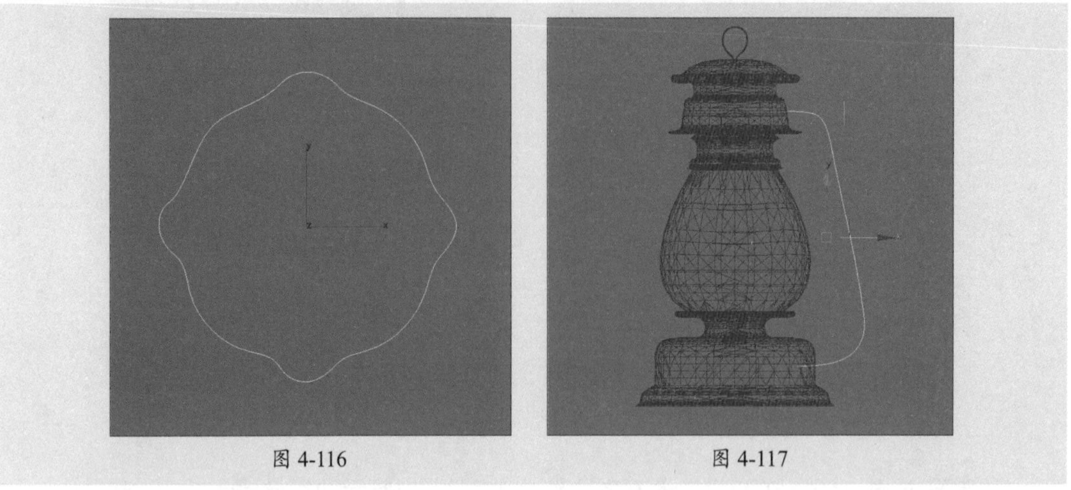

图 4-116　　图 4-117

步骤 22 进入“曲线”子层级，选择曲线，按住Shift键进行复制，如图4-118所示。

步骤 23 在NURBS工具箱中单击“创建双轨扫描”按钮，依次单击手柄轮廓，再单击截面曲线，即可创建把手曲面，如图4-119所示。

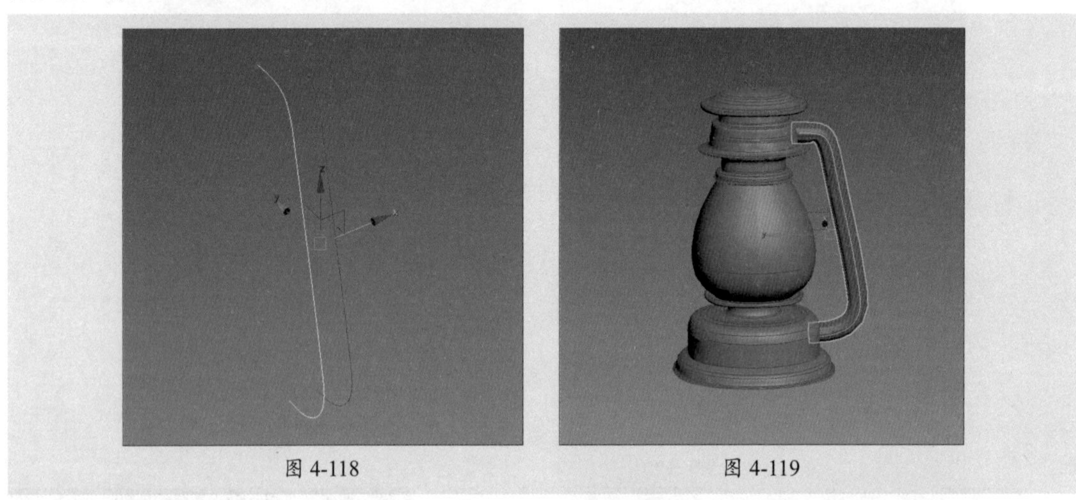

图 4-118　　图 4-119

步骤 24 按照同样的方法再制作把手上方的吊环，如图4-120所示。

图 4-120

步骤25 切换到左视图，选择把手及吊环，单击“镜像”按钮打开“镜像”对话框，选择以“复制”方式克隆对象，如图4-121所示。

步骤26 单击“线”按钮，绘制煤油灯的提手一侧造型，如图4-122所示。

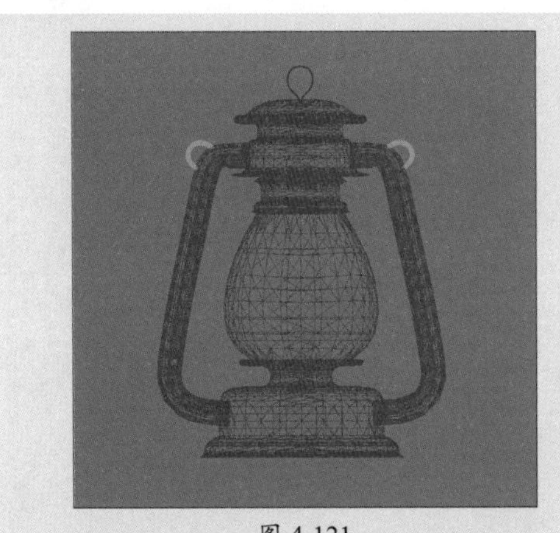

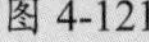

图 4-121

图 4-122

步骤27 进入“线段”子层级，旋转挂钩处的线段，如图4-123所示。

步骤28 退出堆栈，切换到左视图，使用“镜像”命令镜像样条线，开启捕捉开关，捕捉对齐两条样条线，如图4-124所示。

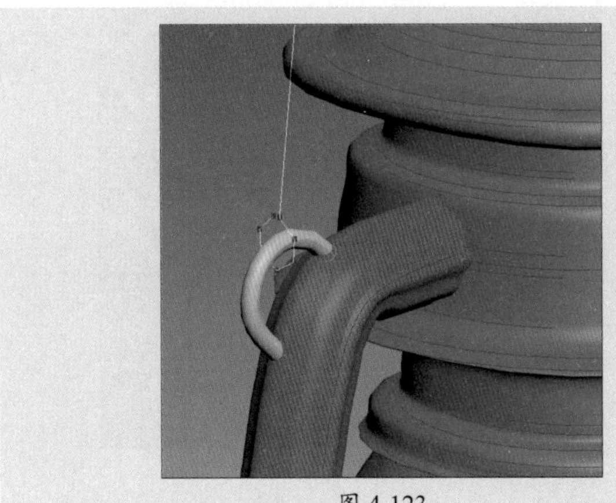

图 4-123

图 4-124

步骤29 在“几何体”卷展栏中单击“附加”按钮，选择拾取另一条样条线。再进入“顶点”子层级，选择全部顶点，单击“焊接”按钮焊接顶点，如图4-125所示。

图 4-125

步骤30 选择除了转折处的所有顶点，单击鼠标右键，在弹出的快捷菜单中选择“平滑”命令，转化顶点样式，再适当调整顶点，使样条线变得平滑，如图4-126所示。

步骤31 在“渲染”卷展栏中开启渲染，设置径向厚度为2.5 mm，完成提手的制作，如图4-127所示。

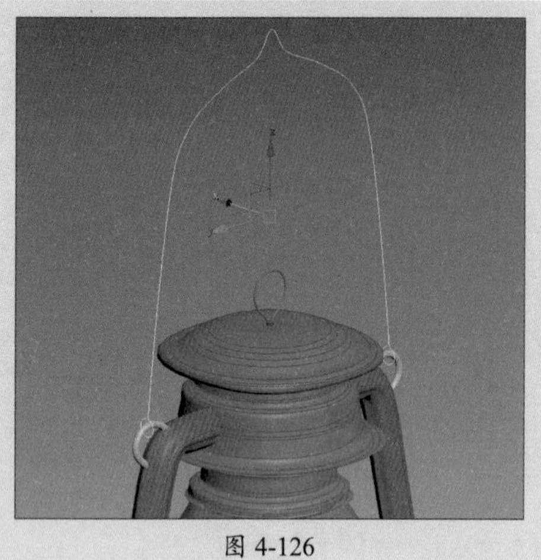
图 4-126

图 4-127

步骤32 再次单击“线”按钮，在左视图中绘制一段样条线，如图4-128所示。

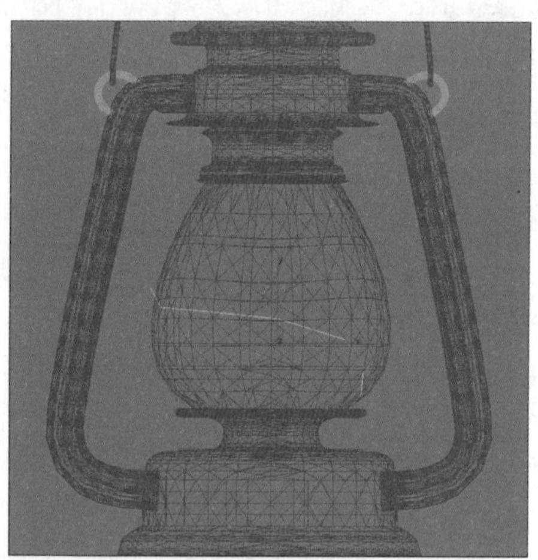
图 4-128

步骤33 进入“顶点”子层级，全选顶点，设置顶点为平滑顶点，如图4-129所示。

图 4-129

步骤34 在透视图中调整顶点位置，使曲线环绕灯罩，如图4-130所示。

步骤35 退出堆栈，切换到前视图，单击“镜像”按钮，设置以X轴为镜像轴克隆样条线，如图4-131所示。

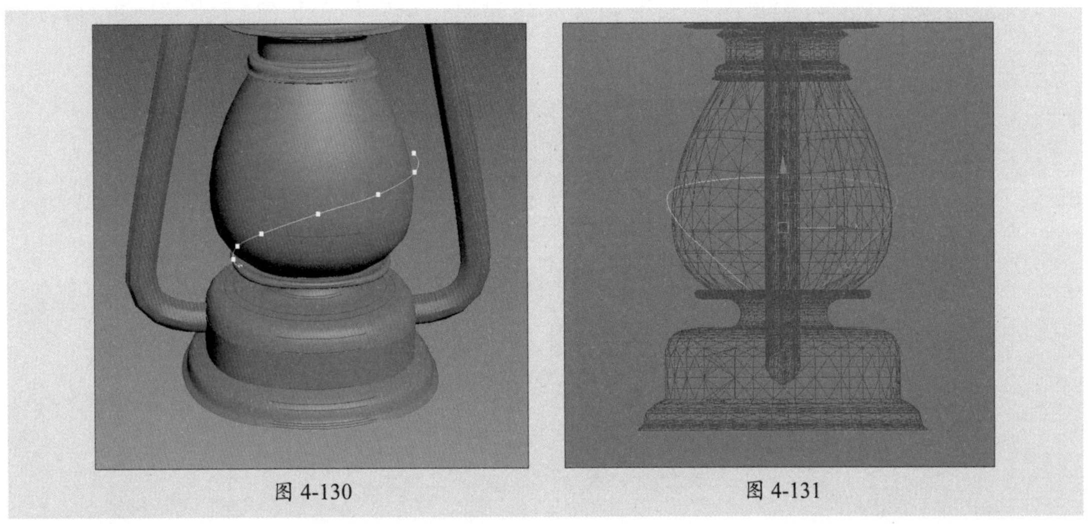

图 4-130　　图 4-131

步骤36 选择两条曲线，切换到顶视图，再次单击“镜像”按钮，设置以Y轴为镜像轴克隆样条线，并调整样条线的位置，使用“附加”功能附加四条样条线，如图4-132所示。

步骤37 在“渲染”卷展栏中启用渲染效果，设置径向厚度为1 mm。至此，完成煤油灯模型的创建，如图4-133所示。

图 4-132　　图 4-133

课后练习 创建笔筒模型

下面根据所学的可编辑网格知识和修改器建模知识制作一个笔筒模型，如图4-134所示。

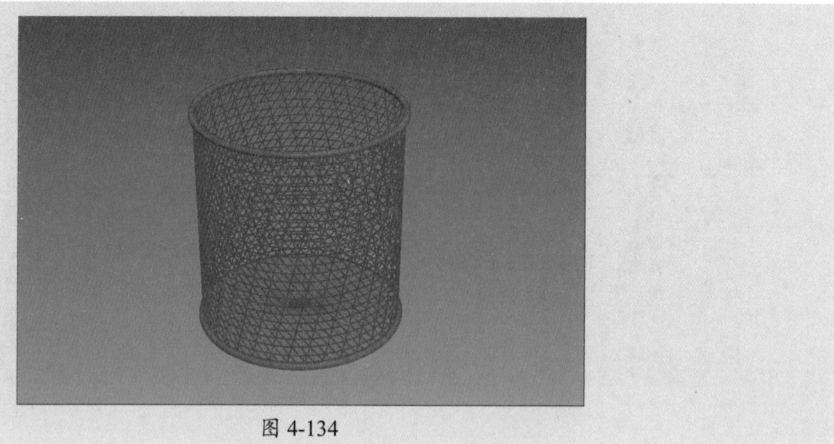

图 4-134

1. 技术要点

- 创建切角圆柱体作为底座，创建圆环作为笔筒杯口。
- 为圆柱体设置分段，转换为可编辑网格后结合“细化”“扭曲”“晶格”修改器制作笔筒筒身造型。

2. 分步演示

本案例的分步演示效果如图4-135所示。

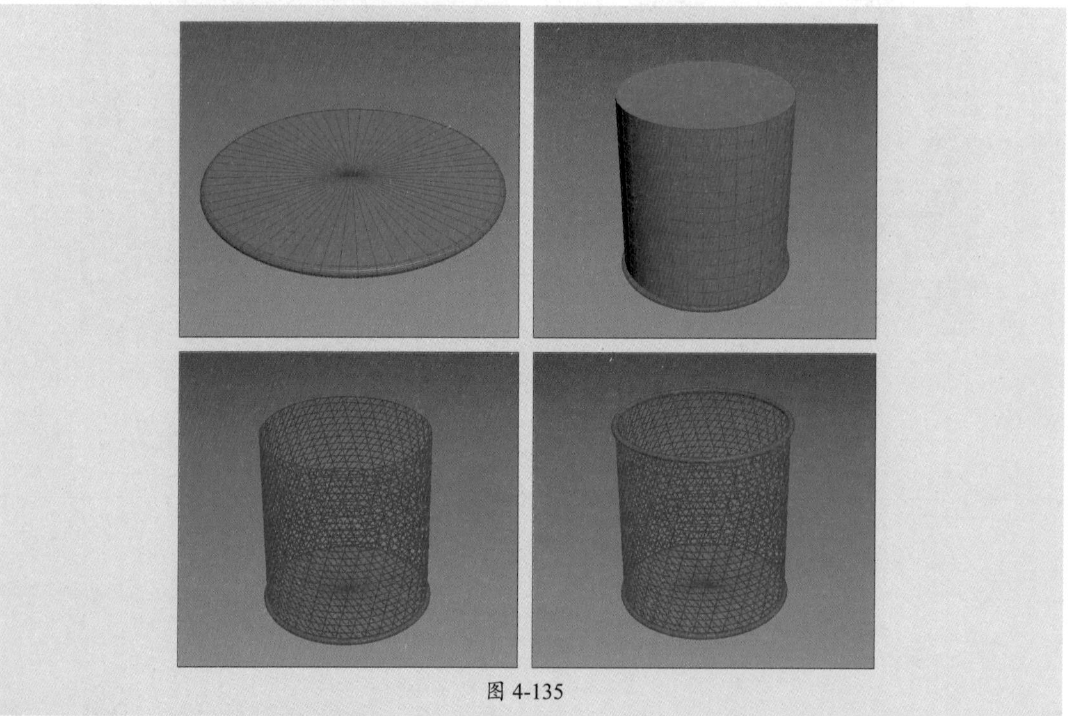

图 4-135

拓展赏析

惊艳千年之榫卯工艺

榫卯工艺距今已有七千多年的历史，与中国古代建筑及家具有着密切联系，如图4-136、图4-137所示。榫卯是指在木构件上所采用的一种结合方式，凸出部分叫榫（或榫头），凹进去的部分叫卯（或榫眼、榫槽）。

图 4-136

图 4-137

榫卯结构的优势在于不需要使用钉子、胶水等辅助材料，只靠木头本身的凹凸结合，就可以使各个构件牢固地结合在一起，形成富有弹性和稳定性的结构，使中国古典建筑和家具具有独特的韵味和风格。下面列举榫卯工艺的各种类型，如图4-138所示。

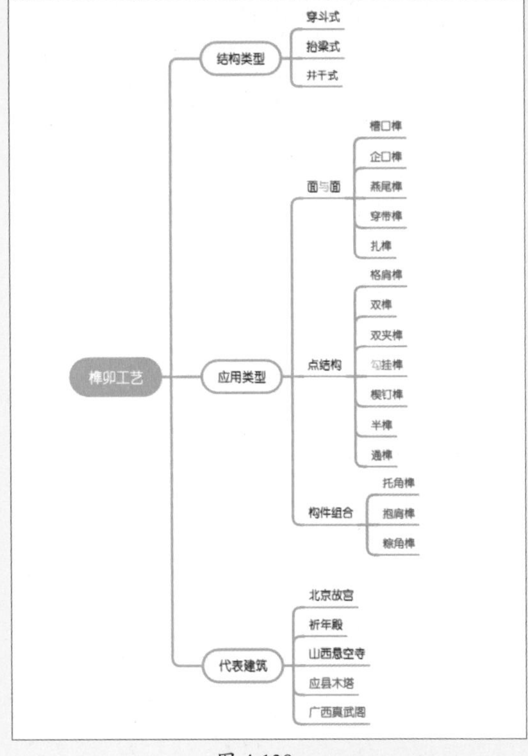

图 4-138

第5章

多边形建模

内容导读

在前面章节中讲解了3ds Max的基础建模、复合对象建模、修改器建模、网格建模、NURBS建模等知识，这些建模方式能够制作出一些简单或者较为粗糙的模型。想要制作更加精细、真实且复杂的模型，就需要使用高级建模技巧才能实现。

本章主要介绍可编辑多边形的基础知识、参数设置以及建模技巧等，使用户能够深入了解多边形建模。

思维导图

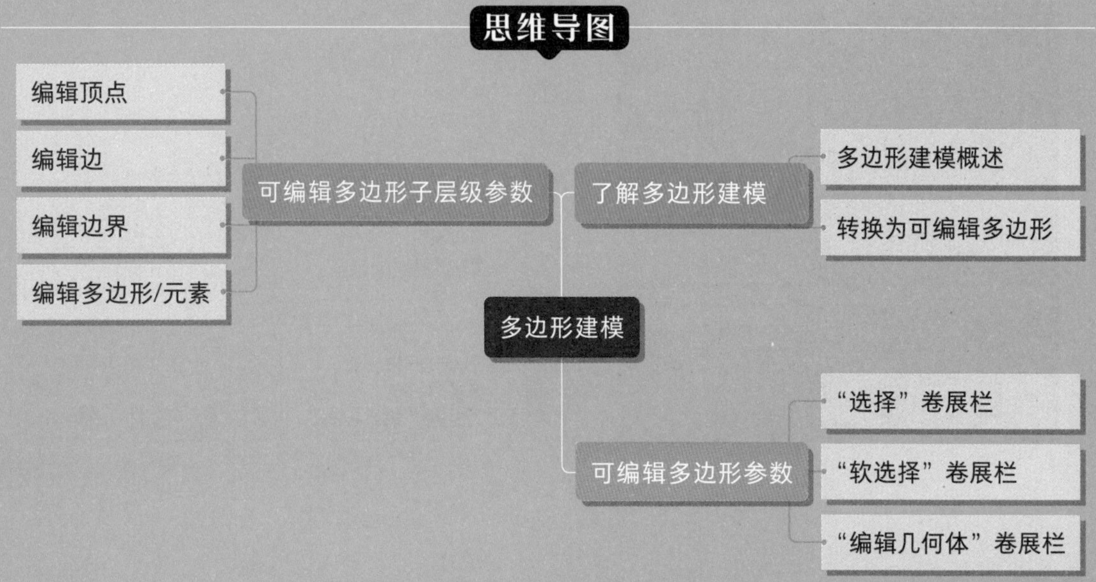

5.1 了解多边形建模

多边形建模是3ds Max中最强大的建模方式，其中包括丰富的工具和较为传统的建模流程思路，因此更便于理解和使用，为创造复杂模型提供了更大可能性。3ds Max中的多边形建模主要有可编辑网格和可编辑多边形两种方式，本章主要就可编辑多边形做系统的介绍。

5.1.1 多边形建模概述

3ds Max的多边形建模方法比较容易理解，非常适合初学者学习，并且在建模过程中可以有更多的想象空间和可修改的余地。其原理是首先将一个模型对象转化为可编辑多边形，再通过增减点、线、面的数目或调整点、线、面的位置，使模型逐渐产生相应的变化，从而达到建模的目的。

5.1.2 转换为可编辑多边形

多边形建模方法在编辑上更加灵活，对硬件的要求也很低，其建模思路与网格建模的思路很接近，其不同点在于网格建模只能编辑三角面，而多边形建模对面数没有任何要求。

在编辑多边形对象之前首先要明确多边形对象不是创建出来的，而是塌陷（转换）出来的。将物体塌陷为多边形的方法大致有三种。

- 选择物体，单击鼠标右键，在弹出的快捷菜单中选择“转换为”|“转换为可编辑多边形”命令，如图5-1所示。
- 选择物体，在“建模”工具栏中单击“多边形建模”按钮，然后在弹出的菜单中选择“可编辑多边形”命令，如图5-2所示。
- 选择物体，在“修改”面板中添加“编辑多边形”修改器，如图5-3所示。

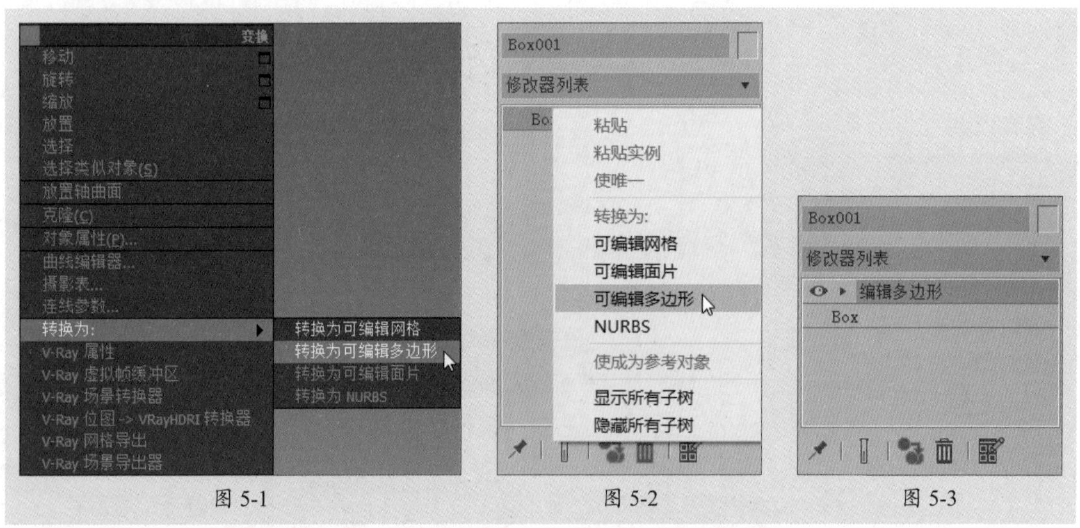

图 5-1　　图 5-2　　图 5-3

5.2 可编辑多边形参数

将物体转换为可编辑多边形对象后，就可以对可编辑多边形对象的顶点、边、边界、多边形和元素分别进行编辑。多边形参数面板包括多个卷展栏，分别是“选择”卷展栏、“软选择”卷展栏、“编辑几何体”卷展栏、“细分曲面”卷展栏、“细分置换”卷展栏等。这里主要介绍“选择”“软选择”“编辑几何体”3个卷展栏。

5.2.1 案例解析：创建盘子模型

本案例将利用可编辑多边形的“软选择”功能制作一个盘子模型，具体操作步骤介绍如下。

步骤01 单击“圆柱体”按钮，创建一个八边形圆柱体，在“参数”卷展栏中设置具体的参数，如图5-4、图5-5所示。

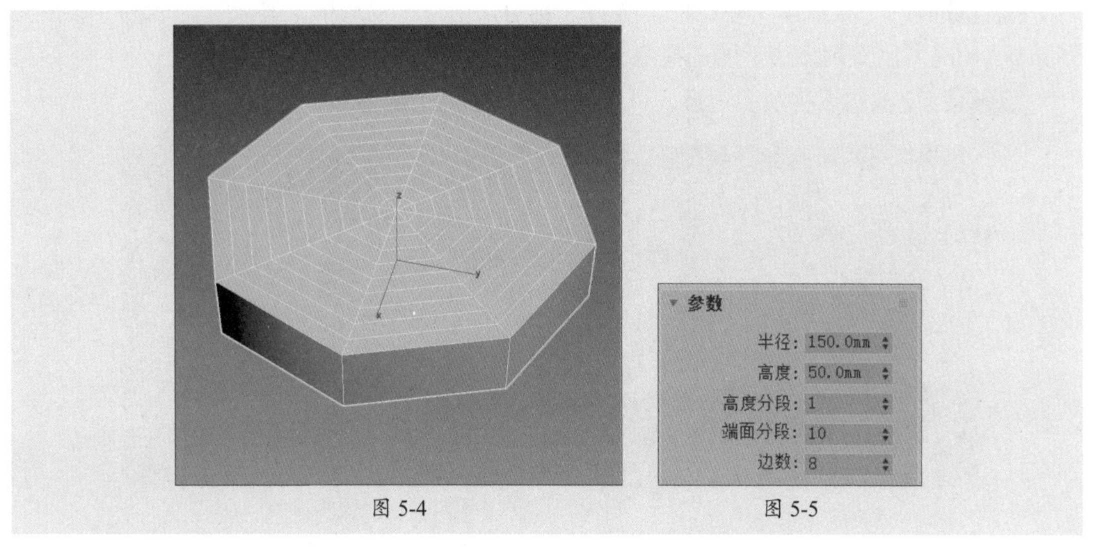

图 5-4　　图 5-5

步骤02 将对象转换为可编辑多边形，进入“多边形”子层级，选择下方的多边形，按Delete键将其删除，如图5-6、图5-7所示。

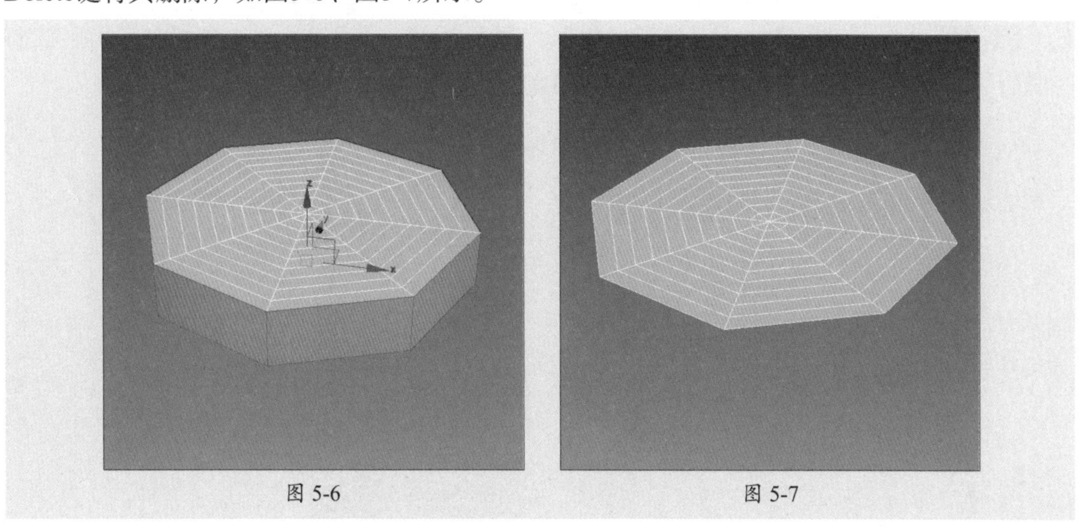

图 5-6　　图 5-7

步骤 03 选择最中心一圈多边形，在“选择”卷展栏中多次单击“扩大”按钮，环形扩大多边形的选择范围，如图5-8、图5-9所示。

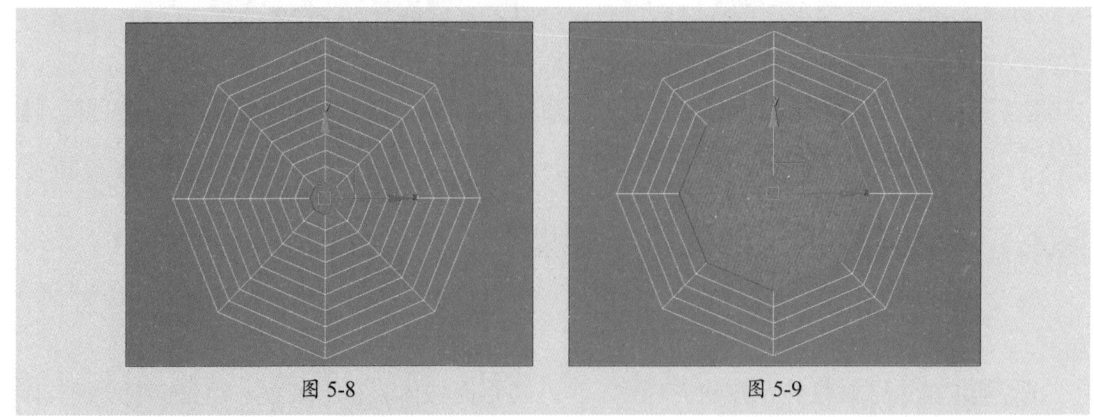

图 5-8　　图 5-9

步骤 04 展开“软选择”卷展栏，选中“使用软选择”复选框，并设置“衰减”参数为55 mm，此时可以看到多边形的选择范围向外辐射，如图5-10所示。

步骤 05 沿Z轴向下移动多边形，可以制作出盘子的边缘造型，如图5-11所示。

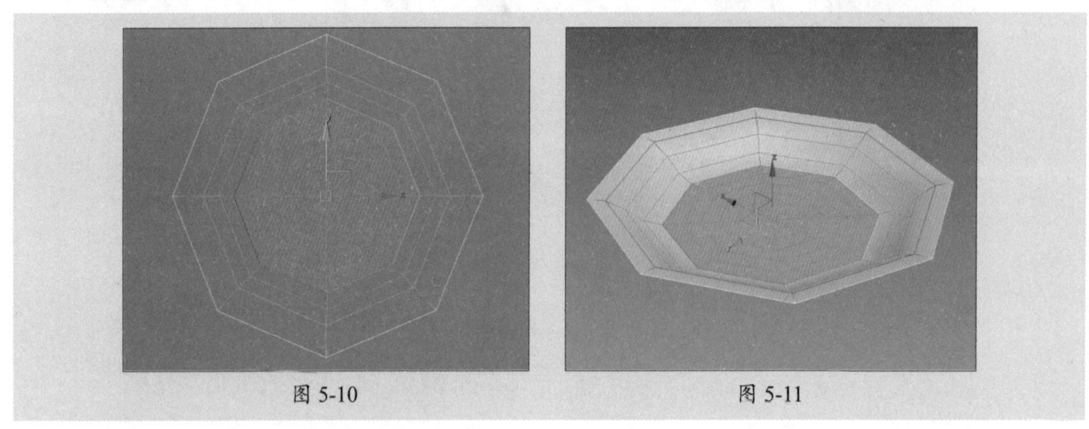

图 5-10　　图 5-11

步骤 06 取消软选择，并退出堆栈，为多边形添加“壳”修改器，在参数面板中设置“内部量”和“外部量”都为2 mm，使多边形面片拥有厚度，如图5-12所示。

步骤 07 再次将对象转换为可编辑多边形，进入“边”子层级，双击选择盘子边底部的一圈边线，在前视图中适当向上移动，如图5-13所示。

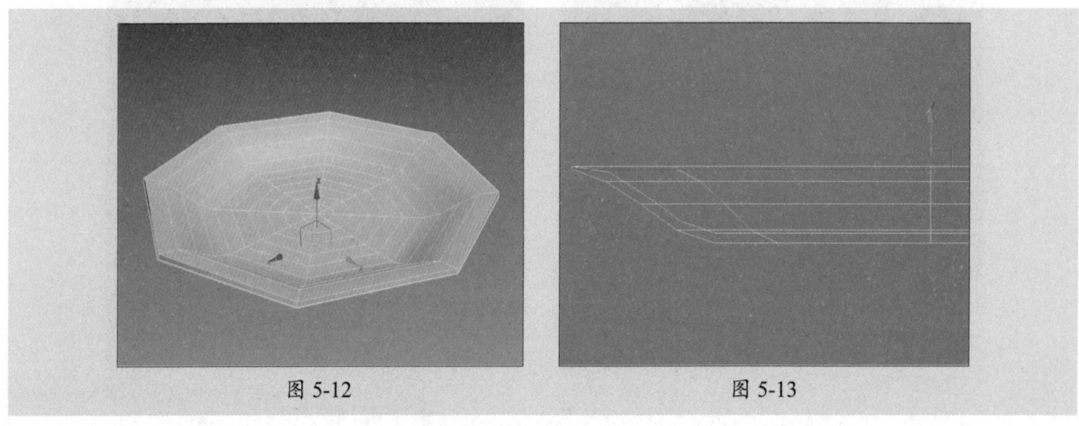

图 5-12　　图 5-13

步骤08 切换到底视图，设置视口显示类型为“默认明暗处理+边面”，选择如图5-14所示的边线。

步骤09 在“编辑边”卷展栏中单击“连接”设置按钮，设置分段参数为1，滑块参数为30，即可创建一圈新的边线，如图5-15所示。

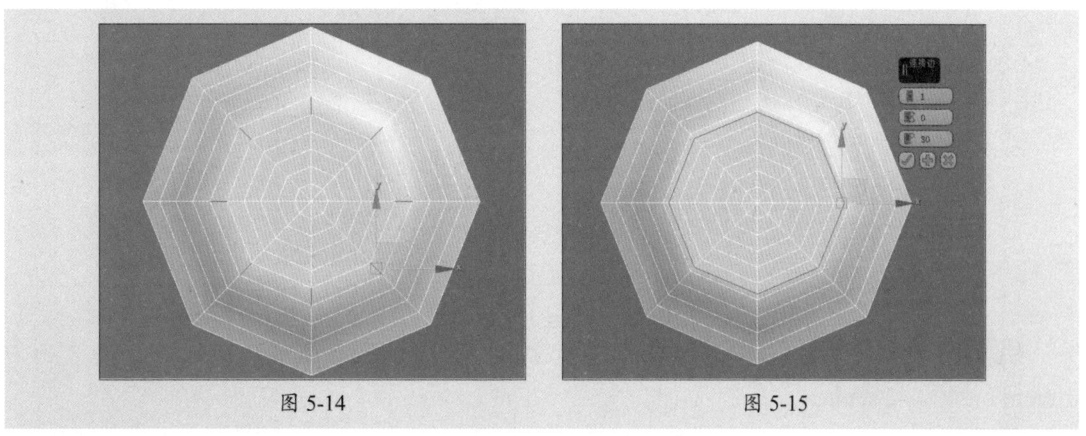

图 5-14　　图 5-15

步骤10 进入“多边形”子层级，选择如图5-16所示的多边形。

步骤11 在“编辑多边形”卷展栏中单击“挤出”设置按钮，设置挤出高度为10 mm，效果如图5-17所示。

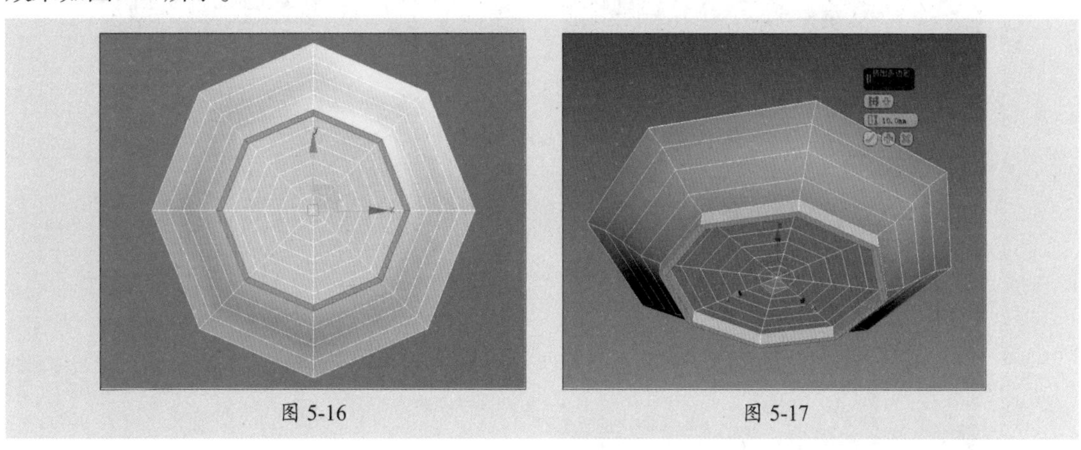

图 5-16　　图 5-17

步骤12 进入“边”子层级，按住Ctrl键双击选择盘子底的两圈边线，如图5-18所示。

图 5-18

步骤 13 在“编辑边”卷展栏中单击“切角”设置按钮，保持默认设置，制作出切角效果，如图5-19所示。

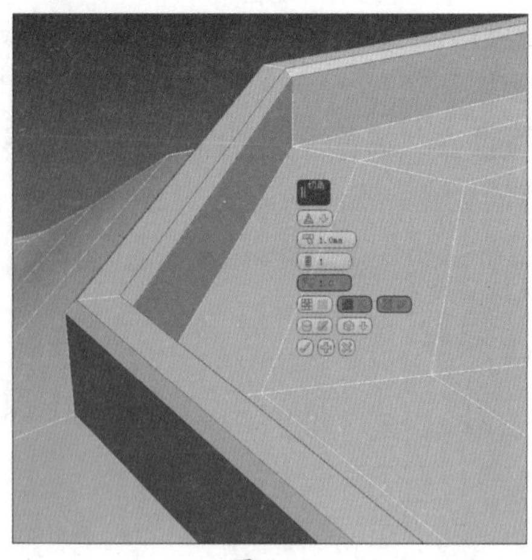

图 5-19

步骤 14 退出堆栈，为多边形添加“细分”修改器，在参数面板中设置细分大小为10 mm，如图5-20所示。

步骤 15 为对象添加“网格平滑”修改器，设置迭代次数为2，完成盘子模型的制作，如图5-21所示。

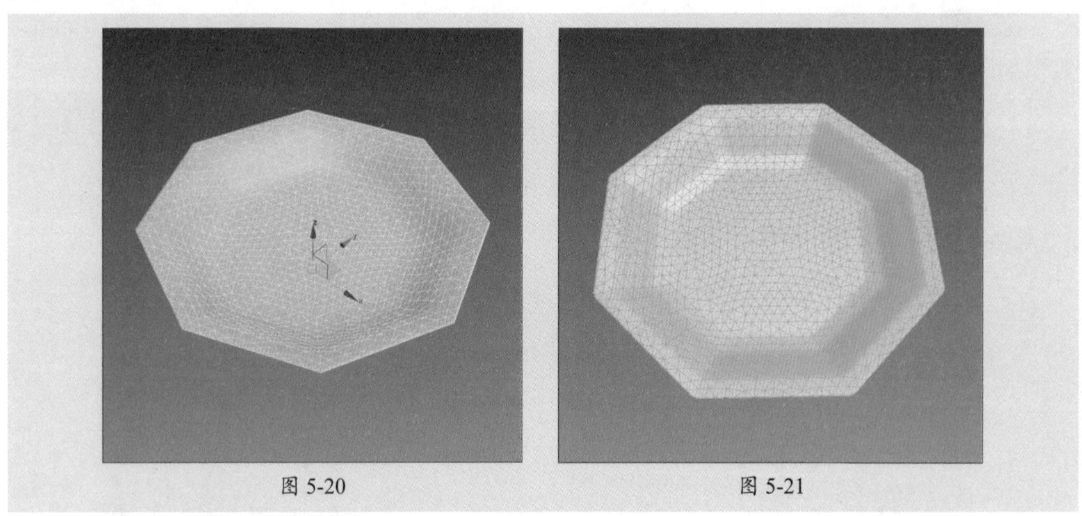

图 5-20　　图 5-21

5.2.2 “选择”卷展栏

“选择”卷展栏提供了各种工具，用于访问不同的子对象层级和显示设置以及创建与修改选定内容，此外还显示了与选定实体有关的信息，如图5-22所示。卷展栏中各选项的含义如下。

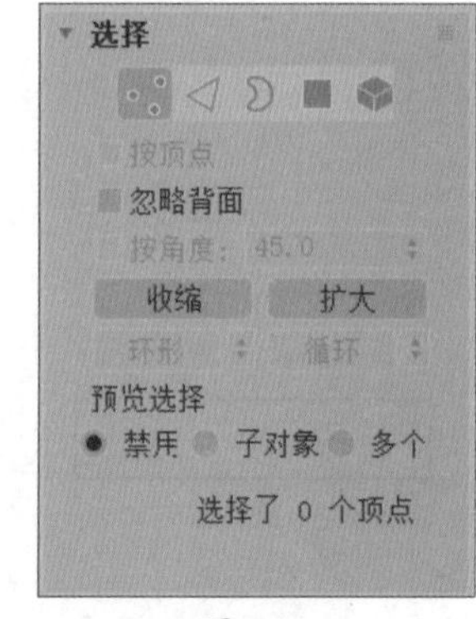

图 5-22

- **5种级别：** 包括顶点、边、边界、多边形和元素。
- **按顶点：** 启用该选项后，只有选择所用的顶点才能选择子对象。
- **忽略背面：** 选中该复选框后，只能选中法线指向当前视图的子对象。
- **按角度：** 启用该选项后，可以根据面的转折度数来选择子对象。

- **收缩：** 单击该按钮可以在当前选择范围中向内减少一圈。
- **扩大：** 与“收缩”相反，单击该按钮可以在当前选择范围中向外增加一圈，多次单击则可以进行多次扩大。
- **环形：** 选中子对象后单击该按钮可以自动选择平行于当前的对象。
- **循环：** 选中子对象后单击该按钮可以自动选择同一圈的对象。
- **预览选择：** 选择对象之前，通过这里的选项可以预览鼠标指针滑过位置的子对象，有“禁用”“子对象”和“多个”3个选项可供选择。

5.2.3 “软选择”卷展栏

“软选择”是以选中的子对象为中心向四周扩散，以放射状方式来选择子对象。在对选择的子对象进行变换时，子对象会以平滑的方式进行过渡。另外，可以通过控制“衰减”“收缩”和“膨胀”的数值来控制所选子对象区域的大小及子对象控制力的强弱，如图5-23所示。选中“使用软选择”复选框，其选择强度就会发生变化，颜色越接近红色代表越强烈，接近蓝色则代表强度变弱，如图5-24所示。

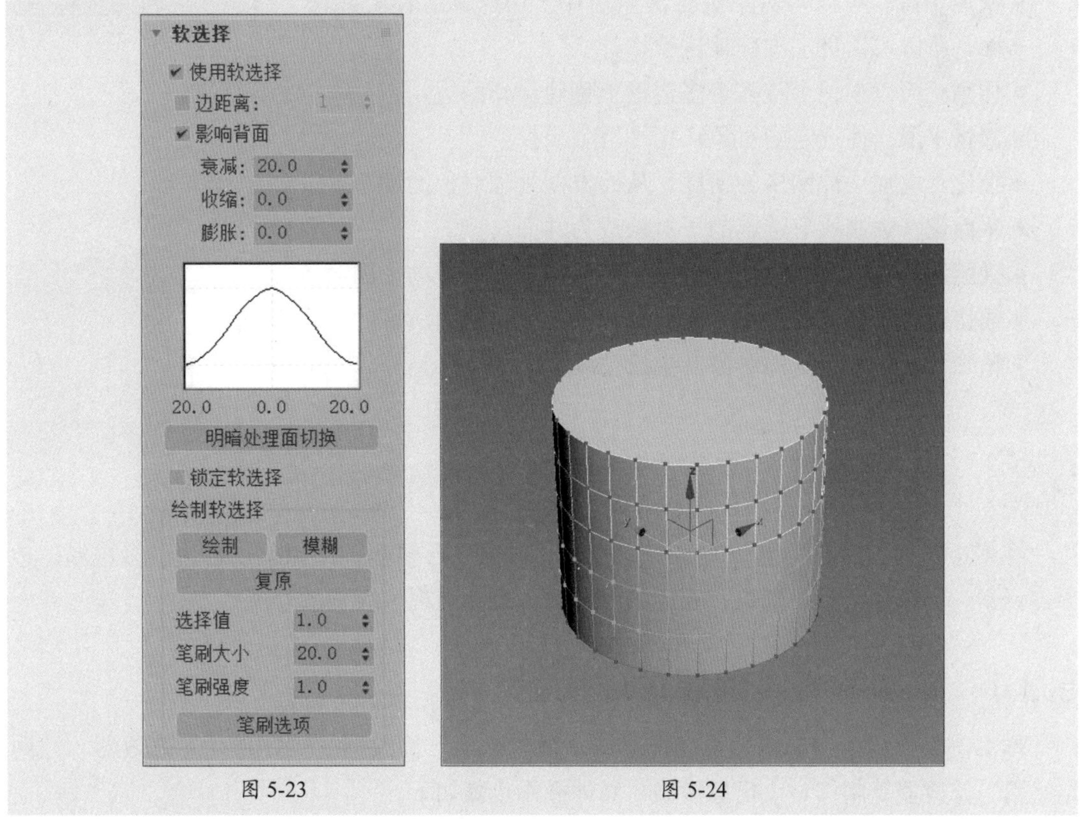

图 5-23　　图 5-24

5.2.4 “编辑几何体”卷展栏

“编辑几何体”卷展栏提供了用于在顶层级或子对象层级更改多边形对象几何体的全局控件，这些控件在所有对象层级都可以使用，如图5-25所示。

卷展栏中常用选项的含义如下。

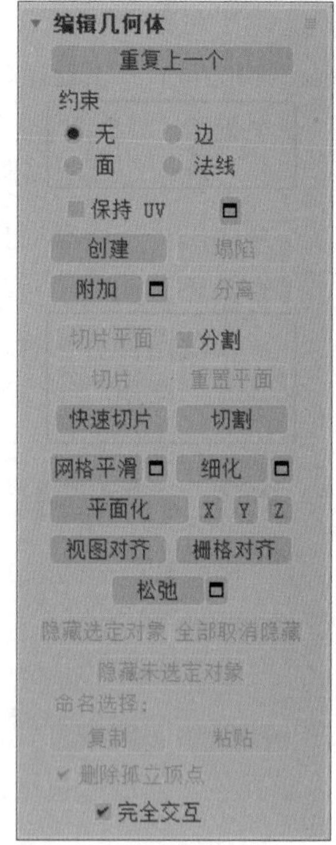

图 5-25

- **重复上一个：** 单击该按钮可以重复使用上一次使用的命令。
- **约束：** 使用现有的几何体来约束子对象的变换效果。
- **保持UV：** 选中该复选框，可以在编辑子对象的同时不影响该对象的UV贴图。
- **创建：** 创建新的几何体。
- **塌陷：** 这个工具类似于“焊接”工具，但是不需要设置阈值就可以直接塌陷在一起。
- **附加：** 使用该工具可以将场景中的其他对象附加到选定的可编辑多边形中。
- **分离：** 将选定的子对象作为单独的对象或元素分离出来。
- **切片平面：** 使用该工具可以沿某一平面分开网格对象。
- **切片：** 可以在切片平面位置处执行切割操作。
- **重置平面：** 将执行过“切片”的平面恢复到之前的状态。
- **快速切片：** 可以将对象进行快速切片，切片线沿着对象表面，所以可以更加准确地进行切片。
- **切割：** 可以在一个或多个多边形上创建出新的边。
- **网格平滑：** 使选定的对象产生平滑效果。
- **细化：** 增加局部网格的密度，从而方便处理对象的细节。
- **平面化：** 强制所有选定的子对象成为共面。
- **视图对齐：** 使对象中的所有顶点与活动视图所在的平面对齐。
- **栅格对齐：** 使选定对象中的所有顶点与活动视图所在的平面对齐。
- **松弛：** 使当前选定的对象产生松弛现象。

5.3 可编辑多边形子层级参数

在多边形建模中，可以针对某一个级别的对象进行调整，比如顶点、边、多边形、边界、元素。当选择某一级别时，相应的参数面板也会出现该级别的卷展栏。

5.3.1 案例解析：创建足球模型

本案例将使用可编辑多边形功能结合“涡轮平滑”修改器、“球形化”修改器、“网格平滑”修改器等制作一个足球模型，具体操作步骤如下。

步骤 01 在“扩展基本体”命令面板中单击“异面体”按钮，创建一个半径为90 mm的异面体，并在参数面板中设置类型及边长参数，如图5-26、图5-27所示。

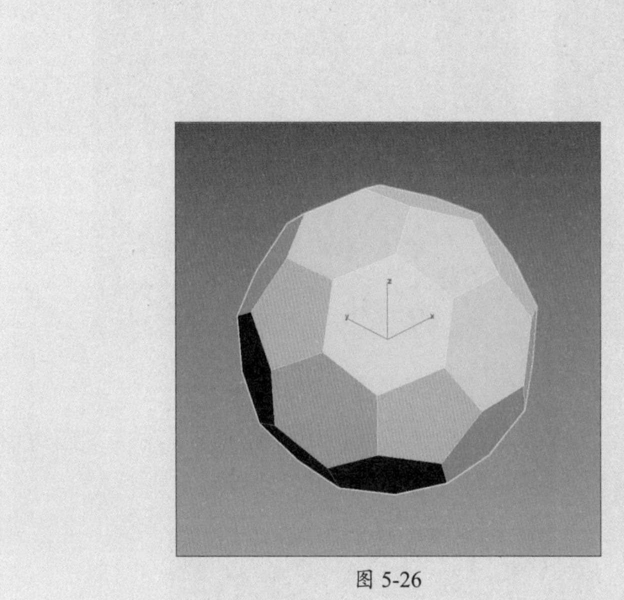

图 5-26

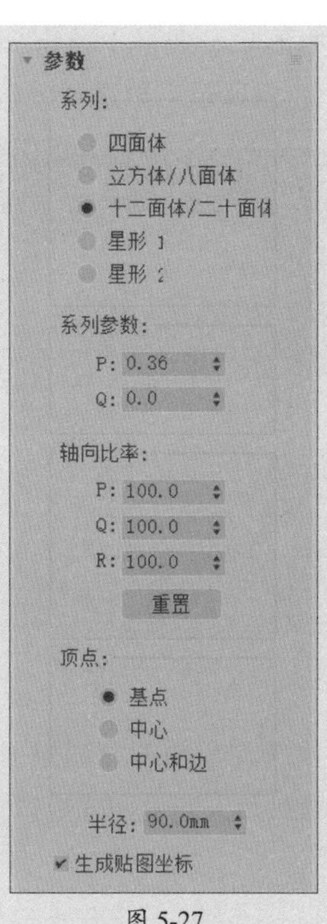

图 5-27

步骤 02 单击鼠标右键，在弹出的快捷菜单中选择“转换为”|“转换为可编辑多边形”命令，将对象转换为可编辑多边形。进入“边”子层级，全选所有的边线，在“编辑边”卷展栏中单击“分割”按钮分割边线，如图5-28所示。

步骤 03 退出堆栈，为可编辑多边形添加“涡轮平滑”修改器，并在参数面板中设置迭代次数为3，效果如图5-29所示。

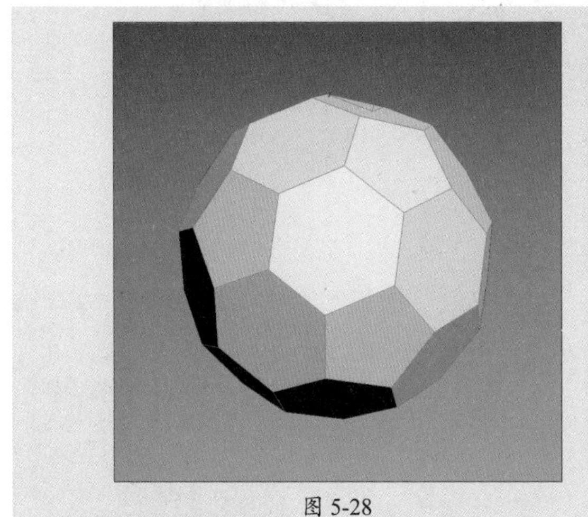

图 5-28

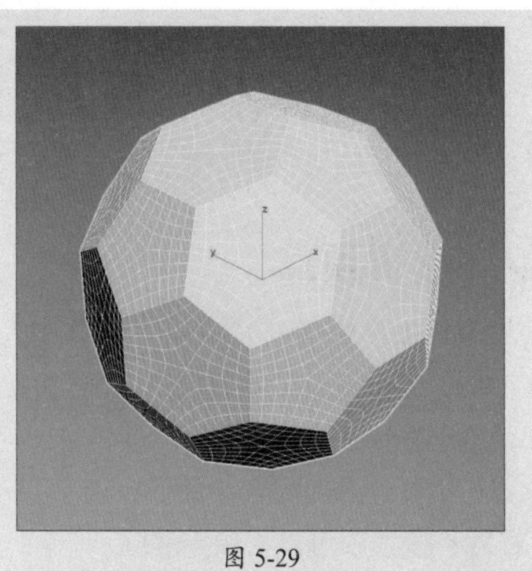

图 5-29

步骤 04 再次将对象转换为可编辑多边形，接着添加“球形化”修改器，保持默认设置，会将对象改变为球体效果，如图5-30所示。

步骤 05 继续将对象转换为可编辑多边形，并进入“多边形”子层级，全选多边形，然后在“编辑多边形”卷展栏中单击“倒角”设置按钮，设置倒角高度为2 mm，倒角轮廓为-1 mm，如图5-31所示。单击“确定”按钮即可完成倒角操作。

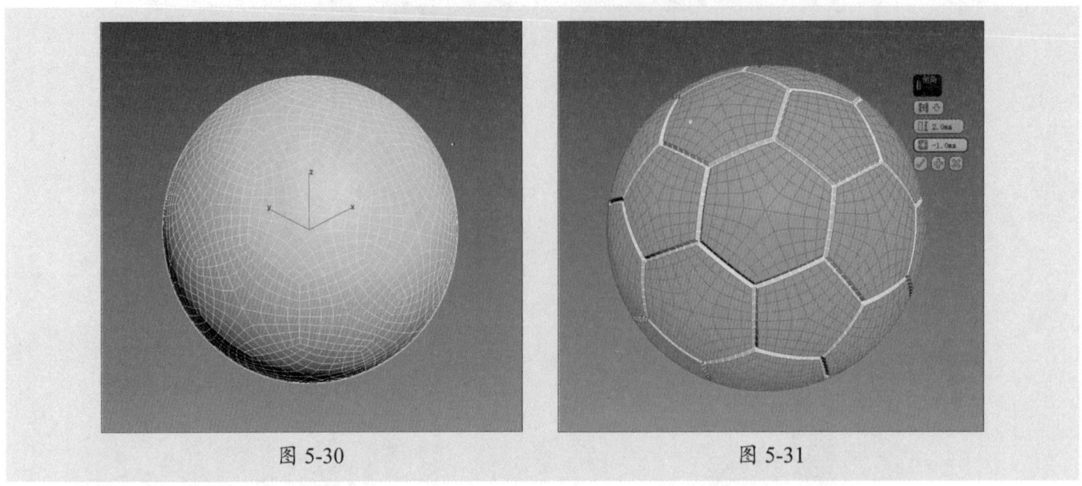

图 5-30　　图 5-31

步骤 06 再次为对象添加“网格平滑”修改器，在参数面板中设置细分方法为“四边形输出”，迭代次数为3，即可完成足球模型的制作，如图5-32、图5-33所示。

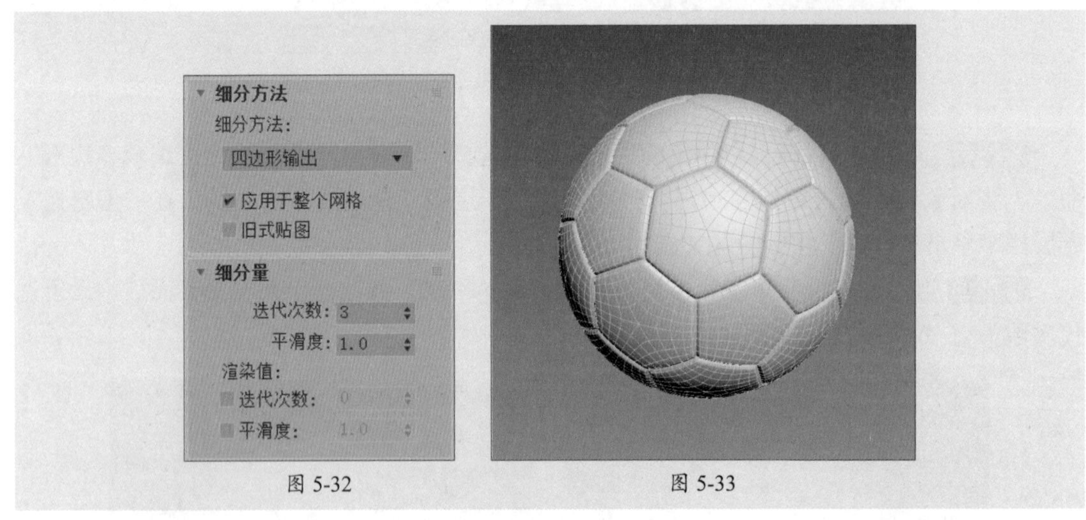

图 5-32　　图 5-33

5.3.2 编辑顶点

进入可编辑多边形的“顶点”子层级后，在“修改”面板中会增加一个“编辑顶点”卷展栏，如图5-34所示。该卷展栏中的工具全都是用于编辑顶点。

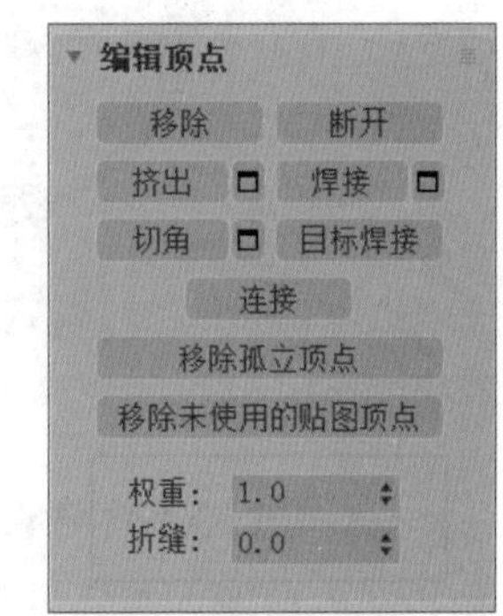

图 5-34

卷展栏中部分选项的含义如下。

- **移除：** 该选项可以将顶点移除。
- **断开：** 选择顶点，单击该选项可以将一个顶点断开，变成好几个顶点。
- **挤出：** 选择顶点，单击该选项可以将顶点向外进行挤出，使其产生锥形的效果。

- **焊接：** 可以将两个或多个顶点在一定的距离范围内，焊接为一个顶点。
- **切角：** 可以将顶点切角成三角形的面。
- **目标焊接：** 选择一个顶点后，使用该工具可以将其焊接到相邻的目标顶点。
- **连接：** 在选中的对角顶点之间创建新的边。
- **权重：** 设置选定顶点的权重，供NURMS细分选项和“网格平滑”修改器使用。

5.3.3 编辑边

边是连接两个顶点的直线，它可以形成多边形的边。选择“边”子层级后，即可打开“编辑边”卷展栏，该卷展栏包括了所有关于边的操作，如图5-35所示。卷展栏中常用选项的含义如下。

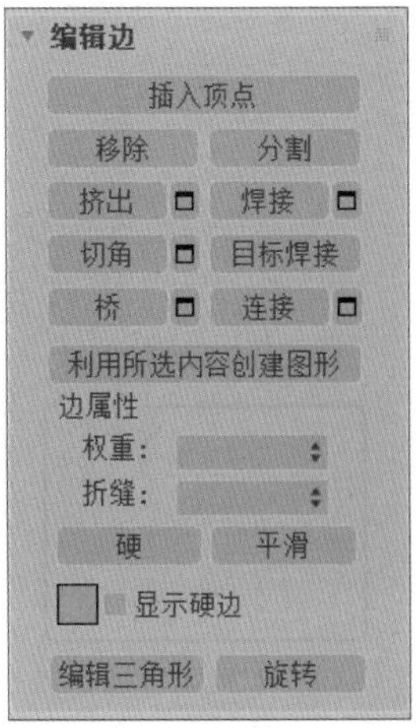

图 5-35

- **插入顶点：** 可以手动在选择的边上任意添加顶点。
- **移除：** 选择边以后，单击该选项可以移除边，但是与按Delete键删除的效果是不同的。
- **分割：** 沿着选定边分割网格。对网格中心的单条边应用该选项时，不会起任何作用。
- **挤出：** 直接使用这个工具可以在视图中挤出边。
- **焊接：** 该工具可以在一定范围内将选择的边自动焊接。
- **切角：** 可以将选择的边进行切角处理产生平行的多条边。
- **目标焊接：** 选择一条边后单击该按钮，会出现一条线，然后单击另外一条边即可进行焊接。
- **桥：** 使用该工具可以连接对象的边，但只能连接边界边，也就是只在一侧有多边形的边。
- **连接：** 可以选择平行的多条边，并使用该工具产生垂直的边。
- **利用所选内容创建图形：** 可以将选定的边创建为样条线图形。
- **编辑三角形：** 该模式适合手动编辑三角剖分，可以查看视口中的三角剖分，还可以单击多边形中的两个顶点进行更改。
- **旋转：** 在该模式下，多边形中的对角线可以在线框和边面视图中显示为虚线，单击对角线可更改其位置。

5.3.4 编辑边界

边界是网格的线性部分，通常可以描述为孔洞的边缘。选择“边界”子层级后，会打开“编辑边界”卷展栏，如图5-36所示。该卷展栏的参数与“编辑多边形”卷展栏的参数基本相同，其中“封口”按钮可以将模型上的缺口部分进行封口。

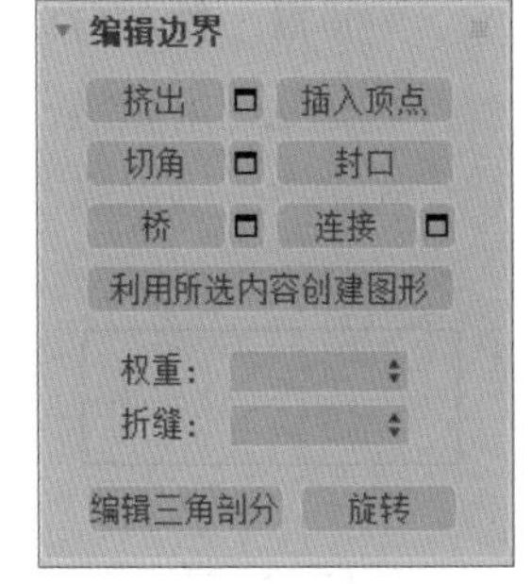

图 5-36

5.3.5 编辑多边形/元素

多边形是通过曲面连接的三条或多条边的封闭序列，它提供了可渲染的可编辑多边形对象曲面。“多边形”与“元素”子层级是兼容的，用户可在二者之间进行切换，并且将保留所有现在的选择。在“编辑元素”卷展栏中包含常见的多边形和元素命令，如图5-37所示。而在“编辑多边形”卷展栏中除了包含“编辑元素”卷展栏中的这些命令外，还包含多边形特有的多个命令，如图5-38所示。

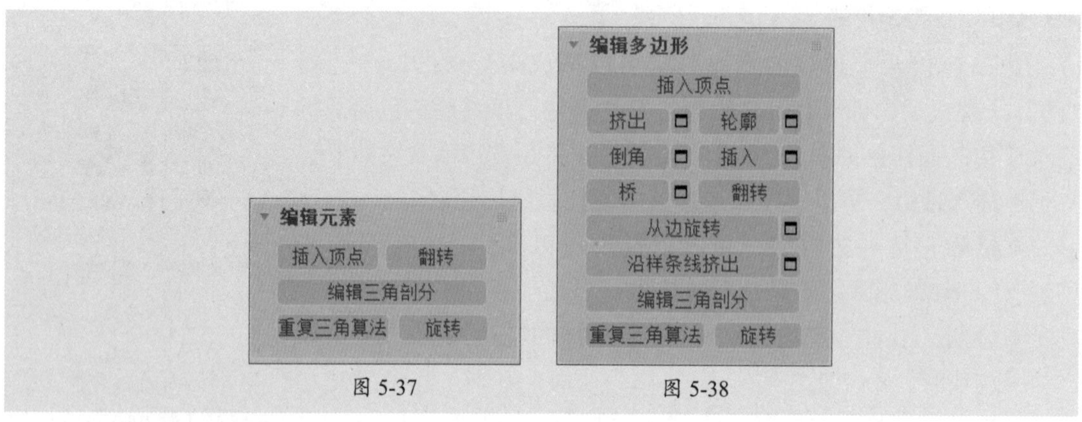

图 5-37　　图 5-38

两个卷展栏中选项的含义如下。

- **插入顶点：**可以手动在选择的多边形上任意添加顶点。
- **挤出：**可以将选择的多边形进行挤出处理，包括组、局部法线、按多边形3种方式，效果各不相同。
- **轮廓：**用于增加或减少每组连续选定的多边形的外边。
- **倒角：**与挤出比较类似，但是比挤出更复杂，可以挤出多边形，也可以向内或向外缩放多边形。
- **插入：**可以制作出插入一个新多边形的效果。
- **桥：**选择模型正反两面相对的两个多边形，然后单击该按钮即可制作出镂空的效果。
- **翻转：**反转选定多边形的法线方向，从而使其面向用户的正面。
- **从边旋转：**选择多边形后，使用该工具可以沿着垂直方向拖动任何边，旋转选定的多边形。
- **沿样条线挤出：**沿样条线挤出当前选定的多边形。
- **编辑三角剖分：**通过绘制内边修改多边形细分为三角形的方式。
- **重复三角算法：**在当前选定的一个或多个多边形上执行最佳三角剖分。
- **旋转：**可以修改多边形细分为三角形的方式。

课堂实战 创建休闲椅模型

下面利用本章所学的多边形建模知识结合“挤出”修改器、“壳”修改器以及“网格平滑”修改器等知识创建一个休闲椅模型，具体操作步骤如下。

步骤01 制作坐垫模型。单击“长方体”按钮，创建一个边长为500 mm、高度为30 mm的长方体，并设置高度分段为2，如图5-39所示。

步骤02 将对象转换为可编辑多边形，进入“多边形”子层级，使用缩放工具缩放顶部的面，如图5-40所示。

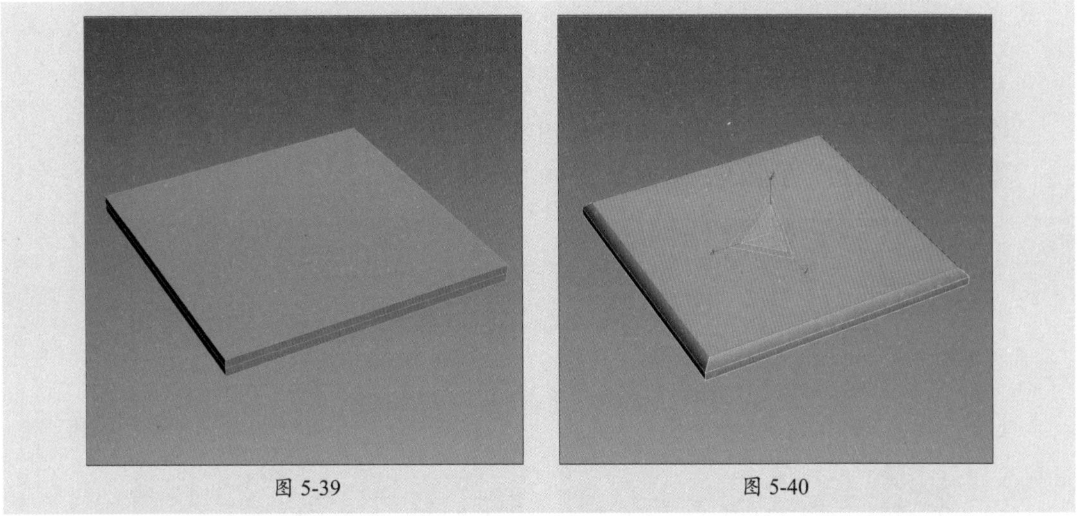

图 5-39　　图 5-40

步骤03 单击“编辑多边形”卷展栏中的“挤出”设置按钮，设置挤出高度为10 mm，如图5-41所示。

步骤04 使用缩放工具缩放所选的面，如图5-42所示。

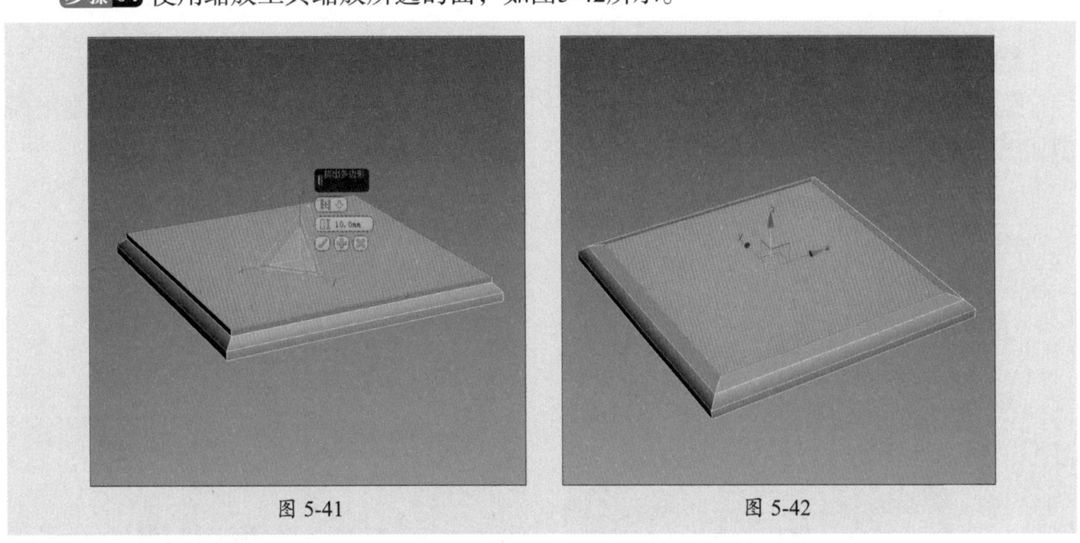

图 5-41　　图 5-42

步骤05 按照同样的方法制作椅垫上方的造型，如图5-43所示。

步骤06 继续制作椅垫下方的造型，如图5-44所示。

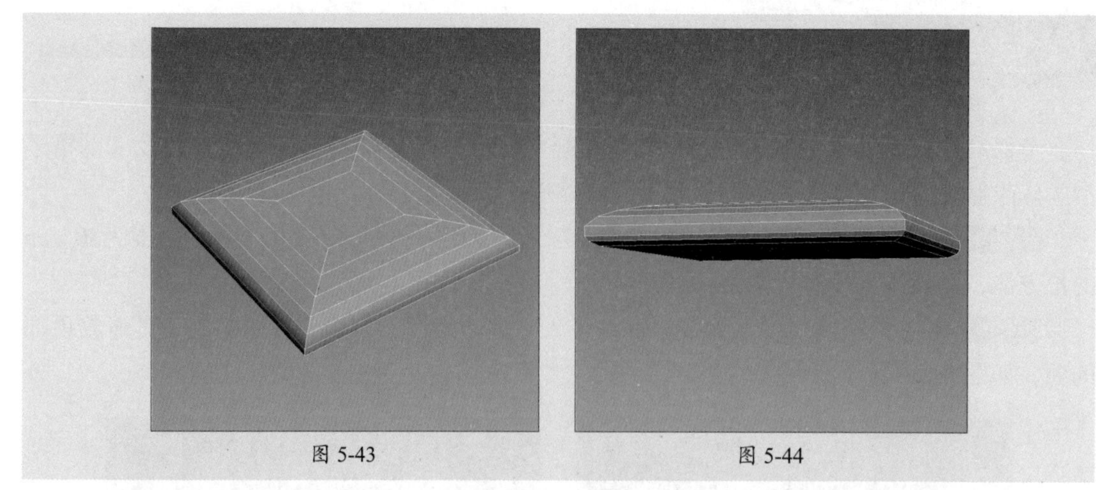
图 5-43　　图 5-44

步骤 07 进入“顶点”子层级，在顶视图中缩放如图5-45所示的顶点。

步骤 08 进入“边”子层级，选择如图5-46所示的边线。

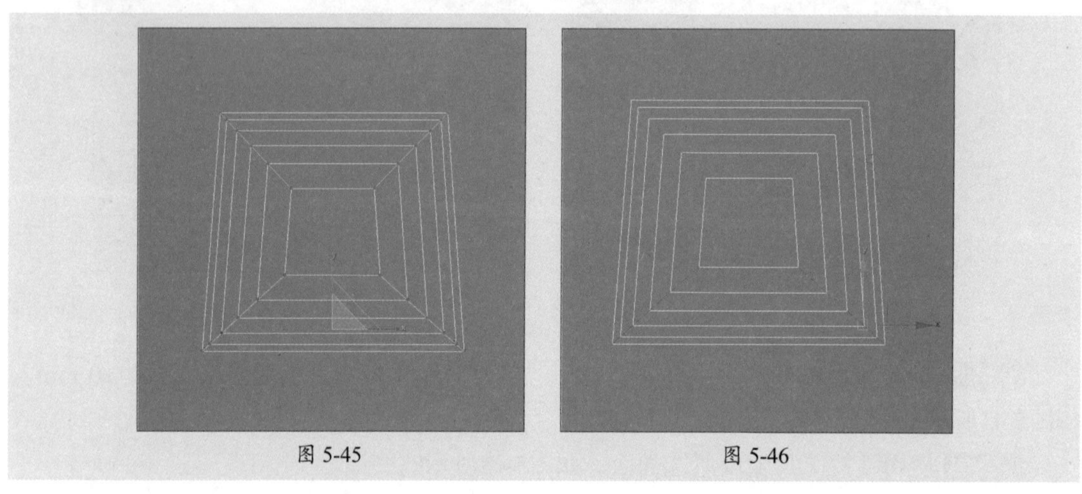
图 5-45　　图 5-46

步骤 09 单击“切角”设置按钮，设置边切角数量和连接边分段数，如图5-47所示。

步骤 10 退出堆栈，为模型添加“网格平滑”修改器，保持默认设置，制作好的坐垫模型如图5-48所示。

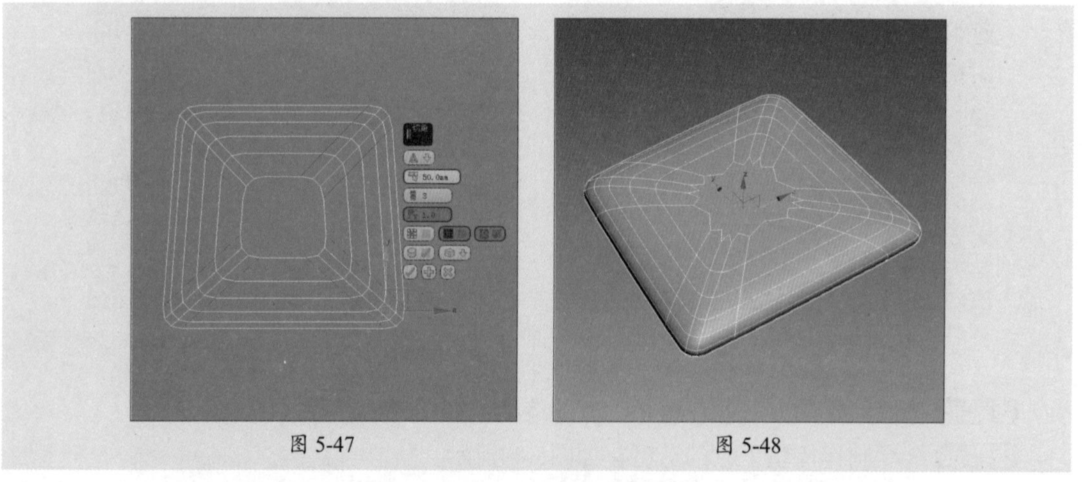
图 5-47　　图 5-48

步骤 11 制作椅背。单击“矩形”按钮，在顶视图中绘制一个边长为500 mm的矩形，如图5-49所示。

步骤 12 将对象转换为可编辑样条线，进入“顶点”子层级，将四个顶点设置为角点，并使用缩放工具缩放下方的两个顶点，如图5-50所示。

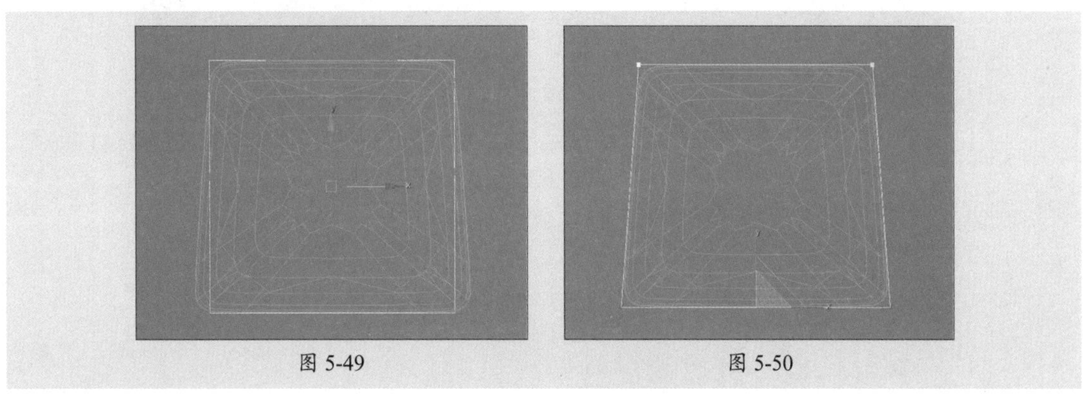

图 5-49　　图 5-50

步骤 13 再选择上方两个顶点，在“几何体”卷展栏中设置“圆角”参数为100 mm，效果如图5-51所示。

步骤 14 进入“线段”子层级，选择并删除下方的边线，如图5-52所示。

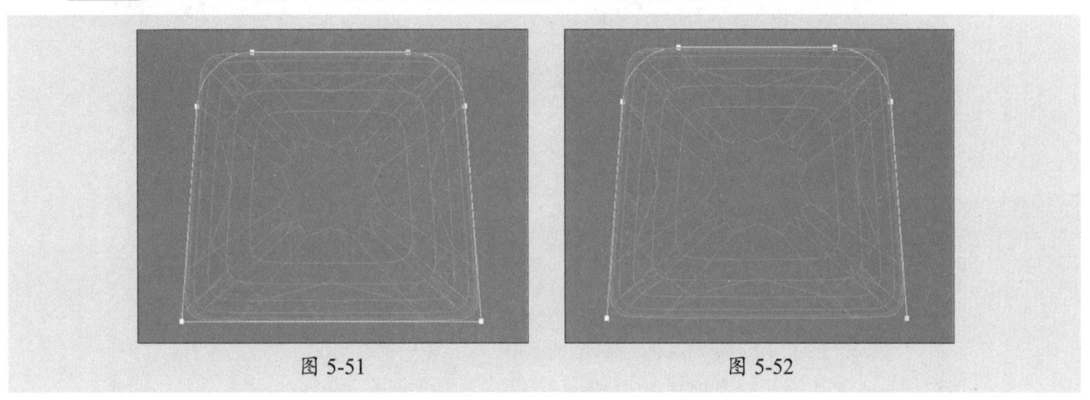

图 5-51　　图 5-52

步骤 15 退出堆栈，为样条线添加“挤出”修改器，设置挤出数量为500 mm，如图5-53所示。

步骤 16 将对象转换为可编辑多边形，进入“边”子层级，在左视图中选择如图5-54所示的边线。

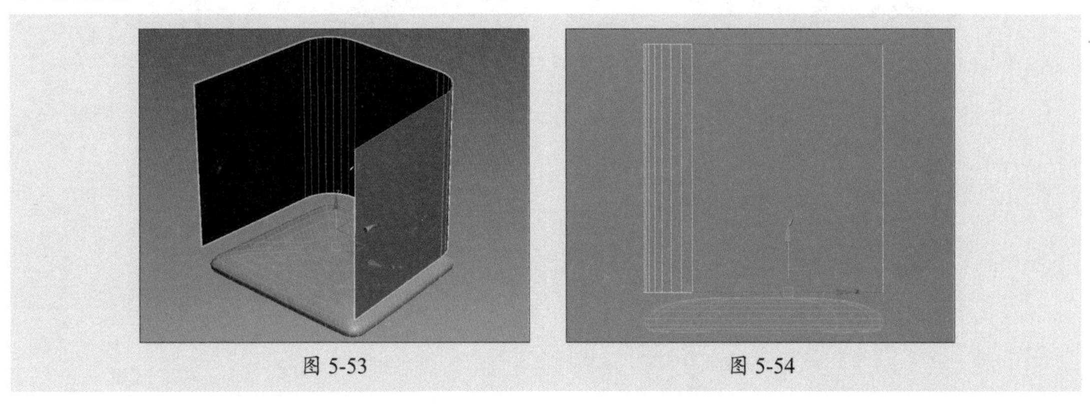

图 5-53　　图 5-54

步骤 17 单击“连接”设置按钮，设置连接边的数量为3，如图5-55所示。

步骤 18 选择如图5-56所示的横向连接边。

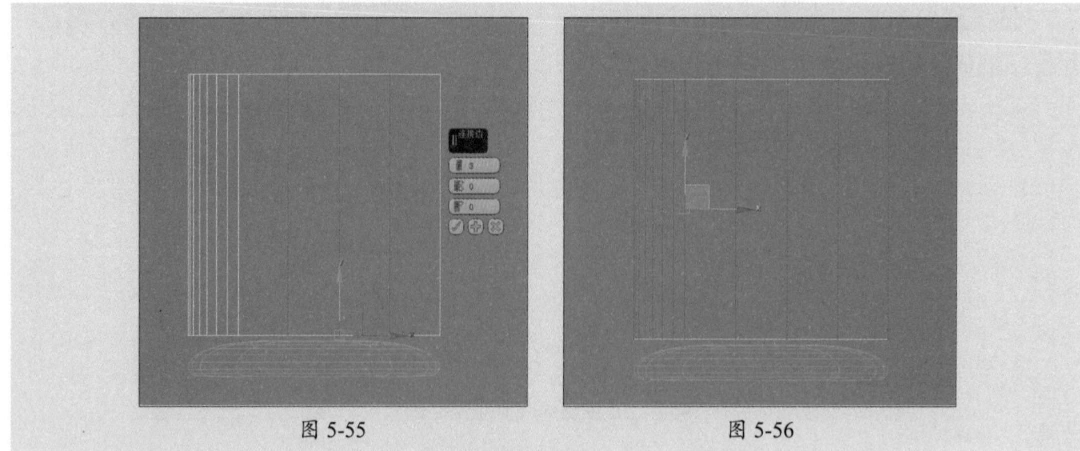

图 5-55　　图 5-56

步骤 19 再次单击“连接”设置按钮，设置连接边的数量为1，如图5-57所示。

步骤 20 在“编辑几何体”卷展栏中选择“边”约束，如图5-58所示。

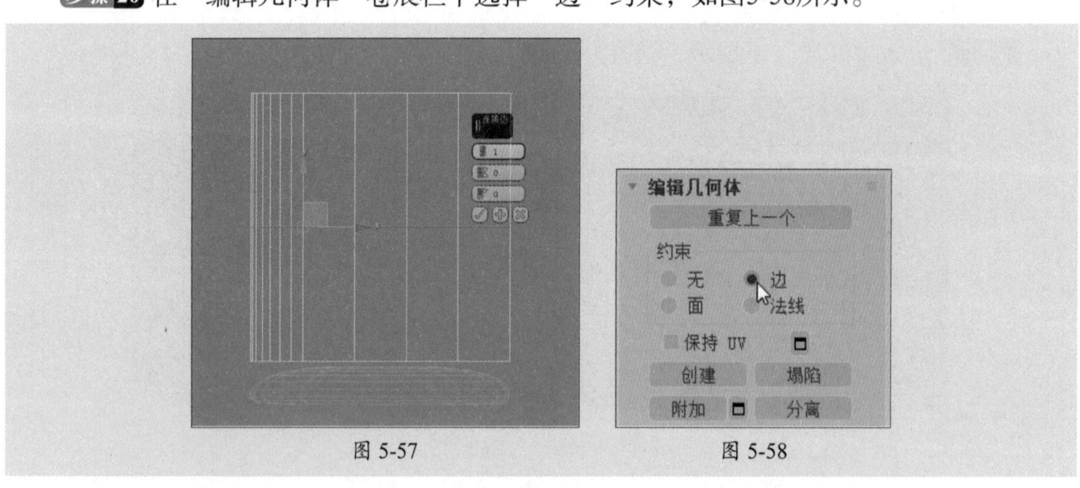

图 5-57　　图 5-58

步骤 21 使用旋转工具旋转边线，如图5-59所示。

步骤 22 使用移动工具适当调整边线，再选择“无”约束，如图5-60所示。

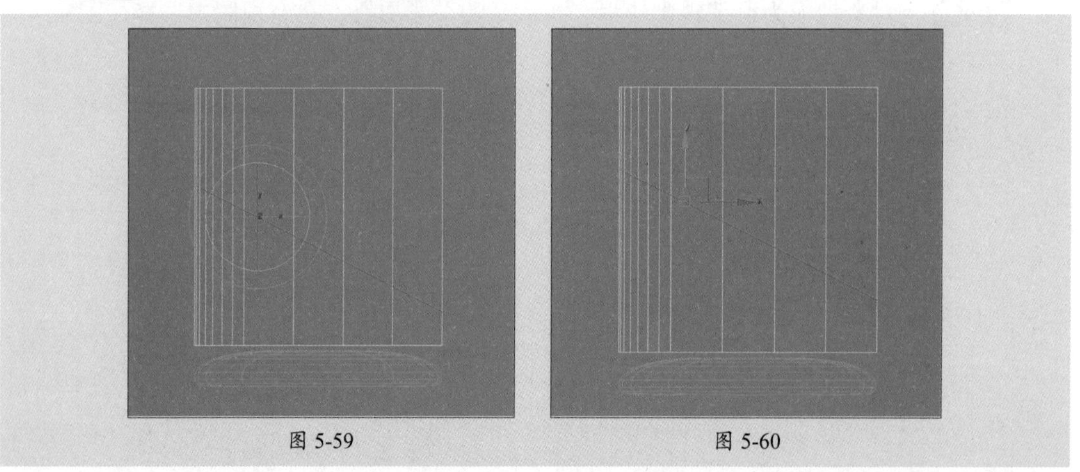

图 5-59　　图 5-60

步骤23 进入“多边形”子层级，选择上半部分面，按Delete键删除，如图5-61、图5-62所示。

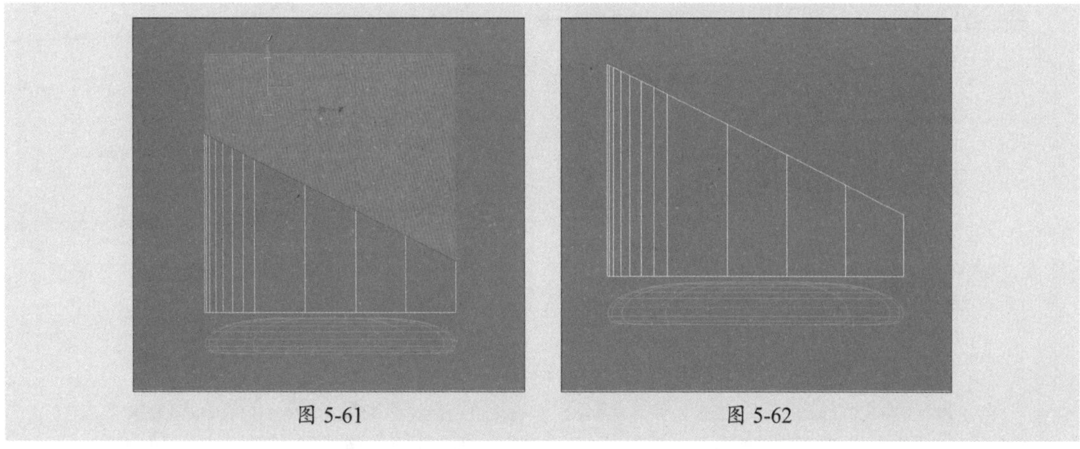

图 5-61　　图 5-62

步骤24 进入“边”子层级，切换到后视图，选择上下两条边线，在参数面板中单击“连接”设置按钮，设置连接边的数量为3，如图5-63、图5-64所示。

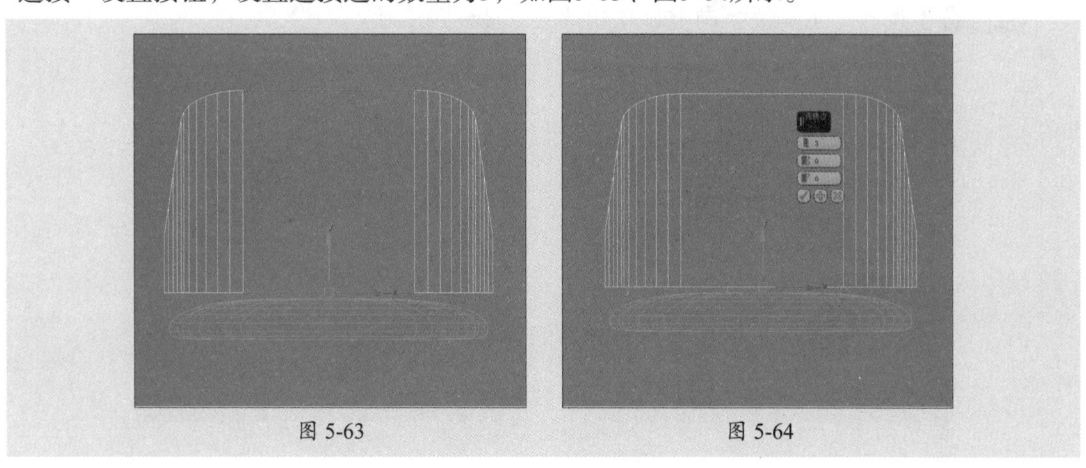

图 5-63　　图 5-64

步骤25 进入“顶点”子层级，在视图中通过移动顶点位置调整靠背造型，如图5-65所示。

步骤26 退出堆栈，为对象添加“壳”修改器，设置内部量为5 mm，外部量为30 mm，如图5-66所示。

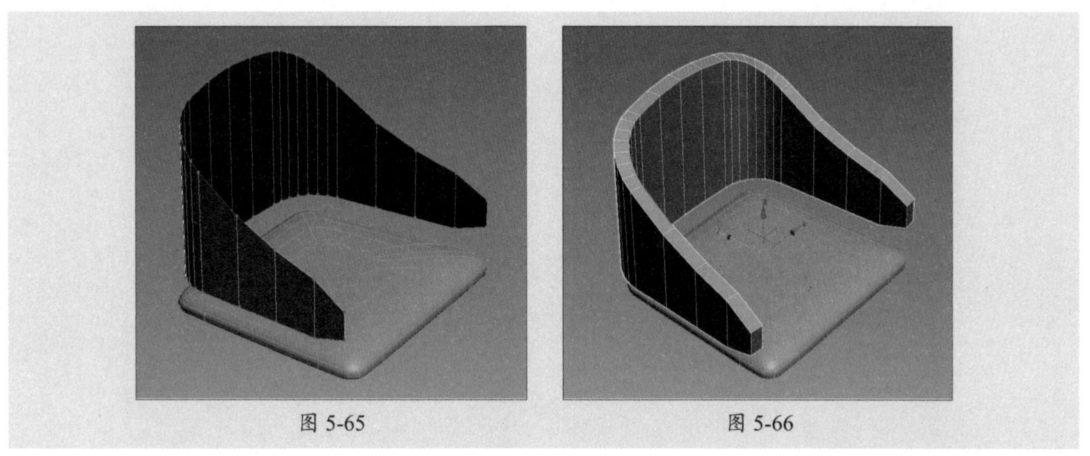

图 5-65　　图 5-66

步骤 27 将对象转换为可编辑多边形，进入“边”子层级，使用“环形”命令选择如图5-67所示的边线。

步骤 28 单击“连接”设置按钮，创建连接边，如图5-68所示。

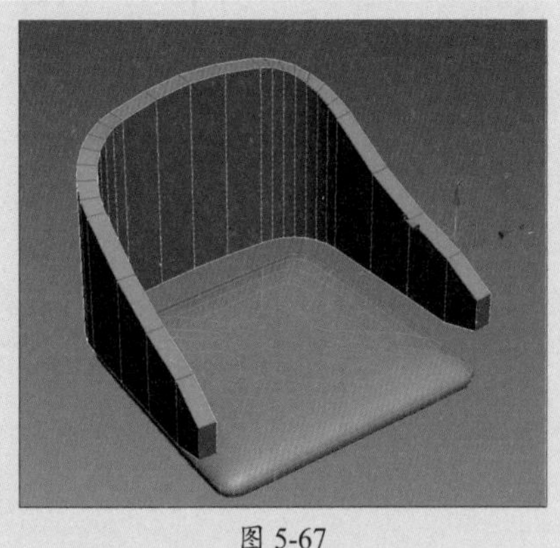

图 5-67

图 5-68

步骤 29 按住Alt键减选下方的边线，如图5-69所示。

步骤 30 使用移动工具适当向上移动边线，如图5-70所示。

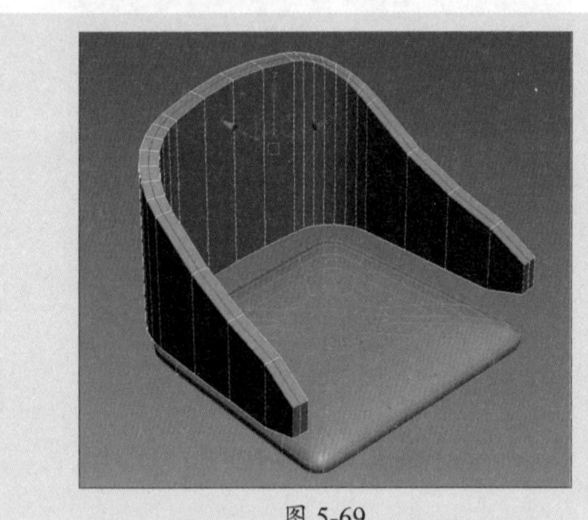

图 5-69

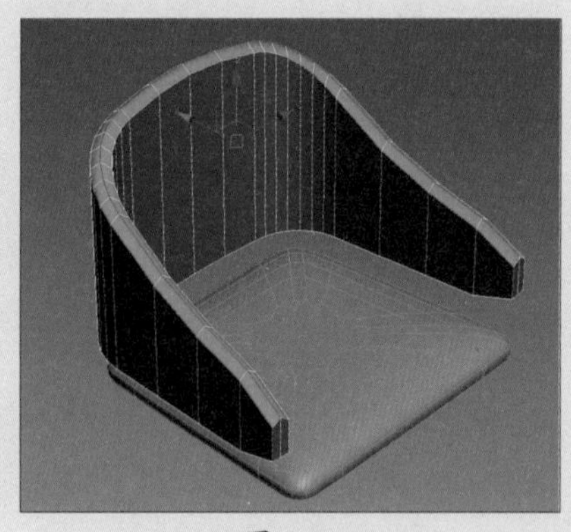

图 5-70

步骤 31 使用同样的方法调整椅背下方的边线，如图5-71所示。

步骤 32 在菜单栏中单击鼠标右键，选择打开功能区，激活“快速循环”命令，为模型创建多条循环边，如图5-72所示。

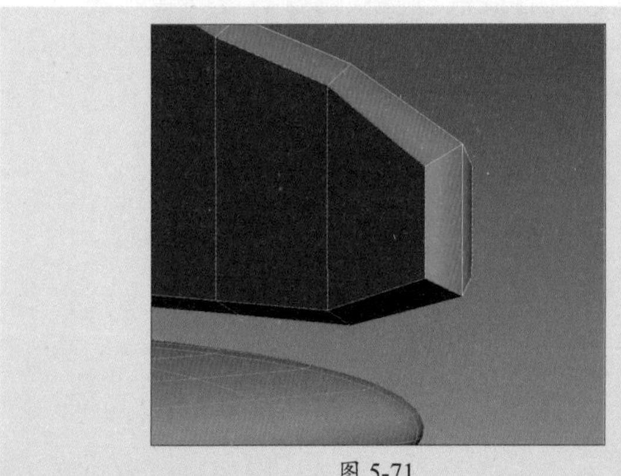

图 5-71

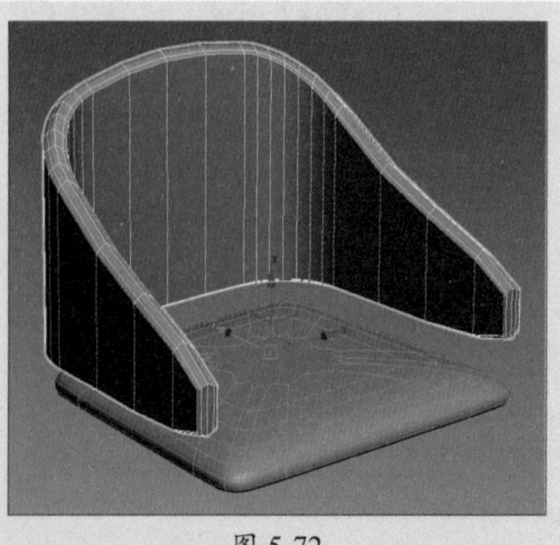

图 5-72

步骤33 为对象添加“网格平滑”修改器，设置迭代次数为2，制作出椅背模型，如图5-73所示。

步骤34 制作椅子腿。创建一个半径为18 mm的圆，为对象添加“挤出”修改器，设置挤出高度为650 mm，分段数为10，如图5-74所示。

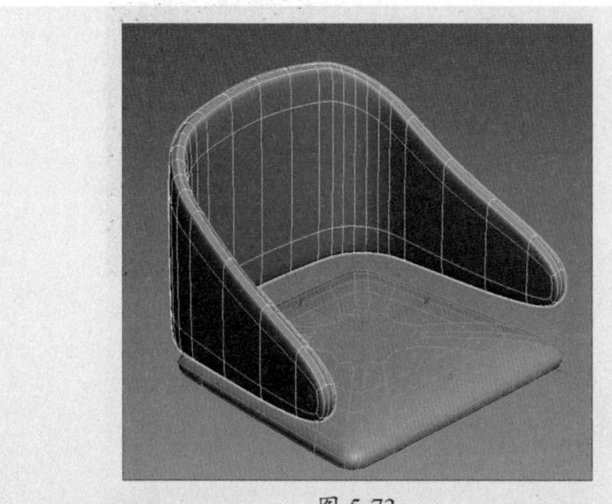

图 5-73

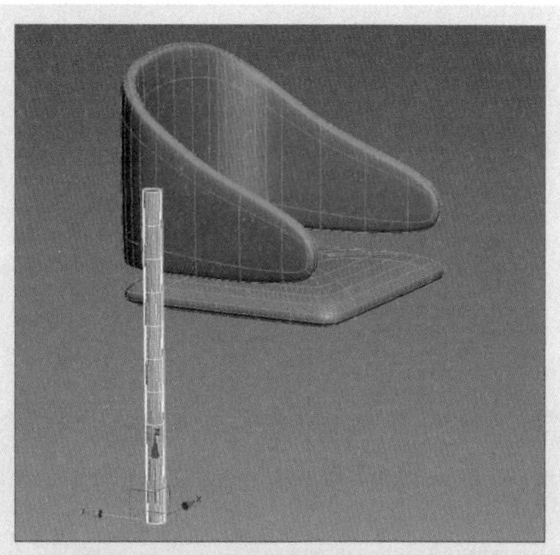

图 5-74

步骤35 将对象转换为可编辑多边形，进入“顶点”子层级，选中“使用软选择”复选框，并设置衰减值为260 mm，选择顶部和底部的两圈顶点，使用缩放工具沿XY平面进行缩放，如图5-75、图5-76所示。

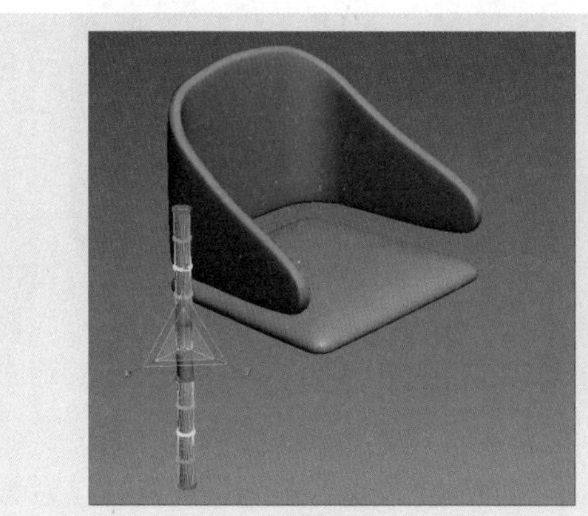

图 5-75

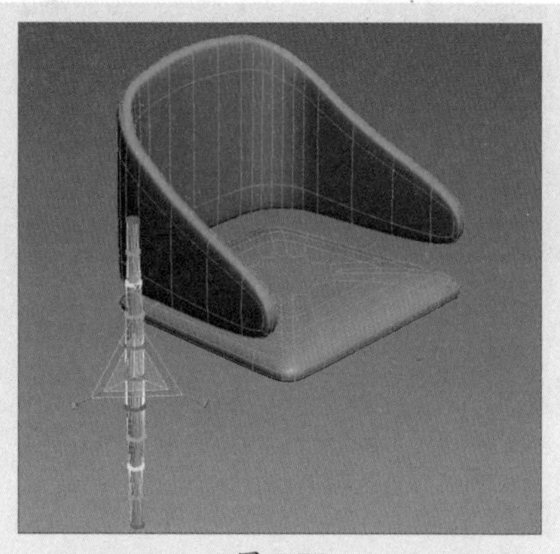

图 5-76

步骤36 取消选中“使用软选择”复选框，退出堆栈，使用“快速循环”工具为模型上下分别添加循环边，如图5-77所示。

图 5-77

步骤37 添加“网格平滑”修改器，设置迭代次数为2，如图5-78所示。

图 5-78

步骤38 切换到顶视图，按住Shift键实例克隆椅子腿对象，如图5-79所示。

步骤39 再切换到左视图，旋转两条椅子腿，并调整位置，如图5-80所示。

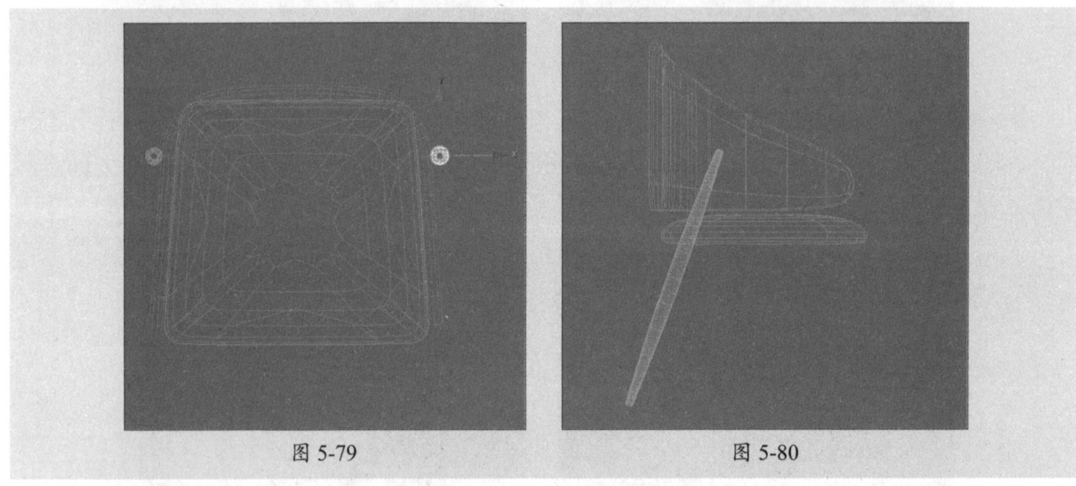

图 5-79　　图 5-80

步骤40 单击“矩形”按钮，绘制一个长度为40 mm、宽度为25 mm的矩形，如图5-81所示。

步骤41 将对象转换为可编辑样条线，进入“顶点”子层级，将四个顶点设置为角点，再移动顶部的两个顶点，如图5-82所示。

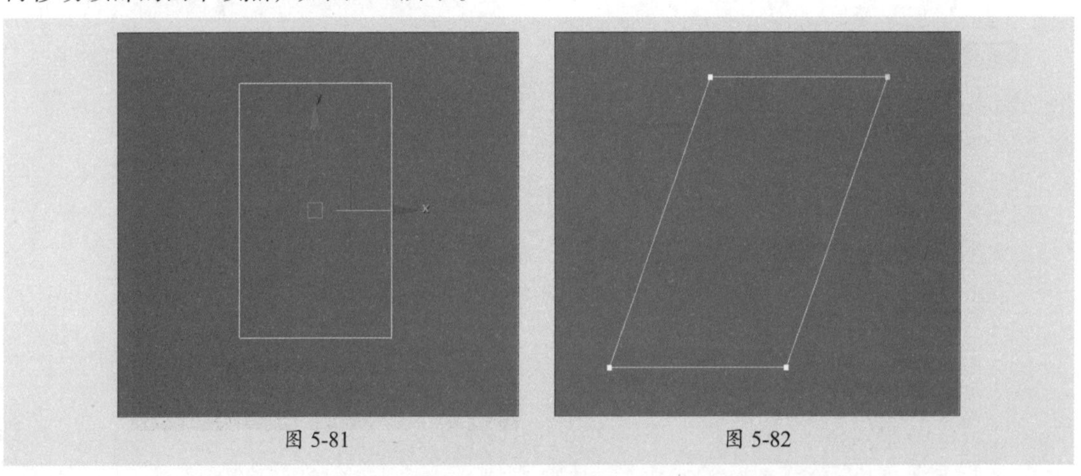

图 5-81　　图 5-82

步骤 42 选择四个顶点，在“几何体”卷展栏中设置“圆角”参数为5 mm，如图5-83所示。

步骤 43 退出堆栈，为样条线添加“挤出”修改器，设置挤出数量为600 mm，并将模型对齐到两条腿，如图5-84所示。

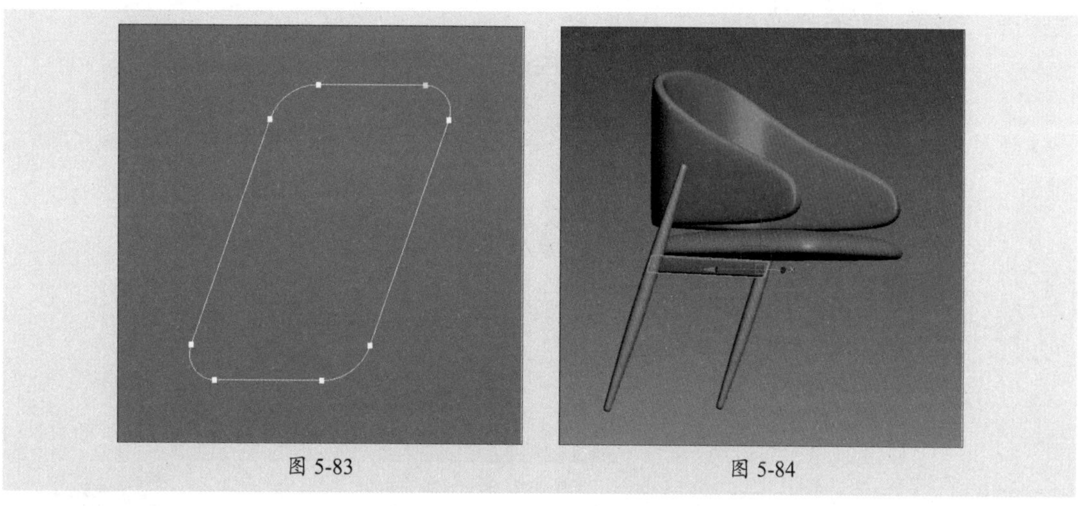

图 5-83　　图 5-84

步骤 44 切换到左视图，镜像复制椅子腿模型，并调整位置和横撑的长度，如图5-85所示。

步骤 45 在前视图绘制同样尺寸的圆角矩形，添加“挤出”修改器制作出垂直方向的横撑，复制对象并调整位置，即可完成休闲椅模型的制作，如图5-86所示。

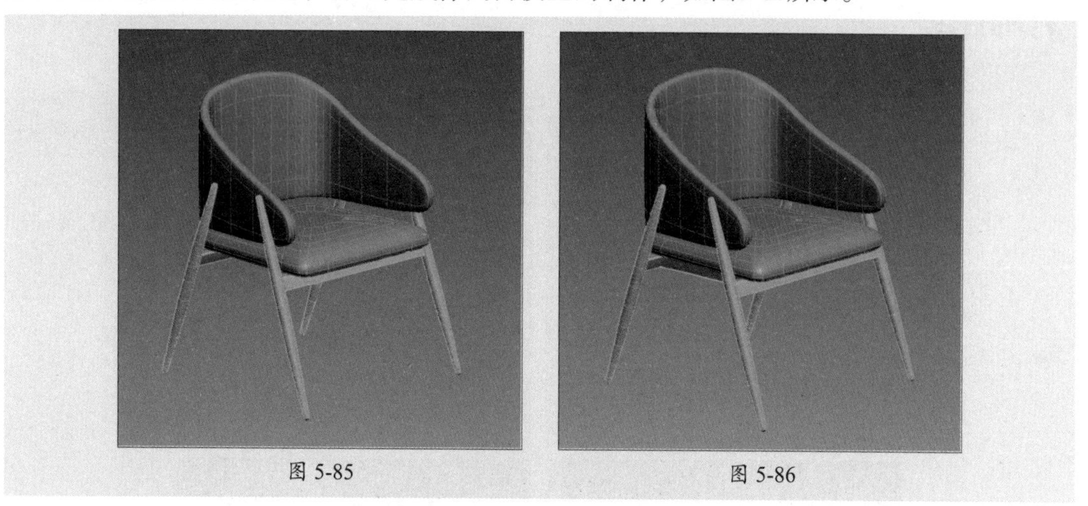

图 5-85　　图 5-86

课后练习 创建匕首模型

下面利用“软选择”功能结合可编辑多边形的子层级创建一个匕首模型，包括刀身和手柄两个部分，如图5-87所示。

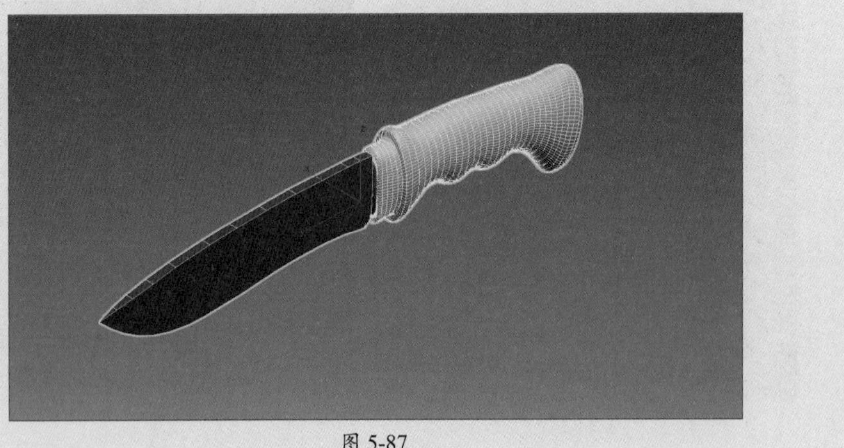

图 5-87

1. 技术要点

- 将样条线创建的刀身模型转换为可编辑多边形，调整顶点制作出刀刃。
- 将圆柱体转换为可编辑多边形，编辑多边形制作出刀把模型。

2. 分步演示

本案例的分步演示效果如图5-88所示。

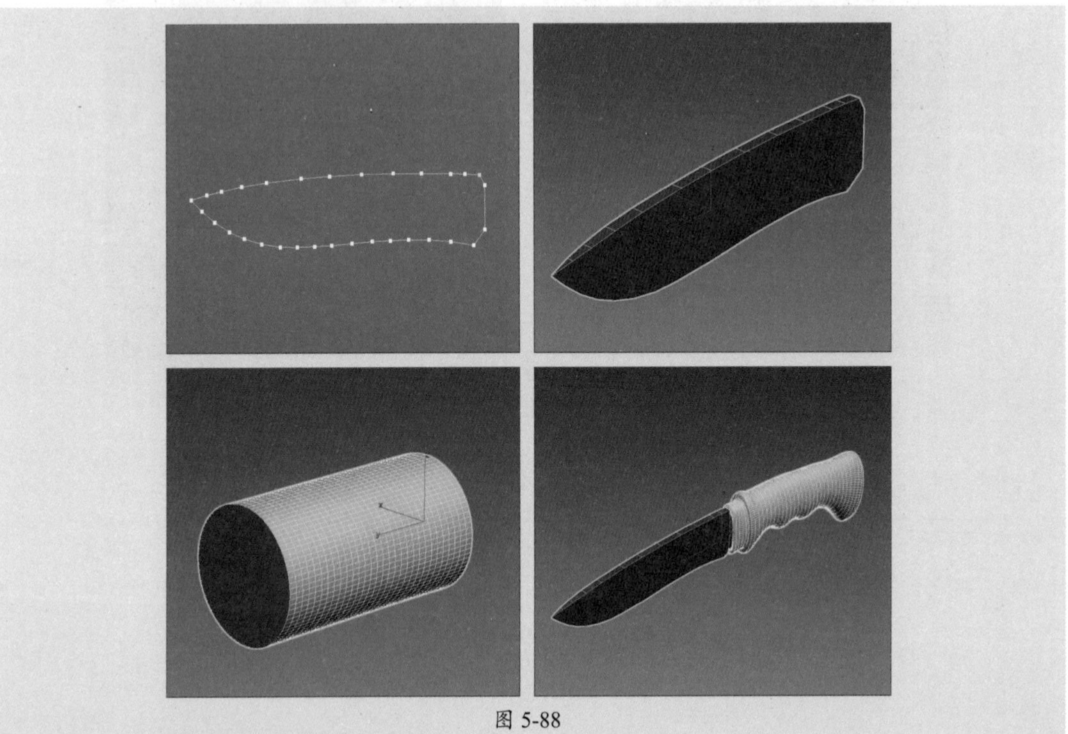

图 5-88

拓展赏析

天下第一灯之自贡彩灯

中国自古就有新年赏灯的习俗，尤其是元宵节期间，各地人们张挂各式各样的彩灯，同时举行赏灯、赛灯等庆祝活动，以祈祷阖家团圆、人寿年丰，如图5-89、图5-90所示。自贡彩灯源于自贡的井盐文化，早在唐宋时期就逐渐兴起，荟萃了中国灯文化的风采，享有“天下第一灯”的美誉。

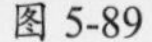

图 5-89

图 5-90

自贡彩灯气势壮观、规模宏大、灯景交融，通过传统工艺与现代科技的结合，达到了形、色、声、光、动的统一，具有浓郁的地方特色。下面对自贡彩灯的特色进行介绍，如图5-91所示。

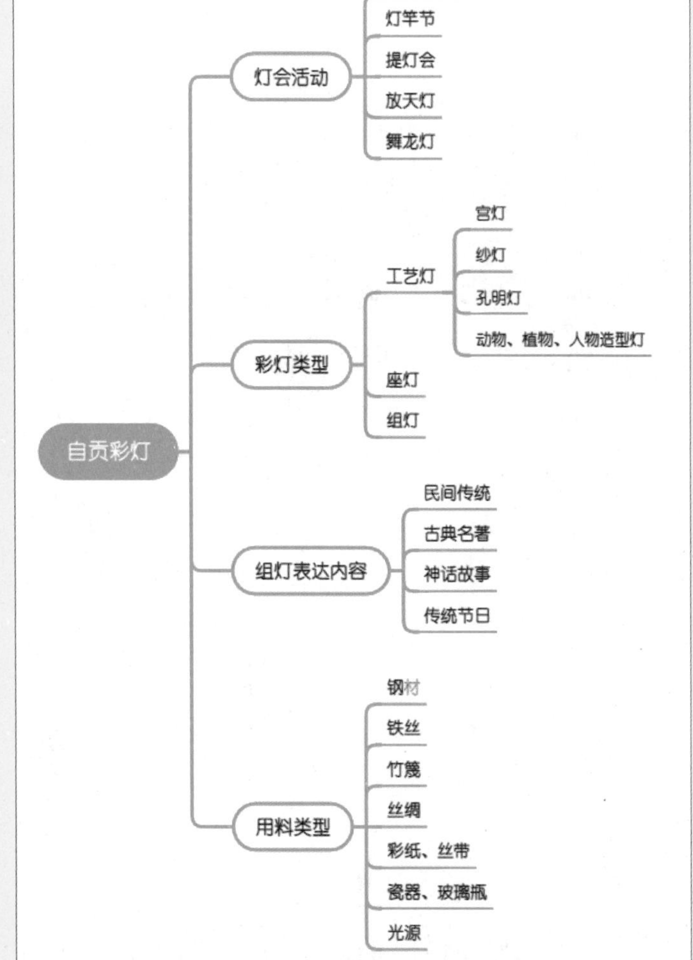

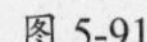

图 5-91

第6章

材质与灯光的应用

内容导读

材质是描述对象如何反射或透射灯光的属性，并模拟真实纹理，通过设置材质可以将三维模型的质地、颜色等效果与现实生活中的物体质感相对应，达到逼真的效果。只创建模型和材质，往往达不到真实的效果，这时灯光就起到了画龙点睛的作用，利用灯光可以体现空间的层次感、设计的风格和材质的质感。

本章主要介绍3ds Max的材质与灯光系统，主要包括常用材质类型、常用贴图类型、常用灯光类型及灯光的基本参数、阴影类型等内容。

思维导图

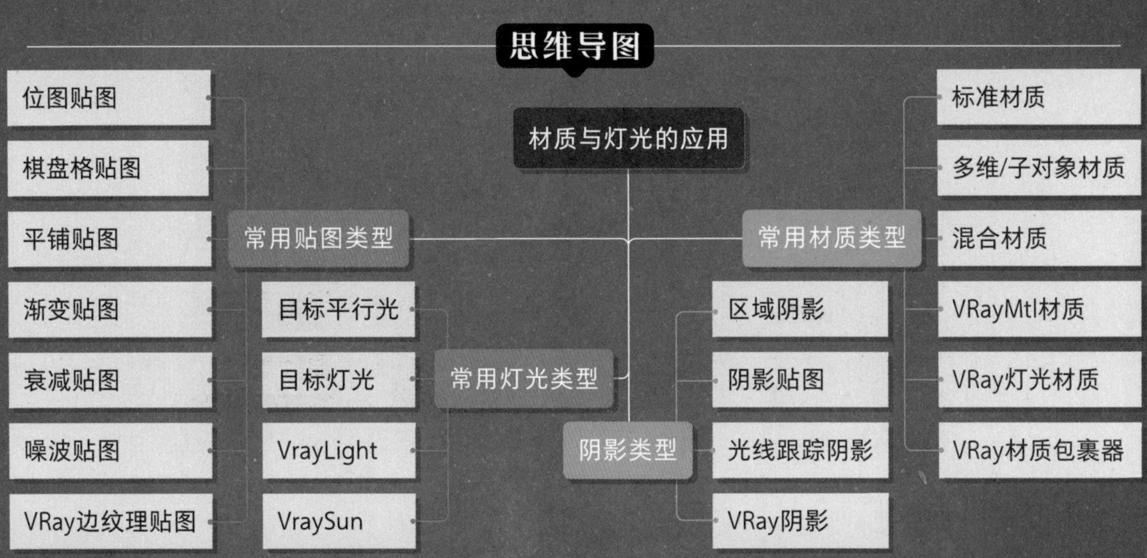

6.1 常用材质类型

3ds Max和VRay渲染器插件各自提供了多种材质类型，每一种材质都具有相应的功能，本节将对常用的几种材质类型进行介绍。

6.1.1 案例解析：制作闹钟材质

本案例将为准备好的闹钟效果场景制作材质，包括白漆、不锈钢、玻璃、自发光等，具体操作步骤如下。

步骤 01 打开准备好的素材场景，如图6-1所示。

步骤 02 制作乳胶漆材质。按M键打开材质编辑器，选择一个未使用的材质球，设置材质类型为VRayMtl，将其命名为“乳胶漆”，在参数面板中设置漫反射颜色为白色，材质球预览效果如图6-2所示。

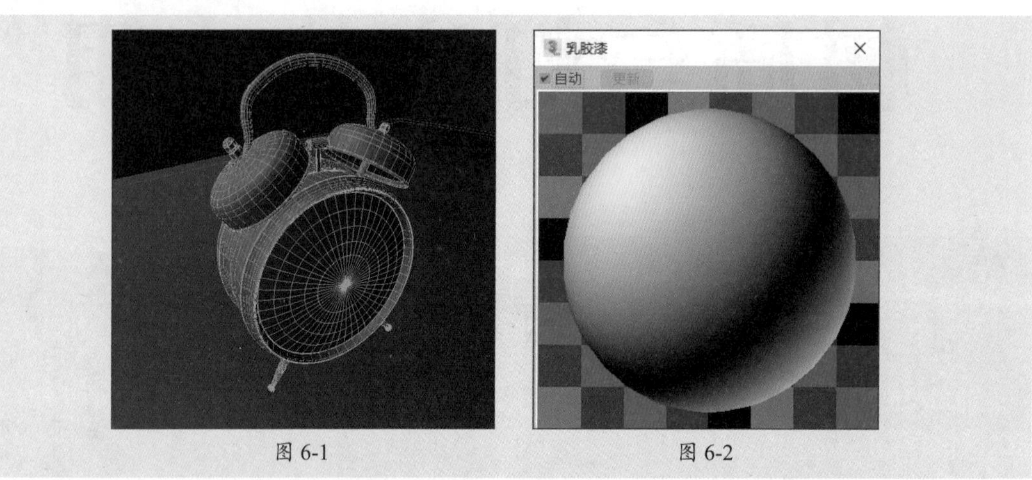

图 6-1　　图 6-2

步骤 03 制作白漆材质。选择一个未使用的材质球，设置材质类型为VRayMtl，将其命名为“白漆”，在“基本参数”卷展栏中设置漫反射颜色、反射颜色，并设置反射参数，如图6-3所示。

步骤 04 漫反射颜色及反射颜色的参数设置如图6-4所示。

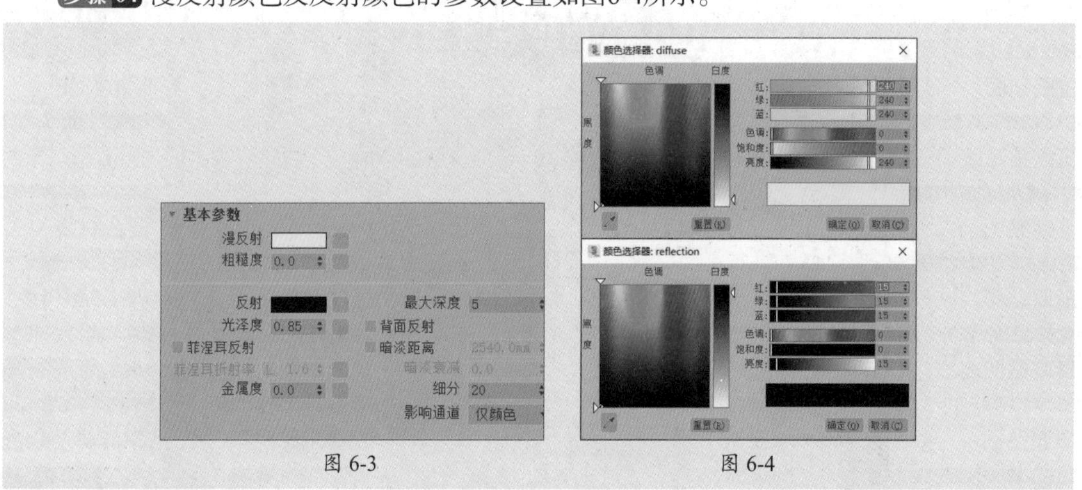

图 6-3　　图 6-4

步骤 05 设置好的材质球预览效果如图6-5所示。

步骤 06 制作不锈钢材质。选择一个未使用的材质球，设置材质类型为VRayMtl，将其命名为“金属”，在“基本参数”卷展栏中设置漫反射颜色为黑色，为反射通道添加衰减贴图，再设置反射参数，如图6-6所示。

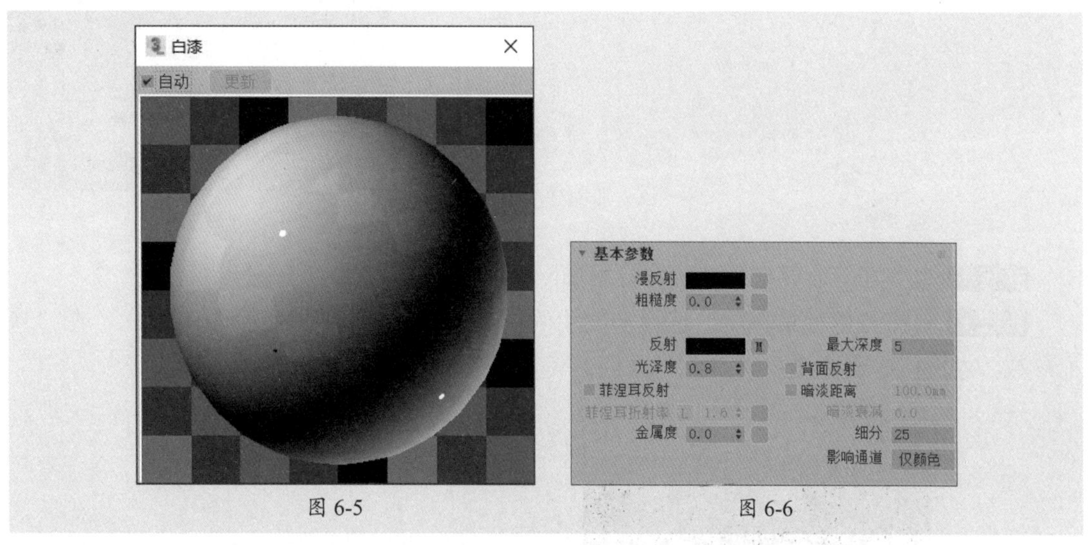

图 6-5　　图 6-6

步骤 07 进入“衰减参数”卷展栏，设置衰减颜色，并设置衰减类型为Fresnel，如图6-7所示。

步骤 08 转到父对象，在“双向反射分布函数”卷展栏中设置反射类型为“多面”，如图6-8所示。

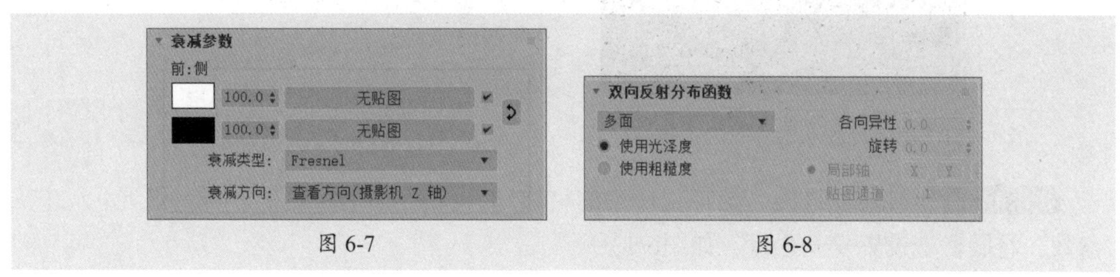

图 6-7　　图 6-8

步骤 09 设置好的金属材质球预览效果如图6-9所示。

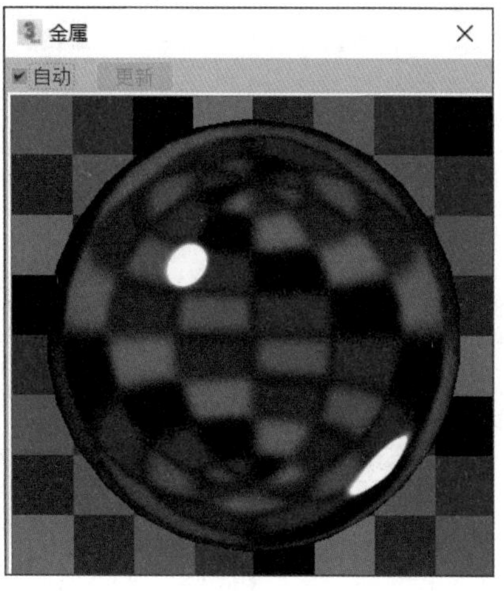

图 6-9

步骤 10 制作玻璃材质。选择未使用的材质球，设置材质类型为VRayMtl，将其命名为“玻璃”，在“基本参数”卷展栏中设置漫反射颜色和折射颜色为白色，并设置反射参数和折射参数，如图6-10所示。

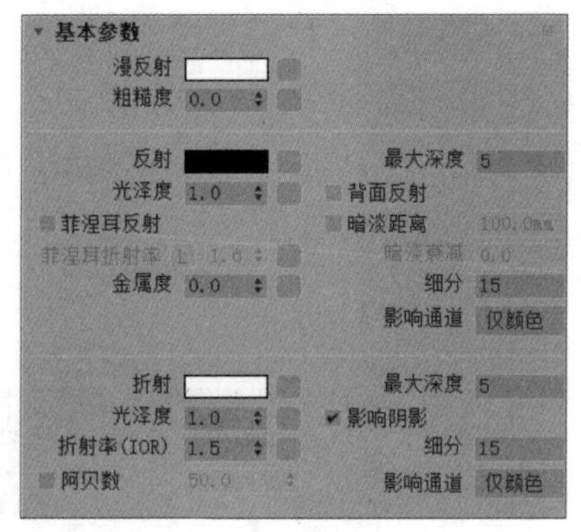

图 6-10

步骤 11 制作好的玻璃材质球预览效果如图6-11所示。

步骤 12 制作黑色背景材质。选择未使用的材质球，设置材质类型为VRayMtl，在“基本参数”卷展栏中设置漫反射颜色为黑色，其余参数不变，如图6-12所示。

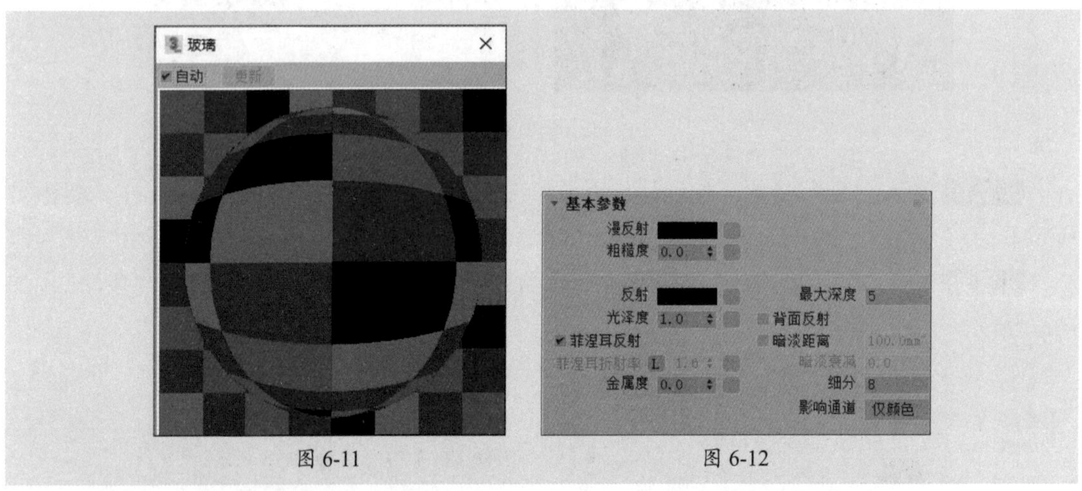

图 6-11　　图 6-12

步骤 13 制作自发光材质。选择未使用的材质球，设置材质类型为“VRay灯光”，并在“参数”卷展栏中设置发光强度，如图6-13所示。

步骤 14 制作好的自发光材质球预览效果如图6-14所示。

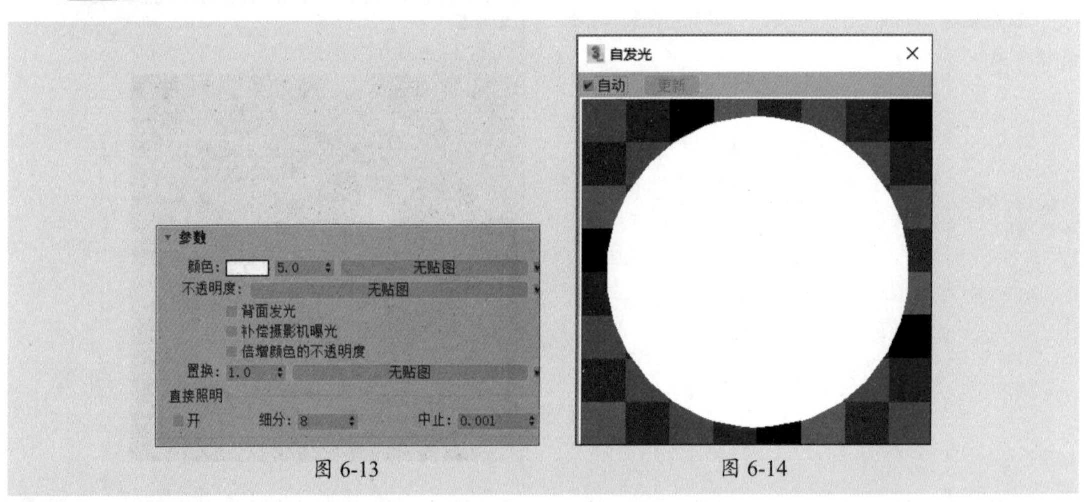

图 6-13　　图 6-14

步骤 15 将制作好的材质分别赋予场景中的各个模型，再渲染摄影机视口，效果如图6-15所示。

图 6-15

6.1.2 标准材质

标准材质是默认的通用材质。在现实生活中，对象的外观取决于它的反射光线。在3ds Max中，标准材质主要用于模拟对象表面的反射属性，在不适用贴图的情况下，标准材质会为对象提供单一且均匀的表面颜色效果。

标准材质的参数面板分为“明暗器基本参数”“基本参数”“扩展参数”“超级采样”“贴图”卷展栏，通过单击顶部的项目条可以收起或展开对应的参数面板。

1）明暗器

明暗器主要用于标准材质，用户可以选择不同的明暗器，为各种反射表面设置颜色以及使用贴图等，这些设置都可以在“明暗器基本参数”卷展栏中进行。在该卷展栏中提供了8种不同的明暗器类型，如图6-16所示。

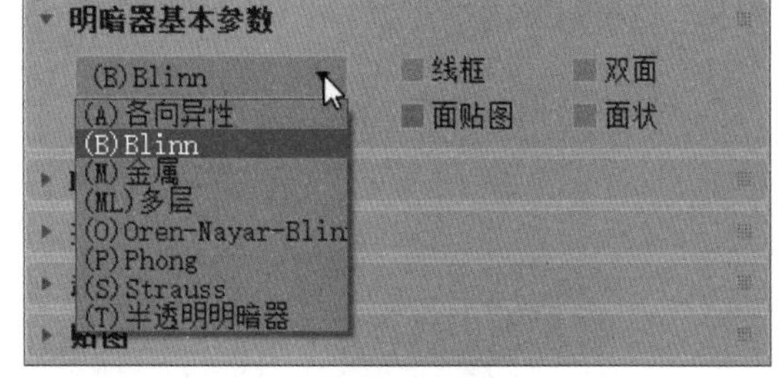

图 6-16

- **各向异性：**通过调节两个垂直正交方向上可见高光级别之间的差额，可以产生带有非圆、具有方向的高光曲面，适用于制作头发、玻璃或金属等材质。
- **Blinn：**Blinn明暗器是标准材质的默认明暗器，其高光点周围的光晕是旋转混合的，背光处的反光点形状为圆形，清晰可见。如果增大柔滑参数值，反光点将保持尖锐的形态。
- **金属：**这是一种比较特殊的材质类型，专用于金属材质的制作，可以提供金属所需的强烈反光。
- 多层：通过层级的两个各向异性高光，创建比各向异性更复杂的高光效果。
- **Oren-Nayar-Blinn：**该选项是Blinn的一个特殊变量形式，通过附加的“漫反射级别”和“粗糙度”设置，可以实现物体材质的效果，常用于表现织物、陶制品等粗糙对象的表面。

- **Phong：** 与Blinn明暗器类似，能产生带有发光效果的平滑曲面，但不处理高光。其高光点周围的光晕是发散混合的，背光处的反光点为梭形，影响周围的区域较大。
- **Strauss：** Strauss提供了一种金属感的表面效果，比“金属”渲染属性更简洁，参数更简单。
- **半透明明暗器：** 类似于Blinn明暗器，还可以用于指定半透明度，光线将在穿过材质时散射，可以使用半透明明暗器来模拟被霜覆盖的或被侵蚀的玻璃。

2）颜色

在真实世界中，对象的表面通常反射许多颜色，标准材质也使用4色模型来模拟这种现象，主要包括环境色、漫反射、高光颜色和过滤颜色。下面将对各选项的含义进行介绍。

- **环境光：** 对象在阴影中的颜色。
- **漫反射：** 对象在直接光照条件下的颜色。
- **高光：** 发亮部分的颜色。
- **过滤：** 光线透过对象所透射的颜色。

3）扩展参数

标准材质所有Standard类型的扩展参数都相同，选项内容涉及透明度、反射及线框模式，还有标准透明材质真实程度的折射率设置。在“扩展参数”卷展栏中提供了透明度和反射相关的参数，通过该卷展栏可以制作更具有真实效果的透明材质，如图6-17所示。下面将对常用选项的含义进行介绍。

- **高级透明：** 该选项组中提供的控件影响透明材质的不透明度衰减等效果。
- **反射暗淡：** 该选项组中提供的参数可使阴影中的反射贴图显得暗淡。
- **线框：** 该选项组中的参数用于控制线框的单位和大小。

4）贴图通道

在“贴图”卷展栏中，可以选择材质的各个组件，部分组件还能使用贴图代替原有的颜色，如图6-18所示。

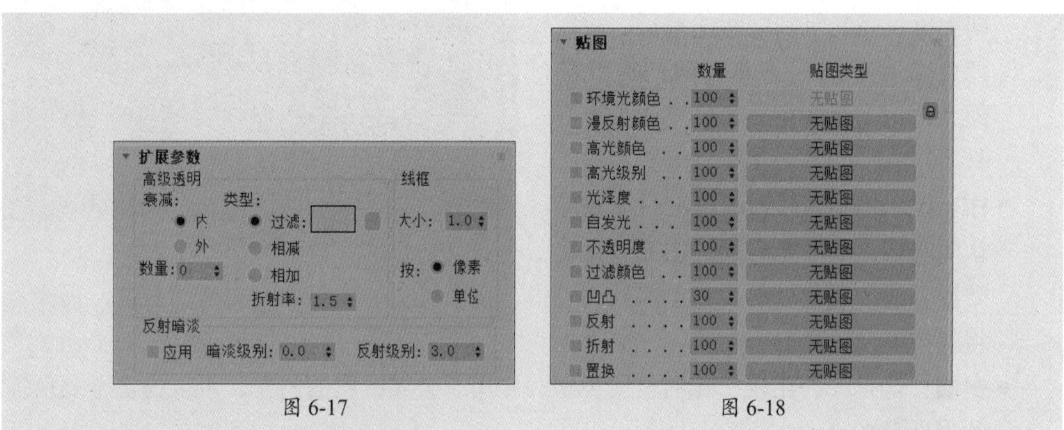

图 6-17　　图 6-18

6.1.3 多维/子对象材质

多维/子对象材质是将多个材质组合到一个材质当中，将物体设置不同的ID后，使材质根据对应的ID号赋予到指定物体区域上。该材质常被用于包含许多贴图的复杂物体上。在使用多维/子对象材质后，“多维/子对象基本参数”卷展栏如图6-19所示。

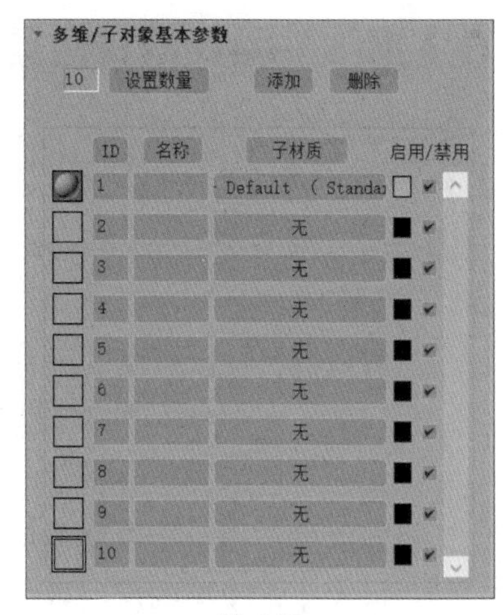

图 6-19

下面将对常用选项的含义进行介绍。

- **设置数量：** 用于设置子材质的参数。单击该按钮，即可打开“设置材质数量”对话框，在其中可以设置材质数量。
- **添加：** 单击该按钮，在子材质下方将默认添加一个标准材质。
- **删除：** 单击该按钮，将从下向上逐一删除子材质。

操作提示

如果该对象是可编辑网格，可以拖放材质到面的不同的选中部分，并随时构建一个多维/子对象材质。

6.1.4 混合材质

混合材质是在曲面的单个面上将两种材质进行混合。用户可以通过设置“混合量”参数来控制材质的混合程度。混合材质能够实现两种材质之间的无缝混合，常用于制作诸如花纹玻璃、烫金玻璃等材质表现。

混合材质将两种材质以百分比的形式混合在曲面的单个面上，通过不同的融合度，控制两种材质表现的强度。另外，还可以指定一张图作为融合的蒙版，利用它本身的明暗度来决定两种材质融合的程度，设置混合发生的位置和效果。其“混合基本参数”卷展栏如图6-20所示。

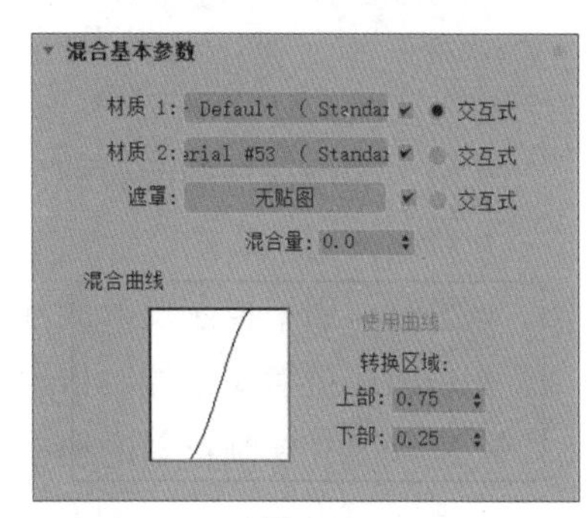

图 6-20

- **材质1/2：** 设置两个用于混合的材质。通过单击右侧的按钮来选择相应的材质，通过复选框来启用或禁用材质。
- **遮罩：** 该通道用于导入使两种材质进行混合的遮罩贴图。两种材质之间的混合度取决于遮罩贴图的强度。
- **混合量：** 决定两种材质混合的百分比。对无遮罩贴图的两个贴图进行融合时，依据它来调节混合程度。
- **混合曲线：** 控制遮罩贴图中黑白过渡区造成的材质融合的尖锐或柔和程度。该选项专用于使用了Mask遮罩贴图的融合材质。
- **使用曲线：** 确定是否使用混合曲线来影响融合效果。只有指定并激活遮罩，该空间才可用。
- **转换区域：** 通过调节“上部”和“下部”数值来控制混合曲线。两个值相近时会产生清晰尖锐的融合边缘；两个值差距很大时会产生柔和模糊的融合边缘。

6.1.5 VRayMtl材质

VRayMtl（VRay材质）是VRay渲染系统的专用材质，使用该材质能够在场景中得到更好的照明、更快的渲染、更方便控制的参数，基本上大部分的材质效果都可以用VRayMtl来完成。反射和折射是VRayMtl材质的两个比较重要的属性，如图6-21所示。下面介绍一些常用参数的含义。

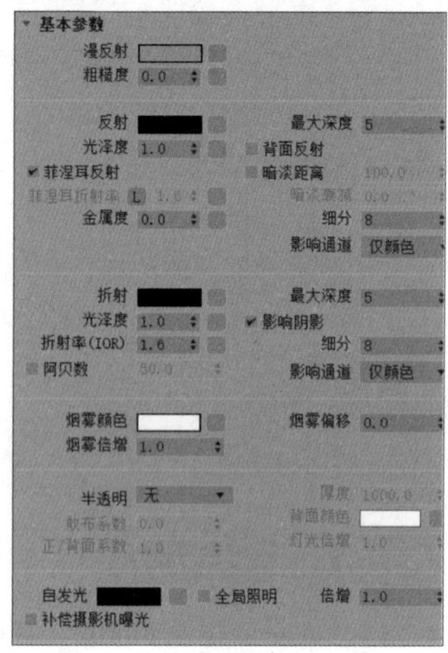

图 6-21

- **漫反射：** 控制材质的固有色。
- **反射：** 反射颜色控制反射强度，颜色越深反射越弱，颜色越浅反射越强。
- **光泽度：** 用于控制材质的光泽度大小。值为0时会得到非常模糊的反射效果；值为1时，将会关掉光泽度，并产生非常明显的完全反射。

操作提示

调整VRayMtl的反射光泽度参数，能够控制材质的反射模糊程度。该参数默认为1时表示没有模糊。细分参数用来控制反射模糊的质量，只有当反射光泽度参数不为1时，该参数才起作用。

- **菲涅耳反射：** 选中该复选框，反射强度将会减小。
- **菲涅耳折射率：** 在菲涅耳反射中，菲涅耳现象的强弱衰减率可以用该选项来调节。

操作提示

默认状态下，VRayMtl材质的“菲涅耳折射率”处于不可编辑状态，当单击L按钮后，才可以解除锁定对该参数进行设置。

- **最大深度：** 控制反射的次数。数值越大效果越真实，但渲染时间也越长。
- **背面反射：** 启用背面渲染反射，可以使玻璃对象更加真实，但要牺牲额外的计算。
- **细分：** 用来控制反射的品质。数值越大效果越好，但渲染速度越慢。
- **折射：** 折射颜色控制折射强度，颜色越深折射越弱，颜色越浅折射越强。
- **光泽度：** 控制折射的模糊效果。数值越小，模糊程度越明显。
- **折射率（IOR）：** 可以调节折射的强弱衰减率。
- **影响阴影：** 用来控制透明物体产生的阴影。
- **细分：** 控制折射的精细程度。

操作提示

“折射”选项组中的“最大深度”用来控制反射的最大次数，次数越多反射越彻底，但是会增加渲染时间，通常保持默认数值5就可以了。

- **烟雾颜色：**该选项控制折射物体的颜色。
- **烟雾倍增：**可以理解为烟雾的浓度。数值越大雾越浓，光线穿透物体的能力越差。
- **烟雾偏移：**控制烟雾的偏移。较低的值会使烟雾向摄影机的方向偏移。

6.1.6 VRay灯光材质

VRay灯光材质可以模拟物体发光发亮的效果，并且这种自发光效果可以对场景中的物体产生影响，常用来制作顶棚灯带、霓虹灯、火焰等材质。其"参数"卷展栏如图6-22所示。下面介绍一下常用参数的含义。

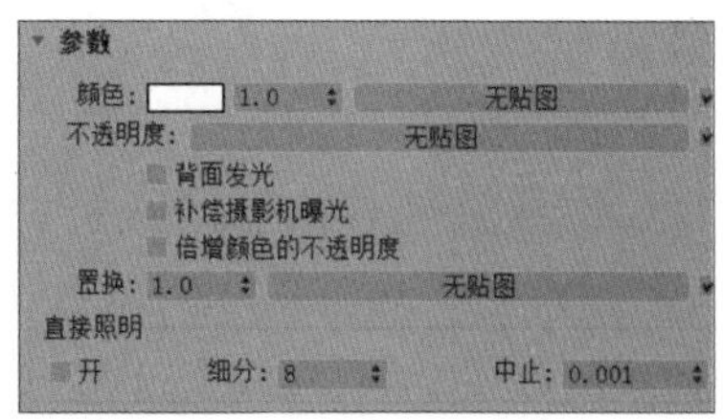

图 6-22

- **颜色：**控制自发光的颜色，后面的输入框用来设置自发光的强度。
- **不透明度：**可以在后面的通道中加载贴图。
- **背面发光：**选中该复选框后，物体会双面发光。
- **补偿摄影机曝光：**选中该复选框后，可以控制相机曝光补偿的数值。
- **倍增颜色的不透明度：**选中该复选框后，可用于外景贴图不透明度的倍增控制。

操作提示

在效果图的制作过程中，有时会使用VRay灯光材质来制作室内的灯带效果，这样可以避免场景中出现过多的VRayLight，从而提高渲染速度。

6.1.7 VRay材质包裹器

在常规情况下，场景中的所有对象都处于相同的光照强度下，所以明暗也都基本一致。VRay材质包裹器其实就是给材质附加了可以控制的间接光照属性，这样用户就可以根据需要对场景中的个别对象进行明暗的调节。图6-23所示为"VRay材质包裹器参数"卷展栏。

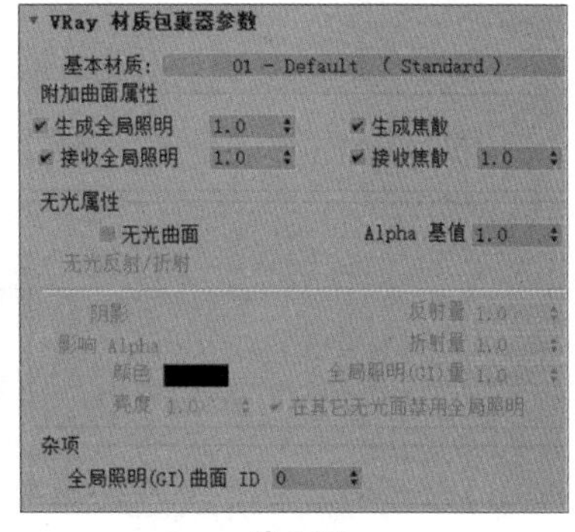

图 6-23

- **基本材质：**用来设置转换器中使用的基础材质参数，此材质必须是VRay渲染器支持的材质类型。
- **附加曲面属性：**这里的参数主要用来控制赋有材质包裹器物体的接收、生成全局照明属性和接收、生成焦散属性。
- **无光属性：**目前VRay还没有独立的"不可见/阴影"材质，但是VRayMtl转换器里的这个不可见选项可以模拟"不可见/阴影"效果。
- **杂项：**用来设置全局照明曲面ID的参数。

6.2 常用贴图类型

材质主要用于描述对象如何反射和传播光线，材质中的贴图则主要用于模拟材质质地，提供纹理图案、反射、折射等其他效果，依靠各种类型的贴图可以制作出千变万化的材质效果。

6.2.1 案例解析：为玩具房创建材质

本案例将为准备好的玩具房场景制作材质，包括水泥、木纹理、皮革等，具体操作步骤如下。

步骤 01 打开准备好的素材场景，如图6-24所示。

步骤 02 制作水泥材质。按M键打开材质编辑器，选择一个未使用的材质球，设置材质类型为VRayMtl，将其命名为“水泥”，在“贴图”卷展栏中为漫反射通道和凹凸通道添加相同的位图贴图，并设置凹凸值，如图6-25所示。

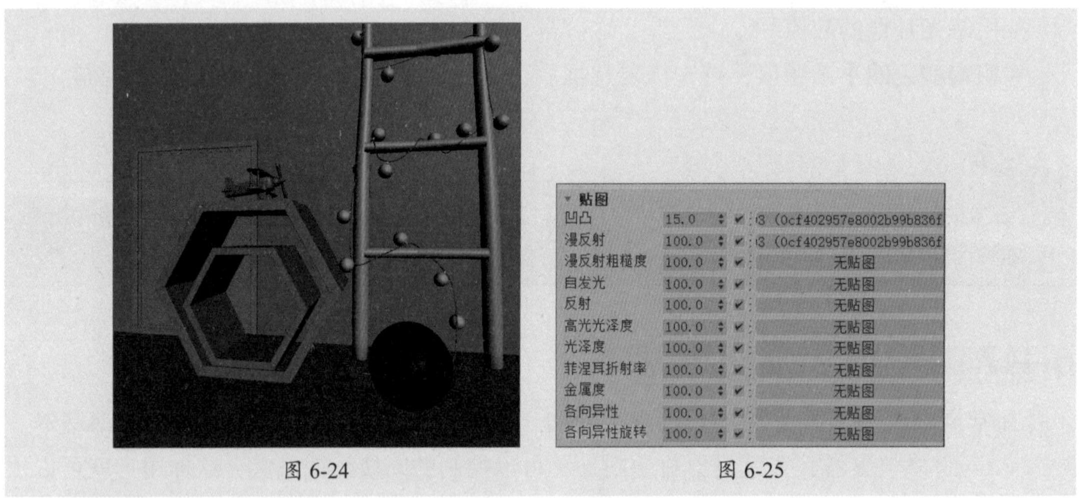

图 6-24　　　　图 6-25

步骤 03 漫反射通道和凹凸通道所添加的贴图预览效果如图6-26所示。

步骤 04 返回“基本参数”卷展栏，设置反射颜色及反射参数，如图6-27所示。

图 6-26

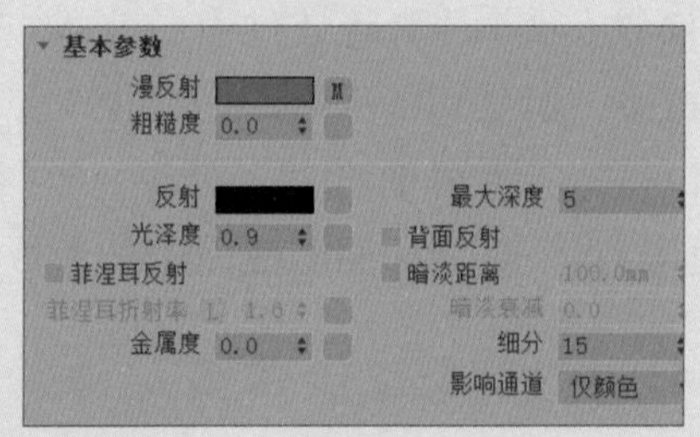

图 6-27

步骤 05 反射颜色的参数设置如图6-28所示。

步骤 06 制作好的水泥材质球预览效果如图6-29所示。

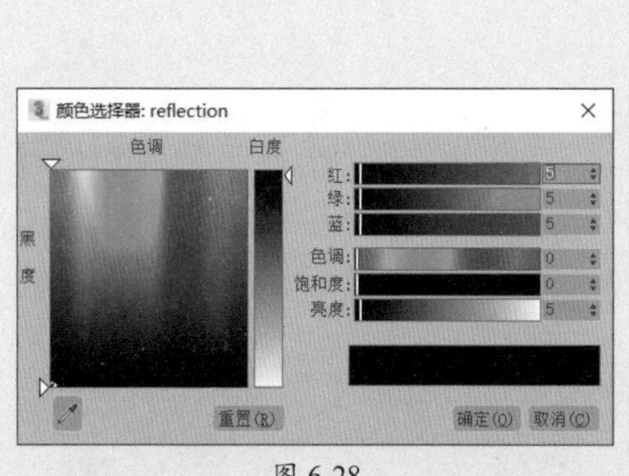

图 6-28

图 6-29

步骤 07 制作木纹理1材质。选择一个未使用的材质球，设置材质类型为VRayMtl，将其命名为“木纹理1”，在“贴图”卷展栏中为漫反射通道和凹凸通道添加相同的位图贴图，如图6-30所示。

步骤 08 贴图预览效果如图6-31所示。

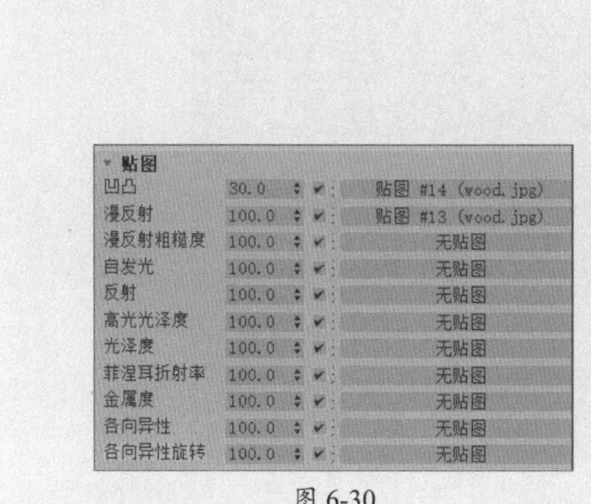

图 6-30

图 6-31

步骤 09 在“基本参数”卷展栏下设置反射颜色和反射参数，如图6-32所示。

步骤 10 反射颜色的参数设置如图6-33所示。

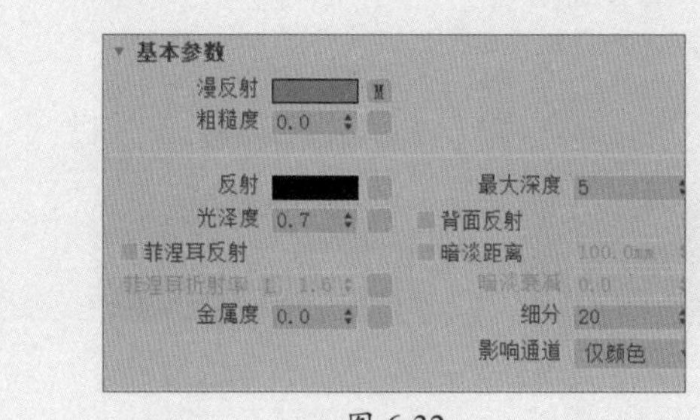

图 6-32

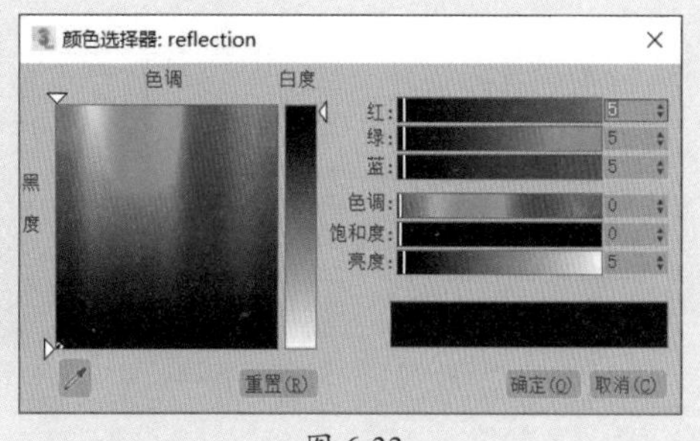

图 6-33

步骤 11 制作好的木纹理1材质球预览效果如图6-34所示。

步骤 12 制作皮球材质。选择一个未使用的材质球，设置材质类型为VRayMtl，将其命名为“皮球”，在“贴图”卷展栏中为漫反射通道和凹凸通道分别添加位图贴图，并设置凹凸值，如图6-35所示。

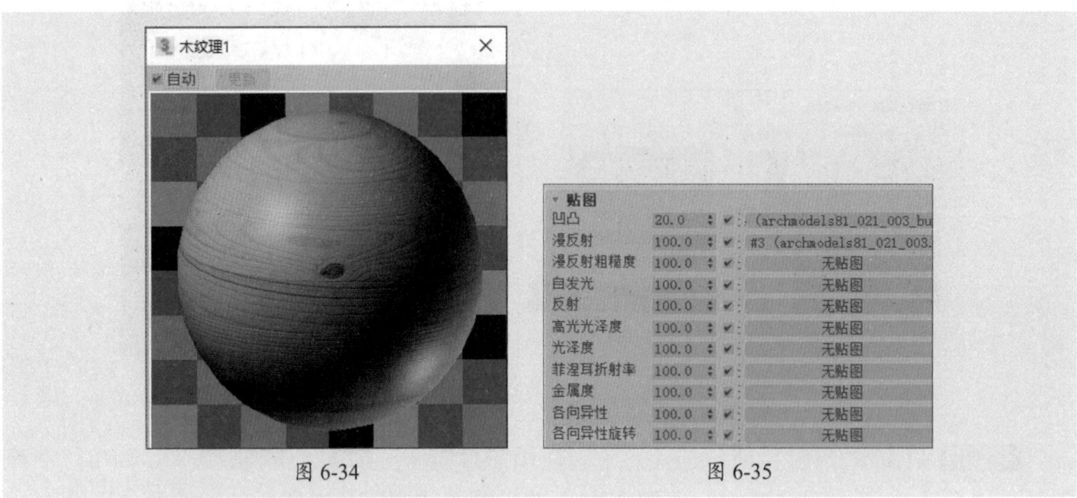

图 6-34　　图 6-35

步骤 13 漫反射通道和凹凸通道添加的位图贴图如图6-36、图6-37所示。

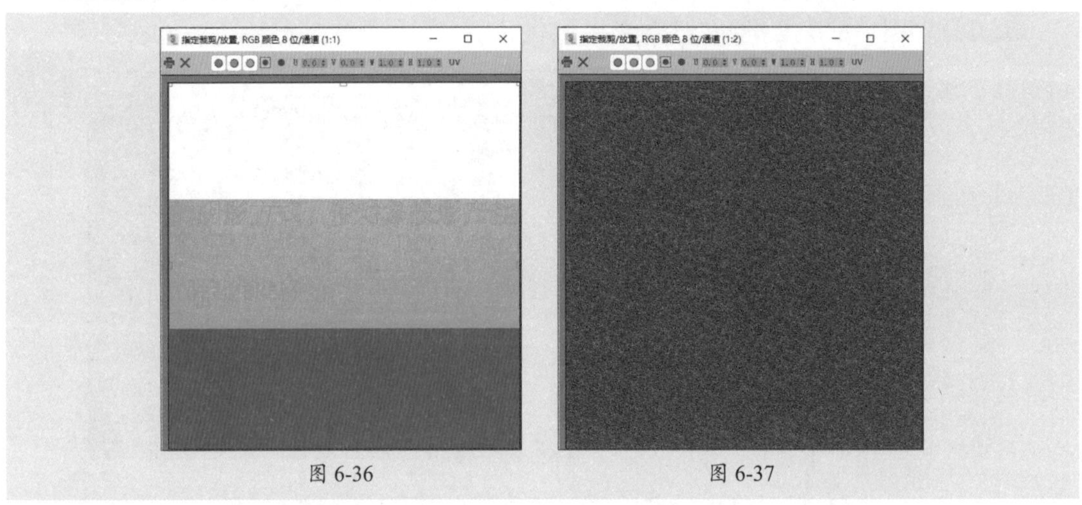

图 6-36　　图 6-37

步骤 14 返回“基本参数”卷展栏，设置反射颜色与反射参数，如图6-38所示。

步骤 15 反射颜色的参数设置如图6-39所示。

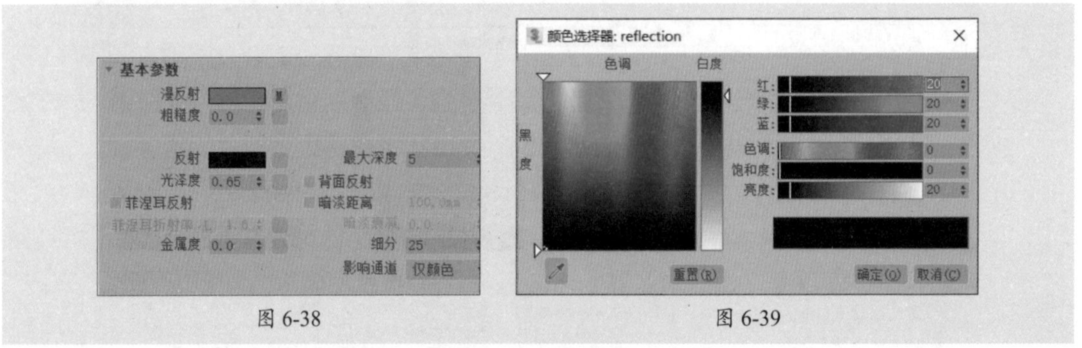

图 6-38　　图 6-39

步骤16 制作好的皮球材质球预览效果如图6-40所示。

步骤17 制作塑料材质。选择一个未使用的材质球，设置材质类型为VRayMtl，将其命名为“塑料”，在“基本参数”卷展栏下设置漫反射颜色、反射颜色以及反射参数，如图6-41所示。

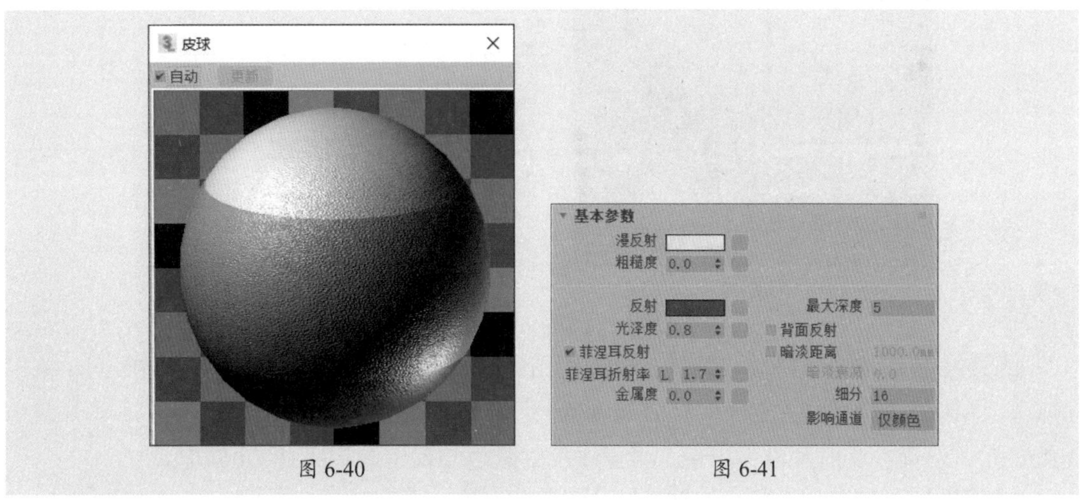

图 6-40　　图 6-41

步骤18 漫反射颜色及反射颜色的参数设置如图6-42所示。

步骤19 在“双向反射分布函数”卷展栏下设置反射分布类型为“多面”，如图6-43所示。

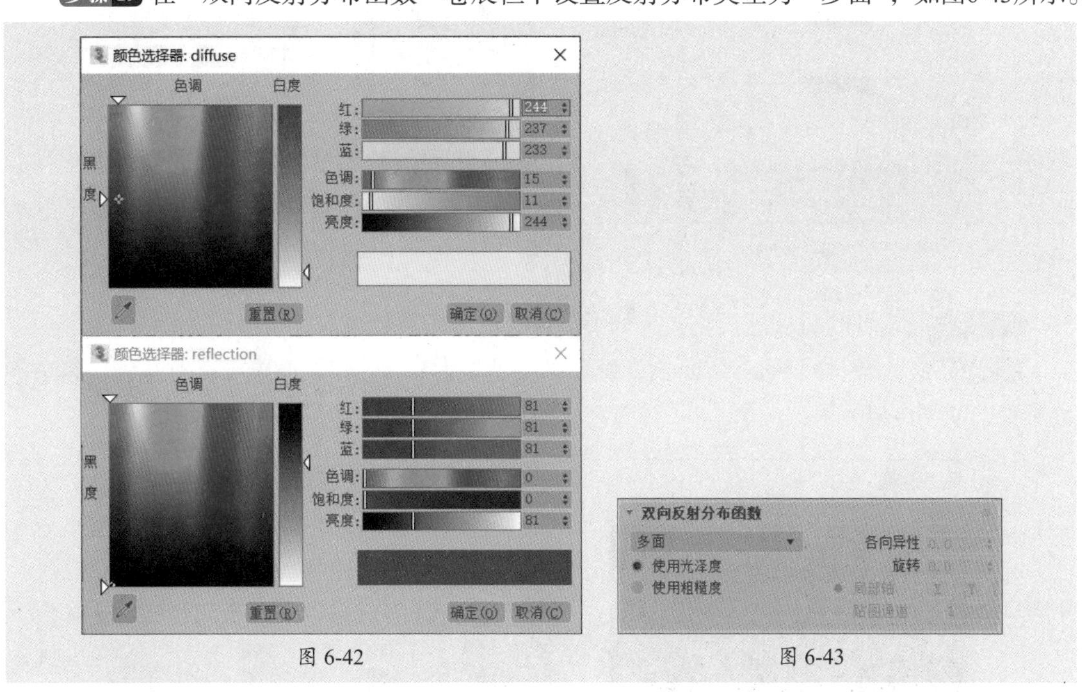

图 6-42　　图 6-43

步骤20 制作好的材质球预览效果如图6-44所示。

步骤21 制作自发光材质。选择一个未使用的材质球，设置材质类型为“VRay灯光”，在“参数”卷展栏中设置自发光颜色及强度，如图6-45所示。再复制一个材质球，设置自发光颜色为白色。

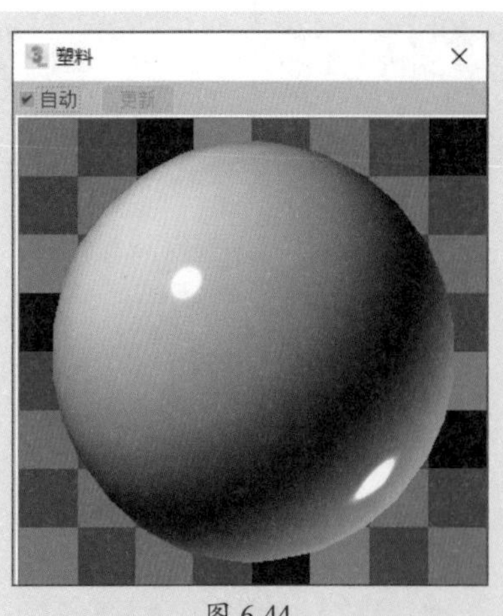

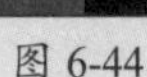

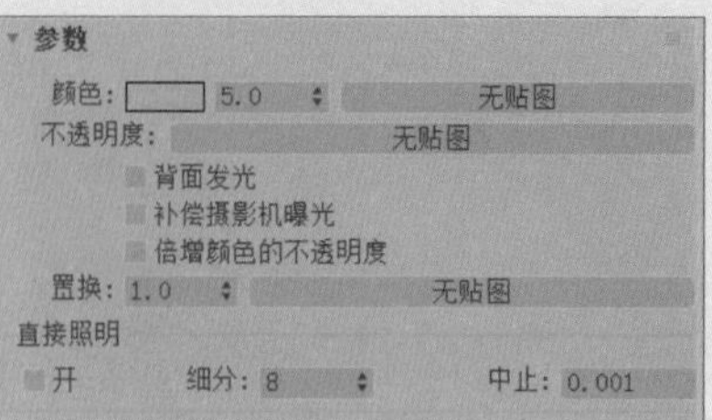

图 6-44　　图 6-45

步骤22 制作装饰画材质。选择一个未使用的材质球，设置材质类型为“多维/子对象”材质，将其命名为“黑色边框”。从参数面板进入第一个子材质对象，设置材质类型为VRayMtl，设置漫反射颜色为黑色，再设置反射颜色与反射参数，如图6-46所示。

步骤23 反射颜色的参数设置如图6-47所示。

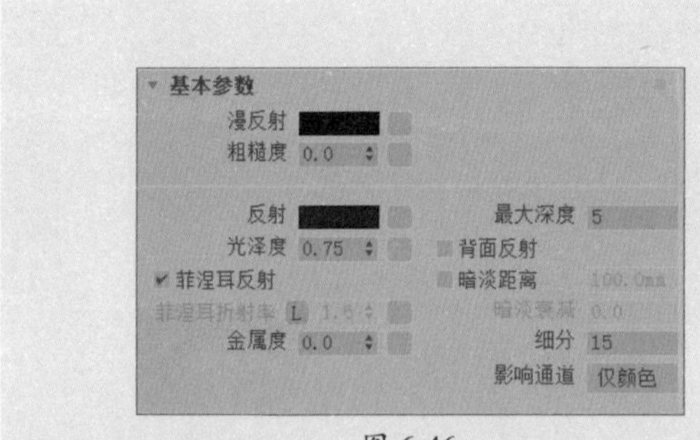

图 6-46

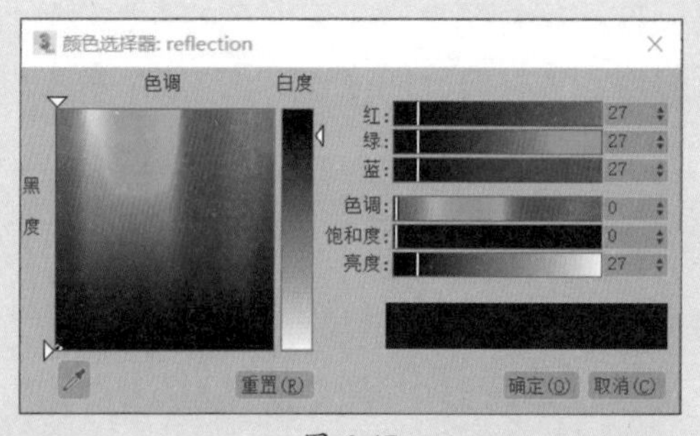

图 6-47

步骤24 设置好的材质球预览效果如图6-48所示。

步骤25 进入子材质2的参数面板，设置材质类型为VRayMtl，设置漫反射颜色，其余参数不变，如图6-49所示。

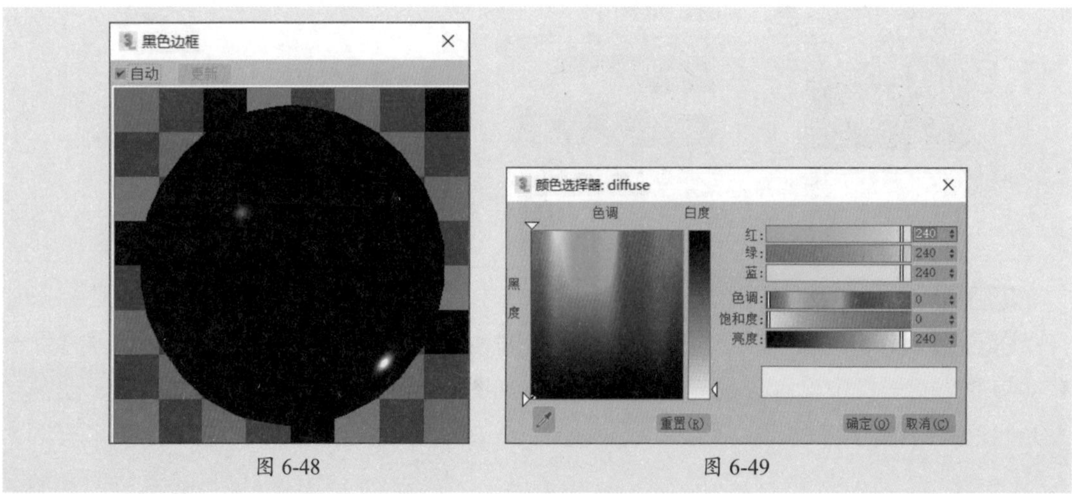

图 6-48　　图 6-49

步骤 26 进入子材质3的参数面板，设置材质类型为VRayMtl，为漫反射通道添加位图贴图，其余参数不变，材质球预览效果如图6-50所示。

步骤 27 返回父对象，制作好的多维/子对象材质球效果如图6-51所示。

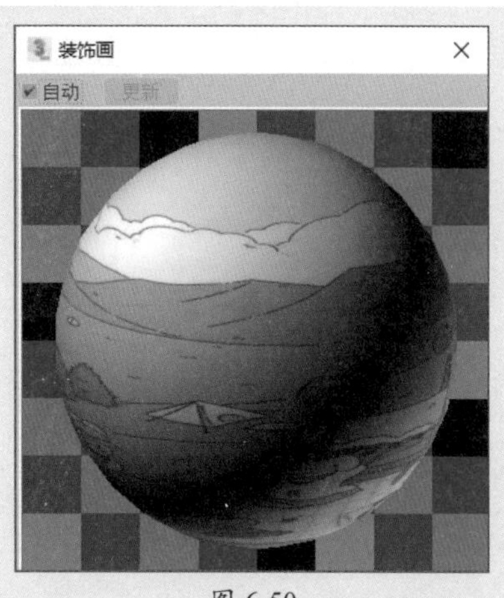

图 6-50

图 6-51

步骤 28 制作木飞机材质。选择一个未使用的材质球，设置材质类型为“多维/子对象”材质，进入子对象1的参数面板，设置材质类型为VRayMtl，在“贴图”卷展栏中为漫反射通道、凹凸通道以及反射通道添加位图贴图，其中凹凸通道与反射通道的位图贴图相同，如图6-52所示。

步骤 29 漫反射通道所添加的位图贴图如图6-53所示。

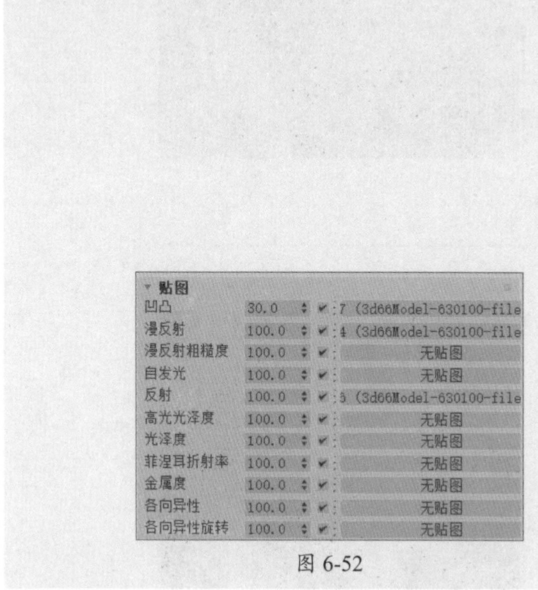

贴图

凹凸	30.0	✔	7 (3d66Model-630100-file
漫反射	100.0	✔	4 (3d66Model-630100-file
漫反射粗糙度	100.0	✔	无贴图
自发光	100.0	✔	无贴图
反射	100.0	✔	5 (3d66Model-630100-file
高光光泽度	100.0	✔	无贴图
光泽度	100.0	✔	无贴图
菲涅耳折射率	100.0	✔	无贴图
金属度	100.0	✔	无贴图
各向异性	100.0	✔	无贴图
各向异性旋转	100.0	✔	无贴图

图 6-52

图 6-53

步骤 30 凹凸通道与反射通道添加的位图贴图如图6-54所示。

步骤 31 返回“基本参数”卷展栏，设置反射参数，如图6-55所示。

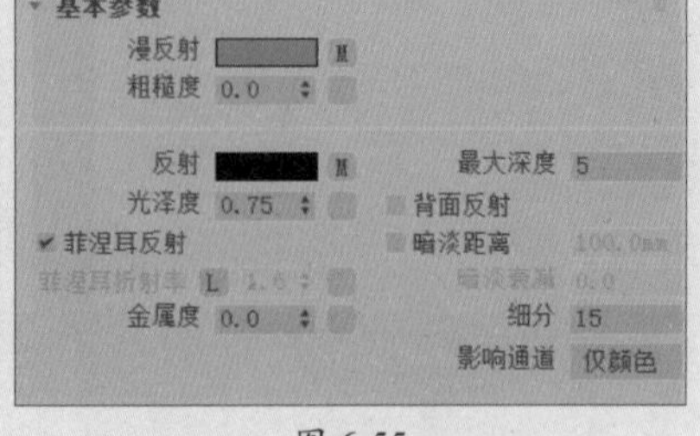

图 6-54　　图 6-55

步骤 32 子材质1材质球预览效果如图6-56所示。

步骤 33 使用同样的方法制作子材质2，材质球预览效果如图6-57所示。

图 6-56

图 6-57

步骤 34 返回父对象，制作好的多维/子对象材质效果如图6-58所示。

图 6-58

步骤35 将制作好的材质分别赋予到场景中的各个模型，再渲染摄影机视口，效果如图6-59所示。

图 6-59

6.2.2 位图贴图

“位图”贴图就是将位图图像文件作为贴图使用，它可以支持各种类型的图像和动画格式，包括AVI、BMP、CIN、JPG、TIF、TGA等。位图贴图的使用范围广泛，通常用在漫反射贴图通道、凹凸贴图通道、反射贴图通道、折射贴图通道中。图6-60所示为“位图参数”卷展栏。下面对常用选项的含义进行介绍。

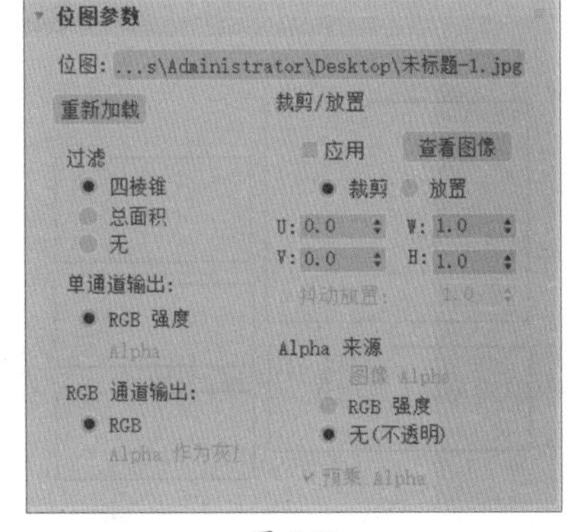

图 6-60

- **过滤：**“过滤”选项组中的参数用于选择抗锯齿位图中平均使用的像素方法。
- **裁剪/放置：** 该选项组中的参数可以裁剪位图或减小其尺寸，用于自定义放置。
- **单通道输出：** 该选项组中的参数用于根据输入的位图确定输出单色通道的来源。
- **Alpha来源：** 该选项组中的参数用于根据输入的位图确定输出Alpha通道的来源。

操作提示

位图：用于选择位图贴图。通过标准文件浏览器选择位图，选中之后，该按钮上会显示所选位图的路径名称。重新加载：对使用相同名称和路径的位图文件进行重新加载。在绘图程序中更新位图后无须使用文件浏览器重新加载该位图。

6.2.3 棋盘格贴图

“棋盘格”贴图可以产生类似棋盘的、由两种颜色组成的方格图案，并允许贴图替换颜色。图6-61所示为“棋盘格参数”卷展栏。

下面对常用选项的含义进行介绍。

- **柔化：** 模糊方格之间的边缘，很小的柔化值就能生成很明显的模糊效果。
- **交换：** 单击该按钮可交换方格的颜色。
- **颜色：** 用于设置方格的颜色，允许使用贴图代替颜色。

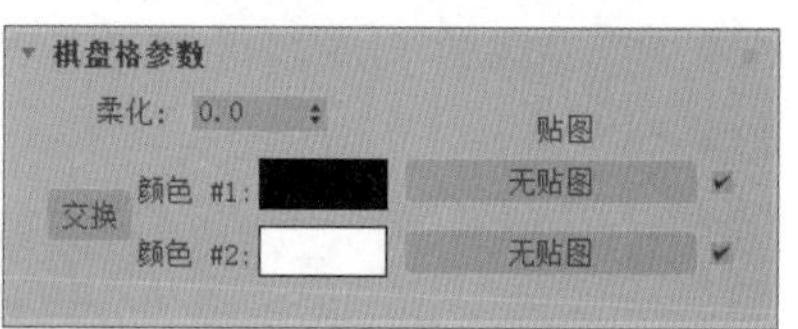

图 6-61

6.2.4 平铺贴图

“平铺”贴图是专门用来制作砖块效果的，常用在漫反射通道中，有时也可以用在凹凸贴图通道中。

在“标准控制”卷展栏的“预设类型”下拉列表框中列出了一些已定义的建筑砖图案，用户也可以自定义图案，设置砖块的颜色、尺寸以及砖缝的颜色、尺寸等。其参数卷展栏如图6-62、图6-63所示。

图 6-62

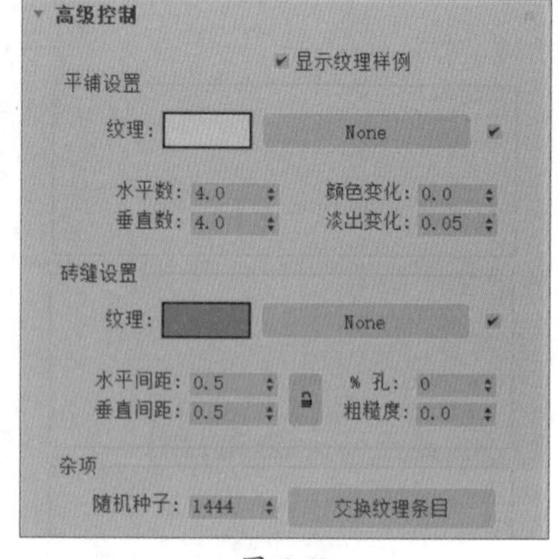

图 6-63

操作提示

默认状态下平铺贴图的水平间距与垂直间距是锁定在一起的，用户可以根据需要解开锁定来单独对它们进行设置。

6.2.5 渐变贴图

“渐变”贴图可以产生一种颜色到另一种颜色的明暗过渡，也可以指定两种或三种颜色线性或径向渐变效果，其“渐变参数”卷展栏如图6-64所示。

下面对常用选项的含义进行介绍。

- **颜色#1～#3：** 设置渐变在中间进行插值的三个颜色。
- **贴图：** 显示贴图而不是颜色。贴图采用混合渐变颜色相同的方式来混合到渐变中。可以在每个窗口中添加嵌套程序以生成5色、7色、9色渐变，或更多的渐变。
- **颜色2位置：** 控制中间颜色的中心点。
- **渐变类型：** 线性基于垂直位置插补颜色。

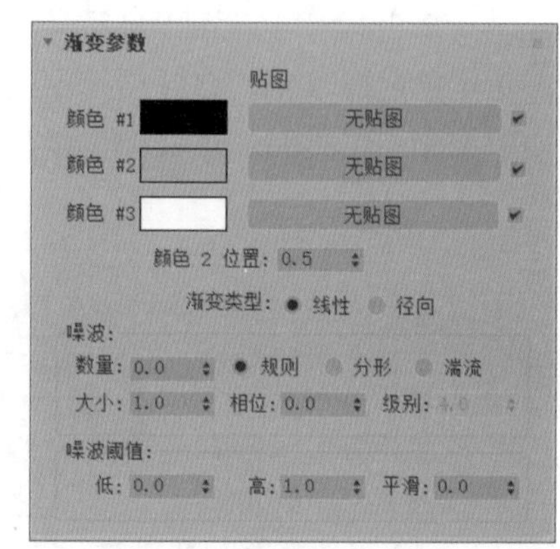

图 6-64

操作提示

通过将一个色样拖到另一个色样上可以交换颜色，单击“复制或交换颜色”对话框中的“交换”按钮完成操作。若需要反转渐变的总体方向，则可交换第一种和第三种颜色。

6.2.6 衰减贴图

“衰减”贴图可以模拟对象表面由深到浅或者由浅到深的过渡效果。在创建不透明的衰减效果时，衰减贴图提供了更大的灵活性。其“衰减参数”卷展栏如图6-65所示。

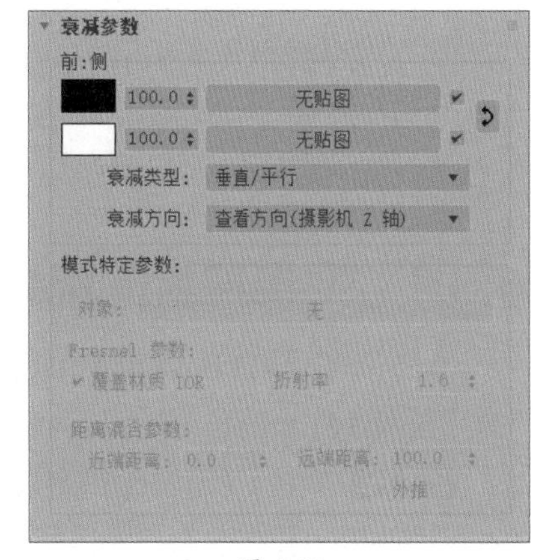

图 6-65

下面对常用选项的含义进行介绍。

- **前/侧**：用来设置衰减贴图的前和侧通道参数。
- **衰减类型**：设置衰减的方式，共有“垂直/平行”、“朝向/背离”、Fresnel、“阴影/灯光”、“距离混合”5个选项。
- **衰减方向**：设置衰减的方向。

操作提示

衰减类型包括朝向/背离、垂直/平行、Fresnel、阴影/灯光、距离混合。其中Fresnel类型是基于折射率来调整贴图的衰减效果的，它在面向视图的曲面上产生暗淡反射，在有角的面上产生较为明亮的反射，创建就像在玻璃面上一样的高光。

6.2.7 噪波贴图

“噪波”贴图一般在凹凸通道中使用，用户可以通过设置“噪波参数”卷展栏来制作出凹凸不平的表面。“噪波”贴图基于两种颜色或材质的交互创建三维形式的湍流图案，其“噪波参数”卷展栏如图6-66所示。

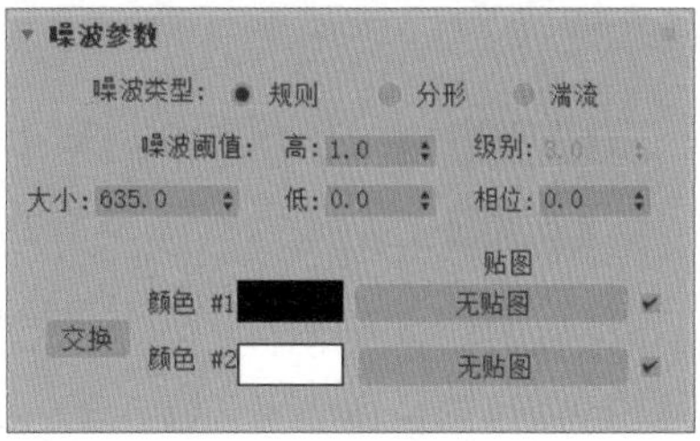

下面对常用选项的含义进行介绍。

- **噪波类型**：共有3种类型，分别是“规则”“分形”和“湍流”。
- **大小**：以3ds Max为单位设置噪波函数的比例。
- **噪波阈值**：控制噪波的效果。
- **交换**：切换两个颜色或贴图的位置。
- **颜色#1/颜色#2**：从这两个噪波颜色中选择，通过所选颜色来生成中间颜色值。

图 6-66

6.2.8 VRay边纹理贴图

“VRay边纹理”贴图可以模拟制作物体表面的网格颜色效果，其参数面板如图6-67所示。

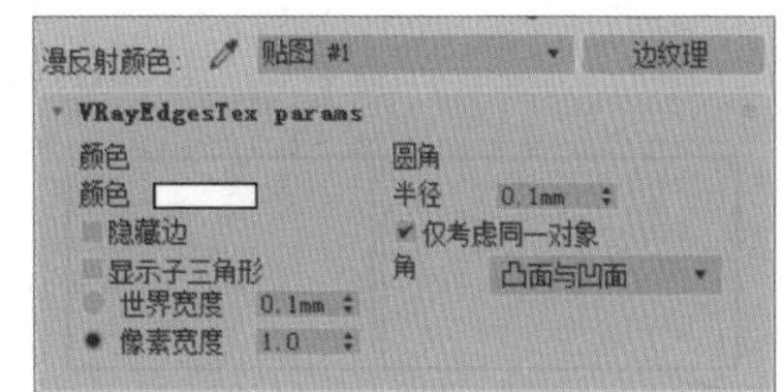

图 6-67

下面介绍常用选项的含义。

- **颜色**：设置边线的颜色。
- **隐藏边**：当选中该复选框时，物体背面的边线也将被渲染出来。
- **世界宽度/像素宽度**：决定边线的宽度，主要分为世界和像素两个单位。

6.3 常用灯光类型

灯光可以模拟现实生活中的光线效果。3ds Max中提供了两种类型的灯光：标准灯光和光度学灯光。每个灯光的使用方法不同，模拟光源的效果也不同。所有的灯光类型在视图中都为灯光对象，它们使用相同的参数，包括阴影生成器。

6.3.1 案例解析：模拟台灯光源效果

本案例将利用VRayLight模拟台灯光源以及室外光源，具体操作步骤如下。

步骤01 打开准备好的素材场景，如图6-68所示。

步骤02 单击VRayLight按钮，设置灯光类型为“球体”，在视口中创建一盏半径为30 mm的VRay球体灯光，将其移动到台灯灯罩位置，如图6-69所示。

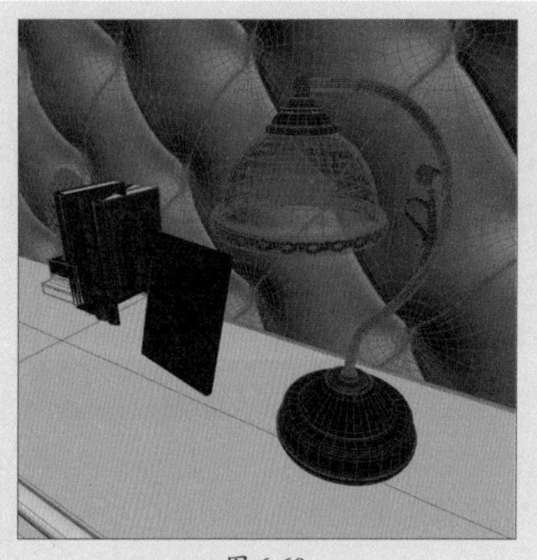

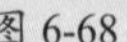

图 6-68

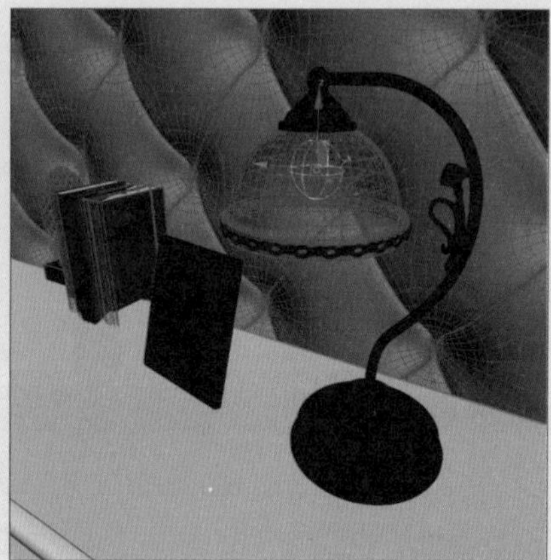

图 6-69

步骤03 在“选项”卷展栏中设置选项，如图6-70所示。

步骤04 渲染摄影机视口，效果如图6-71所示。

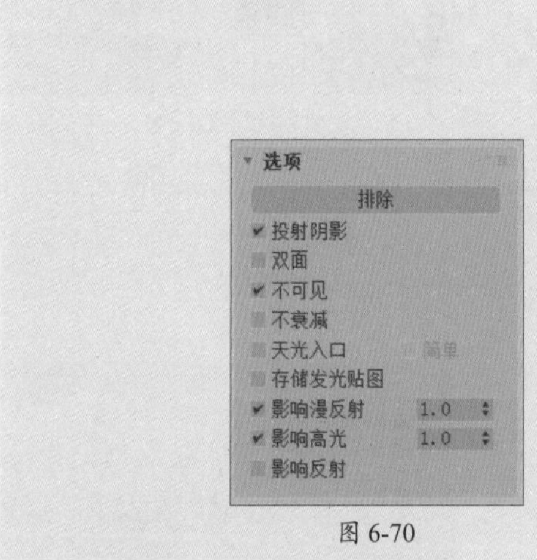

图 6-70

图 6-71

步骤05 在参数面板中设置灯光强度、颜色以及细分值，如图6-72所示。

步骤06 灯光颜色的参数设置如图6-73所示。

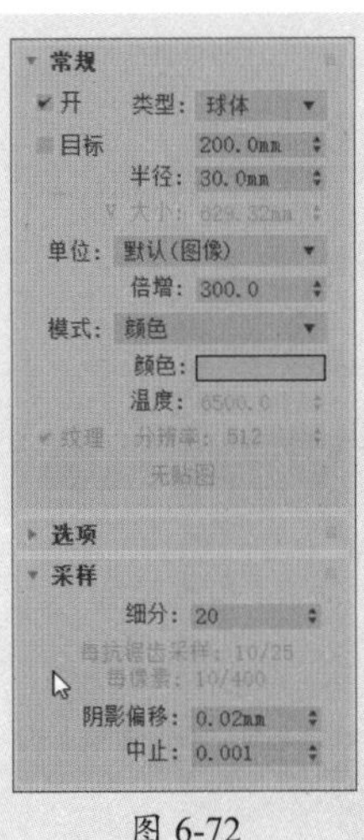

图 6-72

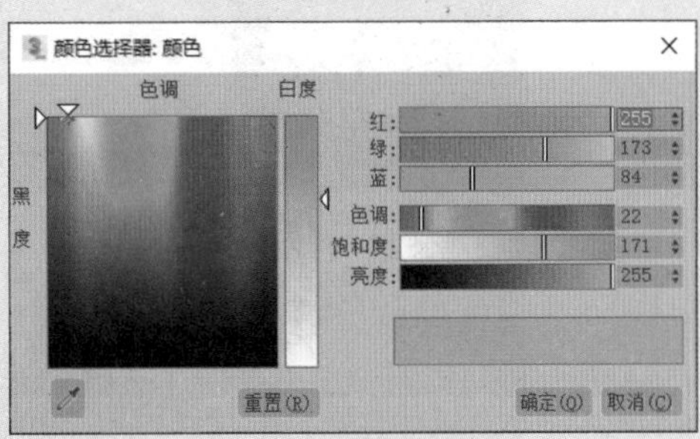

图 6-73

步骤 07 再渲染摄影机视口，效果如图6-74所示。

步骤 08 在前视图中创建一盏VRay平面光源，将其移动至窗外位置，如图6-75所示。

图 6-74

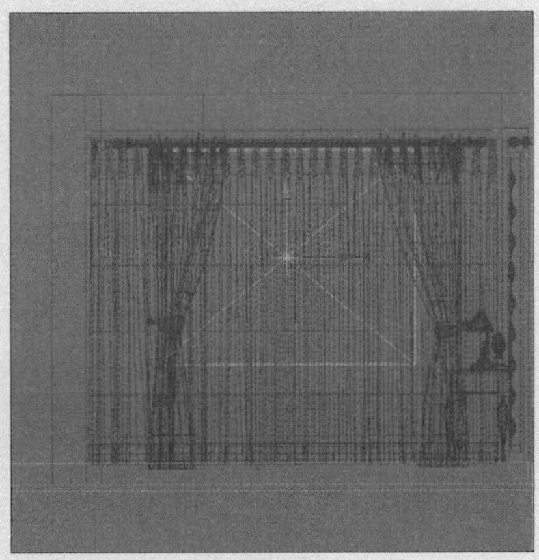

图 6-75

步骤 09 在参数面板中设置光源尺寸、强度及颜色等参数，如图6-76所示。

步骤 10 光源颜色的参数设置如图6-77所示。

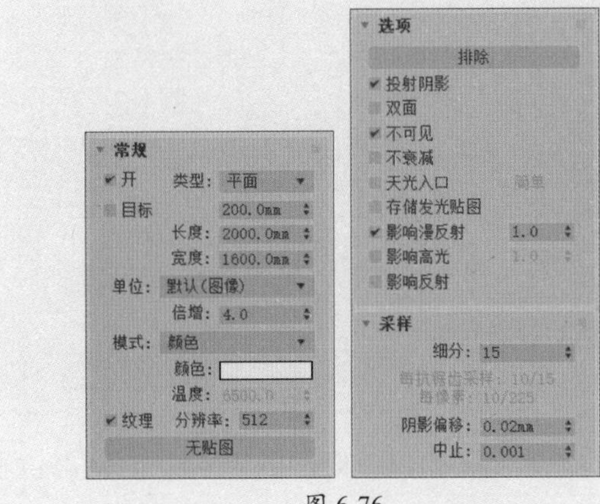

图 6-76

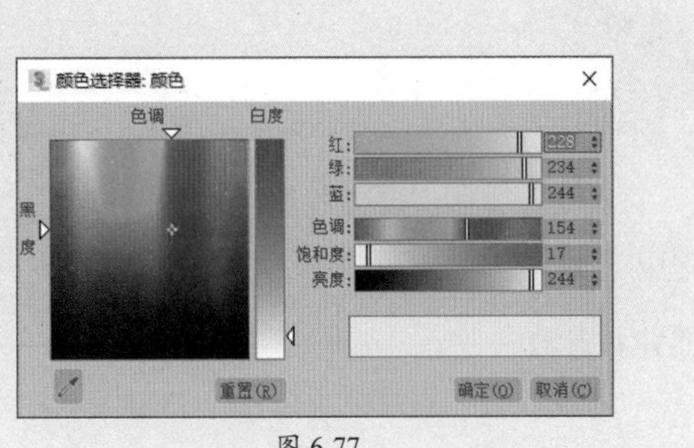

图 6-77

步骤 11 再渲染摄影机视口，最终效果如图6-78所示。

图 6-78

6.3.2 目标平行光

平行光主要用于模拟太阳在地球表面投射的光线，即以一个方向投射的平行光。平行光包括目标平行光和自由平行光两种。目标平行光是具体方向性的灯光，常用来模拟太阳光的照射效果，如图6-79所示。自由平行光和目标平行光的作用相同，常在制作动画时使用。本小节主要介绍目标平行光的相关知识。

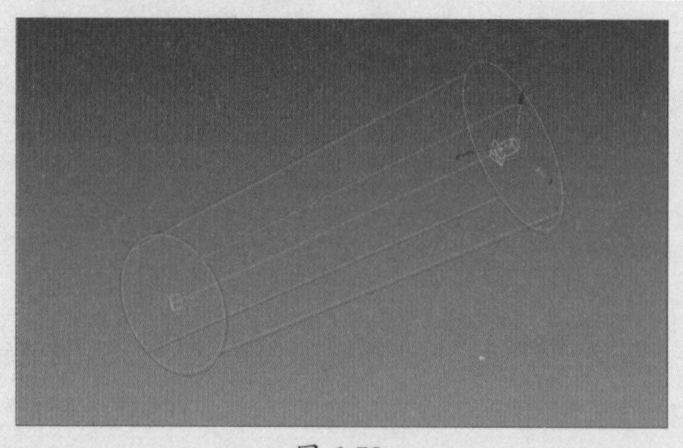

图 6-79

操作提示

光线与对象表面越垂直，对象的表面越亮。

目标平行光的主要参数包括“常规参数”“强度/颜色/衰减”“平行光参数”“高级效果”“阴影参数”“阴影贴图参数”，下面对主要参数进行详细介绍。

1. 常规参数

“常规参数”卷展栏主要用于控制标准灯光的开启与关闭以及阴影的控制，如图6-80所示。其中各选项的含义如下。

- **启用：** 控制是否开启灯光。
- **目标：** 光源到目标对象的距离。
- **启用：** 控制是否开启灯光阴影。
- **使用全局设置：** 如果选中该复选框，该灯光投射的阴影将影响整个场景的阴影效果。如果取消选中该复选框，则必须选择渲染器使用哪种方式来生成特定的灯光阴影。
- **阴影类型：** 切换阴影类型以得到不同的阴影效果。阴影类型有5种，软件自带的有高级光线跟踪、区域阴影、阴影贴图、光线跟踪阴影，以及VRay插件提供的VRay阴影，如图6-81所示。
- **排除：** 可以将选定的对象排除于灯光效果之外。

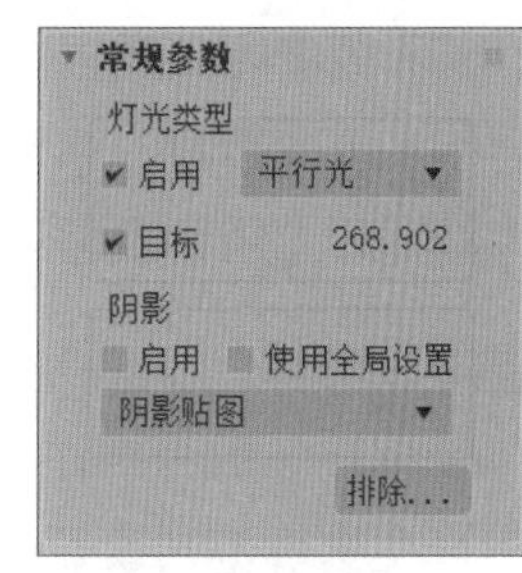

图 6-80

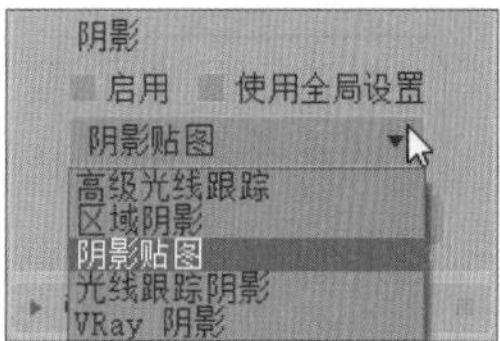

图 6-81

2. 强度 / 颜色 / 衰减

在“目标聚光灯”的“强度/颜色/衰减”卷展栏中，可以对灯光最基本的属性进行设置，如图6-82所示。其中各选项的含义如下。

- **倍增：** 该参数可以将灯光功率放大一个正或负的量。
- **颜色：** 单击色块，可以设置灯光发射光线的颜色。
- **类型：** 指定灯光的衰退方式，有“无”“倒数”“平方反比”3种。
- **开始：** 设置灯光开始衰退的距离。
- **显示：** 在视口中显示灯光衰退的效果。
- **近距衰减：** 该选项组中提供了控制灯光强度淡入的参数。
- **远距衰减：** 该选项组中提供了控制灯光强度淡出的参数。

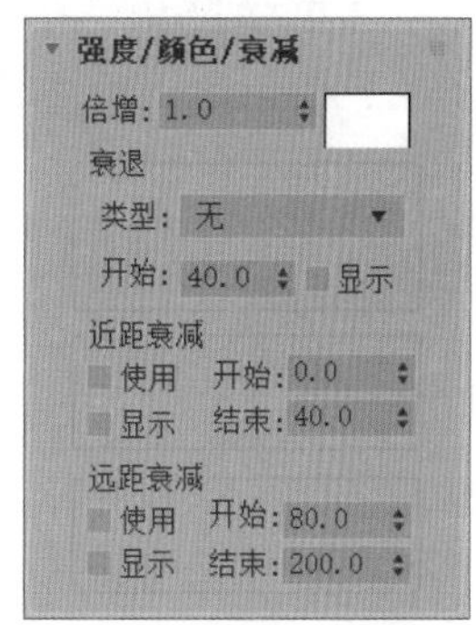

图 6-82

操作提示

灯光衰减时，距离灯光较近的对象可能过亮，距离灯光较远的对象表面可能过暗。这种情况可通过不同的曝光方式来解决。

3. 平行光参数

“平行光参数”卷展栏主要控制平行光的聚光区及衰减区，如图6-83所示。其中各选项的含义如下。

- **显示光锥：** 启用或禁用圆锥体的显示。
- **泛光化：** 启用该选项后，将在所有方向上投影灯光。但是投影和阴影只发生在其衰减圆锥体内。
- **聚光区/光束：** 调整灯光圆锥体的角度。
- **衰减区/区域：** 调整灯光衰减区的角度。
- **圆/矩形：** 确定聚光区和衰减区的形状。如果想要一个标准圆形的灯光，应选中“圆”单选按钮；如果想要一个矩形的光束（如灯光通过窗户或门投影），应选中“矩形”单选按钮。

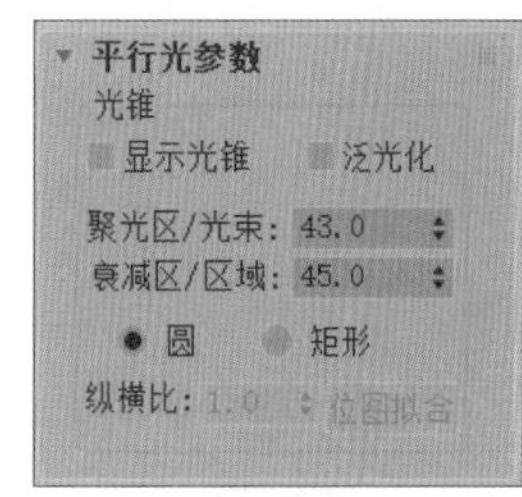

图 6-83

- **纵横比：** 设置矩形光束的纵横比。
- **位图拟合：** 如果灯光的投影纵横比为矩形，应该设置纵横比以匹配特定的位图。当灯光用作投影灯时，该选项非常有用。

4. 阴影参数

阴影参数直接在“阴影参数”卷展栏中进行设置，通过设置阴影参数，可以使对象投影产生密度不同或颜色不同的阴影效果。“阴影参数”卷展栏如图6-84所示，其中常用选项的含义如下。

- **颜色：** 单击颜色色块，可以设置灯光投射的阴影颜色。默认为黑色。
- **密度：** 用于控制阴影的密度。值越小，阴影越淡。
- **贴图：** 使用贴图可以将各种程序贴图与阴影颜色进行混合，产生更复杂的阴影效果。
- **灯光影响阴影颜色：** 选中该复选框，灯光颜色将与阴影颜色混合在一起。
- **不透明度：** 调节阴影的不透明度。
- **颜色量：** 调整颜和阴影颜色的混合量。

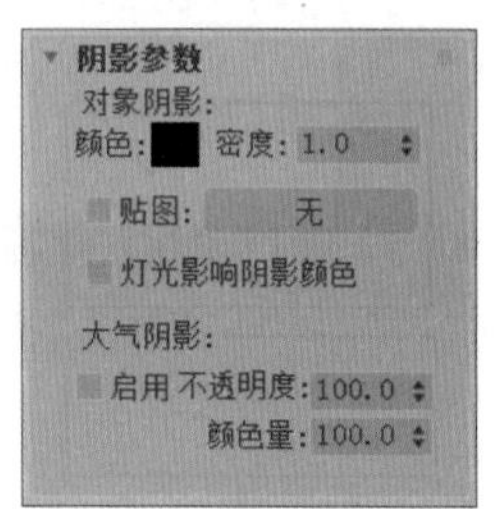

图 6-84

6.3.3 目标灯光

目标灯光是效果图制作中常用的一种灯光类型，用来模拟射灯、筒灯的发光效果，可以增加画面的灯光层次，如图6-85所示。

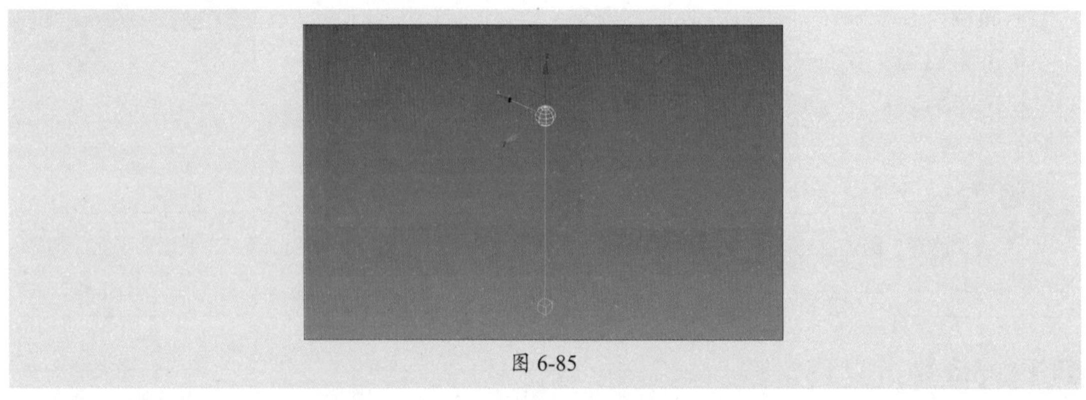

图 6-85

目标灯光的主要参数包括“常规参数”“分布(光度学Web)”“强度/颜色/衰减”“图形/区域阴影”“阴影参数”“阴影贴图参数”和“高级效果”，下面对主要参数进行详细介绍。

1. 常规参数

该卷展栏中的参数用于启用和禁用灯光及阴影，并排除或包含场景中的对象，如图6-86所示。通过它们，用户还可以设置灯光分布的类型。其中各选项的含义如下。

- **启用：** 启用或禁用灯光。
- **目标：** 选中该复选框后，目标灯光才有目标点。
- **目标距离：** 用来显示目标的距离。

- **(阴影)启用：**控制是否开启灯光的阴影效果。
- **使用全局设置：**选中该复选框后，该灯光投射的阴影将影响整个场景的阴影效果。
- **阴影类型：**设置渲染场景时使用的阴影类型。与平行光的阴影类型相同，这里不再赘述。
- **排除：**单击该按钮，可以将选定的对象排除于灯光效果之外。
- **灯光分布（类型）：**设置灯光的分布类型，包括光度学Web、聚光灯、统一漫反射、统一球形4种类型。

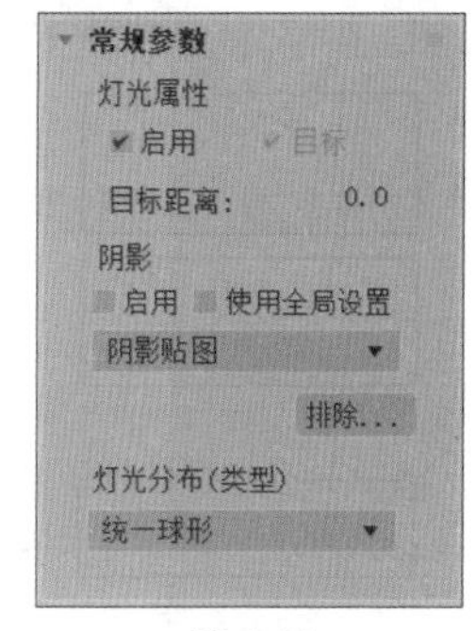

图 6-86

2. 分布（光度学 Web）

光度学Web分布是以3D的形式表示灯光的强度，当使用光域网分布创建或选择光度学Web时，“修改”面板上将显示“分布（光度学Web）”卷展栏，在这里可以选择光域网文件并调整 Web 的方向，如图6-87所示。其中各选项的含义如下。

- **Web图：**在选择光度学文件之后，该缩略图将显示灯光分布图案的示意。
- **选择光度学文件：**单击此按钮，可选择用作光度学Web的文件，该文件可采用IES、LTLI或CIBSE格式。一旦选择某一个文件后，该按钮上会显示文件名。
- **X轴旋转：**沿着X轴旋转光域网。
- **Y轴旋转：**沿着Y轴旋转光域网。
- **Z轴旋转：**沿着Z轴旋转光域网。

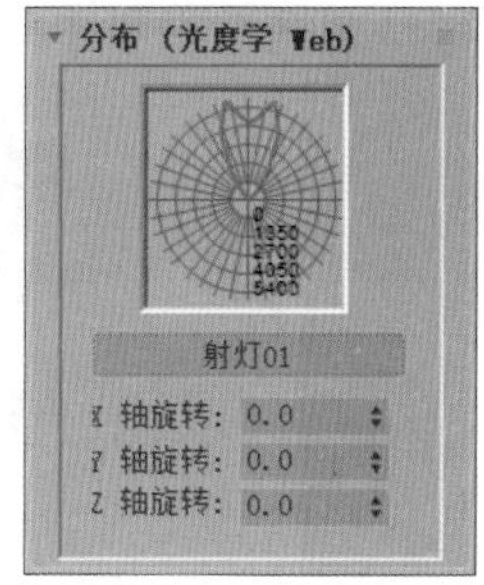

图 6-87

3. 强度/颜色/衰减

通过“强度/颜色/衰减”卷展栏，用户可以设置灯光的颜色和强度。此外，用户还可以设置衰减极限。图6-88所示为“强度/颜色/衰减”卷展栏，其中各选项的含义如下。

- **灯光选项：**拾取常见灯光类型，使之近似于灯光的光谱特征。默认为D65 Illuminant基准白色。
- **开尔文：**通过调整色温微调器设置灯光的颜色。
- **过滤颜色：**使用颜色过滤器模拟置于光源上的过滤色的效果。
- **强度：**在物理数量的基础上指定光度学灯光的强度或亮度，分为lm、cd、lx 3种类型。
- **结果强度：**用于显示暗淡所产生的强度，并使用与强度组相同的单位。
- **暗淡：**切换该选项后，数值会指定用于降低灯光强度的倍增。如果值为100%，则灯光具有最大强度；百分比较低时，灯光较暗。
- **远距衰减：**可以设置光度学灯光的衰减范围。
- **使用：**启用灯光的远距衰减。

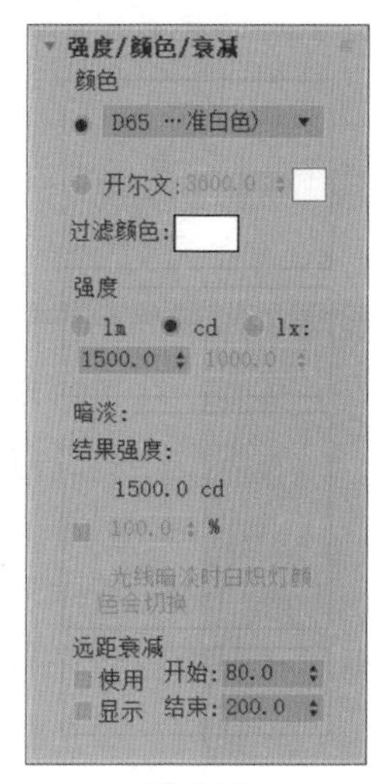

图 6-88

- **显示：** 在视口中显示远距衰减范围设置。
- **开始：** 设置灯光开始淡出的距离。
- **结束：** 设置灯光减为0的距离。

操作提示

如果场景中存在大量的灯光，则使用“远距衰减”可以限制每个灯光所照场景的比例。例如，如果办公区域存在几排顶上照明，则通过设置“远距衰减”范围，可在处于渲染接待区域而非主办公区域时，无须计算灯光照明。再如，楼梯的每个台阶上可能都存在嵌入式灯光，如同剧院所布置的一样，将这些灯光的“远距衰减”值设置为较小的值，可在渲染整个剧院时无须计算它们各自（忽略）的照明。

6.3.4 VRayLight

VRayLight是VRay渲染器自带的灯光之一，其默认光源形状为具有光源指向的矩形光源，在效果图制作过程中的使用频率比较高，如图6-89所示。

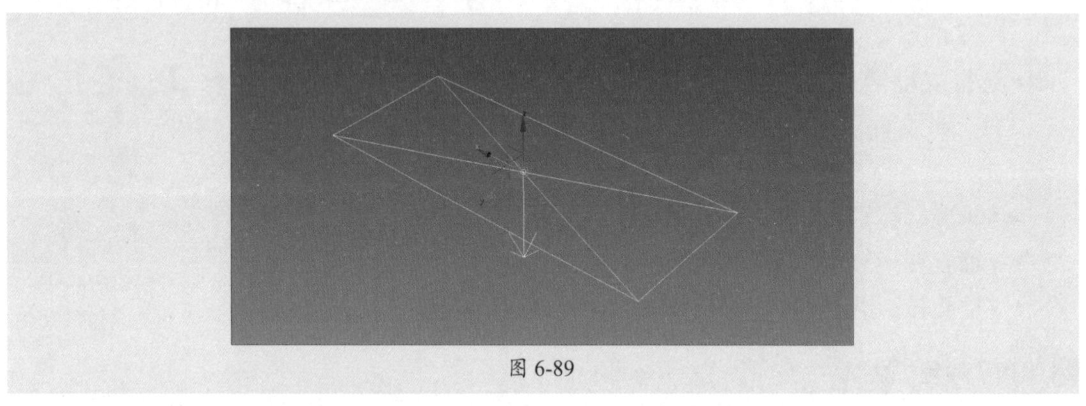

图 6-89

VRayLight的主要参数包括“常规”“矩形/圆形灯光”“选项”“采样”“视口”和“高级选项”，下面对常用参数进行介绍。

1. 常规

该卷展栏中的参数用于设置灯光的尺寸、亮度、颜色等参数，如图6-90所示。其中常用选项的含义如下。

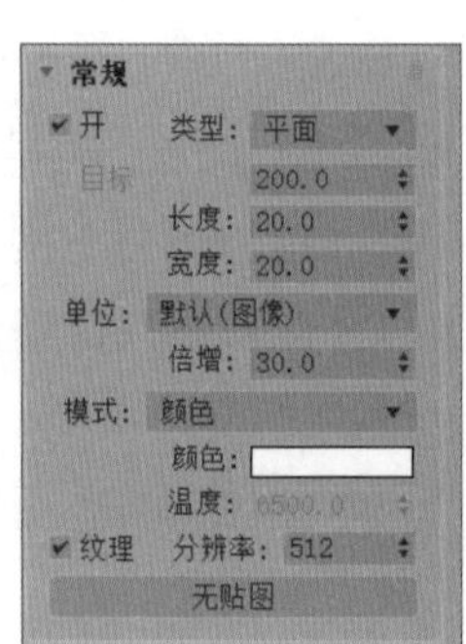

图 6-90

- **开：** 灯光的开关。选中此复选框，灯光才被开启。
- **类型：** 有5种灯光类型可以选择，分别为平面、穹顶、球体、网格、圆形。
- **目标：** 指向目标箭头的长度。
- **长度：** 面光源的长度。
- **宽度：** 面光源的宽度。
- **单位：** VRay的默认单位，以灯光的亮度和颜色来控制灯光的光照强度。
- **倍增：** 用于控制光照的强弱。
- **模式：** 可选择颜色或者色温。
- **颜色：** 光源发光的颜色。

- **温度：** 光源的温度控制，温度越高，光源越亮。
- **纹理：** 可以给灯光添加纹理贴图。

2. 选项

该卷展栏中的参数用于开启和关闭灯光的阴影投射、双面发光、可见性、衰减，以及对漫反射、高光和反射的影响等，用户还可以设置灯光的尺寸、亮度、颜色等，如图6-91所示。各选项的含义如下。

- **投射阴影：** 控制灯光是否投射阴影，默认选中。
- **双面：** 控制是否在面光源的两面都产生灯光效果。
- **不可见：** 用于控制是否在渲染的时候显示VRay灯光的形状。
- **不衰减：** 选中此复选框，灯光强度将不随距离而减弱。
- **天光入口：** 选中此复选框，将把VRay灯光转换为天光。
- **存储发光贴图：** 选中此复选框，同时为发光贴图命名并指定路径，这样VRay灯光的光照信息将被保存。
- **影响漫反射：** 控制灯光是否影响材质属性的漫反射。
- **影响高光：** 控制灯光是否影响材质属性的高光。
- **影响反射：** 控制灯光是否影响材质属性的反射。

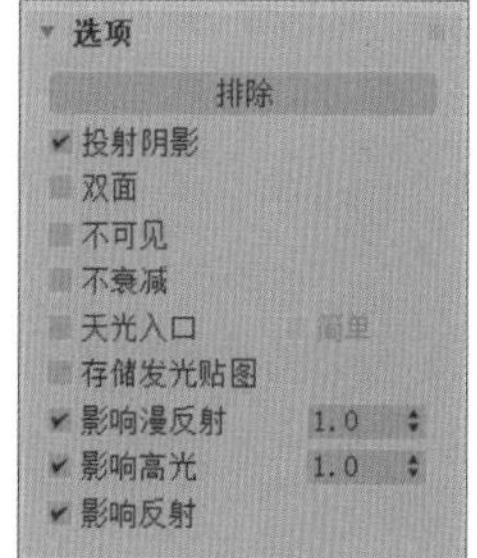

图 6-91

3. 采样

该卷展栏中的参数用于设置阴影的各种采样参数，如图6-92所示。常用选项的含义如下。

- **细分：** 控制VRay灯光的采样细分。
- **阴影偏移：** 控制物体与阴影偏移的距离。
- **中止：** 设置采样的最小阈值。

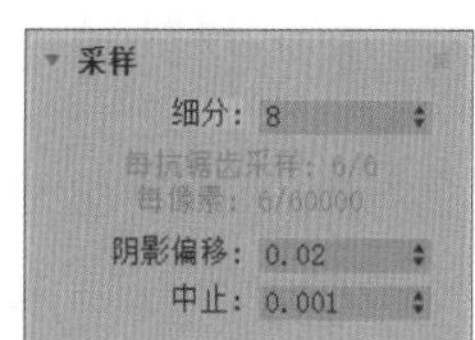

图 6-92

> **操作提示**
>
> 关于其他选项的应用，读者可以自己做测试，通过测试就会更深刻地理解它们的用途。测试，这是学习VRay最有效的方法，只有通过不断地测试，才能真正理解每个参数的含义，这样才能制作出逼真的效果。所以读者在学习VRay的时候，要避免死记硬背，要从原理层次去理解参数，这才是学习VRay的正确方法。

6.3.5 VRaySun

对于3ds Max来说，日光系统是模拟现实的物理光源，可真实再现太阳在真实时间里出现的位置。“VRay太阳参数”卷展栏如图6-93所示。其中常用选项的含义如下。

- **启用：** 此选项用于控制阳光的开关。
- **不可见：** 用于控制在渲染时是否显示VRaySun的形状。
- **浊度：** 用于控制空气的清洁度。当数值较小时，天空晴朗干净，颜色倾向为蓝色；当数值较大时，空气浑浊，颜色倾向为黄色甚至橘黄色。
- **臭氧：** 用于控制空气中的氧气含量。较小的值阳光会发黄，较大的值阳光会发蓝。

该参数对阳光没有太大影响，对VRay天光影响较大。

- **强度倍增：** 用于控制阳光的强度。
- **大小倍增：** 控制太阳的大小，主要表现在控制投影的模糊程度。较大的值阴影会比较模糊。
- **阴影细分：** 用于控制阴影的品质。值越大模糊区域的阴影将会越光滑，没有杂点。
- **阴影偏移：** 用来控制物体与阴影偏移的距离，较大的值会使阴影向灯光的方向偏移。如果该值为1.0，则阴影无偏移；如果该值大于1.0，则阴影远离投影对象；如果该值小于1.0，则阴影靠近投影对象。
- **光子发射半径：** 用于设置光子放射的半径。这个参数和photon map计算引擎有关。

图 6-93

操作提示

日光系统是依照上北下南左西右东的坐标方向来定位太阳，所以不论室外建筑还是室内场景，记得要先确定图纸上窗口的南北朝向，在建立模型时保证方位一致，这样明暗关系才正确。

6.4 阴影类型

标准灯光、光度学灯光中所有类型的灯光，除了可以对灯光进行开关设置外，还可以选择不同形式的阴影方式，使对象投影产生密度不同或颜色不同的阴影效果。

6.4.1 区域阴影

所有类型的灯光都可以使用“区域阴影”参数。创建区域阴影，需要设置“虚设”区域阴影的虚拟灯光的尺寸。

使用“区域阴影”后，会出现相应的参数卷展栏，在卷展栏中可以选择产生阴影的灯光类型并设置阴影参数，如图6-94所示。

图 6-94

下面介绍卷展栏中常用选项的含义。

- **基本选项：** 在该选项组中可以选择生成区域阴影的方式，包括简单、矩形灯、圆形灯、长方体形灯、球形灯等多种方式。
- **阴影完整性：** 设置在初始光束投射中的光线数。
- **阴影质量：** 用于设置在半影（柔化区域）区域中投射的光线总数。
- **采样扩散：** 用于设置模糊抗锯齿边缘的半径。
- **阴影偏移：** 用于控制阴影和物体之间的偏移距离。
- **抖动量：** 用于向光线位置添加随机性。
- **区域灯光尺寸：** 该选项组提供尺寸参数来计算区域阴影，该组参数并不影响实际的灯光对象。

6.4.2 阴影贴图

阴影贴图是最常用的阴影生成方式，它能产生柔和的阴影，并且渲染速度快。其不足之处是会占用大量的内存，并且不支持使用透明度或不透明度贴图的对象。

使用阴影贴图，会出现“阴影贴图参数”卷展栏，如图6-95所示。

下面介绍卷展栏中常用选项的含义。

- **偏移：** 将阴影移向或移离投射阴影的对象。
- **大小：** 设置用于计算灯光的阴影贴图的大小。
- **采样范围：** 采样范围决定阴影内平均有多少区域，影响柔和阴影边缘的程度。范围为0.01～50.0。

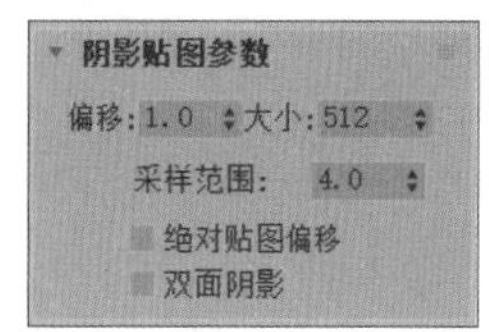

图 6-95

- **绝对贴图偏移：** 选中该复选框，阴影贴图偏移未标准化，以绝对方式计算阴影贴图偏移量。

6.4.3 光线跟踪阴影

使用“光线跟踪阴影”功能可以支持透明度和不透明度贴图产生清晰的阴影，但该阴影类型渲染计算速度较慢，不支持柔和的阴影效果。选择“光线跟踪阴影”选项后，参数面板中会出现“光线跟踪阴影参数”卷展栏，如图6-96所示。其中，各选项的含义介绍如下。

- **光线偏移：** 用于调整反射光效果的位置。设置光线跟踪偏移面向或背离阴影投射对象移动阴影的多少。
- **双面阴影：** 选中该复选框，计算阴影时其背面将不被忽略。
- **最大四元树深度：** 该参数可调整四元树的深度。增大四元树深度值可以缩短光线跟踪时间，但却要占用大量的内存空间。四元树是一种用于计算光线跟踪阴影的数据结构。

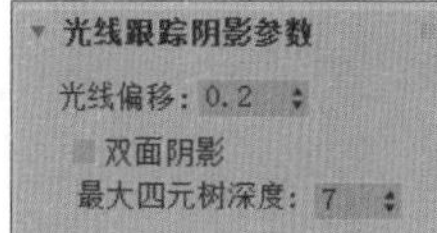

图 6-96

6.4.4 VRay阴影

为3ds Max安装VRay渲染插件后，阴影类型中会增加一种VRay阴影模式。在效果图的制作过程中，通常会用主光源结合VRay阴影使用，其计算速度以及渲染效果要比其他阴影类型好很多。

选择“VRay阴影”类型后，参数面板中会出现“VRay阴影参数”卷展栏，如图6-97所示。下面介绍卷展栏中各选项的含义。

- **透明阴影：** 当物体的阴影是由一个透明物体产生时，该复选框十分有用。
- **偏移：** 给顶点的光线追踪阴影偏移。
- **区域阴影：** 打开或关闭面阴影。
- **长方体：** 假定光线是由一个长方体发出。
- **球体：** 假定光线是由一个球体发出。
- **U/V/W大小：** 通过数值可以改变阴影大小。数值越大，阴影边缘越模糊，甚至看不清阴影。
- **细分：** 控制阴影清晰度。数值越大，阴影越清晰，但同时也会增加图形的渲染时间。

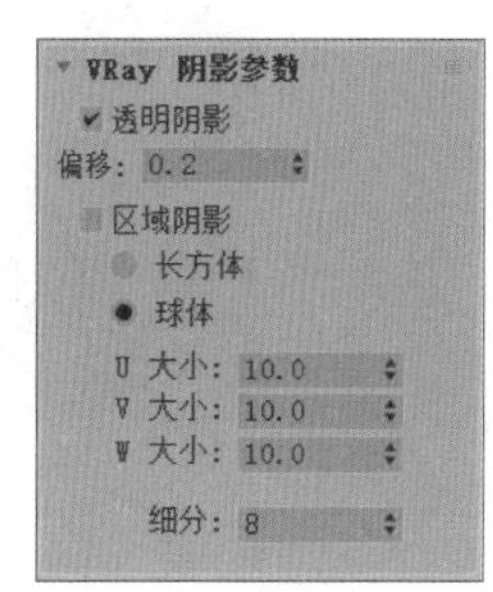

图 6-97

课堂实战 制作书房一角效果

本案例将为制作好的书房场景模型添加材质并创建室内外灯光，使场景效果更贴近真实，具体操作步骤如下。

步骤 01 打开准备好的素材场景，如图6-98所示。

步骤 02 制作乳胶漆材质。按M键打开材质编辑器，选择一个未使用的材质球，设置材质类型为VRayMtl，并命名为“乳胶漆1”，在参数面板中设置漫反射颜色，其余参数不变，颜色参数的设置如图6-99所示。

图 6-98

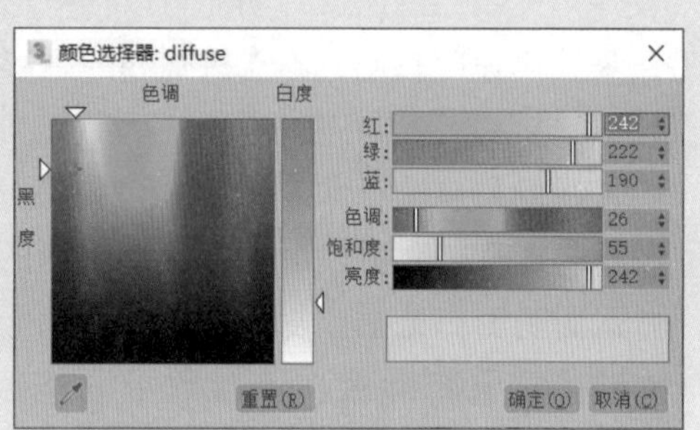

图 6-99

步骤 03 材质球预览效果如图6-100所示。

步骤 04 使用同样的方法再创建白色乳胶漆材质，如图6-101所示。

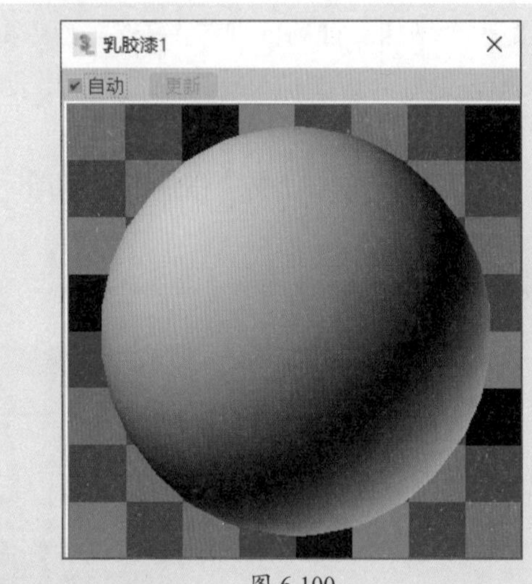

图 6-100

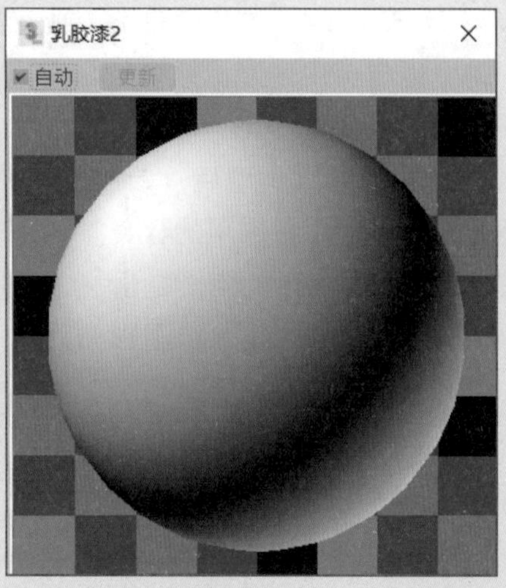

图 6-101

步骤 05 制作地毯材质。选择一个未使用的材质球，设置材质类型为VRayMtl，并命名为“地毯”，在参数面板中设置漫反射颜色，在“贴图”卷展栏中为漫反射通道添加位图贴图，再为凹凸通道和置换通道添加相同的位图贴图，并设置置换参数，如图6-102所示。

步骤 06 制作好的材质球预览效果如图6-103所示。

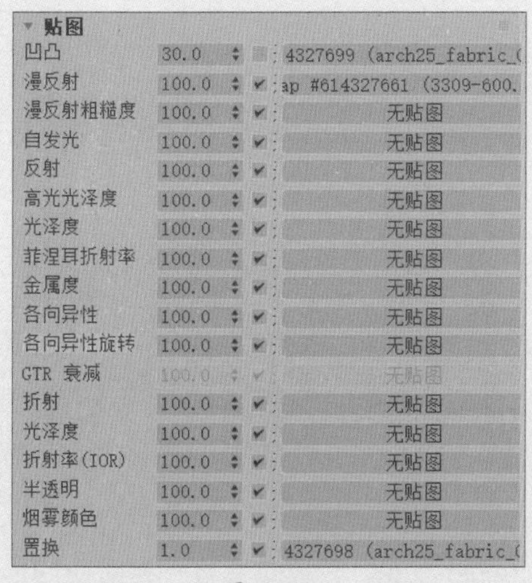

图 6-102

图 6-103

步骤 07 制作窗帘材质。选择一个未使用的材质球，设置材质类型为VRayMtl，并命名为“遮光窗帘”，为漫反射通道添加衰减贴图。进入“衰减参数”卷展栏，为前/侧通道添加相同的位图贴图，如图6-104所示。

步骤 08 贴图效果如图6-105所示。

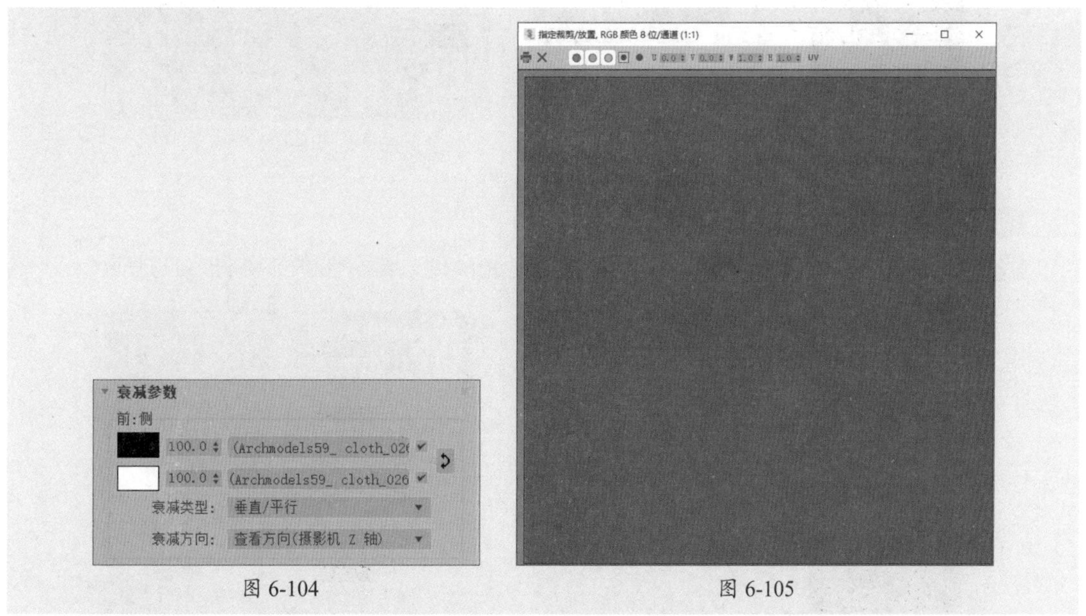

图 6-104 图 6-105

步骤 09 制作好的材质球效果如图6-106所示。

步骤 10 制作透光窗帘。选择一个未使用的材质球，设置材质类型为VRayMtl，并命名为“透光窗帘”，为漫反射通道添加衰减贴图。进入“衰减参数”卷展栏，设置衰减颜色，其中衰减颜色2为白色，如图6-107所示。

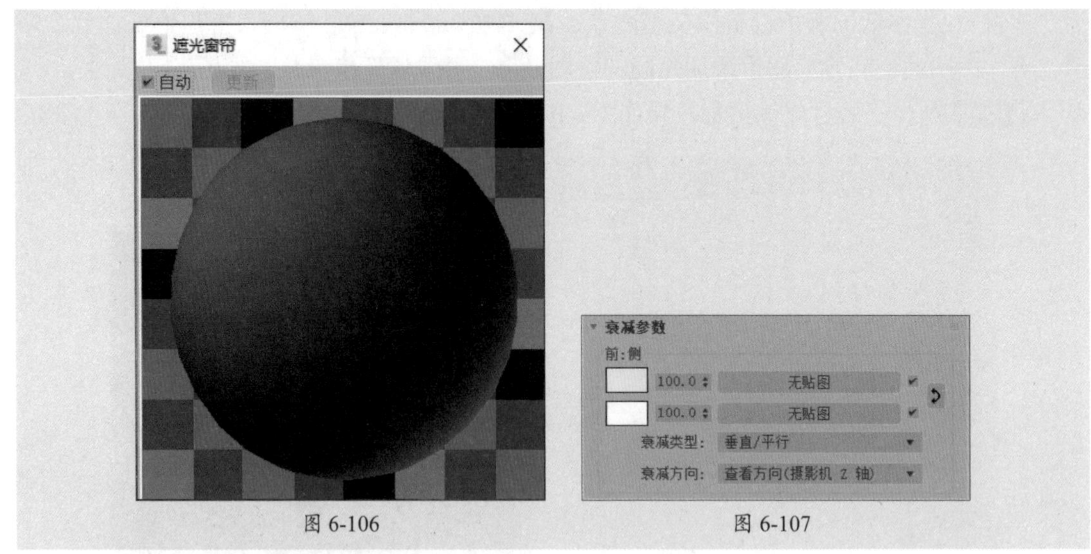

图 6-106　　图 6-107

步骤 11 衰减颜色1的参数设置如图6-108所示。

步骤 12 返回上一级，为折射通道添加衰减贴图。进入“衰减参数”卷展栏，设置衰减颜色，其中衰减颜色2为黑色，如图6-109所示。

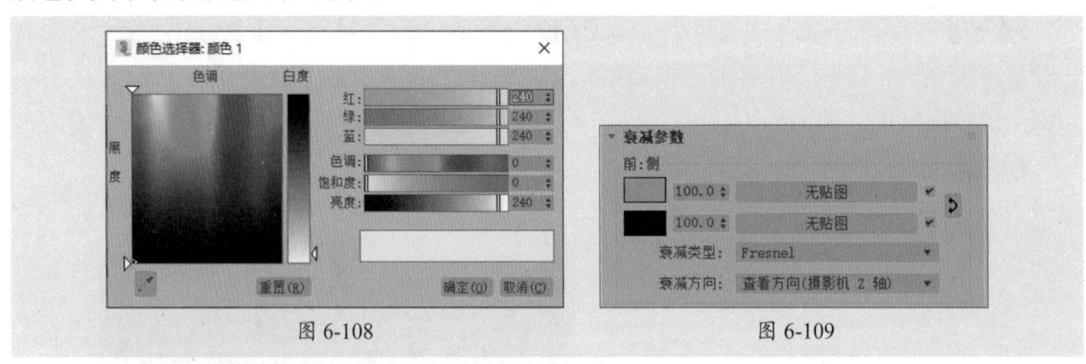

图 6-108　　图 6-109

步骤 13 衰减颜色1的参数设置如图6-110所示。

步骤 14 返回“基本参数”卷展栏，设置折射光泽度、细分参数，如图6-111所示。

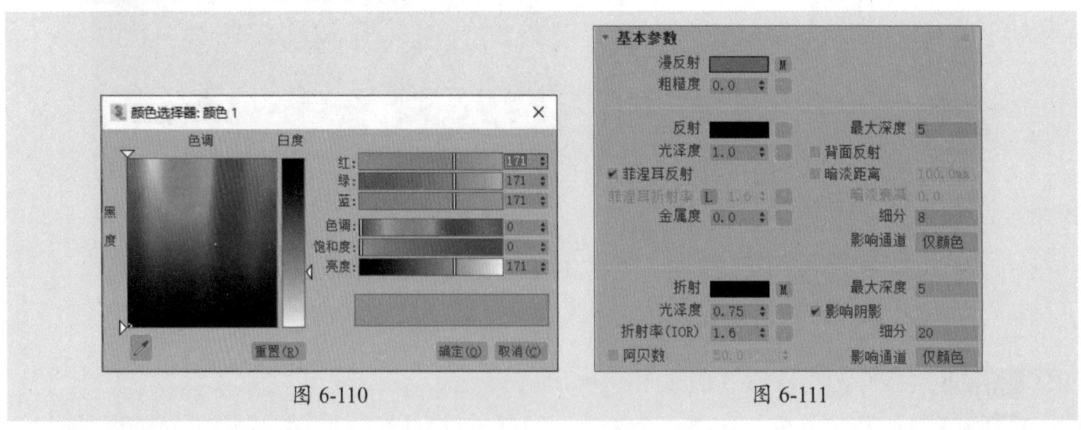

图 6-110　　图 6-111

步骤 15 制作好的材质球效果如图6-112所示。

步骤 16 制作白漆材质。选择一个未使用的材质球，设置材质类型为VRayMtl，并命名为“白漆”，在参数面板中设置漫反射颜色和反射颜色，并设置反射参数，如图6-113所示。

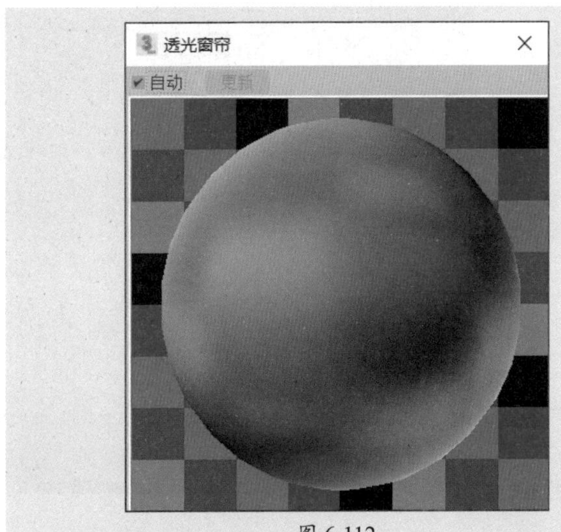

图 6-112

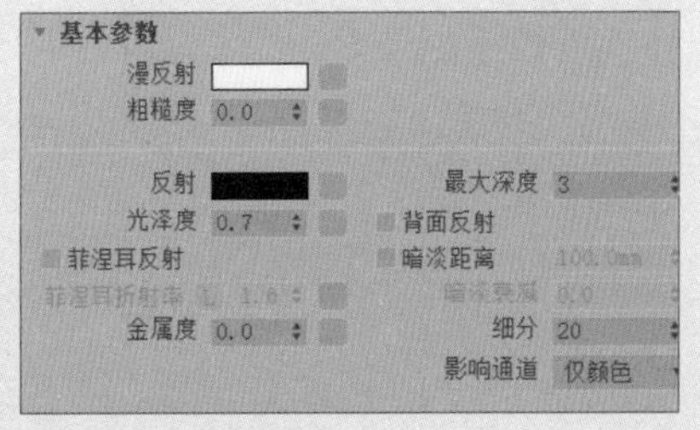

图 6-113

步骤 17 漫反射颜色和反射颜色的参数设置如图6-114所示。

步骤 18 制作好的材质球效果如图6-115所示。

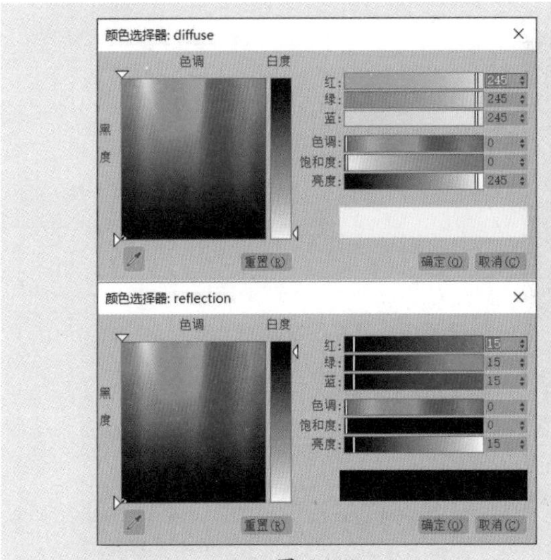

图 6-114

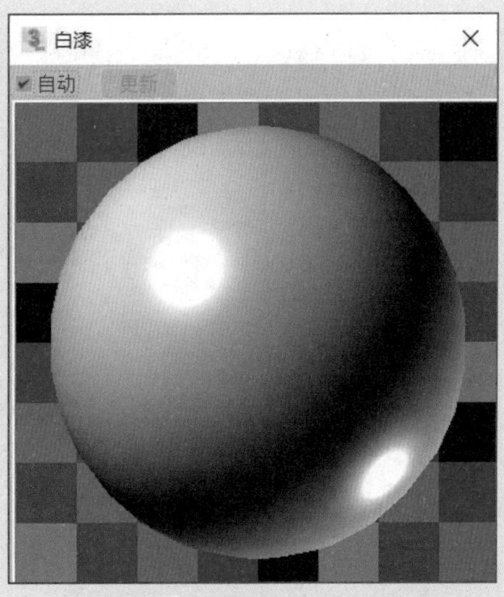

图 6-115

步骤 19 制作木纹材质。选择一个未使用的材质球，设置材质类型为VRayMtl，并命名为“木纹”。在“贴图”卷展栏中为漫反射通道、凹凸通道和光泽度通道添加位图贴图，并设置通道强度，如图6-116所示。

贴图			
凹凸	2.0	✔	2 (3d66Model-8624441-files
漫反射	100.0	✔	1 (3d66Model-8624441-files
漫反射粗糙度	100.0	✔	无贴图
自发光	100.0	✔	无贴图
反射	10.0	✔	无贴图
高光光泽度	100.0	✔	无贴图
光泽度	42.0	✔	2 (3d66Model-8624441-files
菲涅耳折射率	100.0	✔	无贴图
金属度	100.0	✔	无贴图
各向异性	100.0	✔	无贴图
各向异性旋转	100.0	✔	无贴图

图 6-116

步骤 20 为漫反射通道添加的位图贴图如图6-117所示。

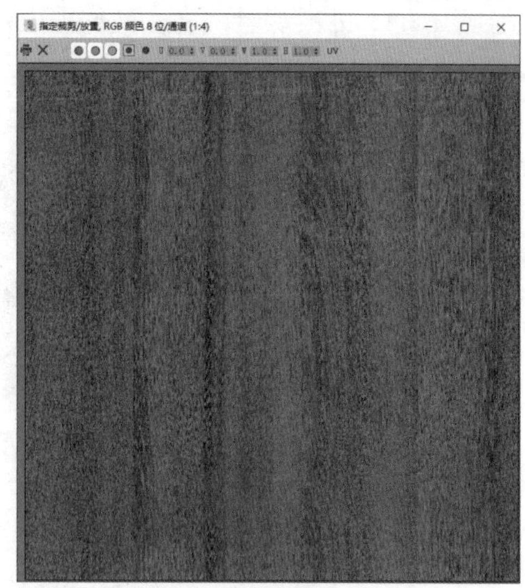

图 6-117

步骤 21 为凹凸通道和光泽度通道添加的位图贴图如图6-118所示。

步骤 22 在“基本参数”卷展栏中设置反射颜色及反射参数，如图6-119所示。

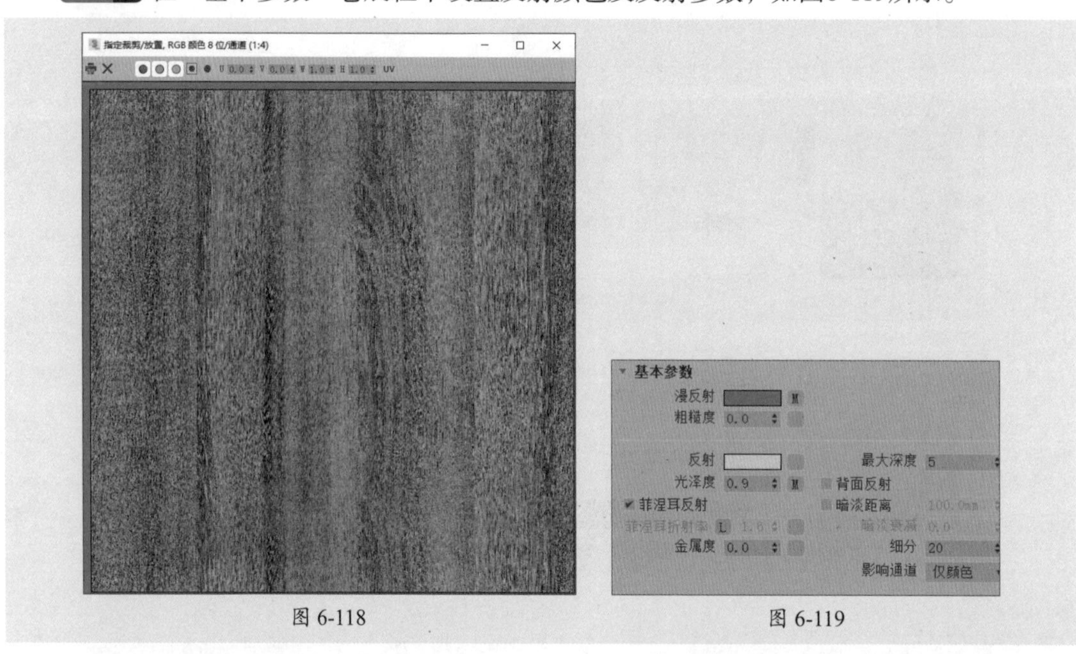

图 6-118

图 6-119

步骤 23 反射颜色的参数设置如图6-120所示。

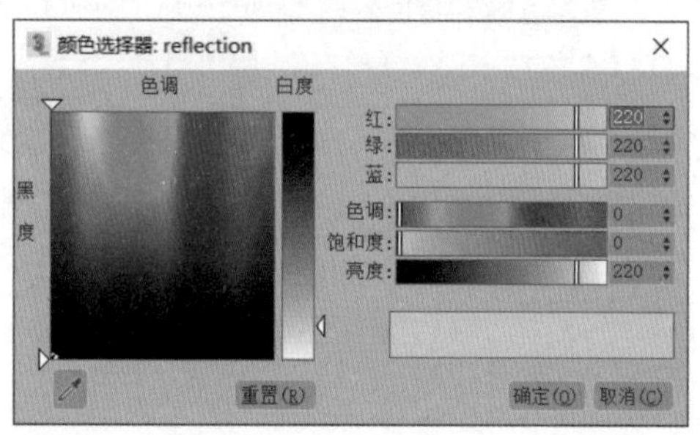

图 6-120

步骤 24 制作好的材质球效果如图6-121所示。

图 6-121

步骤 25 制作坐垫材质。选择一个未使用的材质球，设置材质类型为VRayMtl，并命名为“布艺坐垫”。在“贴图”卷展栏中为漫反射通道添加衰减贴图，为凹凸通道添加位图贴图，并设置凹凸值，如图6-122所示。

步骤 26 凹凸通道的位图贴图如图6-123所示。

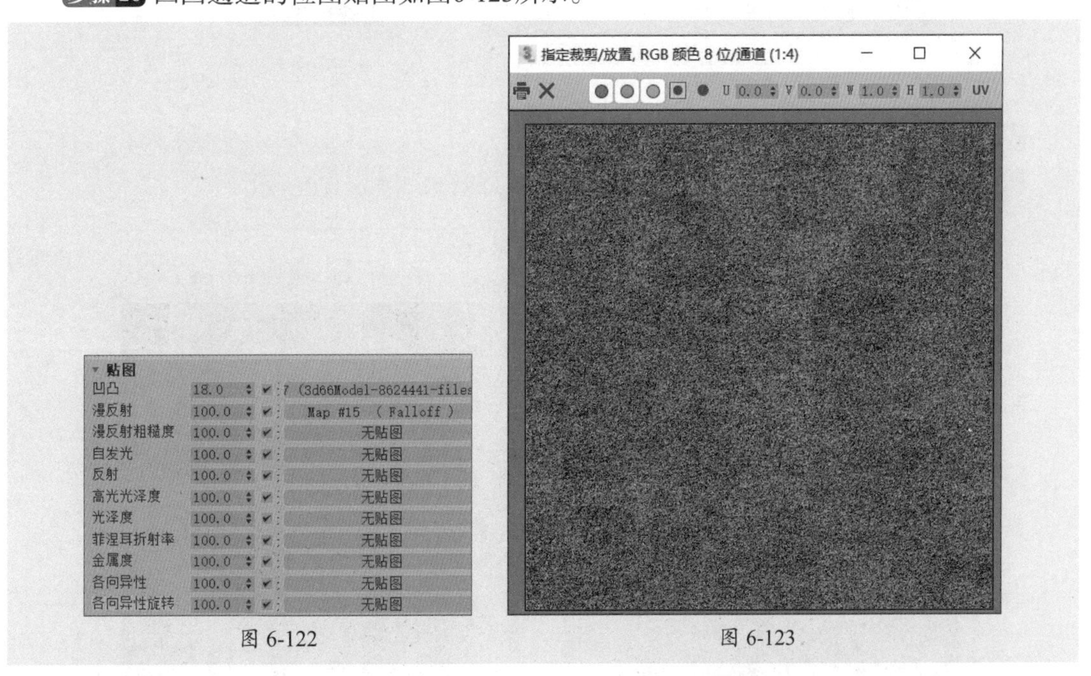

图 6-122　　图 6-123

步骤 27 进入“衰减参数”卷展栏，为颜色1通道添加位图贴图，为颜色2通道添加颜色校正贴图，并设置颜色强度，如图6-124所示。

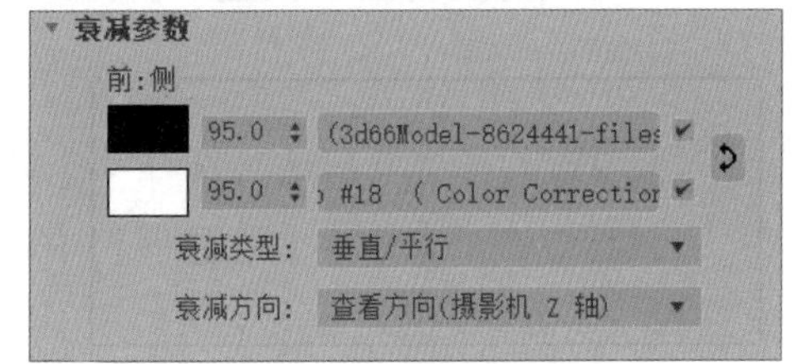

图 6-124

步骤28 颜色1通道的位图贴图如图6-125所示。

步骤29 进入颜色校正参数面板，为贴图通道添加相同的位图贴图，并在“亮度”卷展栏中设置亮度，如图6-126所示。

步骤30 返回到“衰减参数”卷展栏，在“混合曲线”卷展栏中调整曲线，如图6-127所示。

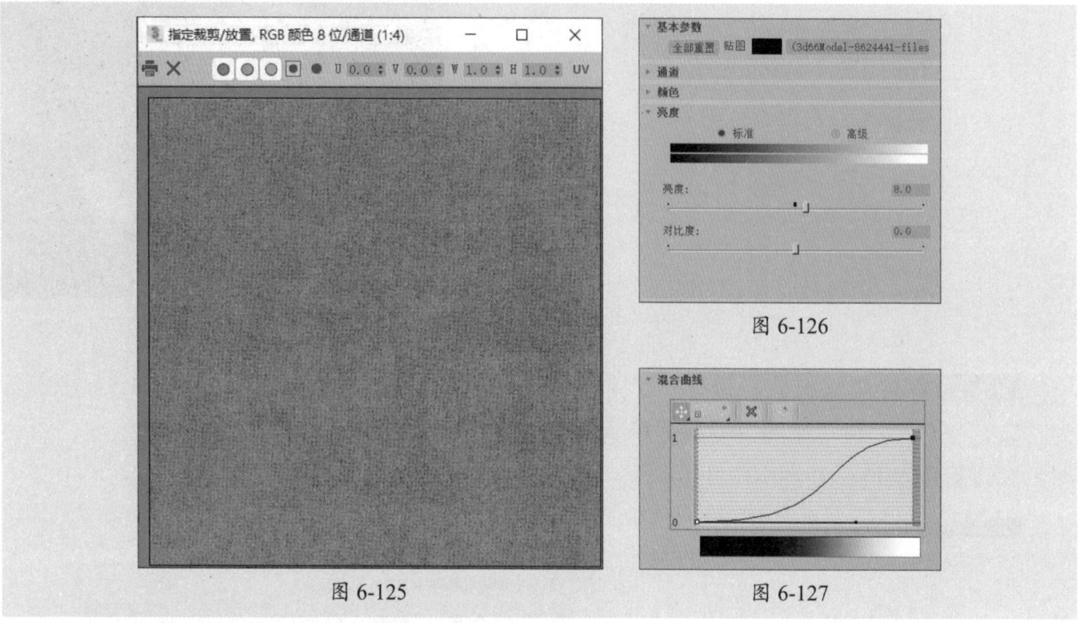

图 6-125

图 6-126

图 6-127

步骤31 制作好的材质球效果如图6-128所示。

步骤32 使用同样的方法制作毛毯材质，材质球效果如图6-129所示。

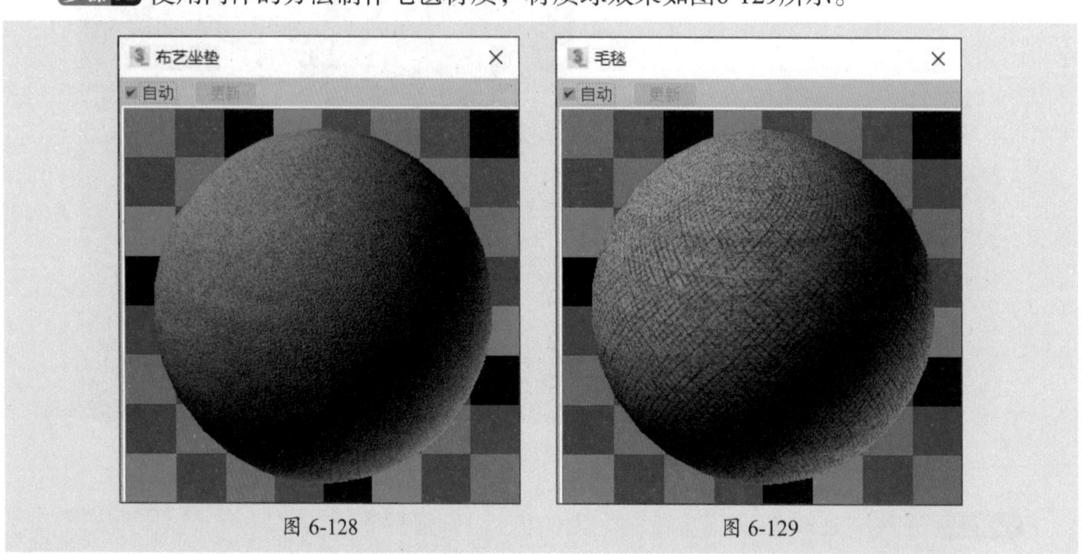

图 6-128

图 6-129

步骤33 制作瓷器材质。选择一个未使用的材质球，设置材质类型为VRayMtl，并命名为“白瓷”。在“基本参数”卷展栏中设置漫反射颜色，为反射通道添加衰减贴图，并设置反射参数，如图6-130所示。

步骤34 进入“衰减参数”卷展栏，设置“衰减类型”为Fresnel，如图6-131所示。

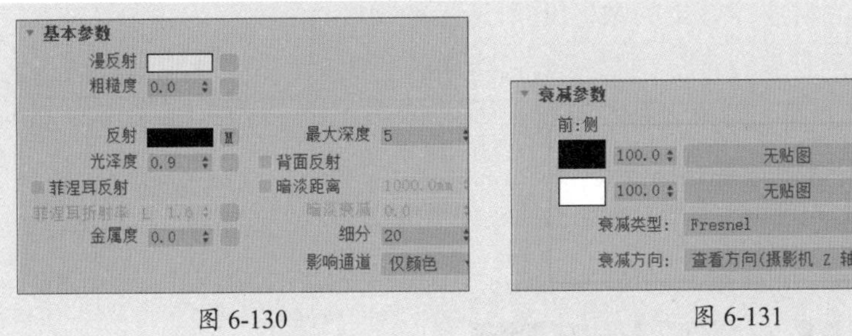

图 6-130　　图 6-131

步骤35 制作好的材质球效果如图6-132所示。

步骤36 再制作一个黑瓷材质，材质球效果如图6-133所示。

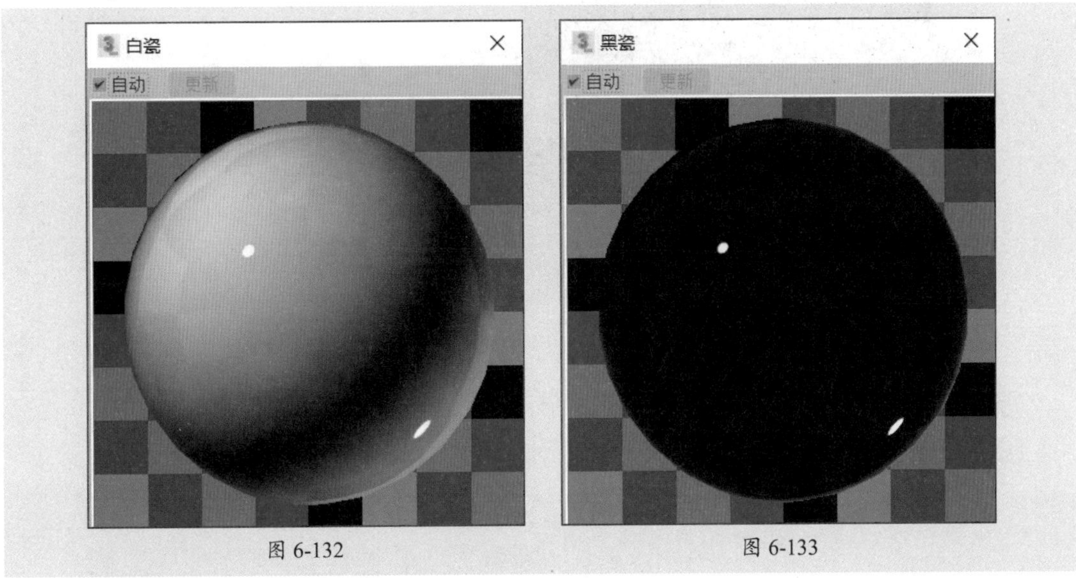

图 6-132　　图 6-133

步骤37 制作玻璃材质。选择一个未使用的材质球，设置材质类型为VRayMtl，并命名为“玻璃”。在“基本参数”卷展栏中设置漫反射颜色、反射颜色、折射颜色和烟雾颜色，再设置反射参数和折射参数，如图6-134所示。

步骤38 烟雾颜色的参数设置如图6-135所示。

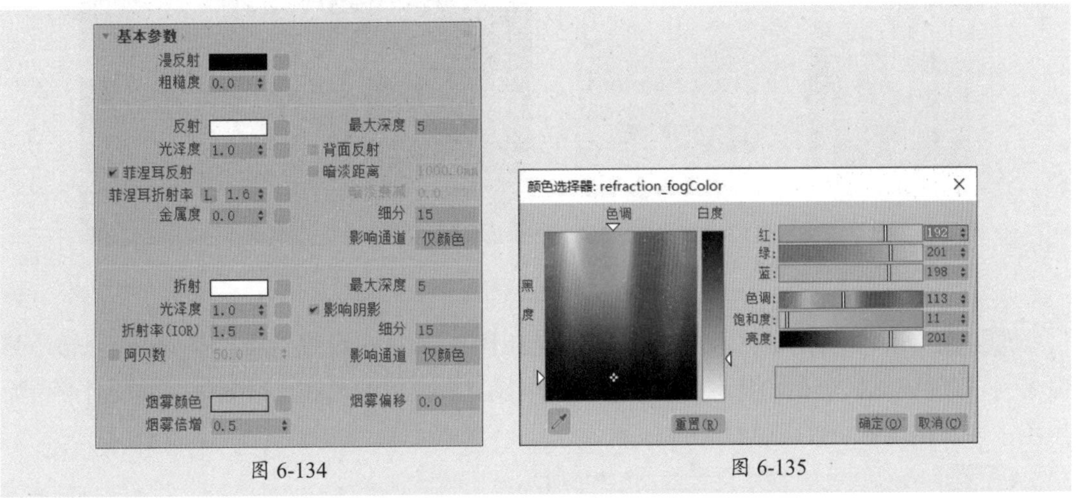

图 6-134　　图 6-135

步骤 39 制作好的材质球效果如图6-136所示。

步骤 40 制作黑色金属材质。选择一个未使用的材质球，设置材质类型为VRayMtl，并命名为“黑色金属”。在“基本参数”卷展栏中设置漫反射颜色和反射颜色，漫反射颜色为黑色，再设置反射参数，如图6-137所示。

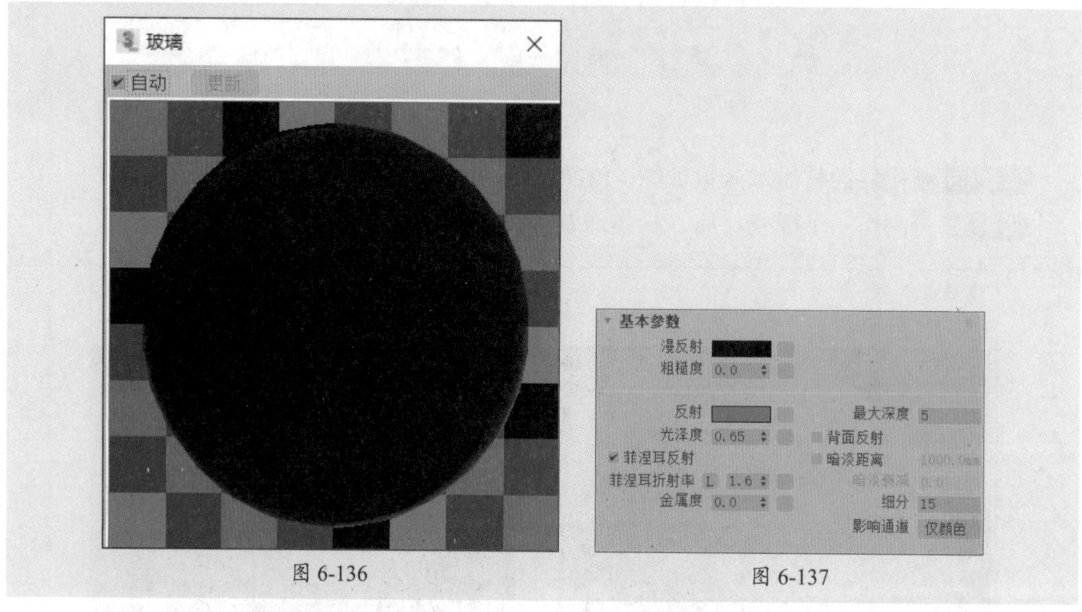

图 6-136　　　　图 6-137

步骤 41 反射颜色的参数设置如图6-138所示。

步骤 42 制作好的材质球效果如图6-139所示。

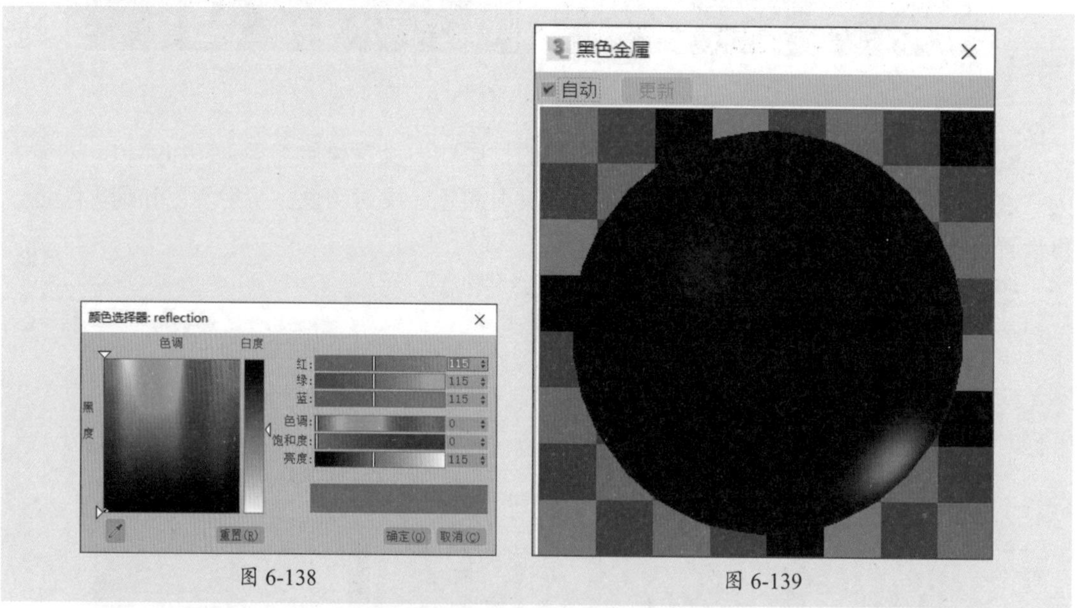

图 6-138　　　　图 6-139

步骤 43 制作金色金属材质。选择一个未使用的材质球，设置材质类型为VRayMtl，并命名为“金色金属”。在“基本参数”卷展栏中设置漫反射颜色和反射颜色，漫反射颜色为黑色，再设置反射参数，如图6-140所示。

步骤 44 反射颜色的参数设置如图6-141所示。

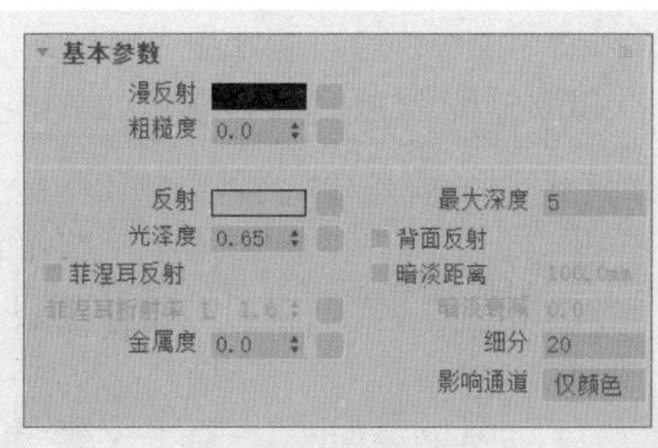

图 6-140

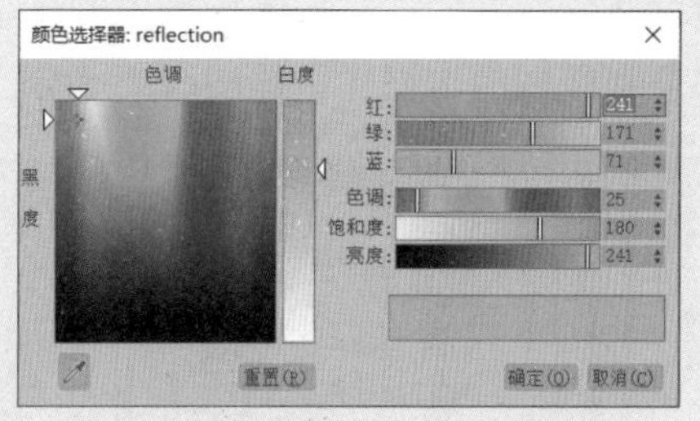

图 6-141

步骤 45 制作好的金色金属材质效果如图6-142所示。

步骤 46 制作塑料材质。选择一个未使用的材质球，设置材质类型为VRayMtl，并命名为“塑料”。在“基本参数”卷展栏中设置漫反射颜色和反射颜色，再设置反射参数，如图6-143所示。

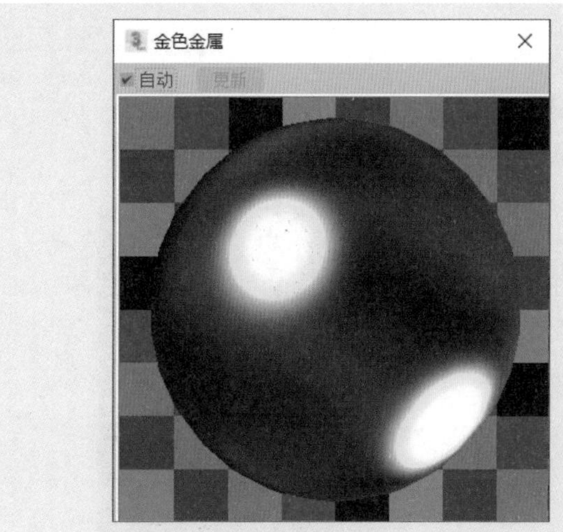

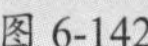
图 6-142

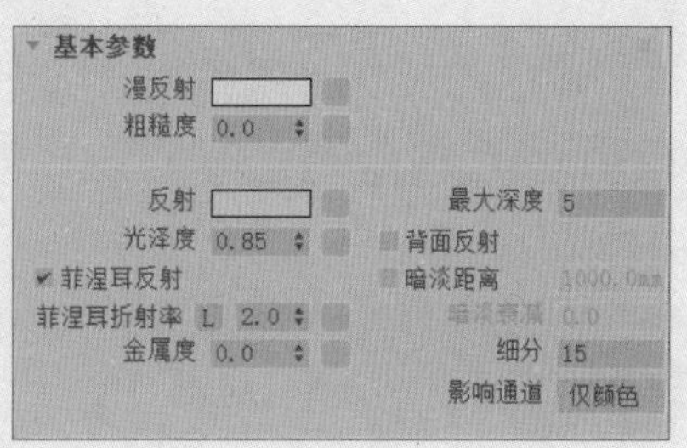

图 6-143

步骤 47 漫反射颜色和反射颜色的参数设置如图6-144所示。

步骤 48 制作好的材质球效果如图6-145所示。

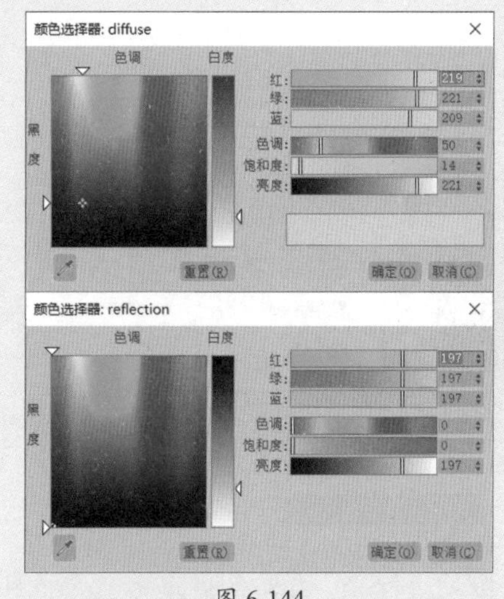

图 6-144

图 6-145

步骤 49 将制作好的材质赋予场景中的各个对象，如图6-146所示。

步骤 50 在左视图中创建一盏VRay平面光源，并调整光源角度及位置，如图6-147所示。

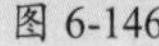

图 6-146

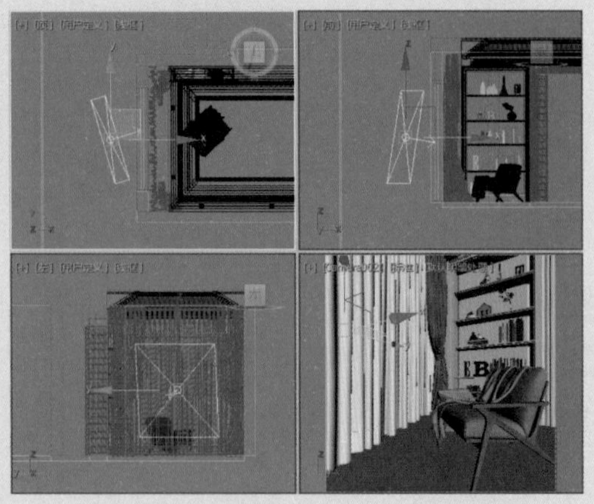

图 6-147

步骤 51 在参数面板中设置光源尺寸、倍增、颜色等，如图6-148所示。

步骤 52 渲染视口，室外光源效果如图6-149所示。

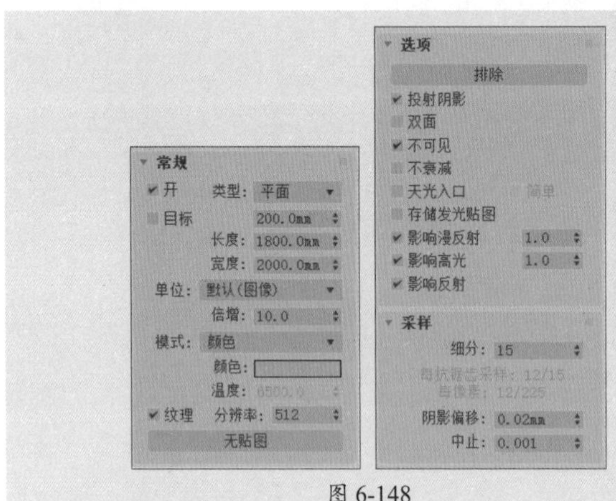

图 6-148

图 6-149

步骤 53 复制光源，并调整光源颜色和强度，如图6-150、图6-151所示。

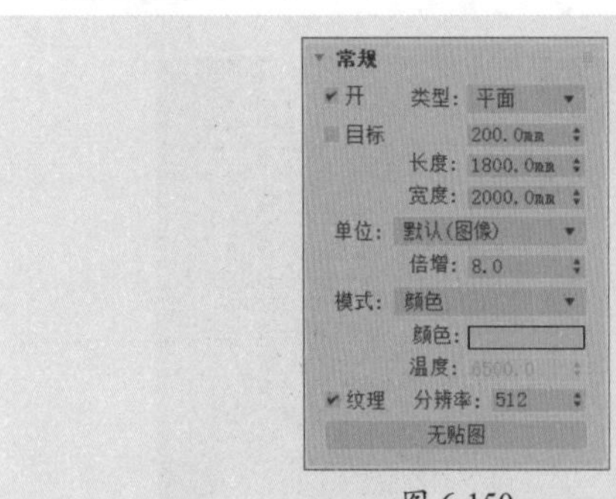

图 6-150

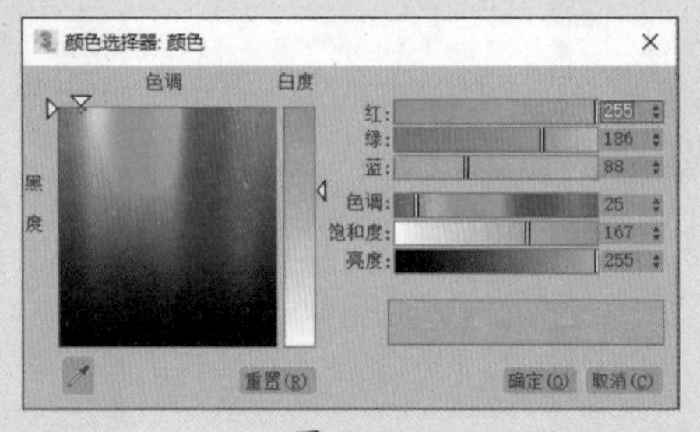

图 6-151

步骤 54 再次渲染视口，室外光源效果如图6-152所示。

步骤 55 在顶视图中创建VRay平面光源用于模拟线性光，并实例克隆多个，如图6-153所示。

图 6-152

图 6-153

步骤 56 在参数面板中设置灯光尺寸、倍增、颜色等，如图6-154所示。

步骤 57 渲染视口，线性光源效果如图6-155所示。

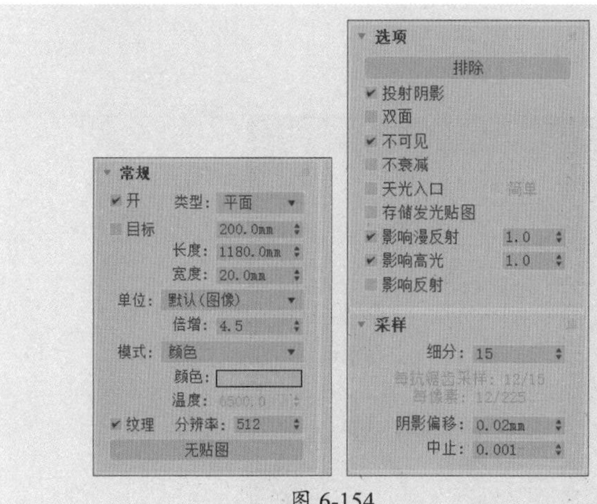

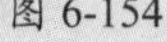

图 6-154

图 6-155

步骤 58 在前视图中创建一盏目标灯光，调整位置和角度，然后在“常规参数”卷展栏中设置灯光分布类型，为其添加光域网文件。然后在“强度/颜色/衰减”卷展栏中设置灯光强度及颜色等参数，如图6-156、图6-157所示。

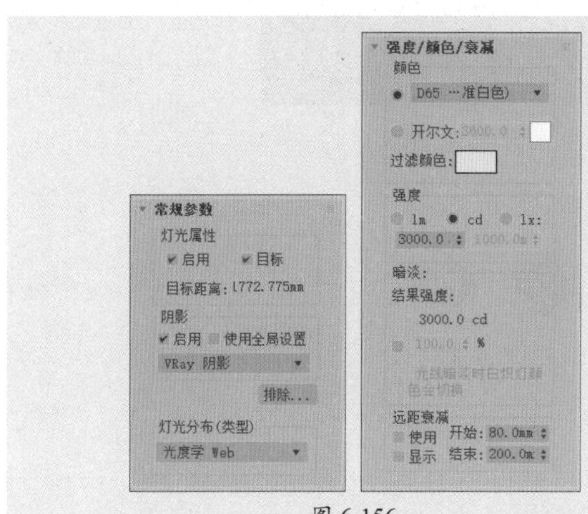

图 6-156

图 6-157

步骤59 创建自由灯光，为其加载光域网文件，并设置颜色、强度等参数，如图6-158、图6-159所示。

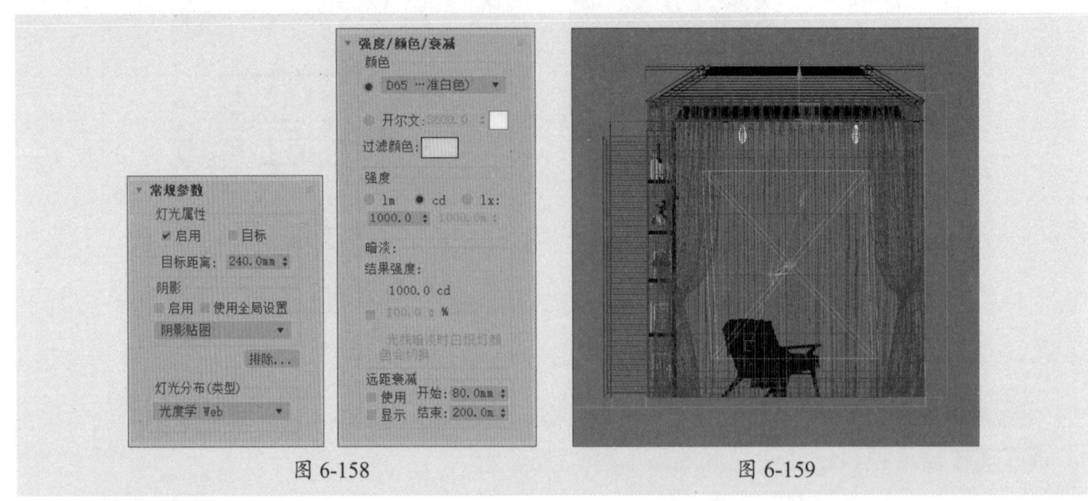

图 6-158　　图 6-159

步骤60 渲染视口，可以看到最终的场景效果，如图6-160所示。

图 6-160

课后练习 制作餐厅场景效果

下面为制作好的餐厅模型添加材质并模拟室内外灯光效果，如图6-161所示。

图 6-161

1. 技术要点

- 使用VRayMtl材质类型制作墙漆、地板、地毯、窗帘、木桌、玻璃等材质。
- 使用多维/子对象材质类型为可编辑多边形制作材质，并使用ID区分材质。
- 使用VRayLight模拟吊灯光源、室外环境光源以及室内补光。

2. 分步演示

本案例的分步演示效果如图6-162所示。

图 6-162

拓展赏析

世界非物质文化遗产之青花瓷

青花瓷，又称为白底青花瓷，简称青花，以其独特的制作工艺和深厚的历史底蕴闻名于世，代表了中国陶瓷艺术的顶峰，被誉为“中国陶瓷的瑰宝”。

青花瓷属于釉下彩瓷，使用含氧化钴的钴矿为原料，在陶胎上描绘纹饰，再进行釉料施釉，最后经高温烧制而成，如图6-163、图6-164所示。

图 6-163

图 6-164

青花瓷起源于唐代，发展至明清时期又经历了多次创新，可以分为多个不同的类型，每个类型各有其特点和历史背景。下面对青花瓷进行概括介绍，如图6-165所示。

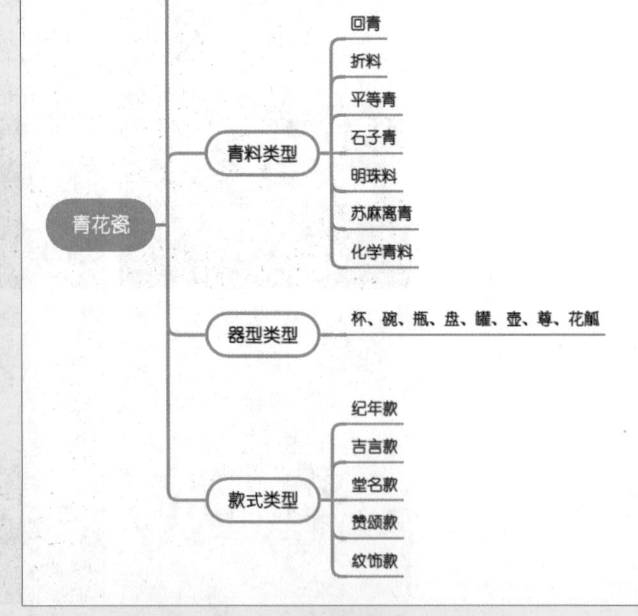

图 6-165

第7章

摄影机与渲染器的应用

内容导读

当场景中的模型、材质、灯光创建完成后，只需创建摄影机就可以对其进行渲染了。创建摄影机后其位置、摄影角度、焦距等都可以调整，并设置渲染参数，渲染出真实的光影效果和各种不同的物体质感。

通过对本章内容的学习，读者能够掌握摄影机与渲染器的操作，渲染出更加真实的场景效果。

思维导图

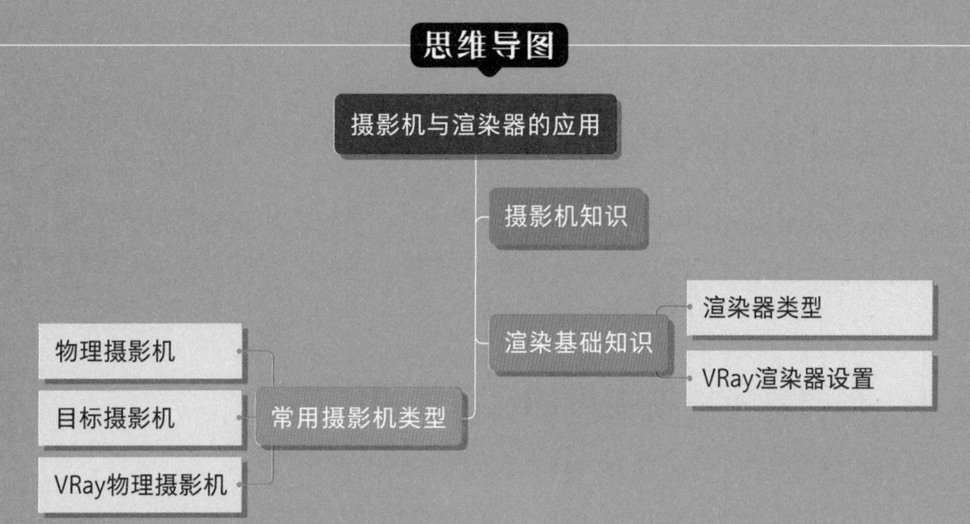

7.1 摄影机知识

真实世界中的摄影机是使用镜头将环境反射的灯光聚焦到具有灯光敏感性曲面的焦点平面，3ds Max中的摄影机具有远超现实摄影机的功能，镜头更换可以瞬间完成，其无极变焦更是现实摄影机无法比拟的。在学习3ds Max摄影机之前，可以先了解一下真实摄影机的布局、运动形式等。

1）镜头

镜头是由多个透镜组成的光学设置，也是摄影机组成部分的重要部件。镜头的品质会直接对拍摄结果的质量产生影响，同时也是划分摄影机档次的重要标准。

2）光圈

光圈是用来控制光线透过镜头进入机身内感光面光量的一个装置，其功能相当于眼球里的虹膜。如果光圈开得比较大，就会有大量的光线进入影像感应器；如果光圈开得小，进光量则会减少很多。

3）快门

快门是照相机控制感光片有效曝光时间的一种装置。与光圈不同，快门用于控制进光的时间长短，分为高速快门和慢门。通常，高速快门适合用于拍摄运动中的景象，可以拍摄到高速移动的目标，抓拍到物体运动的瞬间；而慢门增加了曝光时间，非常适合表现物体的动感，在光线较弱的环境下加大进光量。

4）景深

景深是指照片中视觉清晰的范围，每一张照片中都存在一个特定的焦点，此焦点前后的区域被称为景深范围。调整焦点位置，景深也会发生变化。调整焦点的位置，景深也会发生变化。在3ds Max的渲染中使用景深特效，能够达到虚化背景的效果，从而突出场景中的主体以及画面的层次感。

5）焦距

焦距是指镜头和灯光敏感性曲面的焦点平面间的距离。焦距影响成像对象在图片上的清晰度。焦距越小，图片中包含的场景越多。焦距越大，图片中包含的场景越少，但会显示远距离成像对象的更多细节。

7.2 常用摄影机类型

3ds Max提供了3种摄影机类型，即物理摄影机、目标摄影机和自由摄影机，而VRay插件又提供了VRay物理摄影机和VRay穹顶摄影机两种。下面介绍常用的几种摄影机类型。

7.2.1 案例解析：为场景创建目标摄影机

本案例将通过卧室场景介绍目标摄影机的架设以及镜头剪切功能的设置，具体操作步骤如下。

步骤 01 打开素材场景，调整透视图，如图7-1所示。

图 7-1

步骤 02 在“标准”摄影机面板中单击“目标”按钮，从顶视图创建一架目标摄影机，初步调整摄影机的位置及角度，如图7-2所示。

步骤 03 切换到透视图，按C键快速切换到摄影机视图，如图7-3所示。

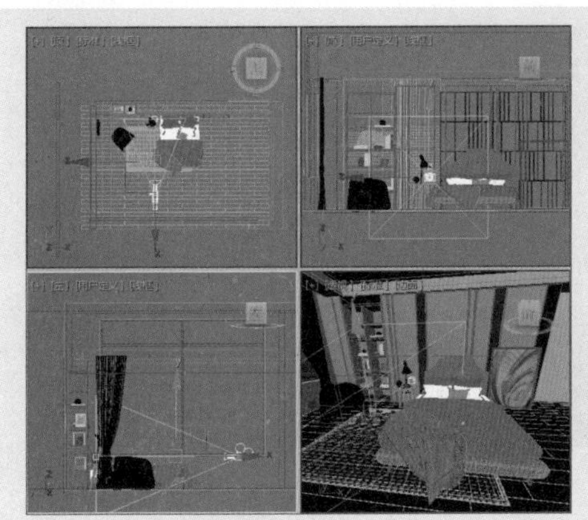

图 7-2

图 7-3

步骤 04 在“参数”卷展栏中设置镜头为35 mm，选中“手动剪切”复选框，设置“近距剪切”和“远距剪切”参数，再次调整摄影机的位置和角度，如图7-4、图7-5所示。

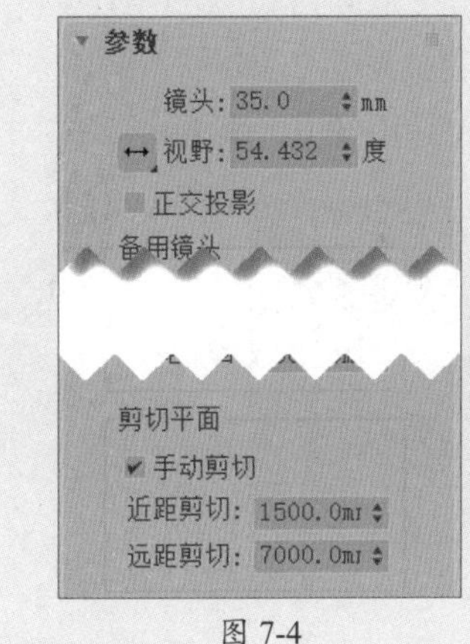

图 7-4

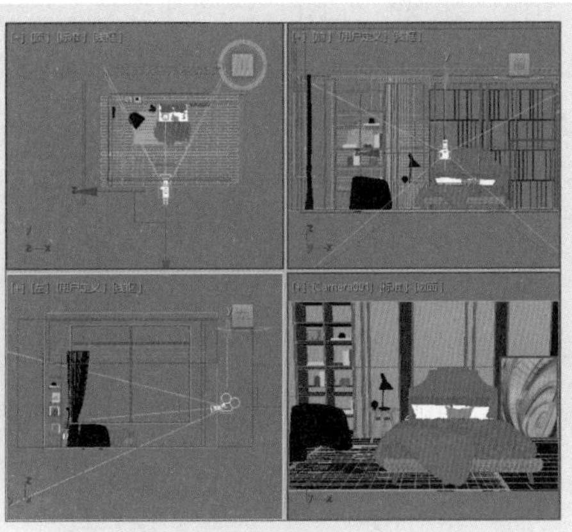

图 7-5

步骤 05 选择摄影机并单击鼠标右键，在弹出的快捷菜单中选择“应用摄影机校正修改器”命令，如图7-6所示。

步骤 06 此时摄影机视图中的透视变形将会被矫正，如图7-7所示。

应用摄影机校正修改器
选择摄影机目标
工具 1

图 7-6

图 7-7

步骤 07 渲染摄影机视图，应用摄影机后的场景效果如图7-8所示。

图 7-8

7.2.2 物理摄影机

物理摄影机是3ds Max提供的基于真实世界功能的摄影机，可模拟用户可能熟悉的真实摄影机设置，如快门速度、光圈、景深和曝光，一般用于动画与特效的制作。

单击“物理摄影机”按钮，在视口中拖动即可创建摄影机，如图7-9所示。在“修改”面板中可以看到物理摄影机的各种参数，下面介绍较为常用的几个卷展栏。

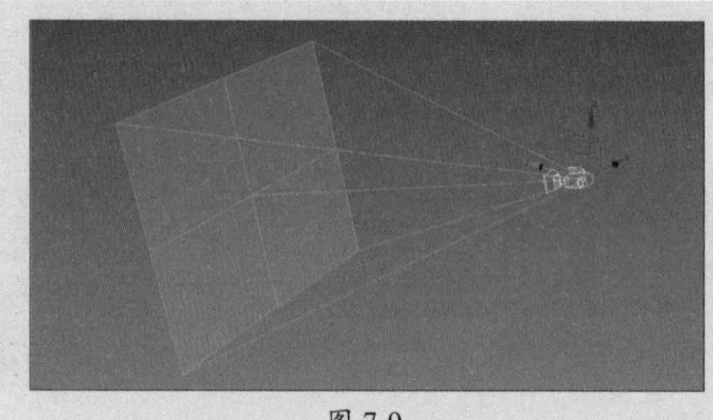

图 7-9

1）基本

“基本”卷展栏如图7-10所示，下面介绍常用选项的含义。

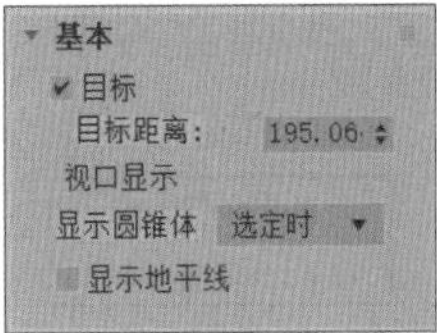

图 7-10

- **目标**：选中该复选框后，摄影机包括目标对象，并与目标摄影机的行为相似。
- **目标距离**：设置目标与焦平面之间的距离，会影响聚焦、景深等。
- **显示圆锥体**：在显示摄影机圆锥体时可选择“选定时”“始终”或“从不”选项。
- **显示地平线**：选中该复选框后，地平线在摄影机视图中显示为水平线（假设摄影机帧包括地平线）。

2）物理摄影机

“物理摄影机”卷展栏如图7-11所示，下面对常用选项的含义进行介绍。

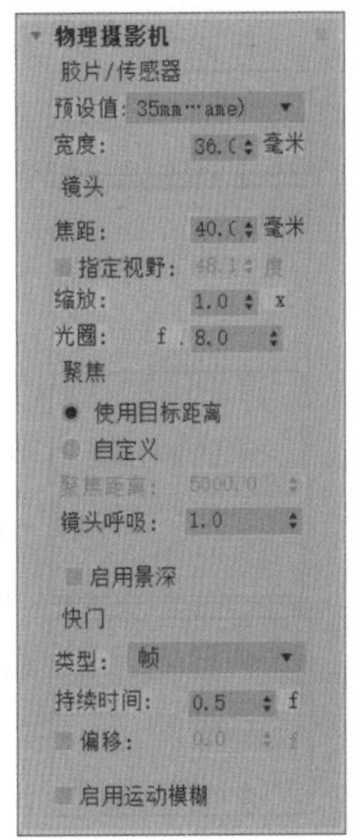

图 7-11

- **预设值**：选择胶片模型或电荷耦合传感器。选项包括35 mm（全画幅）胶片（默认设置），以及多种行业标准设置。每个设置都有其默认宽度值。“自定义”选项用于选择任意宽度。
- **宽度**：可以手动调整帧的宽度。
- **焦距**：设置镜头的焦距，默认值为40 mm。
- **指定视野**：选中该复选框，可以设置新的视野值。默认的视野值取决于所选的胶片/传感器预设值。
- **缩放**：在不更改摄影机位置的情况下缩放镜头。
- **光圈**：将光圈设置为光圈数，或“F制光圈”。此值将影响曝光和景深。光圈值越小，光圈越大且景深越窄。
- **镜头呼吸**：通过将镜头向焦距方向移动或远离焦距方向来调整视野。镜头呼吸值为0表示禁用此效果。默认值为1.0。
- **启用景深**：选中该复选框，摄影机可以在不等于焦距的距离上生成模糊效果。景深效果的强度基于光圈设置。
- **类型**：选择测量快门速度使用的单位，默认为帧，通常用于计算机图形；分或秒通常用于静态摄影；度通常用于电影摄影。
- **偏移**：选中该复选框，可以指定相对于每帧的开始时间的快门打开时间，更改此值会影响运动模糊。
- **启用运动模糊**：选中该复选框，摄影机可以生成运动模糊效果。

操作提示

物理摄影机的功能非常强大，物理摄影机作为3ds Max自带的目标摄影机而言，具有很多优秀的功能，比如焦距、光圈、白平衡、快门速度和曝光等，这些参数与单反相机非常相似，因此想要熟练地应用物理摄影机，可以适当学习一些单反相机的相关知识。

3）曝光

“曝光”卷展栏如图7-12所示，下面对常用选项的含义进行介绍。

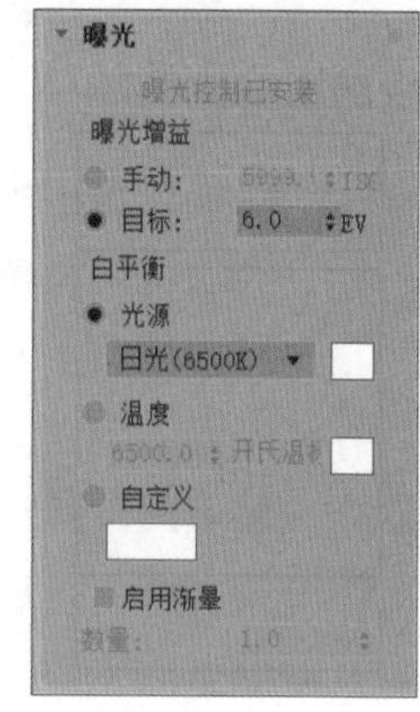

图 7-12

- **曝光控制已安装：**单击以使物理摄影机曝光控制处于活动状态。
- **手动：**通过ISO值设置曝光增益。当此选项处于活动状态时，通过此值、快门速度和光圈设置计算曝光。该数值越高，曝光时间越长。
- **目标：**设置与三个摄影曝光值的组合相对应的单个曝光值。每次增加或降低EV值，对应的也会分别减少或增加有效的曝光。因此，值越高，生成的图像越暗；值越低，生成的图像越亮。默认设置为6.0。
- **光源：**按照标准光源设置色彩平衡。
- **温度：**以色温形式设置色彩平衡，以开尔文度表示。
- **启用渐晕：**选中该复选框，渲染模拟出现在胶片平面边缘的变暗效果。

4）散景（景深）

“散景（景深）”卷展栏如图7-13所示，下面对常用选项的含义进行介绍。

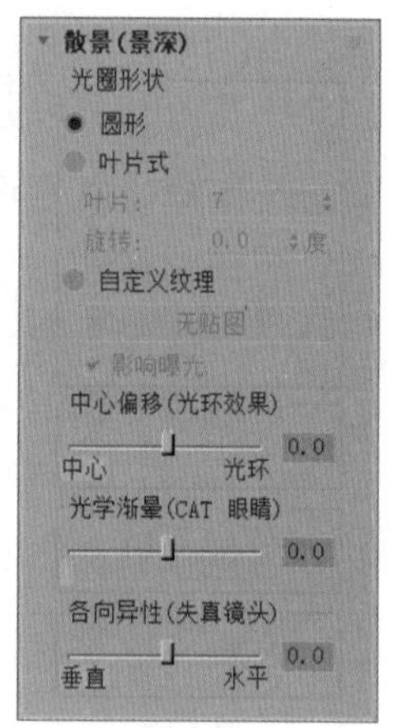

图 7-13

- **圆形：**选中该单选按钮，散景效果将基于圆形光圈。
- **叶片式：**选中该单选按钮，散景效果将使用带有边的光圈。使用“叶片”值设置每个模糊圈的边数，使用“旋转”值设置每个模糊圈旋转的角度。
- **自定义纹理：**选中该单选按钮，可以使用贴图来替换每种模糊圈。
- **中心偏移（光环效果）：**使光圈透明度向中心（负值）或边（正值）偏移。正值会增加焦区域的模糊量，而负值会减小焦区域的模糊量。
- **光学渐晕（CAT眼睛）：**通过模拟猫眼效果使帧呈现渐晕效果。

7.2.3 目标摄影机

目标摄影机由摄影机和目标点两部分组成，用于观察目标点附近的场景内容，可以很容易地单独进行控制调整，并分别设置动画。图7-14所示为创建的目标摄影机。

图 7-14

1）常用参数

在如图7-15所示的“参数”卷展栏中，摄影机的常用参数主要包括镜头的选择、视野的设置、大气范围和裁剪范围的控制等。下面对常用选项的含义进行介绍。

- **镜头：**以毫米为单位设置摄影机的焦距。使用“镜头”微调器来指定焦距值，而不是使用“备用镜头”选项组中的预设选项。
- **FOV方向弹出按钮：**可以选择如何应用“视野”值，包括水平↔、垂直↕、对角线⤢3种类型。
- **视野：**用于决定摄影机查看区域的宽度，可以通过水平、垂直或对角线这3种方式测量应用。
- **备用镜头：**该选项组用于选择各种常用预置镜头。
- **类型：**将摄影机类型从目标摄影机改为自由摄影机，反之亦然。
- **显示圆锥体：**显示摄影机视野定义的锥形光线。锥形光线出现在其他视口，但是不出现在摄影机视图。
- **显示地平线：**在摄影机视图中的地平线层级显示一条深灰色的线条。
- **显示：**显示出在摄影机锥形光线内的矩形。
- **近距/远距范围：**设置大气效果的近距范围和远距范围。
- **手动剪切：**选中该复选框，可以定义剪切的平面。
- **近距/远距剪切：**设置近距和远距平面。
- **多过程效果：**用于摄影机指定景深或运动模糊效果。
- **目标距离：**当使用目标摄影机时，设置摄影机与其目标之间的距离。

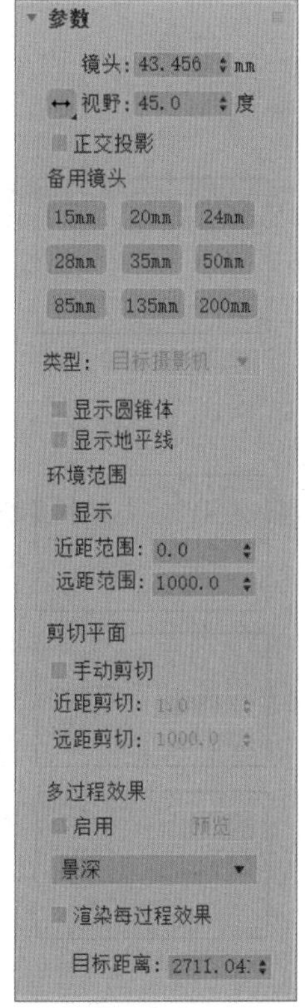

图 7-15

2）景深参数

景深是多重过滤效果，通过模糊到摄影机焦点外某段距离处的区域，使图像焦点之外的区域产生模糊效果。

景深的启用和控制，主要在摄影机参数面板的“多过程效果”选项组和“景深参数”卷展栏（见图7-16）中进行设置。下面对“景深参数”卷展栏中常用选项的含义进行介绍。

- **使用目标距离：**选中该复选框，系统会使用摄影机的目标距离来偏移摄影机；取消选中该复选框，则使用“焦点深度”值来偏移摄影机。
- **焦点深度：**当取消选中“使用目标距离”复选框时，该选项可以用来设置摄影机的偏移深度。
- **显示过程：**选中该复选框后，“渲染帧窗口”对话框中将显示多个渲染通道。
- **使用初始位置：**选中该复选框后，第一个渲染过程将位于摄影机的初始位置。

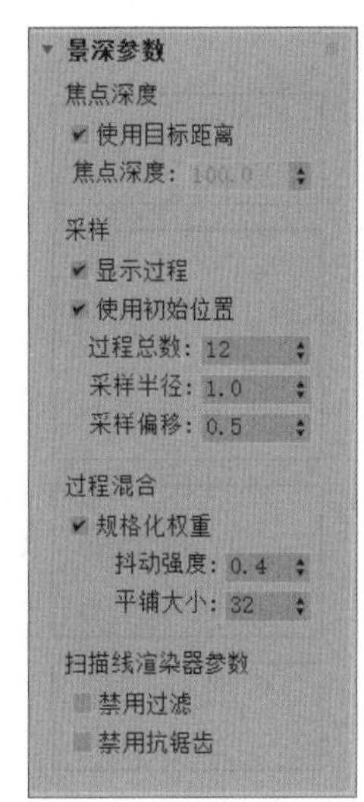

图 7-16

- **过程总数：**设置生成景深效果的过程数。增大该值可以提高效果的真实度，但是会增加渲染时间。
- **采样半径：**设置模糊半径。数值越大，模糊越明显。

操作提示

如果场景中只有一个摄影机，按C键，视图将会自动切换到摄影机视图；如果场景中有多个摄影机，按C键，系统会弹出“选择摄影机”对话框，从中选择需要的摄影机即可，如图7-17所示。

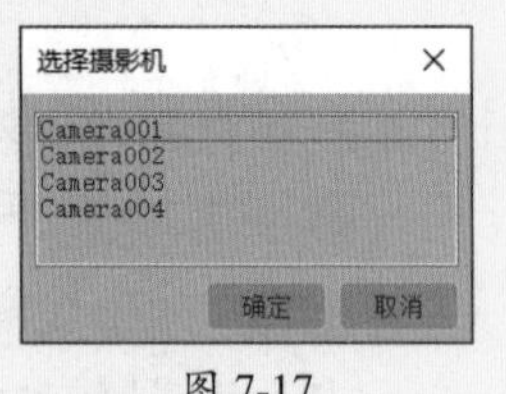

图 7-17

7.2.4 VRay物理摄影机

和3ds Max本身自带的摄影机相比，VRay物理摄影机能模拟真实成像，更轻松地调节透视关系。普通摄影机不带任何属性，如白平衡、曝光值等，而VRay物理摄影机就具有这些属性。简单地讲，如果发现灯光不够亮，直接修改VRay 物理摄影机的部分参数就能提高画面质量，而不用重新修改灯光的亮度。VRay物理摄影机的参数面板包括“基本和显示”“传感器和镜头”“光感”“景深和运动模糊”“颜色和曝光”“倾斜和移动”“散景特效”“失真”“剪切与环境”以及“滚动快门”卷展栏，如图7-18所示。

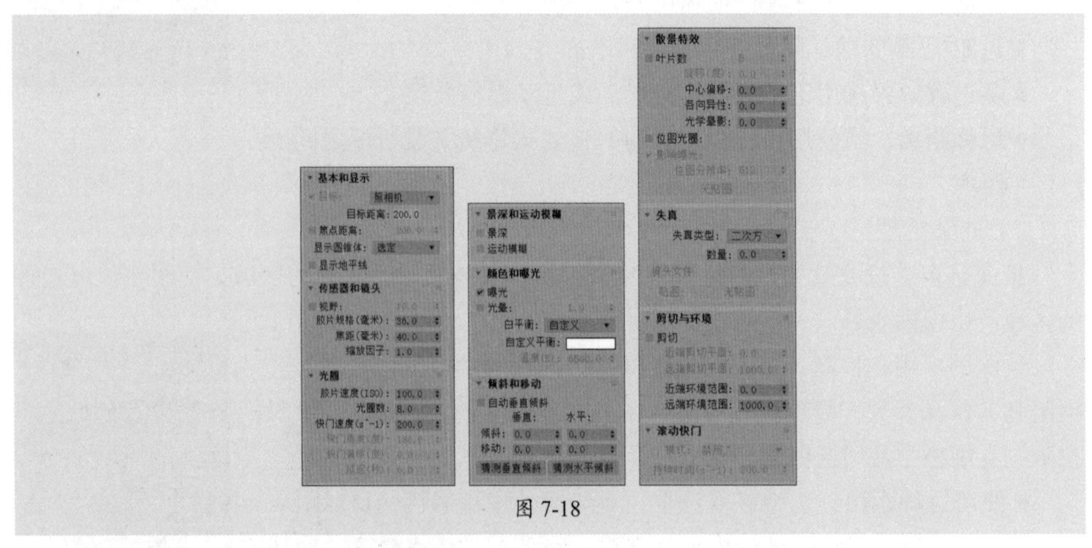

图 7-18

下面介绍各卷展栏中常用选项的含义。

- **目标：**选中此复选框，摄影机的目标点将放在焦平面上。
- **相机类型：**VRay物理摄影机内置了3种类型的摄影机，用户可以在这里进行选择。
- **焦点距离：**控制焦距的大小。
- **胶片规格（毫米）：**控制摄影机看到的范围。数值越大，看到的范围也就越大。
- **焦距（毫米）：**控制摄影机的焦距。
- **缩放因子：**控制摄影机视图的缩放。

- **胶片速度：**控制渲染图片的明暗。数值越大，表示感光系数越大，图片也就越暗。
- **光圈数：**用于设置摄影机光圈的大小。数值越小，渲染图片亮度越高。
- **快门速度：**控制进光时间。数值越小，进光时间越长，渲染图片越亮。
- **快门角度：**只有选择电影摄影机类型时此项才被激活，用于控制图片的明暗。
- **快门偏移：**只有选择电影摄影机类型时此项才被激活，用于控制快门角度的偏移。
- **延迟：**只有选择视频摄影机类型时此项才被激活，用于控制图片的明暗。
- **景深：**选中该复选框后，会开启景深效果。
- **运动模糊：**选中该复选框后，会开启运动模糊。
- **曝光：**选中该复选框后，光圈、快门速度和胶片感光度设置才会起作用。
- **光晕：**模拟真实摄影机的渐晕效果。
- **白平衡：**控制渲染图片的色偏。
- **叶片数：**控制散景产生的小圆圈的边。默认值为5，表示散景的小圆圈为正五边形。
- **旋转（度）：**控制散景小圆圈的旋转角度。
- **中心偏移：**控制散景偏移源物体的距离。
- **各向异性：**控制散景的各向异性。值越大，散景的小圆圈拉得越长，即变成椭圆。
- **剪切：**选中该复选框后，可以设置摄影机的剪切范围。

7.3 渲染基础知识

对于3ds Max三维设计软件来讲，对系统要求较高，无法实时预览，因此需要先进行渲染才能看到最终效果。渲染器可以通过对参数的设置，将设置的灯光、所应用的材质及环境设置产生的场景，呈现出最终的效果。下面将对渲染器的相关知识进行介绍。

7.3.1 案例解析：渲染场景白模效果

本案例将介绍白模场景效果的渲染制作，包括渲染参数的设置和白模材质的制作与应用，具体操作步骤如下。

步骤 01 打开准备好的场景文件，如图7-19所示。

图 7-19

步骤 02 按F10键快速打开“渲染设置”对话框，展开“帧缓冲区”卷展栏，取消选中“启用内置帧缓冲区”复选框，如图7-20所示。

步骤 03 在“图像采样器（抗锯齿）”卷展栏，设置图像采样器“类型”为“渲染块”，选中“图像过滤器”复选框，并选择过滤器类型，如图7-21所示。

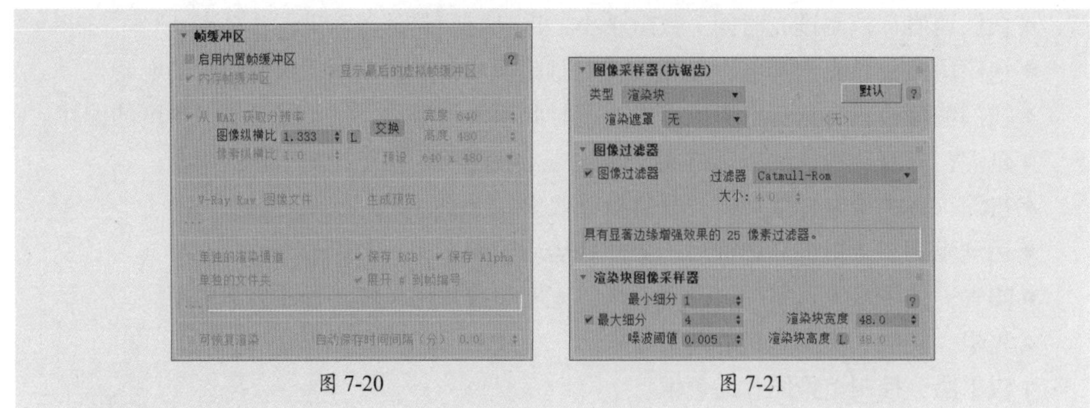

图 7-20　　图 7-21

步骤 04 在“颜色贴图”卷展栏中选择“指数”类型，如图7-22所示。

步骤 05 在“全局照明”卷展栏中选中“启用全局照明”复选框，并设置首次引擎和二次引擎类型，如图7-23所示。

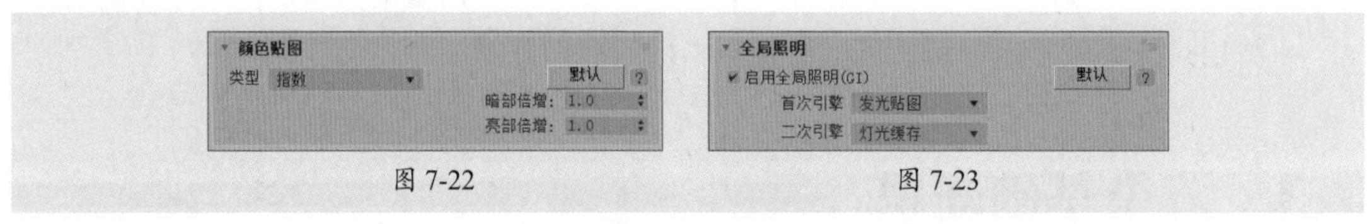

图 7-22　　图 7-23

步骤 06 在“发光贴图”卷展栏中设置当前预设级别为“高”，并设置“细分”和“插值采样”参数，如图7-24所示。

步骤 07 在“灯光缓存”卷展栏中设置“细分”参数，如图7-25所示。

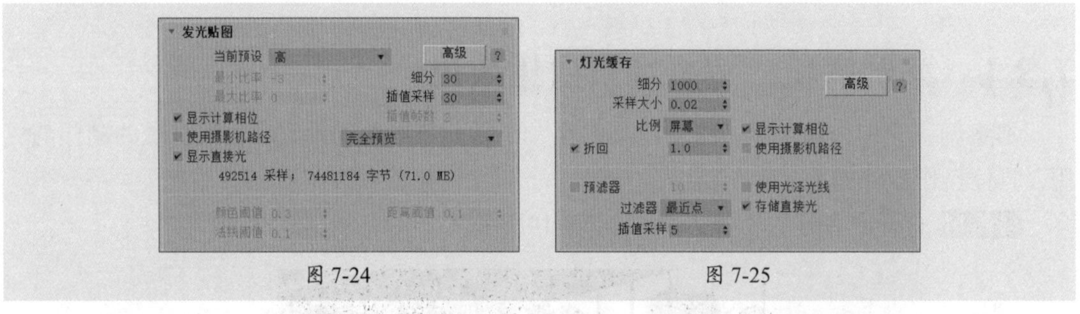

图 7-24　　图 7-25

步骤 08 在“公用参数”卷展栏中设置图像输出尺寸，如图7-26所示。

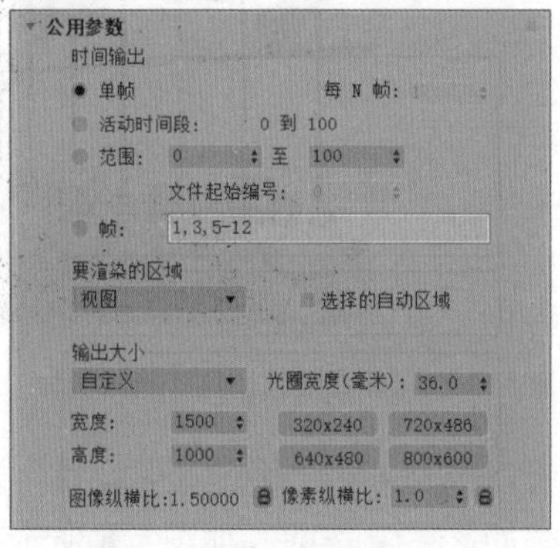

图 7-26

步骤 09 按M键打开材质编辑器，选择一个未使用的材质球，设置材质类型为VRayMtl，将其命名为“白模”，设置漫反射颜色，并为漫反射通道添加VRay边纹理贴图，如图7-27所示。

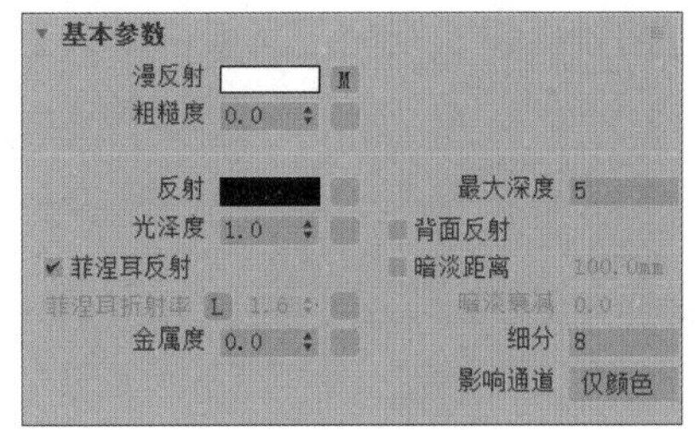

图 7-27

步骤 10 在“VRay边纹理参数”卷展栏中，设置纹理颜色，如图7-28所示。

步骤 11 漫反射颜色以及纹理颜色的参数设置如图7-29所示。

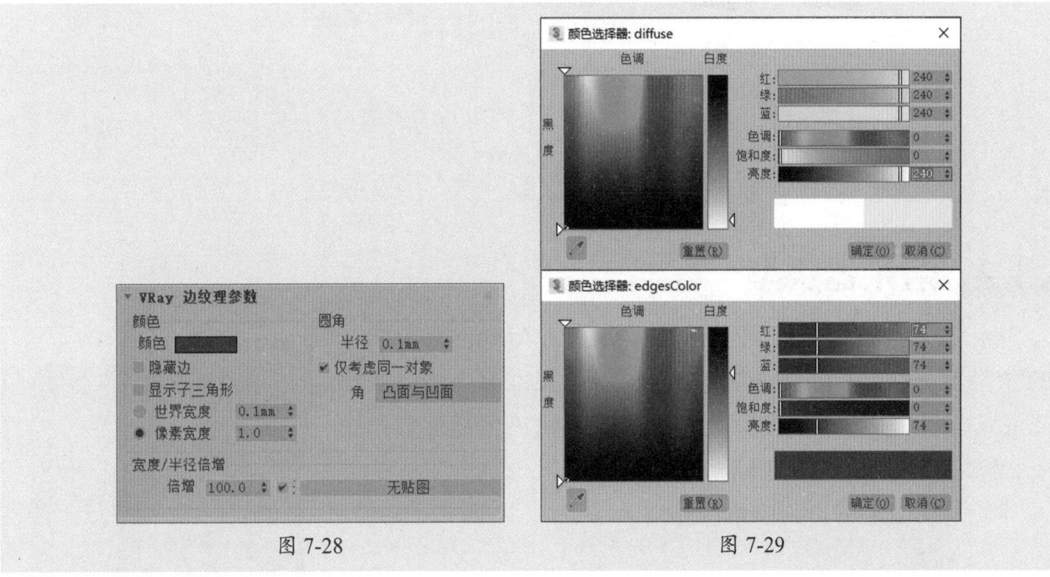

图 7-28　　图 7-29

步骤 12 制作好的材质球效果如图7-30所示。

步骤 13 在“渲染设置”对话框中展开“全局开关”卷展栏，设置灯光采样类型为“全光求值”，选中“覆盖材质”复选框，将制作好的“白模”材质球拖曳至其后的通道按钮上，选择“实例”复制材质，如图7-31所示。

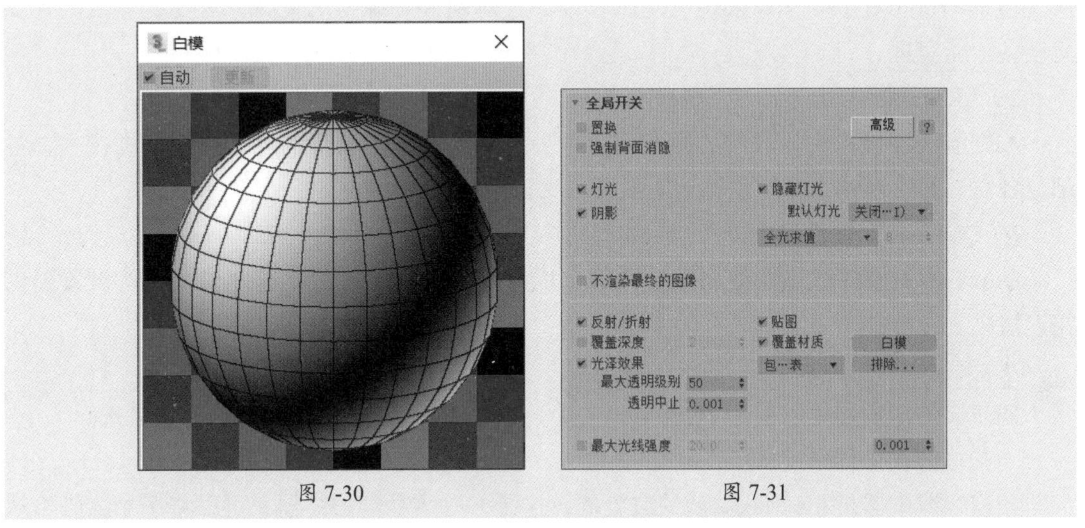

图 7-30　　图 7-31

步骤 14 渲染摄影机视图，场景白模效果如图7-32所示。

图 7-32

7.3.2 渲染器类型

3ds Max自身携带了5种渲染器，分别是Arnold渲染器、ART渲染器、Quicksilver硬件渲染器、VUE文件渲染器以及扫描线渲染器。此外，用户还可以使用外置的渲染器插件，比如VRay渲染器等，如图7-33所示。

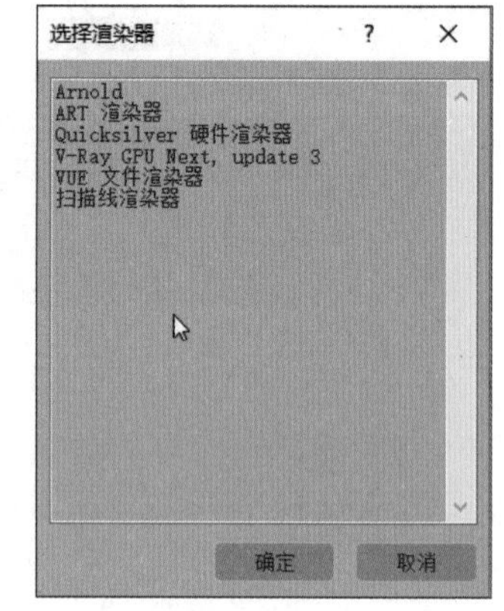

图 7-33

下面对各渲染器进行简单的介绍。

1）Arnold渲染器

Arnold是一款功能强大的渲染器，广泛应用于游戏、动画和电影开发行业。

Arnold能够提供范围广泛的工具和功能，使其灵活适用于不同的应用程序，且具有高性能，可以快速生成高质量的图像。但是Arnold对于初学者来说可能比较难，且对硬件资源要求很高，需要更强大的计算机设备才能实现。

2）ART渲染器

ART渲染器可以为任意的三维空间工程提供真实的基于硬件的灯光现实仿真技术，各部分独立，互不影响，实时预览功能强大，支持尺寸和DPI格式。

3）Quicksilver硬件渲染器

Quicksilver硬件渲染器使用图形硬件生成渲染，其优点是渲染速度快。默认设置提供快速渲染。

4）VUE文件渲染器

VUE文件渲染器可以创建VUE(.vue)文件。VUE文件使用可编辑的ASCII码格式。

5）扫描线渲染器

扫描线渲染器是3ds Max默认的渲染器，这是一种多功能渲染器，可以将场景渲染为从上到下生成的一系列扫描线。扫描线渲染器的渲染速度是最快的，但是真实度一般。

操作提示

一般情况下不会用到扫描线渲染器，因为其渲染质量不高，并且渲染参数特别复杂，用户只需要知道有这么一个渲染器就可以了。

6）VRay渲染器

VRay是最流行的3ds Max渲染器之一，其优势在于极快的渲染速度和优质的渲染效果。VRay适合精细场景效果的制作，材质逼真，更适合商用效果图的渲染，在室内设计、建筑设计方面都有着不俗的表现。

7.3.3 VRay渲染器设置

VRay渲染器参数面板中主要包括“公用”、VRay、GI、“设置”和Render Elements 5个选项卡，每个选项卡中又包含了多个卷展栏，本小节将着重介绍在渲染设置中涉及的选项。

1. 帧缓冲区

“帧缓冲区”卷展栏中的参数可以代替3ds Max自身的帧缓存窗口，在这里可以设置渲染图像的大小，以及保存渲染图像等，如图7-34所示。下面对常用选项的含义进行介绍。

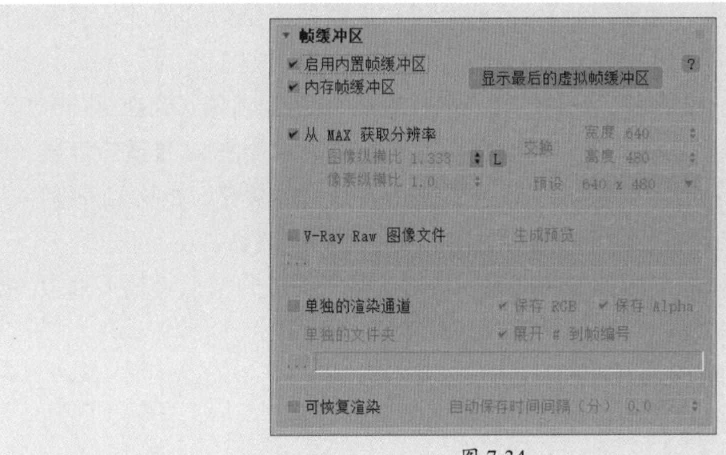

图 7-34

- **启用内置帧缓冲区：** 选中该复选框后，用户就可以使用VRay自身的渲染窗口。同时要注意，应该把3ds Max默认的渲染窗口关闭，即把“公用参数”卷展栏中的“渲染帧窗口”功能禁用。
- **内存帧缓冲区：** 选中该复选框，可以将图像渲染到内存，再由帧缓冲区窗口显示出来，方便用户观察渲染过程。
- **从MAX获取分辨率：** 当选中该复选框时，将从3ds Max的“渲染设置”对话框的“公用”选项卡中获取渲染尺寸。
- **图像纵横比：** 控制渲染图像的长宽比。
- **宽度/高度：** 设置图像的宽度和高度。

- **V.Ray Raw图像文件：**选中该复选框后，VRay将图像渲染为vrimg格式的文件。
- **单独的渲染通道：**选中该复选框后，可以保存RGB图像通道或者Alpha通道。

2. 全局开关

“全局开关”卷展栏可以对场景中的灯光、材质、置换等进行全局设置，比如是否使用默认灯光、是否打开阴影、是否打开模糊等。其参数面板如图7-35所示。下面对常用选项的含义进行介绍。

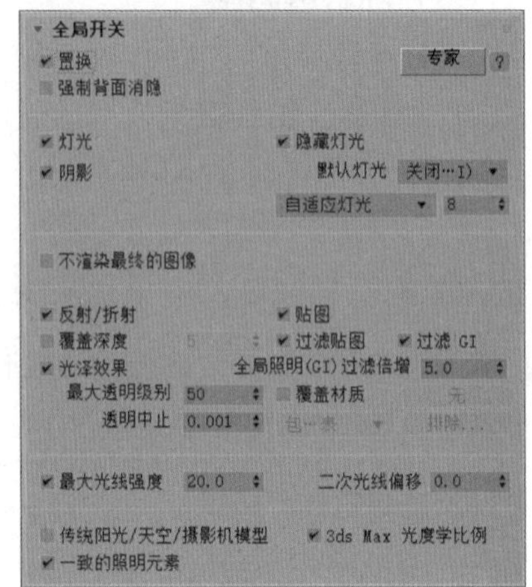

图 7-35

- **置换：**用于控制场景中的置换效果是否打开。在VRay的置换系统中，共有两种置换方式：一种是材质的置换，另一种是VRay修改器的置换。
- **强制背面消隐：**与“创建对象时背面消隐”选项的效果相似，“强制背面消隐”是针对渲染而言的，选中该复选框后反法线的物体将不可见。
- **灯光：**选中该复选框，VRay将渲染场景的光影效果，反之则不渲染。默认为选中状态。
- **隐藏灯光：**用于控制场景是否让隐藏的灯光产生照明。
- **阴影：**用于控制场景是否产生投影。
- **默认灯光：**选择“开”选项时，VRay将会对软件默认提供的灯光进行渲染，选择“关闭全局照明”选项则不渲染。
- **灯光采样类型：**用于控制多灯场景的灯光采样策略。“全光求值”会在每一个着色点计算全部的灯光；“灯光树”可以随机选择若干灯光计算着色；“自适应灯光”使用灯光缓存的信息来决定采样哪些灯光，如果没有使用灯光缓存，则均匀采样。
- **反射/折射：**用于控制是否打开场景中材质的反射和折射效果。
- **覆盖深度：**用于控制整个场景中的反射、折射的最大深度，其后面输入框中的数值表示反射、折射的次数。
- **光泽效果：**用于控制是否开启反射或折射模糊效果。
- **过滤贴图：**用于控制VRay渲染器是否使用贴图纹理过滤。
- **过滤GI：**用于控制是否在全局照明中过滤贴图。
- **覆盖材质：**用于控制是否给场景赋予一个全局材质。单击右侧的按钮，选择一个材质后，场景中所有的物体都将使用该材质渲染。在测试灯光时，这个选项非常有用。

3. 全局确定性蒙特卡洛

“全局确定性蒙特卡洛”卷展栏中的参数可以说是VRay 的核心，贯穿于VRay 的每一种“模糊”计算中（抗锯齿、景深、间接照明、面积灯光、模糊反射/折射、半透明、运动模糊等），一般用于确定获取什么样的样本，最终哪些样本被光线追踪，其参数面板如图7-36所示。下面对常用选项的含义进行介绍。

图 7-36

- **锁定噪波图案：** 选中该复选框，将对动画的所有帧使用相同的噪点分布形态。
- **使用局部细分：** 选中该复选框，材质/灯光/GI引擎可以指定各自的细分值。
- **细分倍增：** 在渲染过程中这个选项会倍增任何地方任何参数的细分值。可以使用这个参数来快速增加或减少任何地方的采样质量。
- **最小采样：** 确定在使用早期终止算法之前必须获得的最少的样本数量。较高的取值将会减慢渲染速度，但同时会使早期终止算法更可靠。
- **自适应数量：** 用于控制重要性采样使用的范围。默认值为1，表示在尽可能大的范围内使用重要性采样；值为0，则表示不进行重要性采样。减少这个值会减慢渲染速度，但同时会降低噪波和黑斑。
- **噪波阈值：** 在计算一种模糊效果是否足够好的时候，控制VRay 的判断能力。在最后的结果中直接转化为噪波。较小的取值表示较少的噪波、使用更多的样本并得到更好的图像质量。

4. 颜色贴图

“颜色贴图”卷展栏中的参数主要用来控制整个场景的颜色和曝光方式，如图7-37所示。下面对常用选项的含义进行介绍。

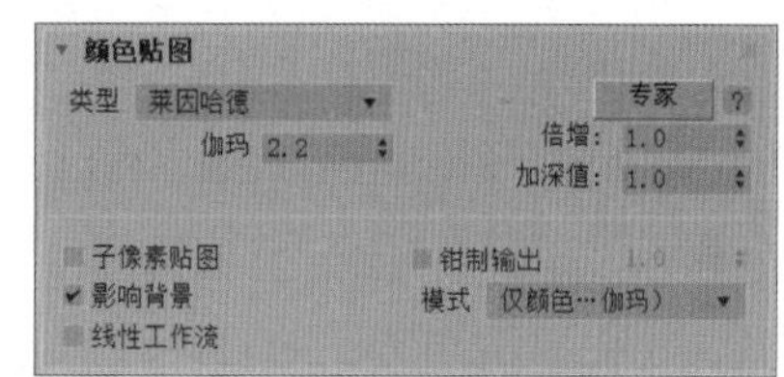

图 7-37

- **类型：** 包括“线性倍增”“指数”“HSV指数”“强度指数”“伽玛校正”“强度伽玛”“莱因哈德”7种模式。
- **子像素贴图：** 选中该复选框后，物体的高光区与非高光区的界限处不会有明显的黑边。
- **钳制输出：** 选中该复选框后，在渲染图中有些无法表现出来的色彩会通过限制来自动纠正。
- **影响背景：** 选中该复选框，可以控制让曝光模式影响背景。
- **线性工作流：** 选中该复选框，可以通过调整图像的灰度值来使图像得到线性化显示的技术流程。

5. 全局照明

“全局照明”卷展栏是VRay 的核心部分，在该卷展栏中可以打开全局光效果，如图7-38所示。不同的场景材质对应不同的运算引擎，正确设置可以使全局光计算速度更加合理，使渲染效果更加出色。下面对常用选项的含义进行介绍。

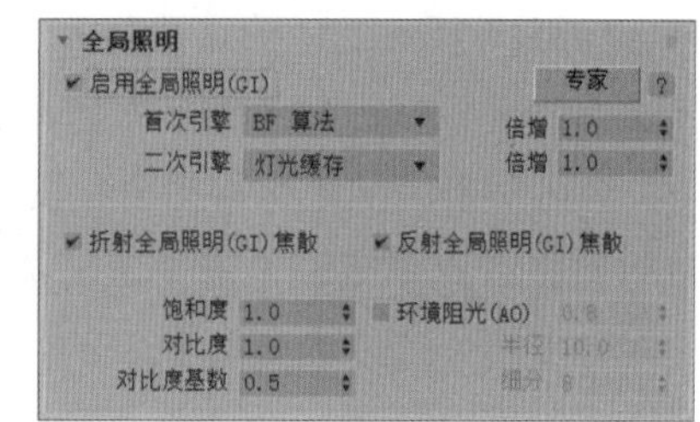

图 7-38

- **首次引擎：** 这里选择一次反弹的GI引擎类型，包括“发光贴图”“BF算法”和“灯光缓存”3种。
- **二次引擎：** 这里选择二次反弹的GI引擎类型，包括“无贴图”“BF算法”和“灯光缓存”3种。

- **倍增：** 该参数决定为最终渲染图像提供多少初级反弹。默认的取值1.0可以得到一个最准确的效果。
- **折射全局照明（GI）焦散：** 选中该复选框，间接光穿过透明物体（如玻璃）时会产生折射焦散。注意，这与直接光穿过透明物体而产生的焦散是不一样的。
- **反射全局照明（GI）焦散：** 选中该复选框，间接光照射到镜像表面的时候会产生反射焦散。默认情况下它是关闭的，因为它对最终的GI计算影响很小，而且还会产生一些不希望看到的噪波。

操作提示

在VRay 中，全局照明被分成两大块来控制：首次引擎和二次引擎 。当一个点在摄影机中可见或者光线穿过反射/折射表面的时候，就会产生首次引擎。当点包含在GI计算中的时候就产生二次引擎。

6. 发光贴图

发光贴图描述了三维空间中的任意一点以及全部可能照射到这点的光线。当“首次引擎”类型改为“发光贴图”时，渲染设置面板会出现“发光贴图”卷展栏，如图7-39所示。

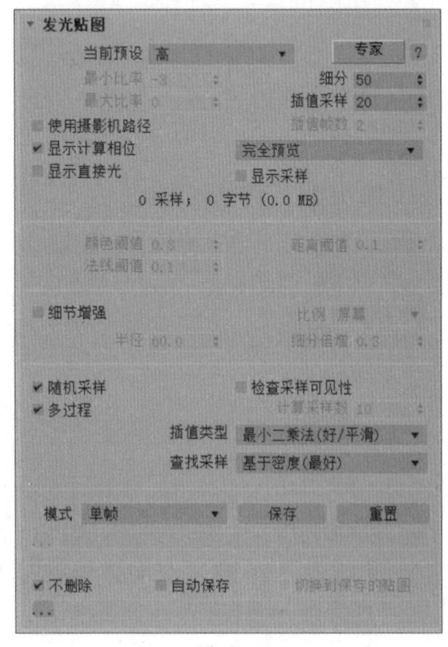

图 7-39

下面对常用选项的含义进行介绍。

- **当前预设：** 共有8种预设模式，用户可以根据需求，选择不同模式，渲染不同质量的效果图。
- **最小比率：** 用于控制第一遍GI预采样的分辨率。值为0，表示计算区域的每个点都有样本；值为-1，表示计算区域的1/2是样本；值为-2，表示计算区域的1/4是样本。
- **最大比率：** 用于控制最后一遍GI预采样的分辨率。
- **细分：** 该参数决定单独的GI 样本质量。较小的取值可以获得较快的速度，但可能会产生黑斑； 较大的取值可以得到平滑的图像。
- **插值采样：** 定义用于插值计算的GI样本数量。较大的取值会趋向于模糊GI 的细节，虽然最终的效果很光滑；较小的取值会产生更光滑的细节，但也可能会产生黑斑。
- **显示计算相位：** 选中该复选框后，就可以看到渲染帧里面的GI预计算过程，同时会占用一定的内存资源。
- **显示直接光：** 选中该复选框，可在预计算时显示直接光照，方便用户观察直接光照的位置。
- **颜色阈值：** 该参数主要让渲染器分辨哪些是平坦区域，哪些是不平坦区域。它是按照颜色的灰度来区分的。其值越小，区分能力越强。

- **法线阈值：**该参数主要让渲染器分辨哪些是交叉区域，哪些不是交叉区域。它是按照法线的方向来区分的。其值越小，对法线方向的敏感度越高，区分能力越强。
- **距离阈值：**该参数确定发光贴图算法对两个表面距离变化的敏感程度。
- **细节增强：**选中该复选框，可控制细部的细分，但是这个值与发光贴图里的模型细分有关系。0.3代表细分时模型细分的30%。1代表和模型细分的值一样。
- **半径：**表示细节部分有多大区域使用细部增强功能。半径越大，使用细部增强功能的区域也就越大，渲染时间也就越长。

7. 灯光缓存

“灯光缓存”与“发光贴图”比较相似，都是将最后的光发散到摄影机后得到最终图像。只是“灯光缓存”与“发光贴图”的光线路径是相反的，“发光贴图”的光线追踪方向是从光源发射到场景的模型中，最后再反弹到摄影机；而“灯光缓存”是从摄影机开始追踪光线到光源，摄影机追踪光线的数量就是“灯光缓存”的最后精度。其参数面板如图7-40所示。

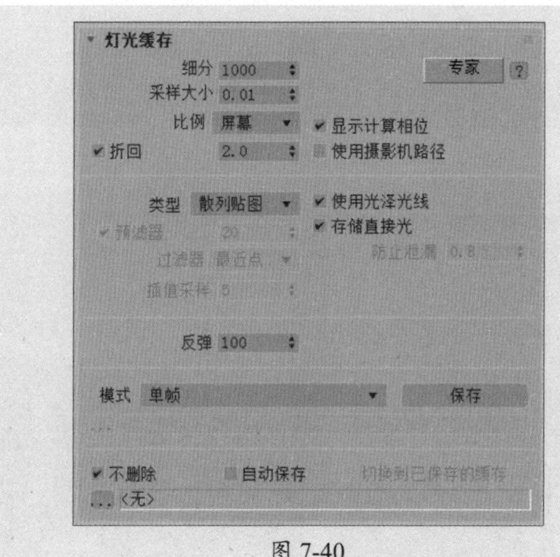

图 7-40

下面对常用选项的含义进行介绍。

- **细分：**用于定义蒙特卡洛的样本数量。值越大效果越好，速度越慢；值越小，产生的杂点会更多，速度相对快些。
- **采样大小：**用来控制灯光缓存的样本大小。较小的样本可以得到更多的细节，但是同时需要更多的样本。
- **比例：**指定灯光缓存样本的尺寸大小需要依靠什么单位，系统提供了两种单位。越靠近摄影机的样本越小，越远离摄影机的样本越大。
- **存储直接光：**选中该复选框后，可以存储计算场景光过程中的照明信息。

操作提示

由于“灯光缓存”是从摄影机方向开始追踪光线的，所以最后的渲染时间与渲染图像的像素没有关系，只与其中的参数有关，一般适用于“二次反弹”。

课堂实战 制作卧室场景效果

本案例将结合本章所学知识为卧室场景创建VRay物理摄影机、设置VRay物理摄影机参数并进行测试渲染和最终效果渲染的参数设置，具体操作步骤如下。

步骤 01 打开准备好的场景模型，如图7-41所示。

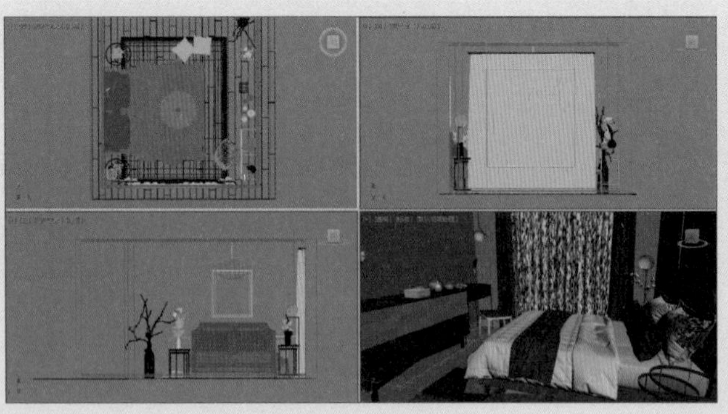

图 7-41

步骤 02 在“摄影机”创建面板中单击VRayPhysicalCamera按钮，从顶视图创建一个摄影机，如图7-42所示。

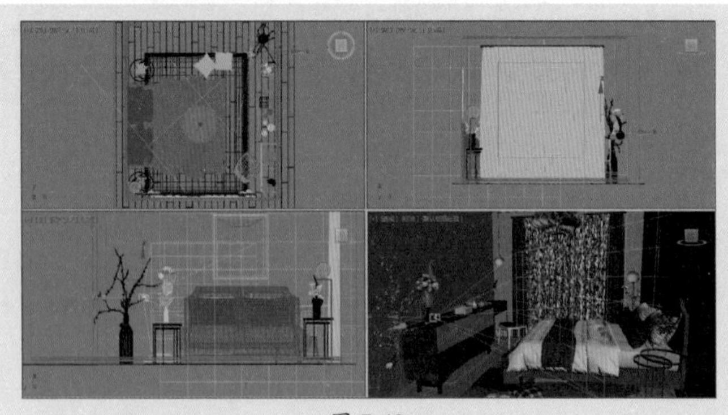

图 7-42

步骤 03 通过视口调整摄影机的角度和位置，激活透视图，按C键切换到摄影机视图，并设置显示安全框，如图7-43所示。

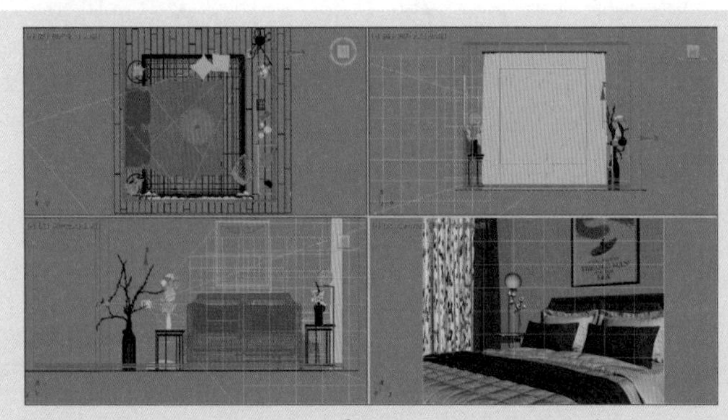

图 7-43

步骤 04 在“传感器和镜头”卷展栏中设置摄影机的镜头及光圈参数，如图7-44所示。

步骤 05 此时摄影机视图效果如图7-45所示。

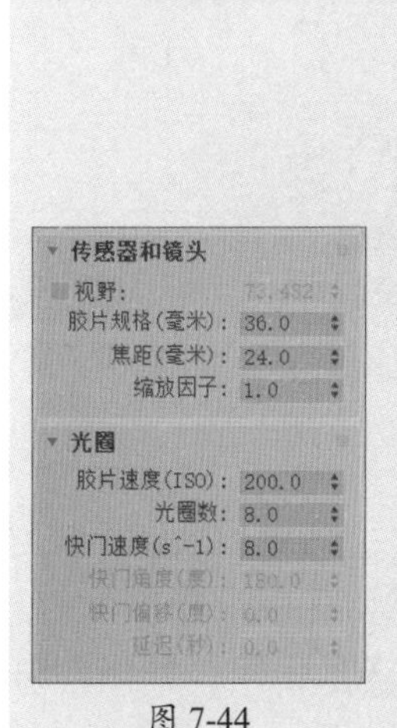

图 7-44

图 7-45

步骤 06 测试渲染。按F10键打开“渲染设置”对话框，展开“帧缓冲区”卷展栏，取消选中“启用内置帧缓冲区”复选框，如图7-46所示。

步骤 07 在“图像过滤器”卷展栏中取消选中“图像过滤器”复选框，如图7-47所示。

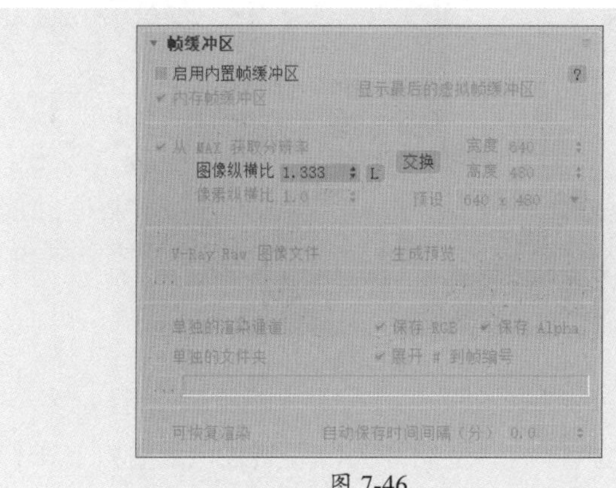

图 7-46

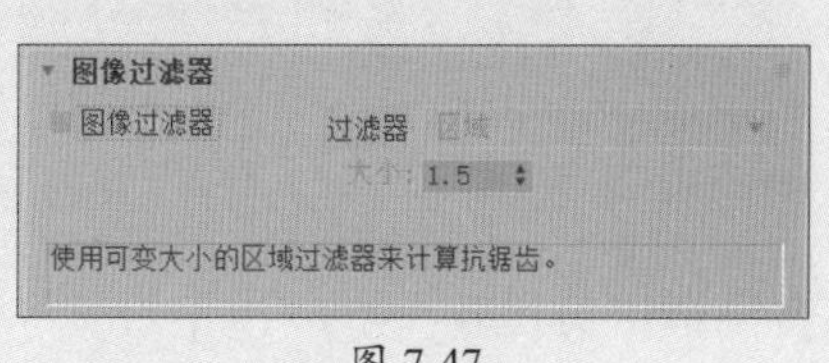

图 7-47

步骤 08 在“颜色贴图”卷展栏中设置类型为“指数”，如图7-48所示。

步骤 09 展开“全局照明”卷展栏，选中“启用全局照明”复选框，并设置首次引擎和二次引擎，如图7-49所示。

图 7-48

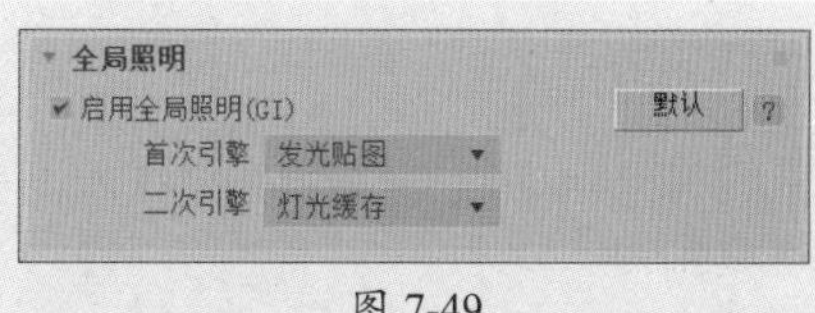

图 7-49

步骤 10 在“发光贴图”卷展栏中设置当前预设级别为“非常低”，并设置“细分”和“插值采样”参数，如图7-50所示。

步骤 11 在“灯光缓存”卷展栏中设置“细分”参数，如图7-51所示。

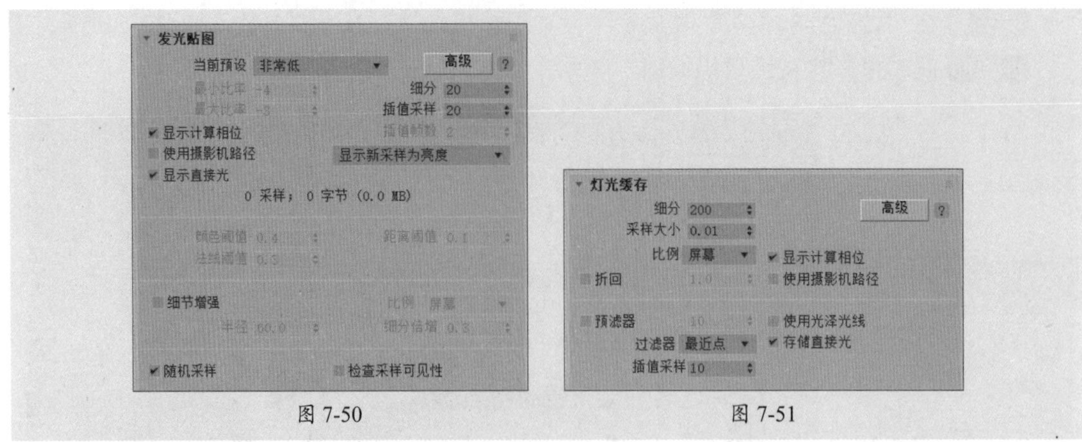

图 7-50　　　　图 7-51

步骤 12 在“公用参数”卷展栏中设置图像输出大小，如图7-52所示。

步骤 13 渲染摄影机视图，可以看到测试效果中，像素质量低，场景偏暗，如图7-53所示。

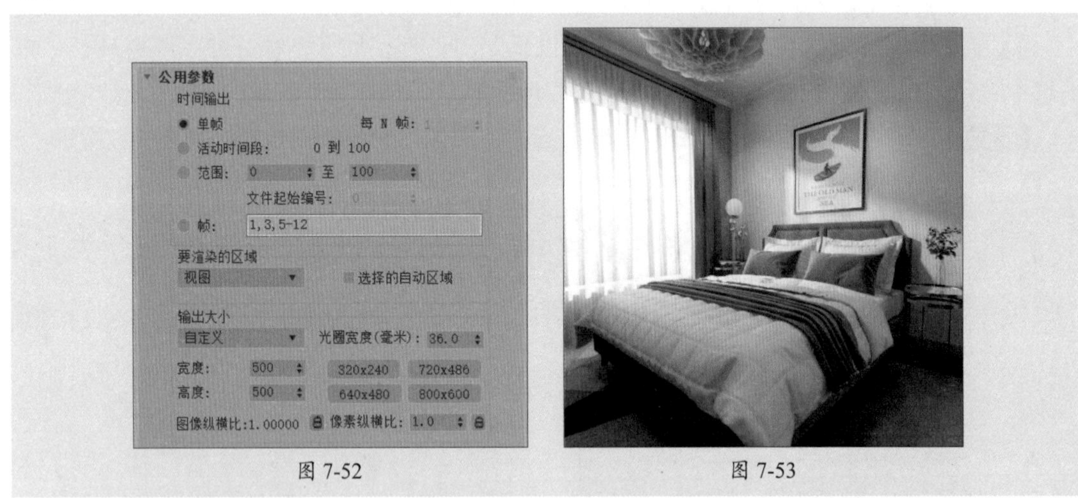

图 7-52　　　　图 7-53

步骤 14 高级渲染设置。在“渲染设置”对话框的“全局开关”卷展栏中设置灯光采样类型为“全光求值”，如图7-54所示。

步骤 15 设置图像采样器类型为“渲染块”，并设置最大/最小细分值，在“图像过滤器”卷展栏中选中“图像过滤器”复选框，设置过滤器类型为Catmull-Rom，如图7-55所示。

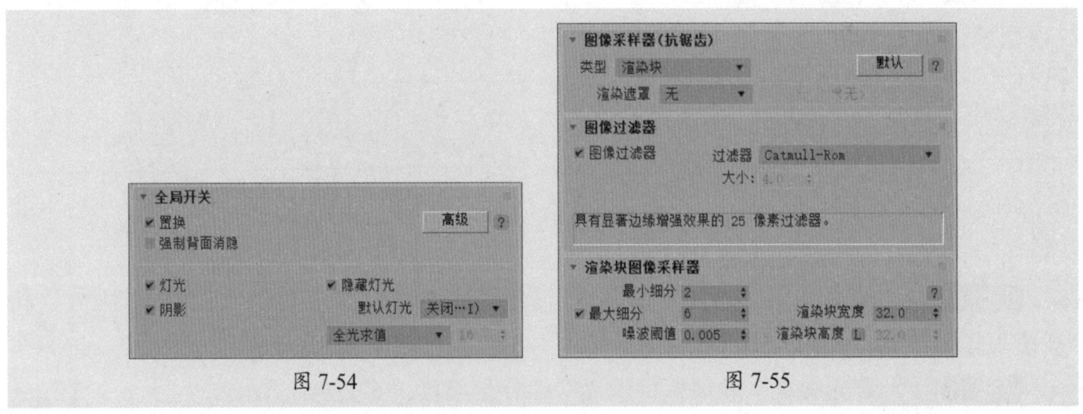

图 7-54　　　　图 7-55

步骤16 在“全局确定性蒙特卡洛”卷展栏中选中“使用局部细分”复选框，并设置最小采样、自适应数量以及噪波阈值参数，如图7-56所示。

步骤17 在“颜色贴图”卷展栏中重新设置亮部倍增值，如图7-57所示。

图 7-56

图 7-57

步骤18 在“发光贴图”卷展栏中设置预设级别为“高”，重新设置细分和插值采样，如图7-58所示。

步骤19 在“灯光缓存”卷展栏中重新设置细分和采样大小，如图7-59所示。

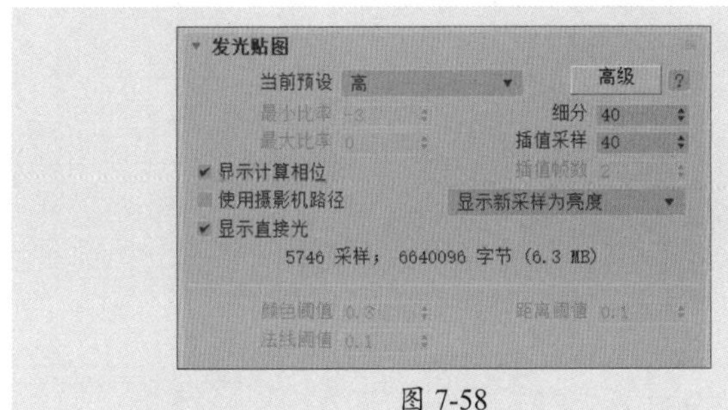

图 7-58

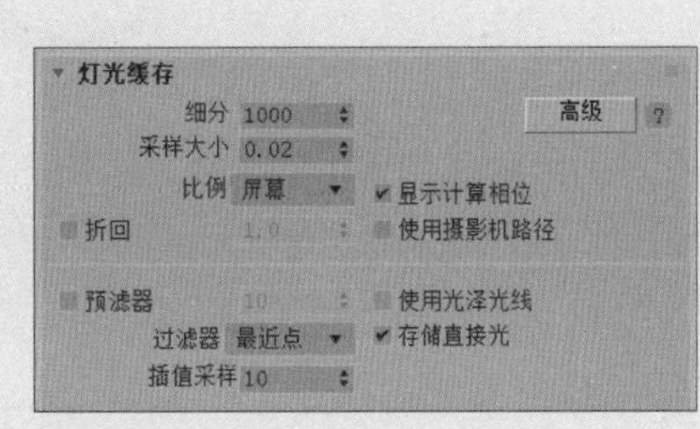

图 7-59

步骤20 在“公用参数”卷展栏中设置最终图像输出大小，如图7-60所示。

步骤21 按F9键快速渲染摄影机视图，效果如图7-61所示。

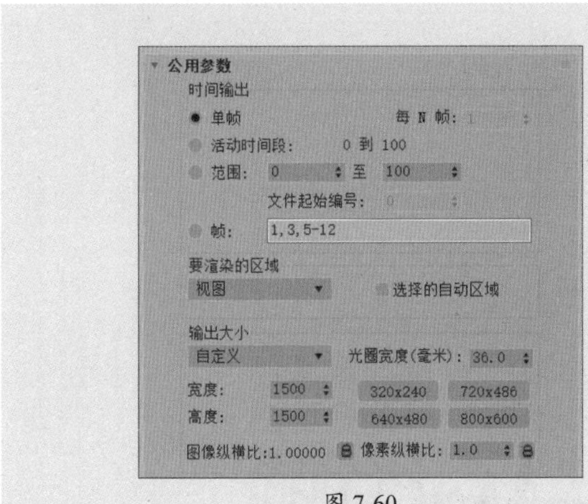

图 7-60

图 7-61

课后练习 渲染餐厅场景

为餐厅场景创建一架目标摄影机，并设置渲染参数，效果如图7-62所示。

图 7-62

1. 技术要点

- 在场景中创建目标摄影机，构建摄影机视图。
- 在“渲染设置”对话框中设置渲染参数，如输出尺寸、灯光细分等。

2. 分步演示

本案例的分步演示效果如图7-63所示。

图 7-63

拓展赏析

中国国粹之书法艺术

书法是中国汉字特有的书写艺术，以笔墨纸砚为工具，表达出人们的情感和思想，被誉为无言的诗、无形的舞、无图的画、无声的乐。中国的书法艺术自殷商时期萌芽，经历了几千年的发展，从甲骨文、金文演变成篆书、隶书，到东汉魏晋的草书、楷书、行书等，一直散发着独特的艺术魅力。及至现代，书法不仅保留了传统的精华，还融入了现代的创新理念，演变成一种具有独特审美价值的艺术形式，并成为中国重要的文化遗产。图7-64～图7-67所示为我国传统书法作品。

图 7-64

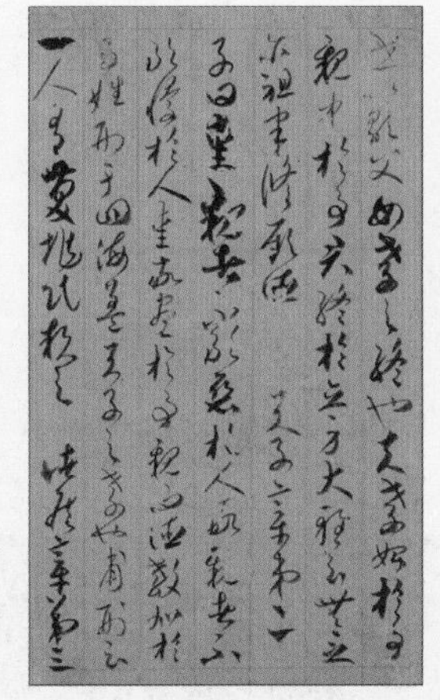

图 7-65

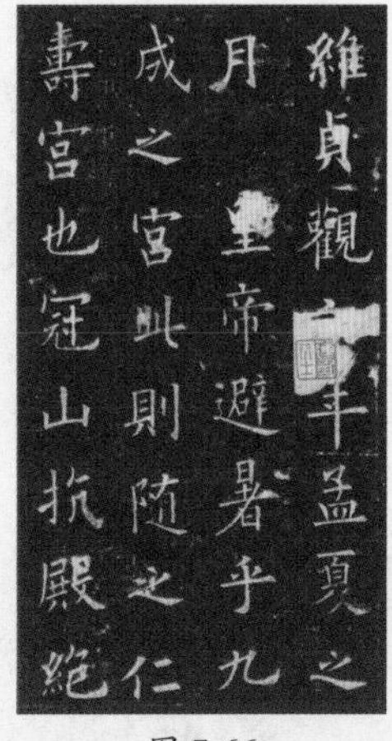

图 7-66

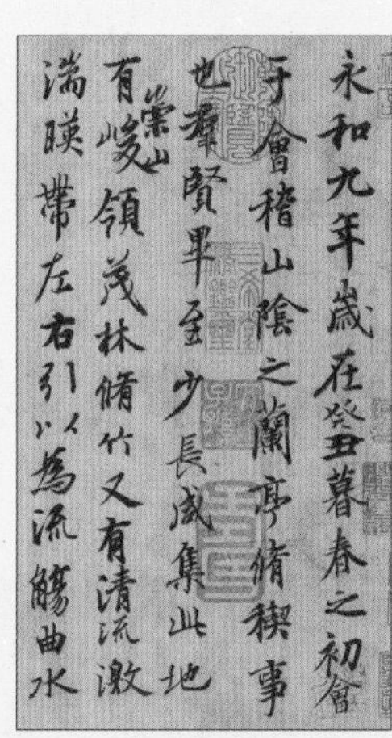

图 7-67

下面对中国书法的基本要素、主流字体以及饮誉古今的书法大家进行介绍，如图7-68所示。

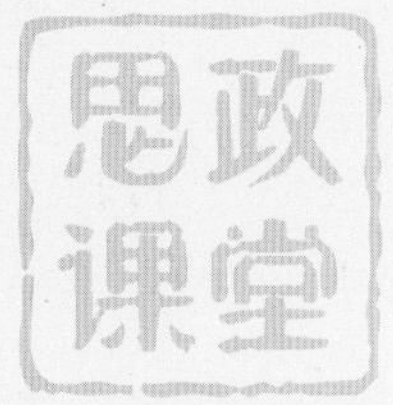

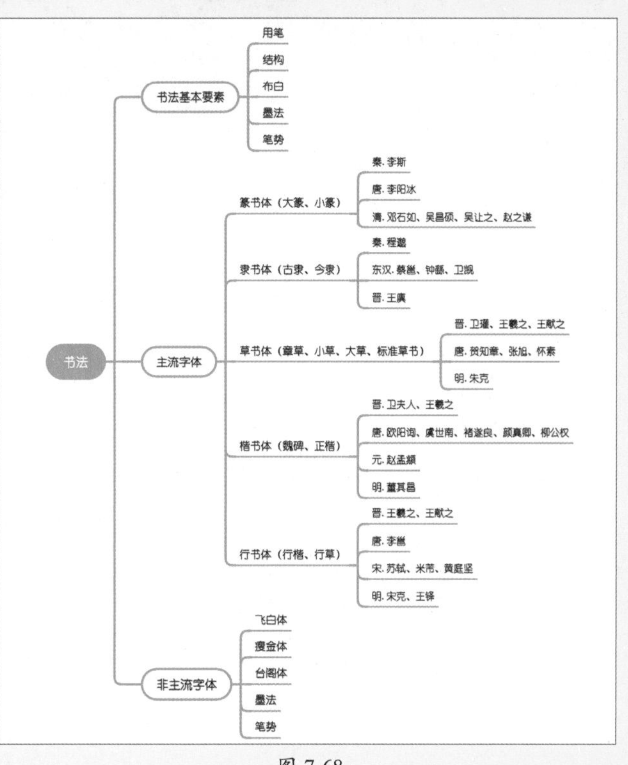

图 7-68

第8章

厨房场景效果的制作

内容导读

本章要表现的是一个现代风格的厨房场景，其中包括模型的创建，摄影机的创建，材质、灯光的制作以及渲染参数的设置。综合介绍了前面所学习的各种知识和技巧，通过本章的练习可以更加熟练地掌握3ds Max的操作技巧。

思维导图

8.1 创建场景模型

模型的创建是效果图制作的第一步，下面以平面图为基础利用多边形建模功能来创建厨房的主要建筑模型。

8.1.1 创建厨房主体建筑模型

本场景中的厨房空间，外通一个阳台，光线较好，建筑主体模型的创建较为简单。下面对创建过程进行介绍。

步骤01 执行“文件”|“导入”|“导入”命令，在弹出的“选择要导入的文件”对话框中选择CAD平面文件，如图8-1所示。

步骤02 单击“打开”按钮，会弹出“AutoCAD DWG/DXF导入选项”对话框，保持默认设置，单击“确定”按钮，即可将平面图导入到场景中，如图8-2所示。

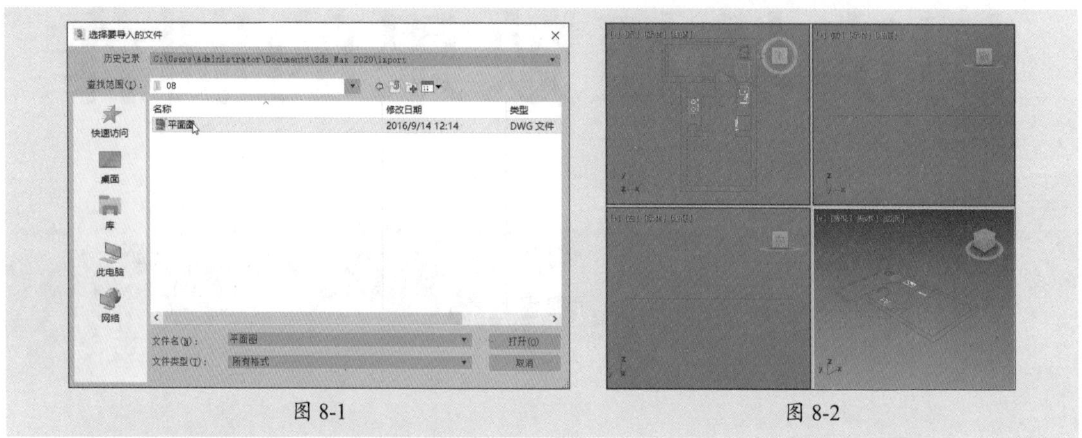

图 8-1　　图 8-2

步骤03 开启捕捉开关，在“创建”面板中单击“线”按钮，在顶视图中捕捉绘制室内框线，如图8-3所示。

步骤04 关闭捕捉开关，为其添加“挤出”修改器，设置挤出高度为2450 mm，如图8-4所示。

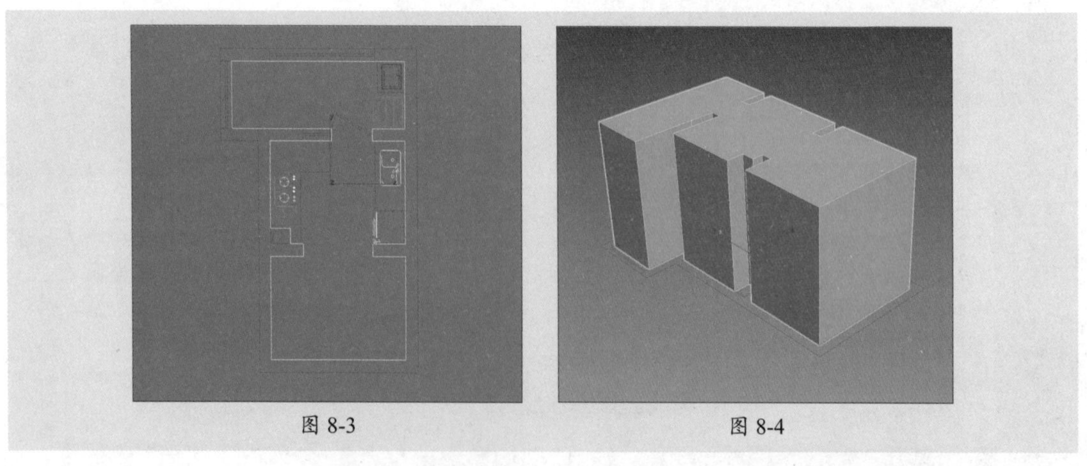

图 8-3　　图 8-4

步骤05 将其转换为可编辑多边形，进入“边”子层级，选择两条边，如图8-5所示。

步骤 06 单击“连接”设置按钮，设置连接边数为2，如图8-6所示。

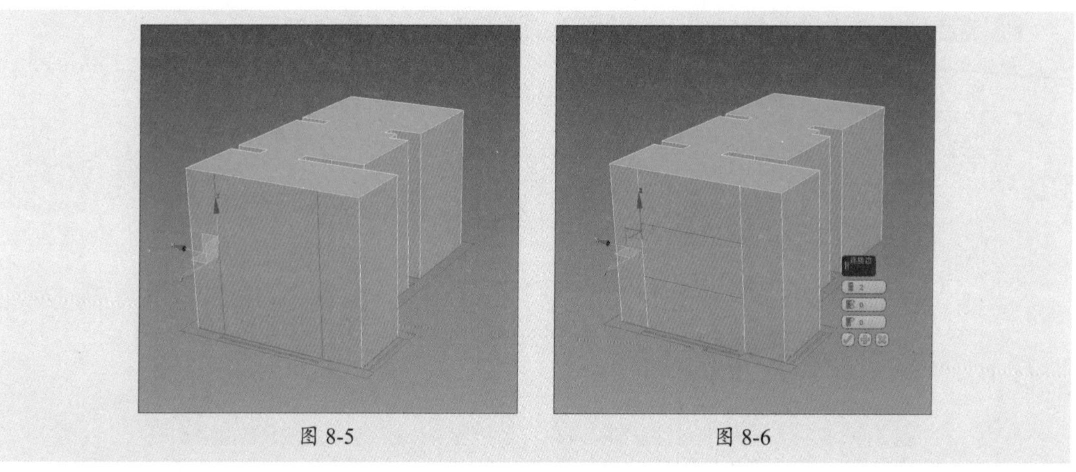

图 8-5　　图 8-6

步骤 07 调整新创建的两条边的高度，如图8-7所示。

步骤 08 进入“多边形”子层级，选择多边形并单击“挤出”设置按钮，设置挤出高度为300 mm，如图8-8所示。

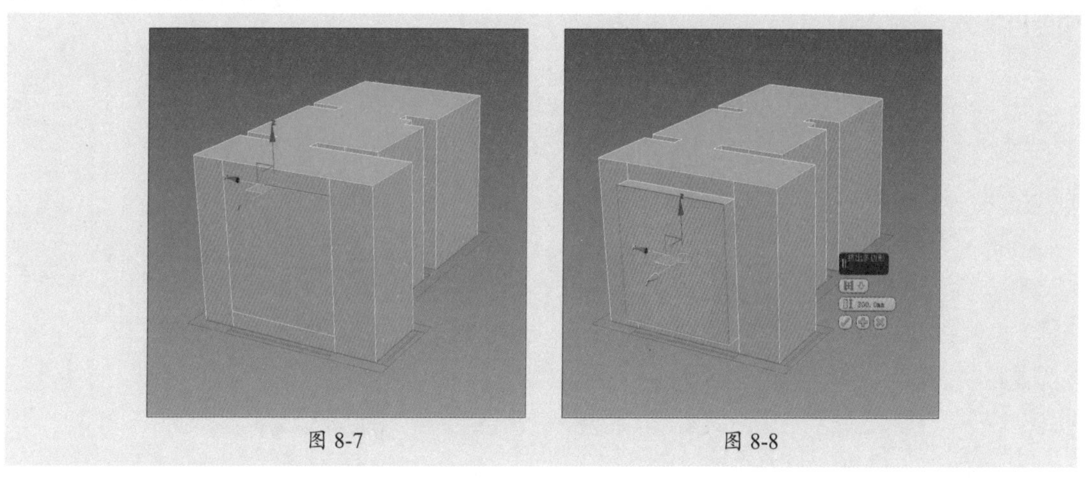

图 8-7　　图 8-8

步骤 09 按照上述操作步骤制作另一侧多边形，如图8-9所示。

步骤 10 选择并删除两处挤出的多边形，形成窗口，如图8-10所示。

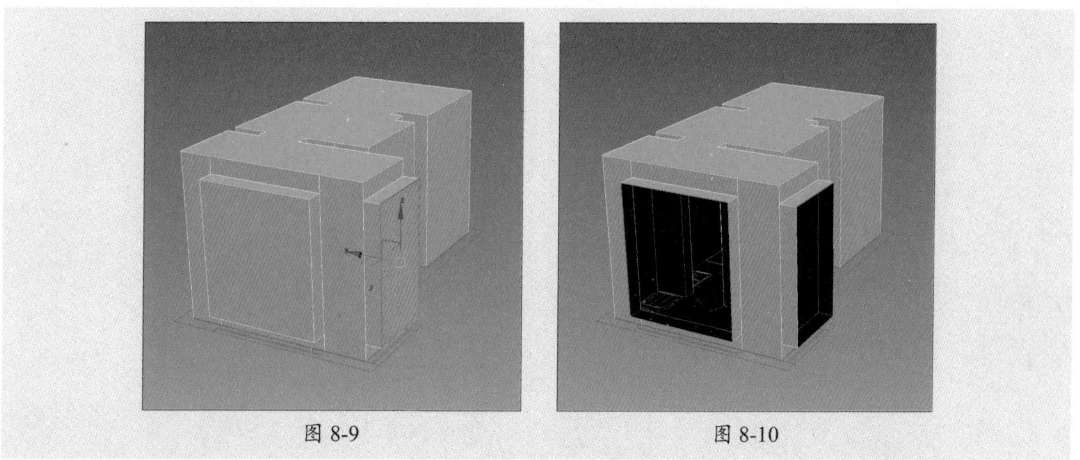

图 8-9　　图 8-10

步骤11 将视口设置为线框模式，进入“边”子层级，选择如图8-11所示的四条边。

步骤12 单击“连接”设置按钮，设置连接数量为2，如图8-12所示。

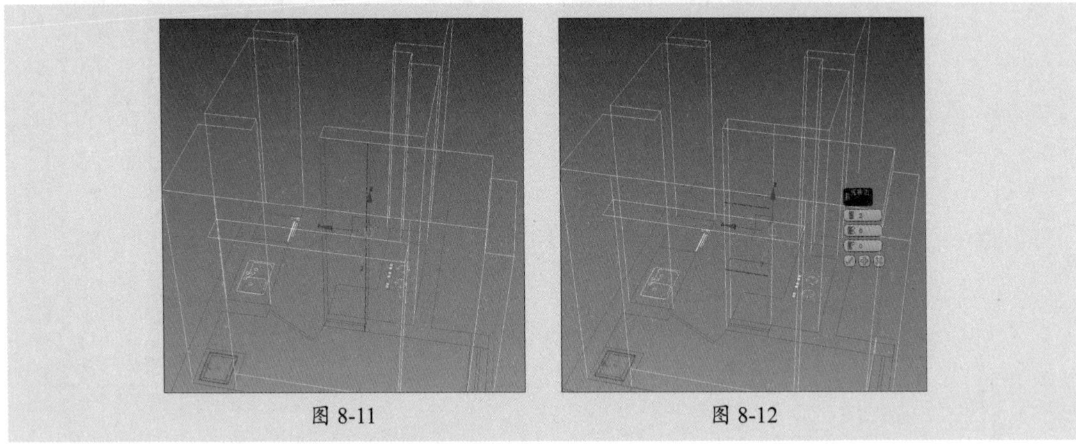

图 8-11　　图 8-12

步骤13 调整边的高度，如图8-13所示。

步骤14 选择上下两侧的边线，继续单击“连接”设置按钮，设置连接数量为1，如图8-14所示。

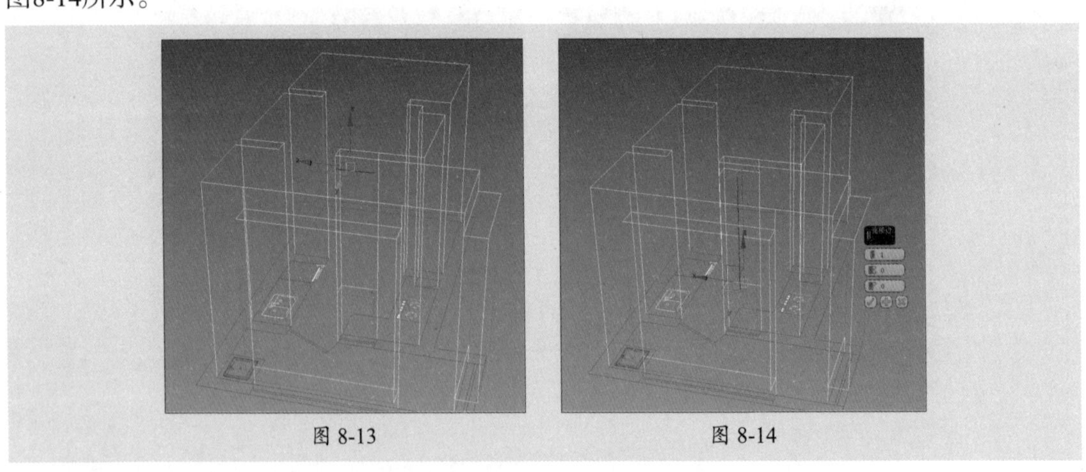

图 8-13　　图 8-14

步骤15 在视图中调整所选边的位置，如图8-15所示。

步骤16 进入“多边形”子层级，选择相对的两个多边形，如图8-16所示。

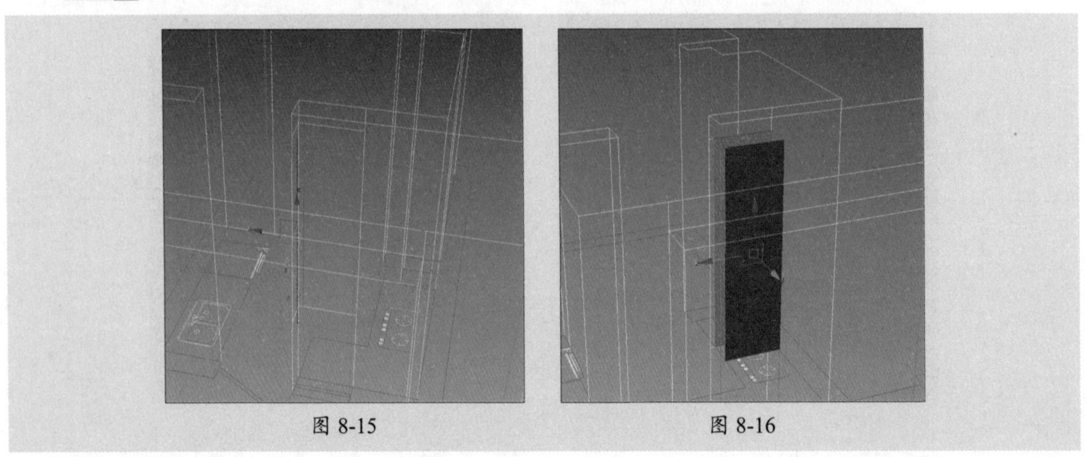

图 8-15　　图 8-16

步骤17 单击“桥”按钮制作出窗洞形状，如图8-17所示。

步骤18 退出堆栈，单击“长方体”按钮，捕捉创建一个用于封闭阳台位置的长方体门洞，如图8-18所示。

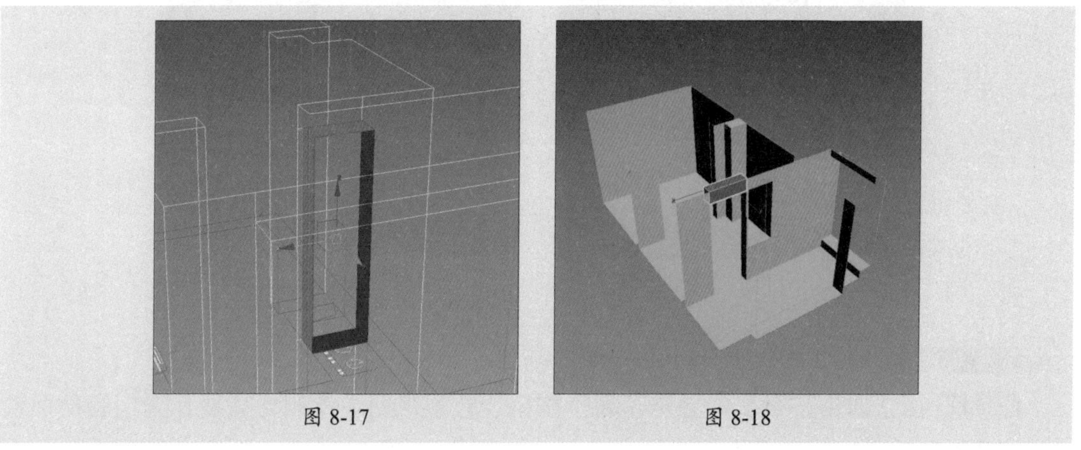

图 8-17　　图 8-18

步骤19 选择建筑多边形，单击“附加”按钮，在视口中单击拾取长方体，使其成为一个整体，如图8-19所示。

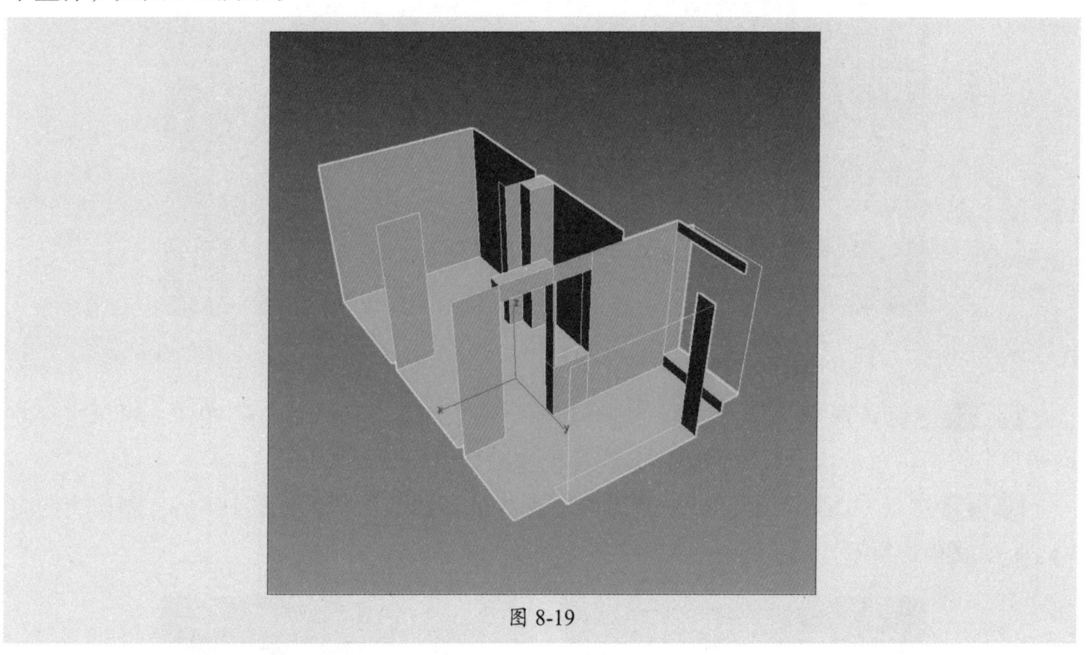

图 8-19

8.1.2 创建门窗模型

场景中含门窗模型各一个，另外还有阳台位置的栏杆模型，主要利用挤出修改器以及放样工具来制作，具体的操作步骤如下。

步骤01 在“创建”面板中单击“矩形”按钮，在前视图中捕捉门洞绘制一个矩形，如图8-20所示。

步骤02 将其转换为可编辑样条线，进入“线段”子层级，选择下方的线段，如图8-21所示。

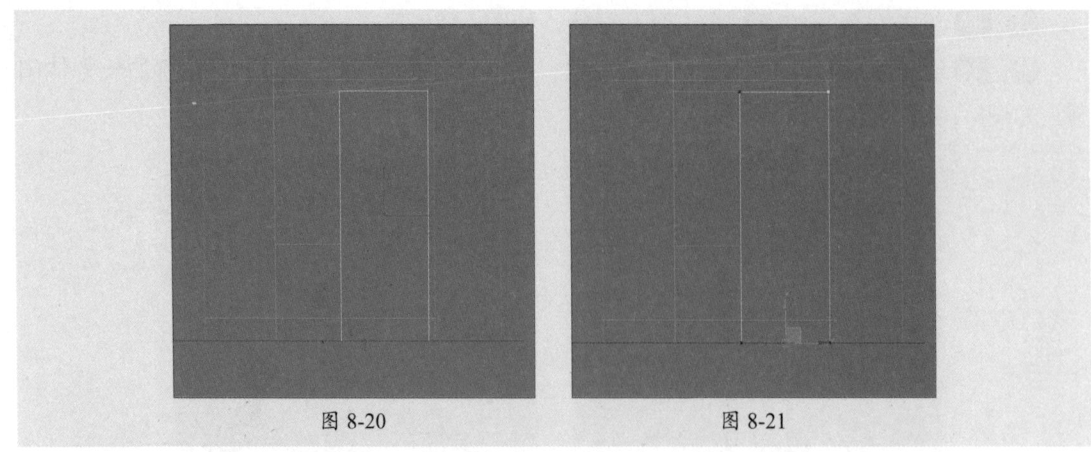
图 8-20　　图 8-21

步骤 03 按Delete键删除线段，如图8-22所示。

步骤 04 在“创建”面板中单击“线”按钮，在顶视图中绘制样条线作为门套截面轮廓，如图8-23所示。

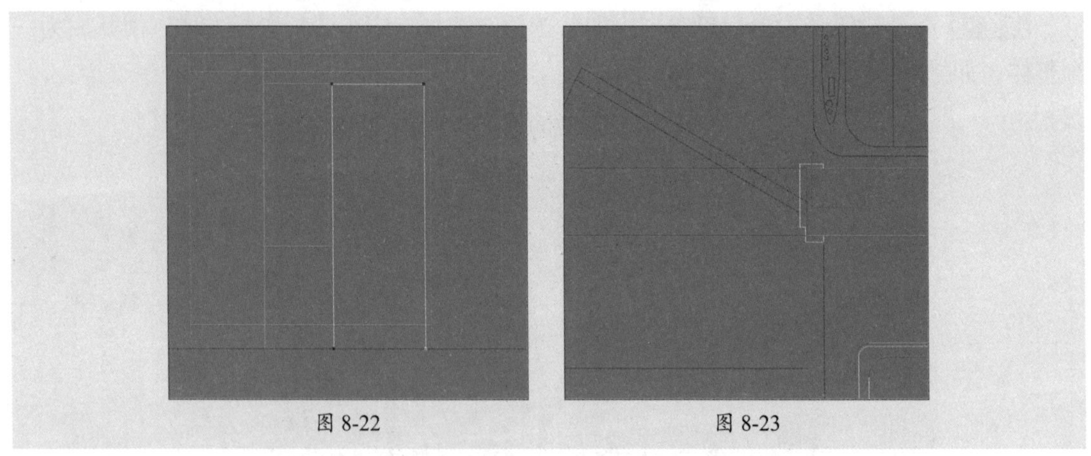
图 8-22　　图 8-23

步骤 05 选择矩形样条线，单击“复合对象”命令面板中的“放样”按钮，再单击“获取图形”按钮，单击拾取视图中的样条线，创建模型，如图8-24所示。

步骤 06 进入“图形”子层级，使用旋转工具选择截面图形并旋转180°，制作出门套模型，如图8-25所示。

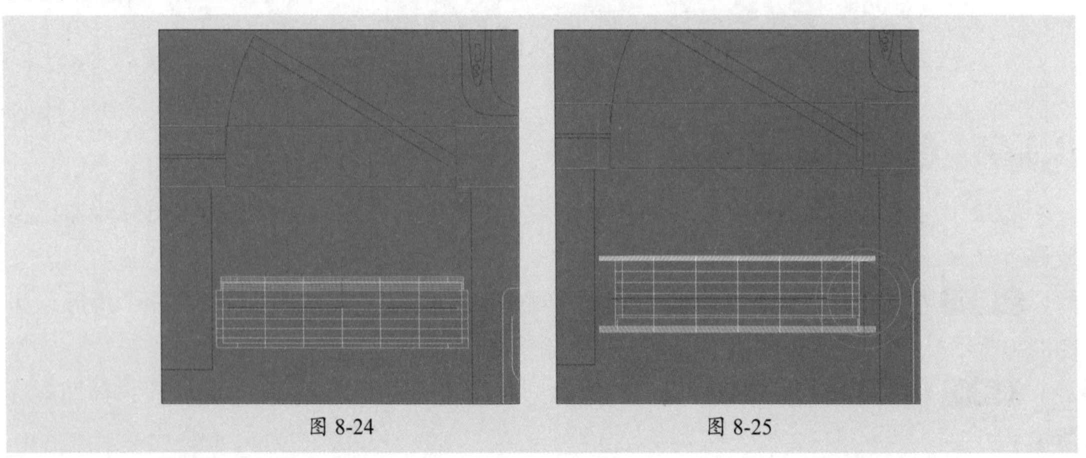
图 8-24　　图 8-25

步骤 07 调整门套模型的位置，如图8-26所示。

步骤 08 在“创建”面板中单击“矩形”命令，在前视图中捕捉绘制一个矩形，如图8-27所示。

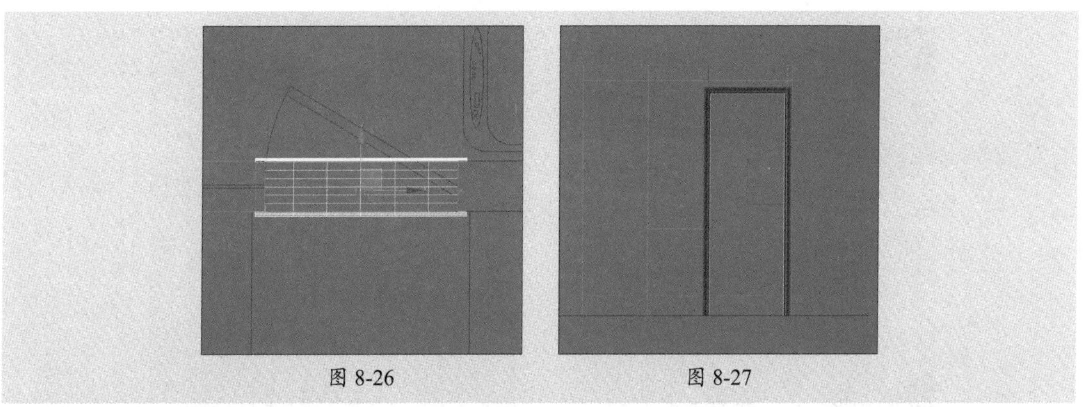

图 8-26 图 8-27

步骤 09 将其转换为可编辑样条线，进入“样条线”子层级，设置轮廓值为60，如图8-28所示。

步骤 10 为其添加“挤出”修改器，设置挤出高度为80，并调整模型的位置，如图8-29所示。

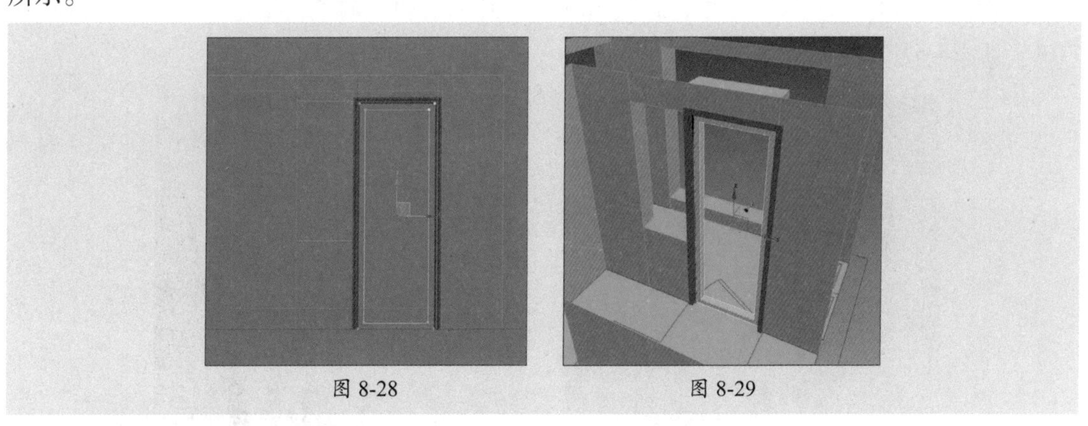

图 8-28 图 8-29

步骤 11 在左视图中绘制一个长度为450 mm、宽度为100 mm的矩形，如图8-30所示。

步骤 12 将其转换为可编辑样条线，进入“样条线”子层级，设置轮廓值为20 mm，如图8-31所示。

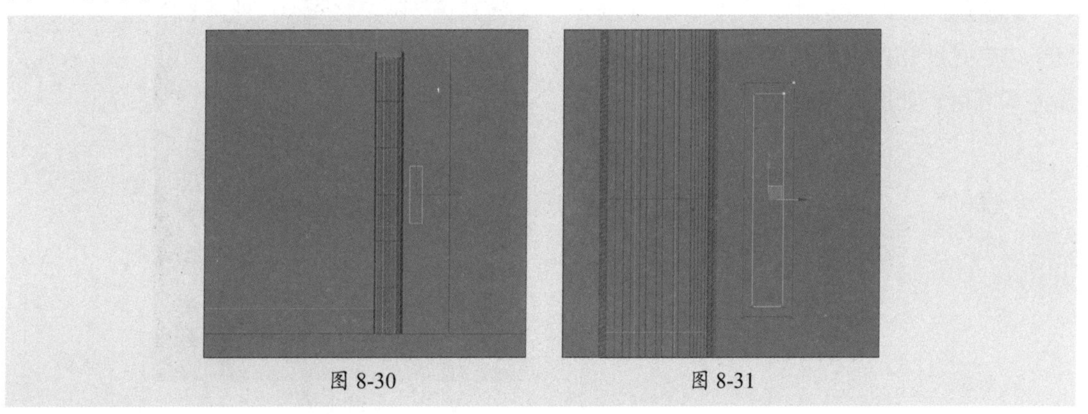

图 8-30 图 8-31

步骤13 再为样条线添加“挤出”修改器，设置挤出高度为40 mm，调整模型的位置，作为门把手，如图8-32所示。

步骤14 单击“矩形”按钮，在前视图中捕捉门框绘制矩形，如图8-33所示。

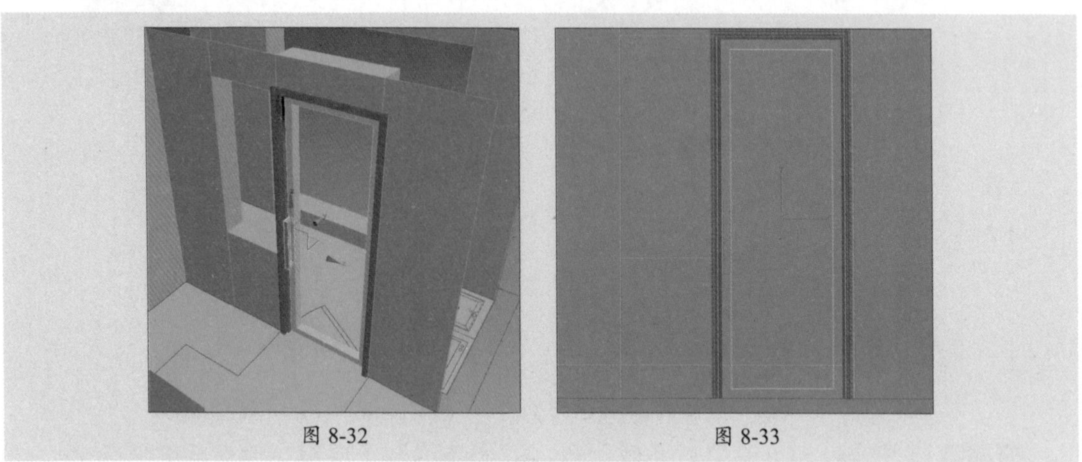

图 8-32　　图 8-33

步骤15 为其添加“挤出”修改器，设置挤出高度为12 mm，调整位置，作为门玻璃，如图8-34所示。

步骤16 选择门框、玻璃、把手模型，执行“组”|“组”命令，将其创建成组，并旋转角度，如图8-35所示。

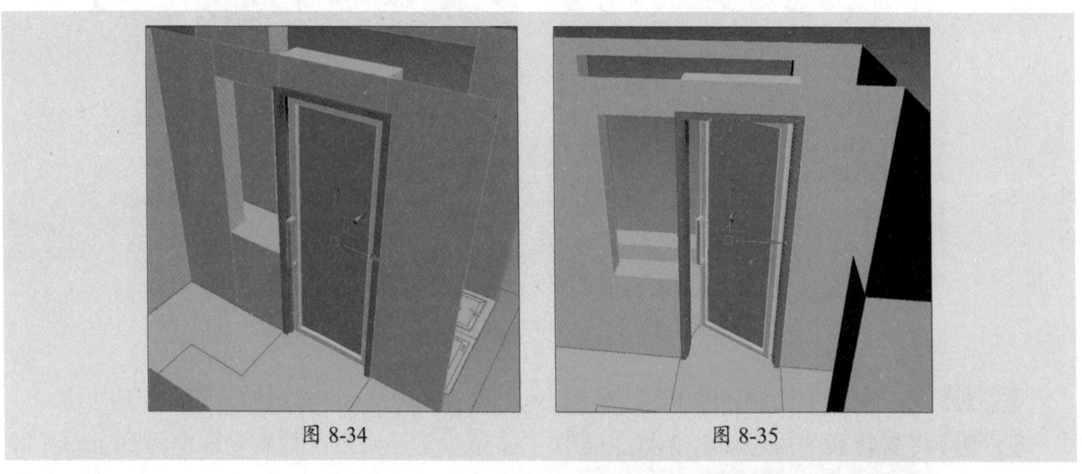

图 8-34　　图 8-35

步骤17 按照上述制作门模型的方法再制作边框宽度和厚度均为40 mm的窗户模型，并将其成组，如图8-36所示。

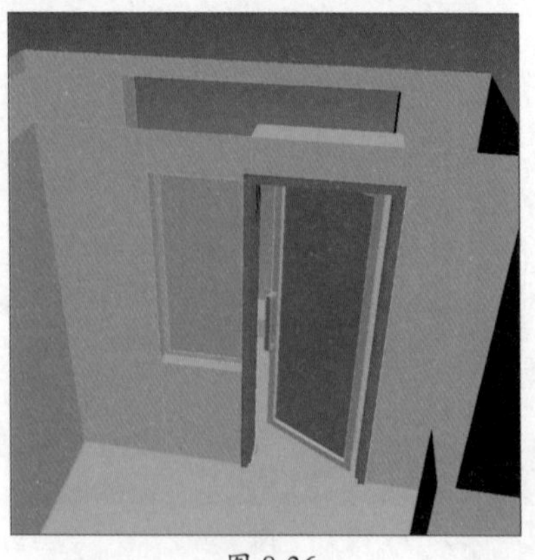

图 8-36

步骤 18 在“创建”面板中单击“长方体”按钮，在顶视图中创建一个长方体，调整位置，如图8-37所示。

步骤 19 在前视图中捕捉绘制一个矩形，如图8-38所示。

图 8-37

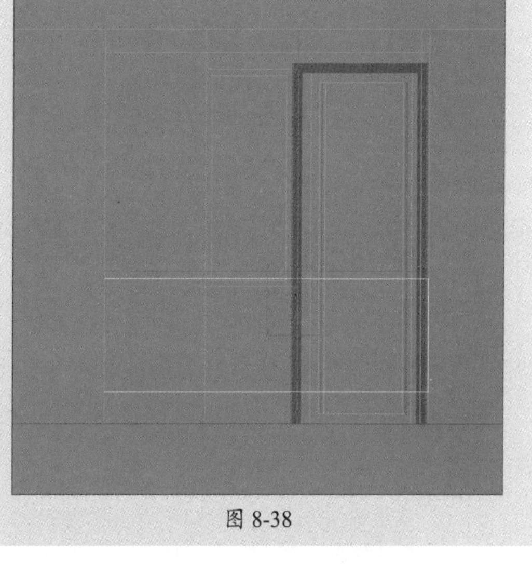
图 8-38

步骤 20 为其添加“挤出”修改器，设置挤出高度为12 mm，如图8-39所示。

步骤 21 再制作阳台另一侧栏杆模型，如图8-40所示。

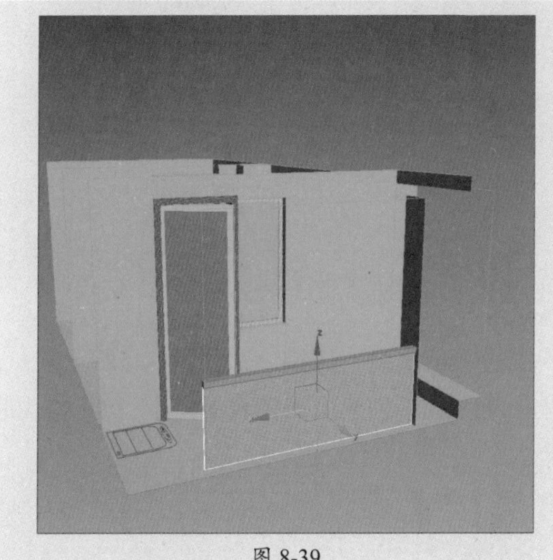

图 8-39

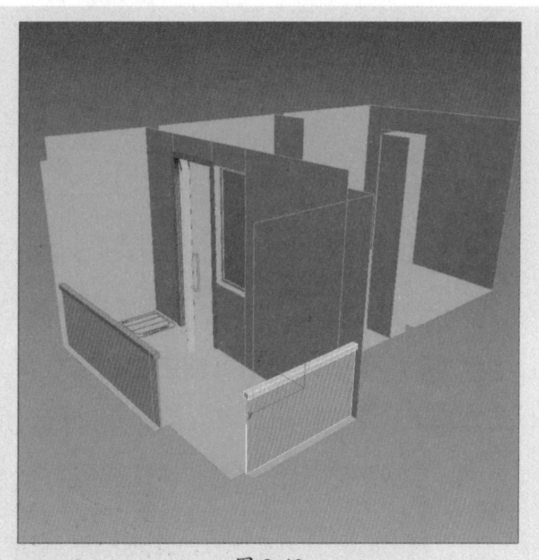
图 8-40

8.1.3 创建橱柜模型

橱柜分为地柜和吊柜两种。地柜又分为柜体、台面、隔水板3个部分，吊柜门分为实体不透明与半透明式两种。在一侧的地柜上需要制作洗菜盆模型，具体的操作步骤如下。

步骤 01 在“创建”面板中单击“线”按钮，在顶视图中捕捉绘制样条线，如图8-41所示。

步骤 02 进入“顶点”子层级，选择两个顶点，如图8-42所示。

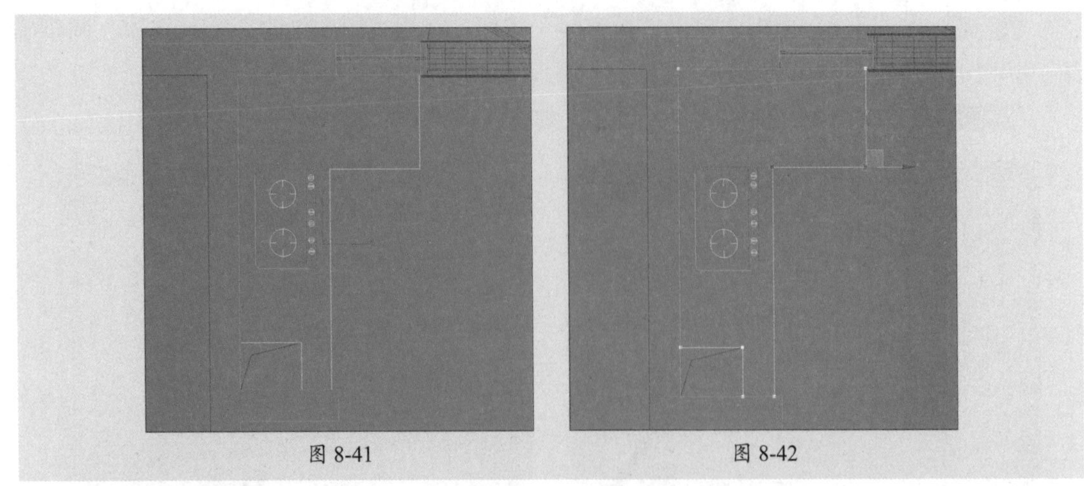
图 8-41　图 8-42

步骤 03 设置圆角量为20 mm，对顶点进行圆角处理，如图8-43所示。

步骤 04 为其添加“挤出”修改器，设置挤出高度为50 mm，调整模型高度，如图8-44所示。

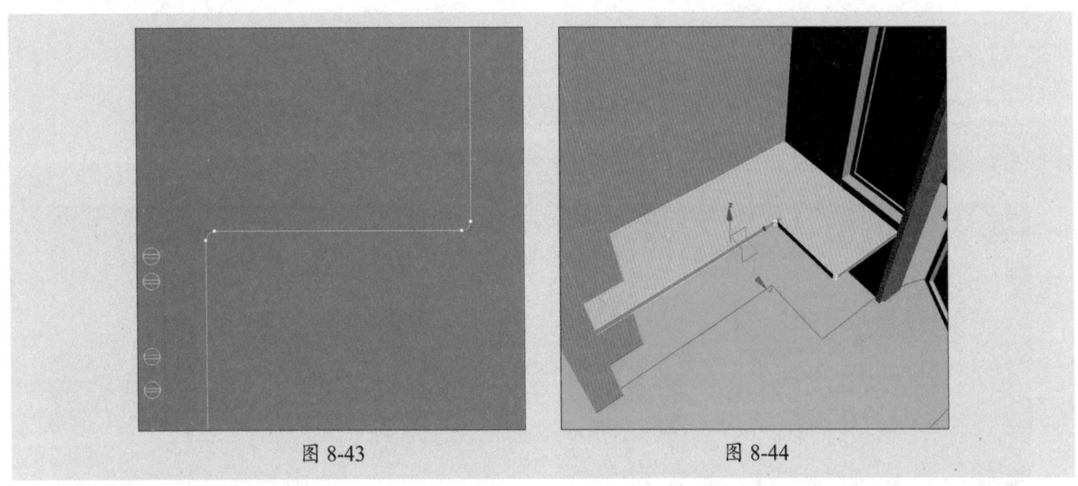
图 8-43　图 8-44

步骤 05 将模型转换为可编辑多边形，进入“边”子层级，选择边，如图8-45所示。

步骤 06 单击“切角”设置按钮，设置切角量为5 mm，创建出橱柜台面模型，如图8-46所示。

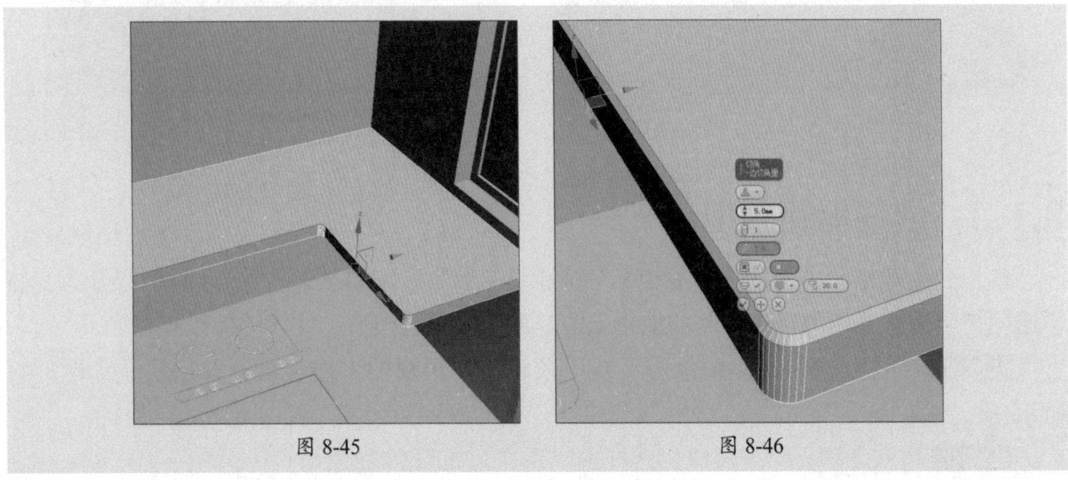
图 8-45　图 8-46

步骤 07 单击“线”按钮，在左视图中绘制一个轮廓，如图8-47所示。

步骤 08 进入“顶点”子层级，设置顶点类型为“Bezier角点”，调整样条线轮廓，如图8-48所示。

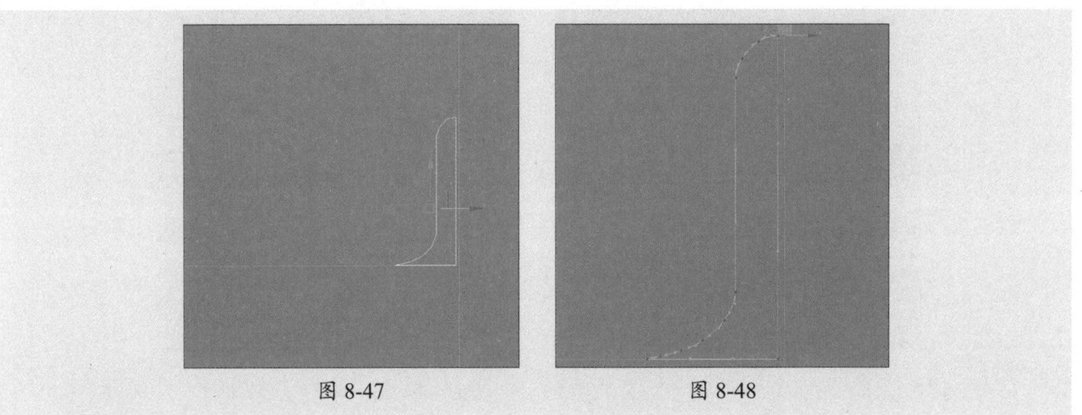

图 8-47　　图 8-48

步骤 09 激活顶视图，单击“线”按钮，捕捉绘制样条线，如图8-49所示。

步骤 10 为其添加“挤出”修改器，设置挤出高度为750 mm，调整模型位置，如图8-50所示。

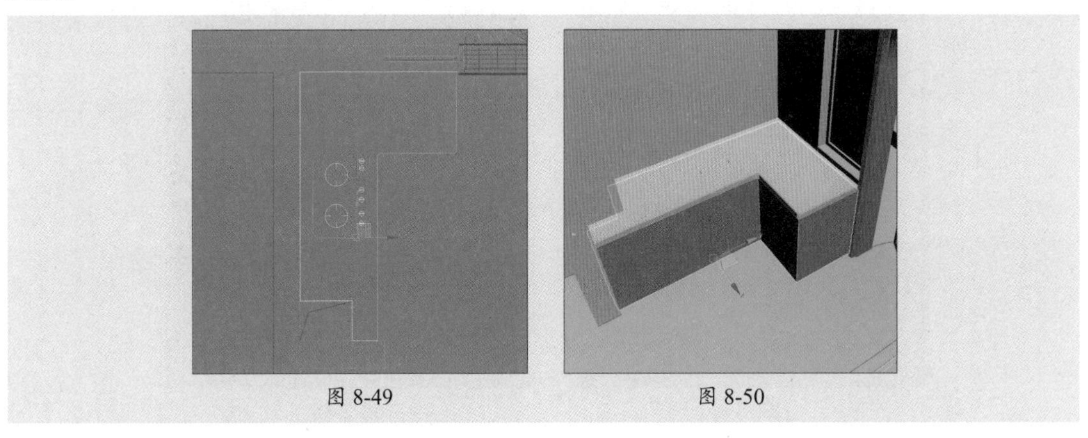

图 8-49　　图 8-50

步骤 11 将其转换为可编辑多边形，进入“边”子层级，选择多条边线并单击“连接”设置按钮，设置连接数为3，如图8-51所示。

步骤 12 使用移动工具调整边线的位置，如图8-52所示。

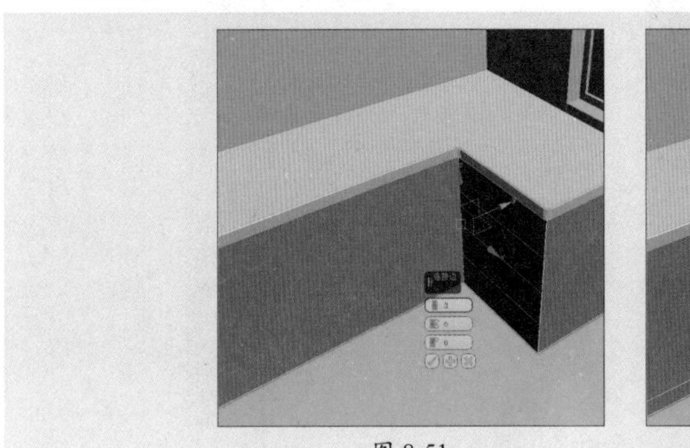

图 8-51

图 8-52

步骤13 进入“多边形”子层级，选择多边形，如图8-53所示。

步骤14 单击“挤出”设置按钮，设置挤出高度为8 mm，挤出橱柜门造型，如图8-54所示。

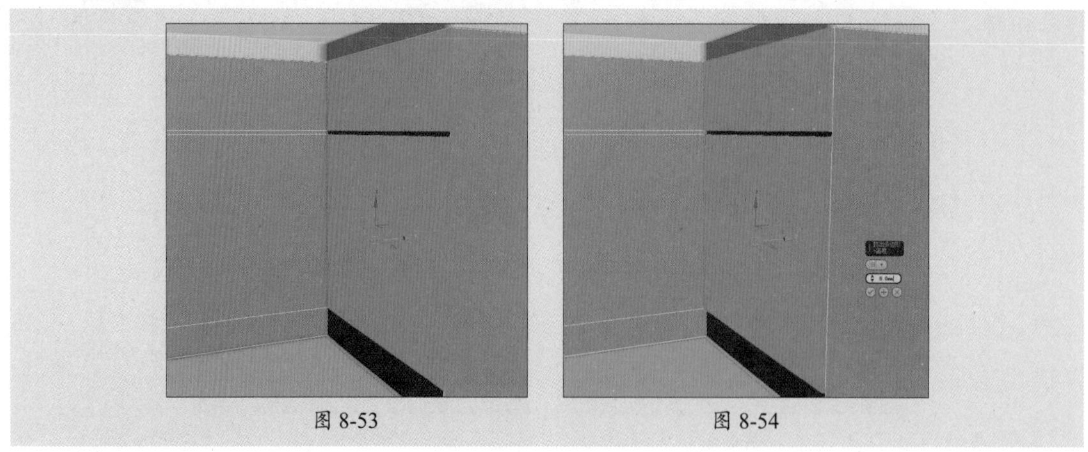
图 8-53　　图 8-54

步骤15 再挤出另一侧橱柜门造型，如图8-55所示。

步骤16 选择踢脚区域的多边形，单击“挤出”设置按钮，设置挤出高度为-10 mm，如图8-56所示。

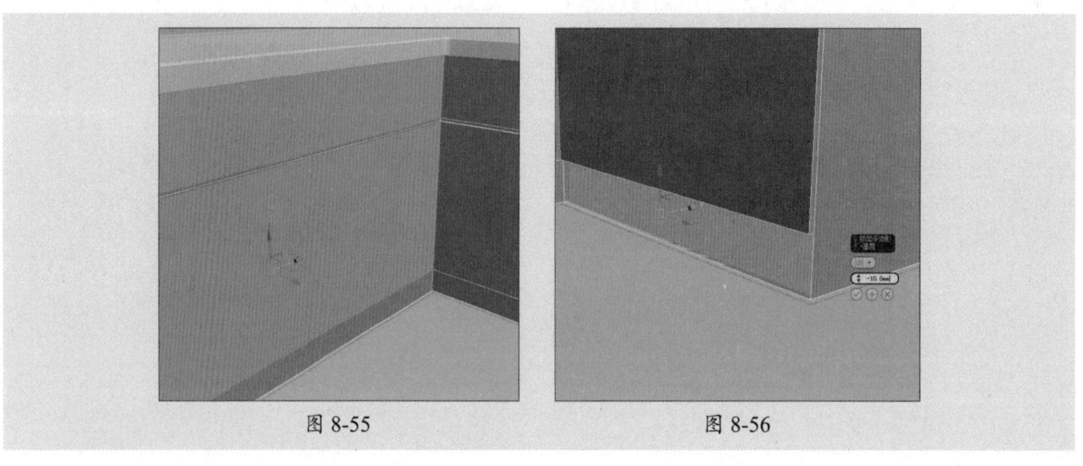
图 8-55　　图 8-56

步骤17 再挤出另一侧踢脚，如图8-57所示。

步骤18 进入“边”子层级，选择柜门上的边，如图8-58所示。

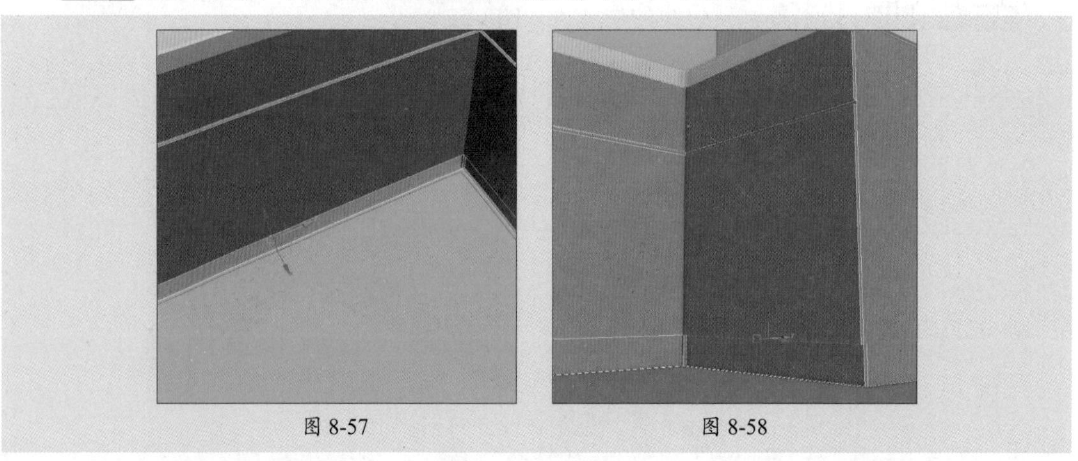
图 8-57　　图 8-58

步骤 19 单击“连接”设置按钮，设置连接数为1，如图8-59所示。

步骤 20 选择橱柜另一侧的边，单击“连接”设置按钮，设置连接边数为3，如图8-60所示。

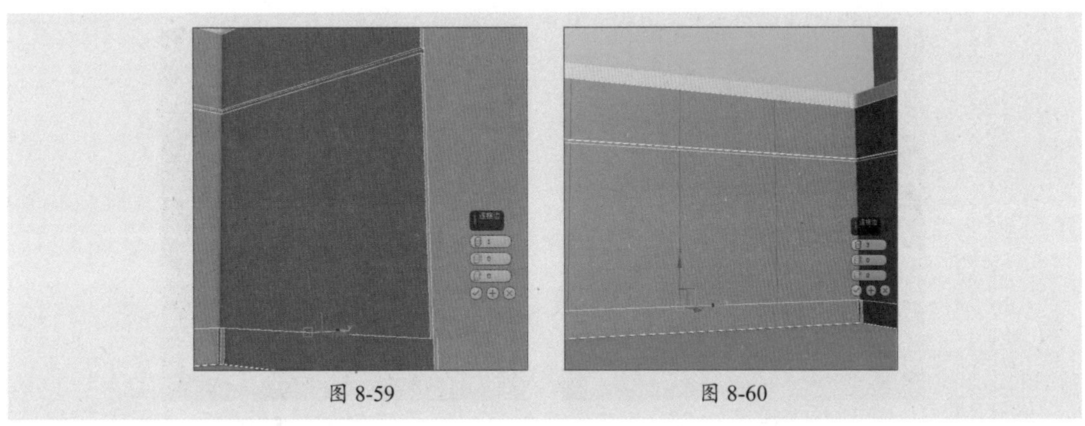

图 8-59　　图 8-60

步骤 21 选择多条边，单击“挤出”设置按钮，设置挤出高度为-10 mm，挤出宽度为3 mm，完成一侧地柜模型的创建，如图8-61所示。

步骤 22 按照上述方法创建另一侧地柜的模型，如图8-62所示。

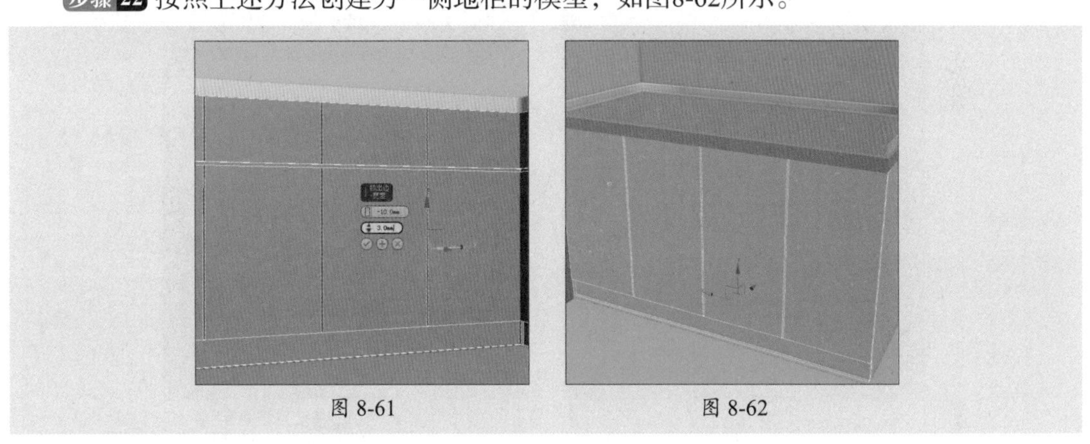

图 8-61　　图 8-62

步骤 23 在前视图中绘制一个封闭的样条线，如图8-63所示。

步骤 24 为其添加“挤出”修改器，设置挤出高度为330 mm，制作出柜门把手模型，调整到合适位置，如图8-64所示。

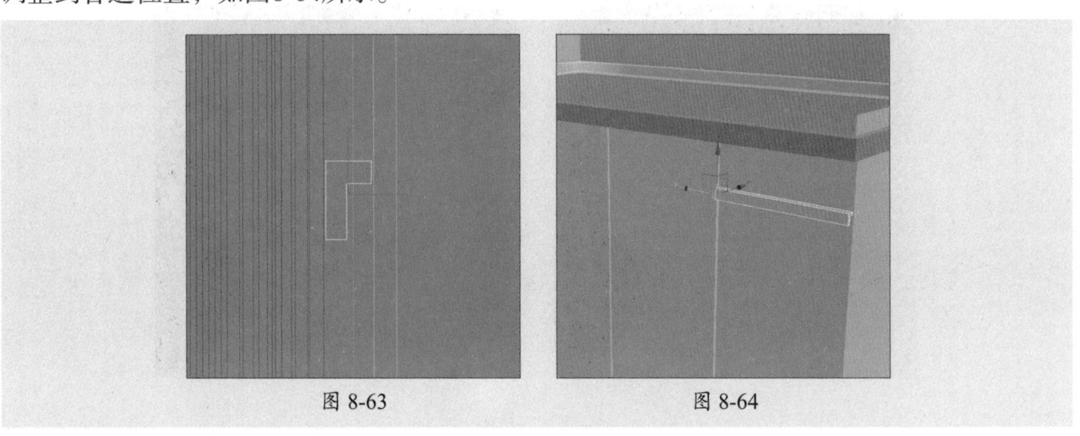

图 8-63　　图 8-64

步骤25 复制把手模型并调整部分模型的挤出尺寸，如图8-65所示。

步骤26 制作吊柜模型。创建一个长度为1700 mm、宽度为800 mm、高度为380 mm的长方体，移动到合适的位置，如图8-66所示。

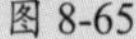

图 8-65

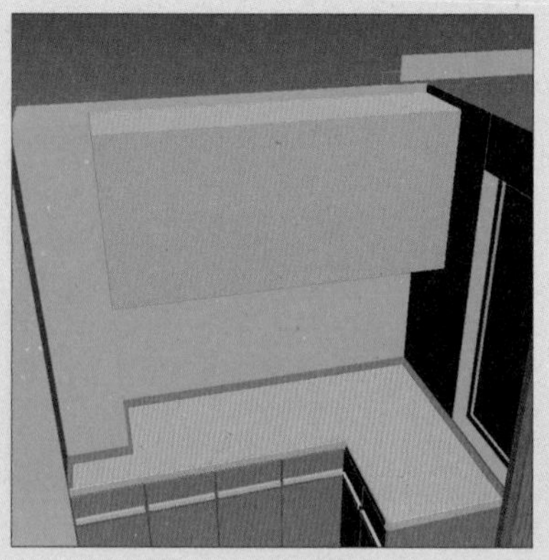

图 8-66

步骤27 将其转换为可编辑多边形，进入“边”子层级，选择横向的边，单击“连接”设置按钮，设置连接边数为2，创建两条竖向边线，如图8-67、图8-68所示。

图 8-67

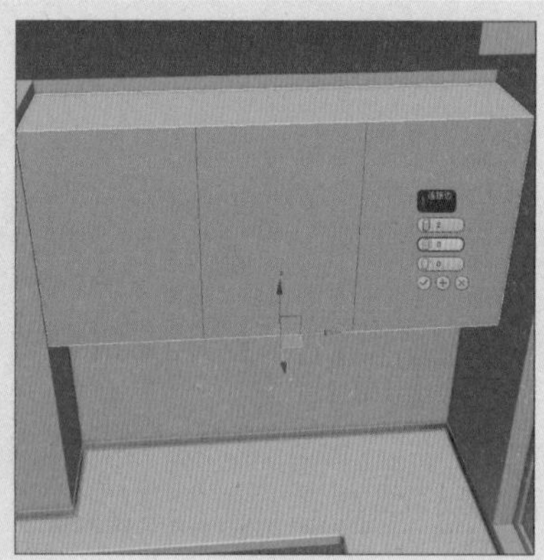

图 8-68

步骤28 激活缩放工具，沿Y轴缩放两条边，如图8-69所示。

步骤29 再单击“连接”设置按钮，设置连接数为1，如图8-70所示。

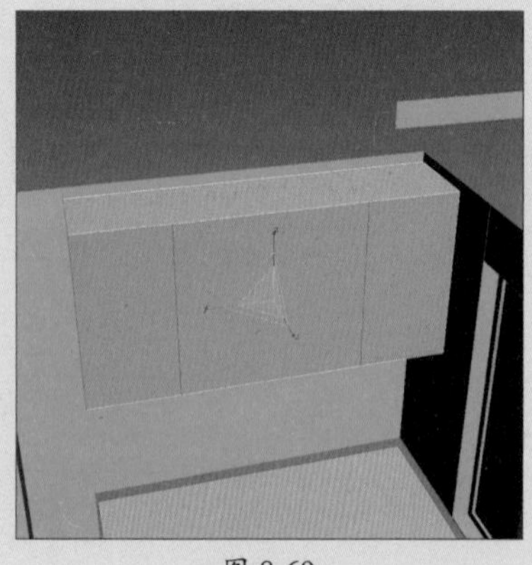

图 8-69

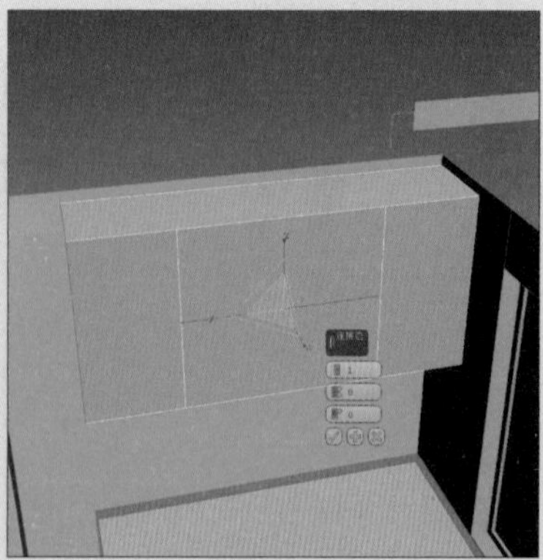

图 8-70

步骤 30 激活移动工具，沿Z轴向下移动边线，如图8-71所示。

步骤 31 进入“多边形”子层级，选择下方的多边形，如图8-72所示。

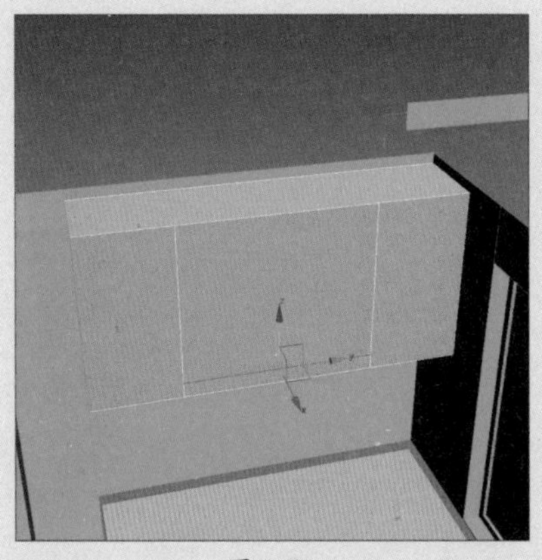
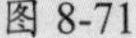
图 8-71

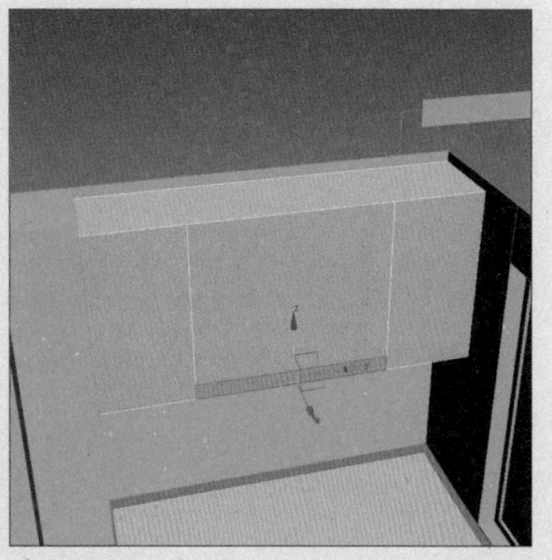
图 8-72

步骤 32 单击“挤出”设置按钮，设置挤出高度为-360 mm，如图8-73所示。

步骤 33 选择并删除多余的多边形和边线，如图8-74所示。

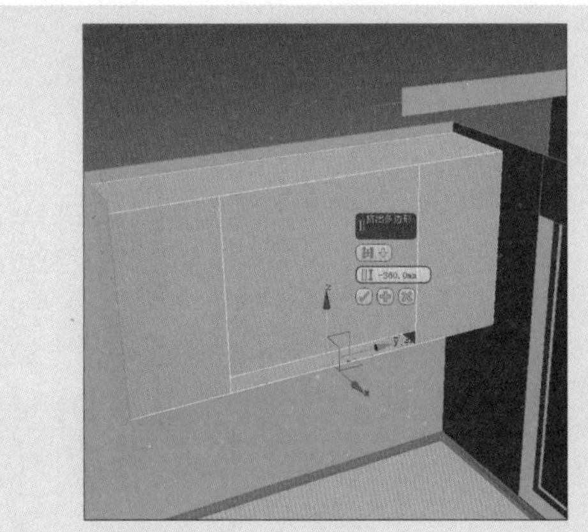
图 8-73

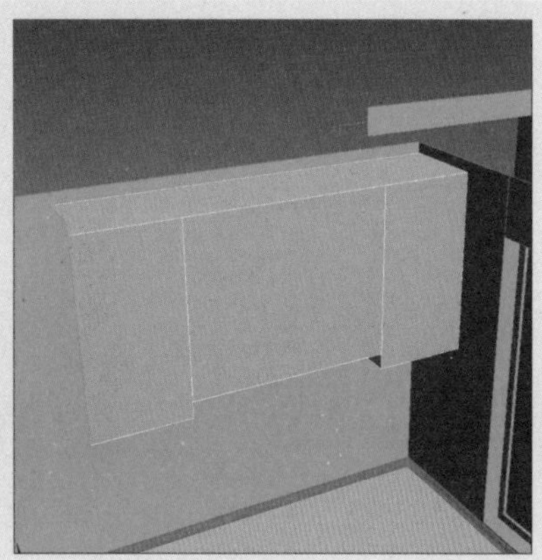
图 8-74

步骤 34 进入“多边形”子层级，选择两侧的多边形，单击“插入”设置按钮，设置插入值为20 mm，如图8-75、图8-76所示。

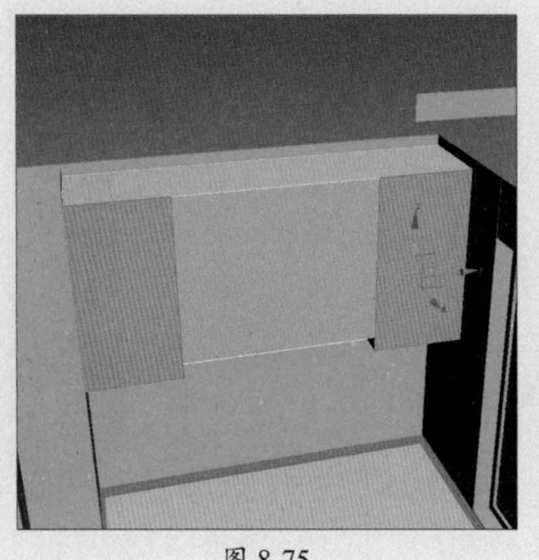
图 8-75

图 8-76

步骤35 再单击“挤出”设置按钮，设置挤出高度为-360 mm，如图8-77所示。

步骤36 进入“边”子层级，选择中间位置的上下两条边，如图8-78所示。

图 8-77

图 8-78

步骤37 单击“连接”设置按钮，设置连接边数为2，如图8-79所示。

步骤38 使用缩放工具向内缩放两条边，如图8-80所示。

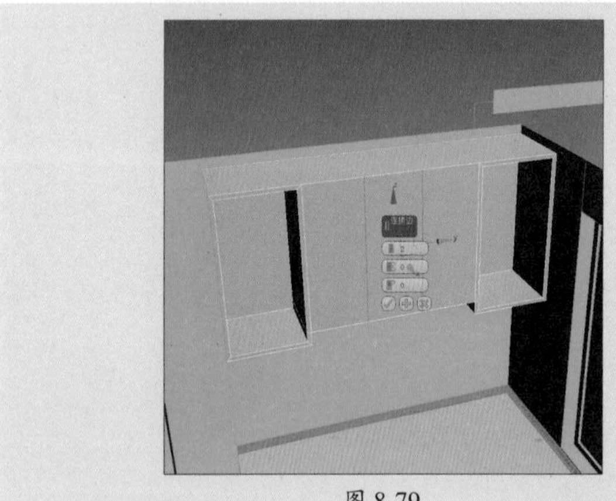

图 8-79

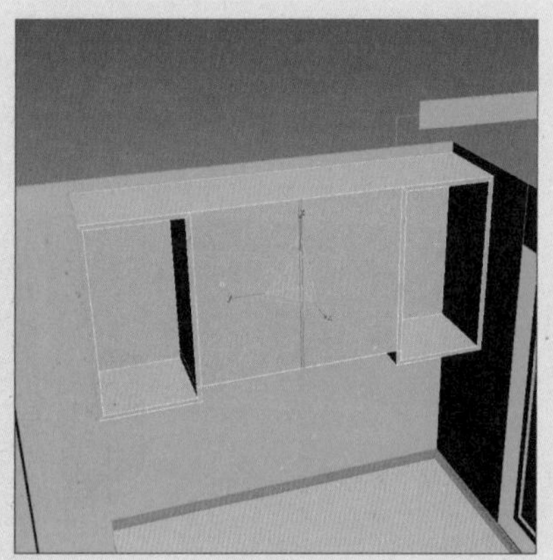

图 8-80

步骤39 进入“多边形”子层级，选择两个多边形，单击“挤出”设置按钮，设置挤出高度为18 mm，如图8-81、图8-82所示。

图 8-81

图 8-82

步骤 40 创建一个长度为1670 mm、宽度为320 mm、高度为18 mm的长方体，调整位置并向上复制，如图8-83、图8-84所示。

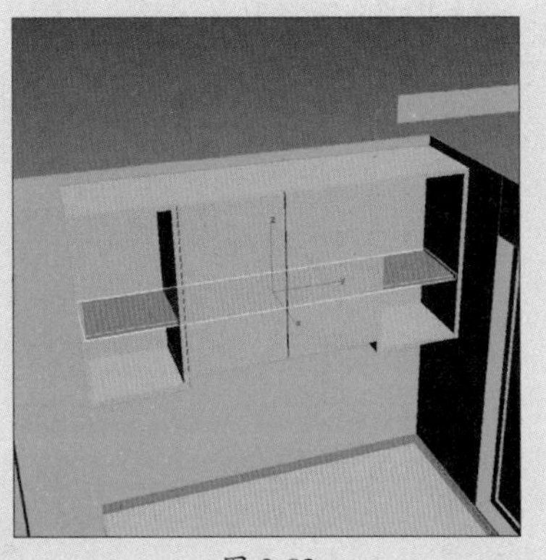
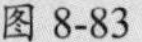
图 8-83

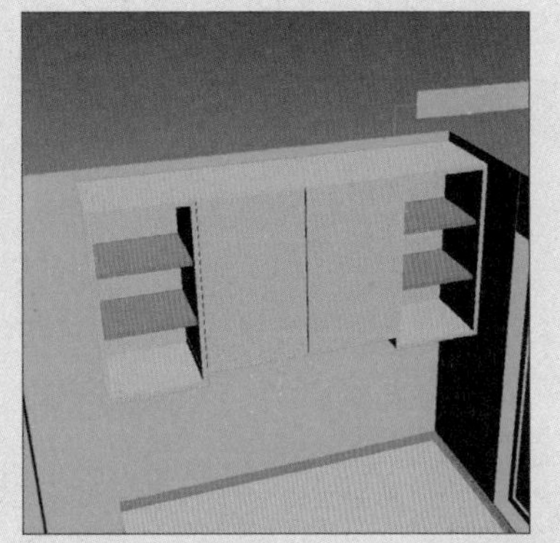
图 8-84

步骤 41 在左视图中捕捉吊柜模型绘制一个矩形，将其转换为可编辑样条线，进入“样条线”子层级，设置轮廓值为20 mm，如图8-85所示。

步骤 42 为其添加“挤出”修改器，设置挤出高度为20 mm，调整模型位置，如图8-86所示。

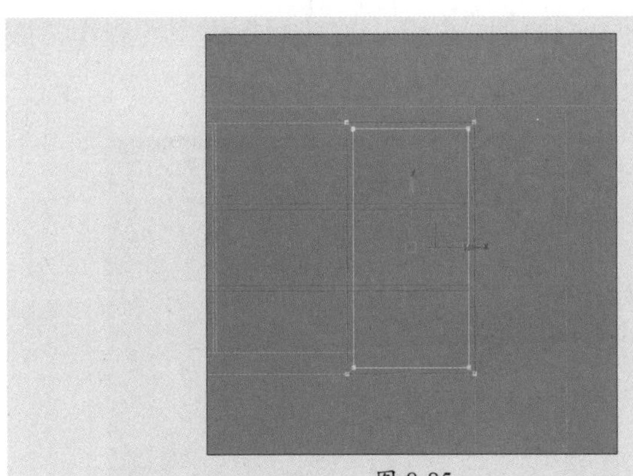
图 8-85

图 8-86

步骤 43 将其转换为可编辑多边形，进入“多边形”子层级，选择表面的多边形，单击“倒角”设置按钮，设置倒角高度为3 mm，倒角轮廓为-3 mm，如图8-87、图8-88所示。

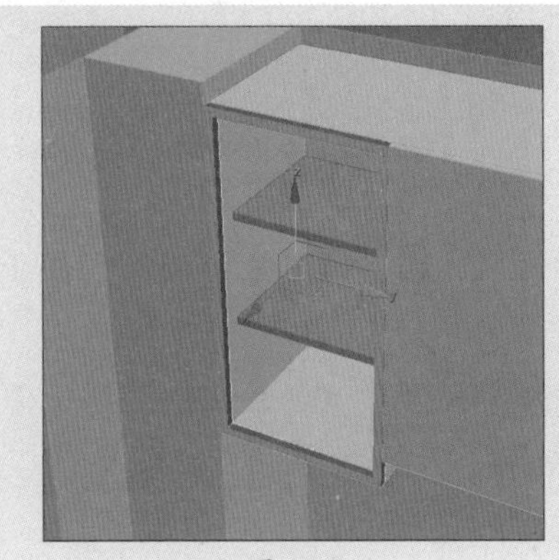
图 8-87

图 8-88

步骤 44 捕捉内框创建一个矩形，并为其添加“挤出”修改器，设置挤出高度为10 mm，作为玻璃模型，将其调整到合适位置，如图8-89所示。

步骤 45 按住Shift键“实例”克隆柜门模型到另一侧，如图8-90所示。

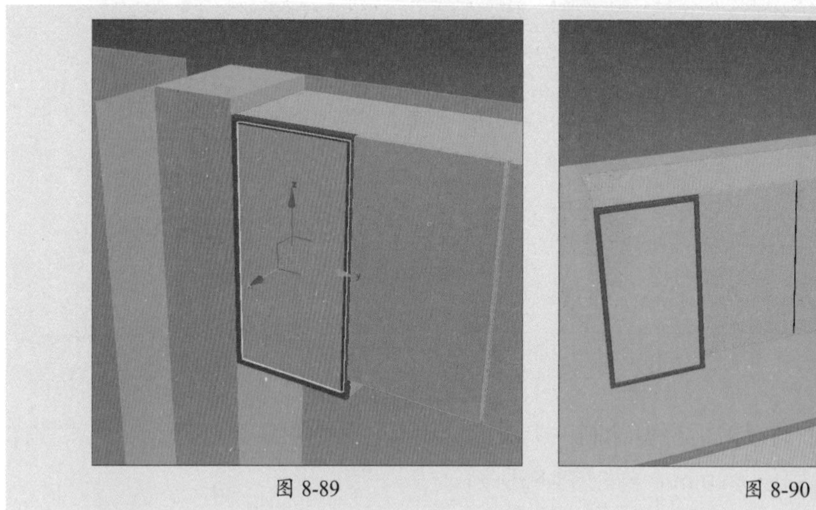

图 8-89

图 8-90

步骤 46 再复制柜门拉手模型到吊柜，如图8-91所示。

步骤 47 按照同样的方法，再制作另一层的吊柜模型。至此，完成橱柜模型的制作，如图8-92所示。

图 8-91

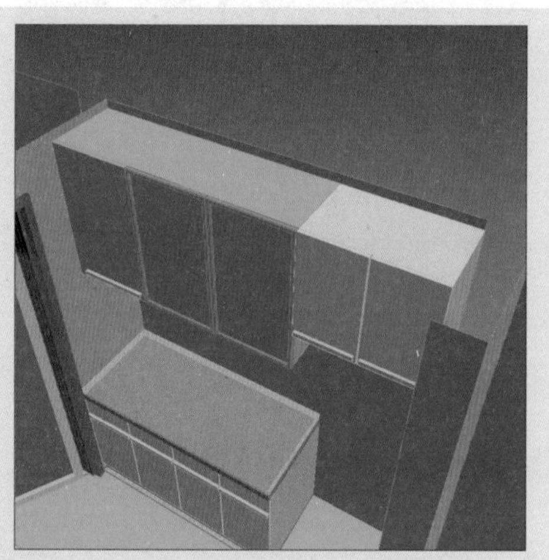

图 8-92

8.1.4 导入成品素材模型

主要的场景模型制作完毕后，可以选择导入事先准备好的素材模型，用于完善场景，具体操作步骤如下。

步骤 01 执行“文件”|“导入”|“合并”命令，打开“合并文件”对话框，选择准备好的素材模型，单击“打开”按钮，如图8-93所示。

步骤 02 弹出“合并”对话框，在下拉列表框中选择需要合并的模型对象，这里先选择洗菜盆模型，如图8-94所示。

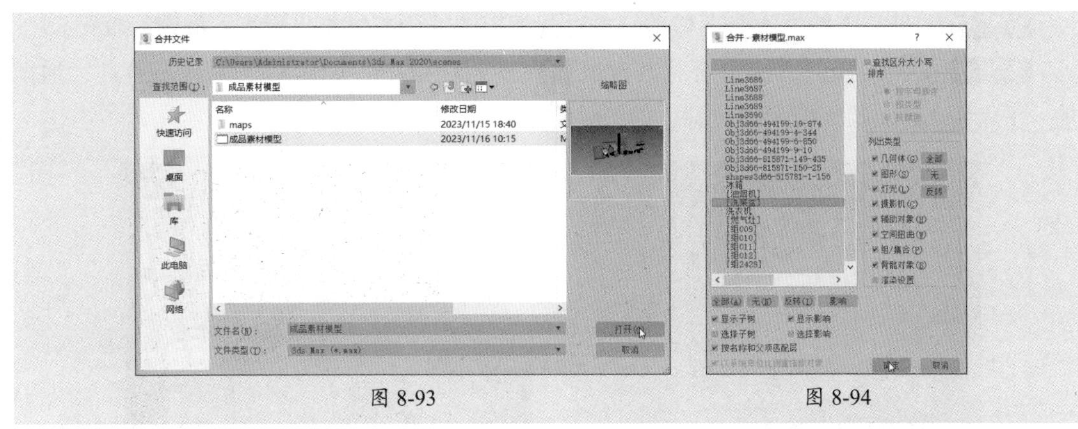

图 8-93　　　　图 8-94

步骤 03 单击“确定”按钮即可将对象合并到当前场景，移动对象到橱柜位置，如图8-95所示。

步骤 04 创建一个长度为740 mm、宽度为360 mm、高度为300 mm的长方体，将其移动到洗菜池位置，如图8-96所示。

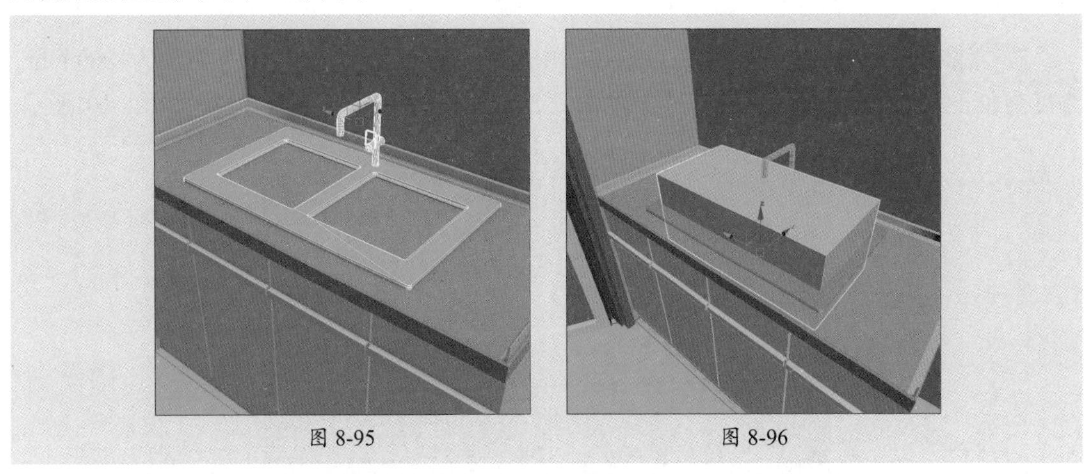

图 8-95　　　　图 8-96

步骤 05 向上复制长方形对象，如图8-97所示。

步骤 06 选择橱柜台面，在“复合对象”命令面板中单击“布尔”按钮，选择“差集”运算方式拾取长方体模型，将其从台面模型中减去，如图8-98所示。

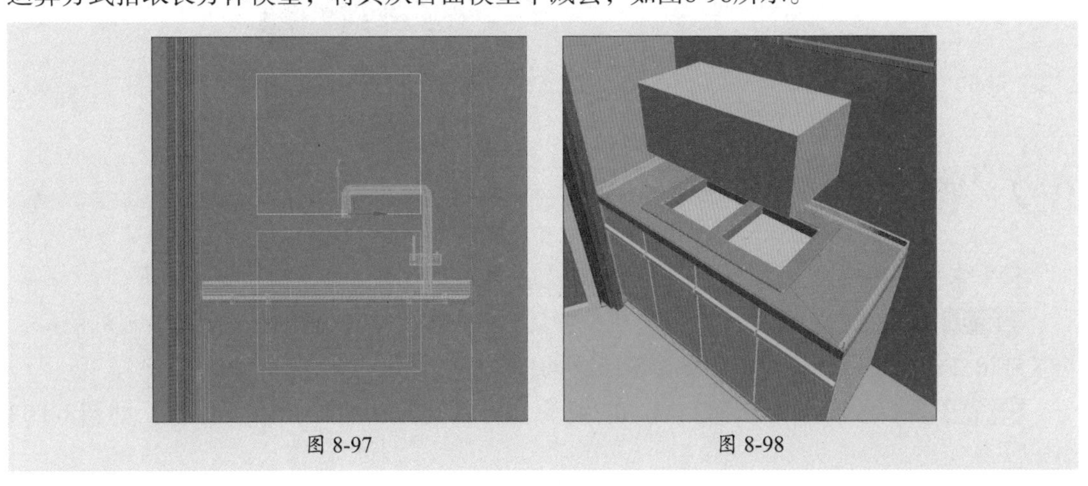

图 8-97　　　　图 8-98

步骤07 将另一个长方体向下移动，再对橱柜柜体进行布尔差集运算，如图8-99所示。

步骤08 按照同样的方法再合并其他成品模型到场景中，如厨具、餐具、刀具、油烟机、灯具等，分别调整模型的位置，如图8-100所示。

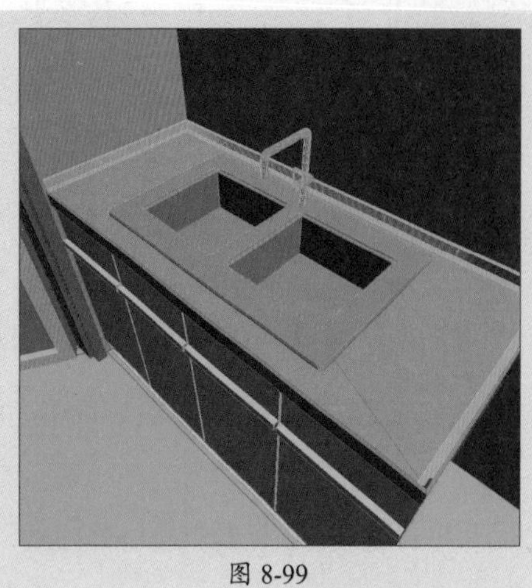

图 8-99

图 8-100

步骤09 单击“长方体”按钮，在前视图中创建一个长度为3200 mm、宽度为4800 mm、高度为10 mm的长方体，将其移动到场景窗外位置，用于之后模拟室外环境，如图8-101所示。

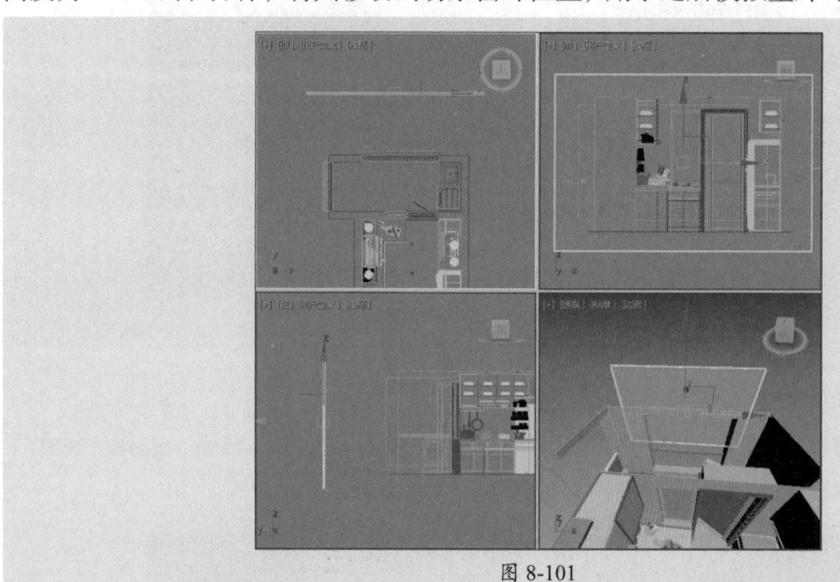

图 8-101

8.2 创建摄影机

接下来要创建摄影机，以便于观察场景及后期渲染出图。具体操作步骤如下。

步骤01 在顶视图中创建一架摄影机，激活透视视口，按C键快速切换到摄影机视口，再按Shift+F组合键开启安全框，如图8-102所示。

步骤02 在参数面板中选择24 mm的镜头，再调整摄影机的角度及位置，如图8-103所示。

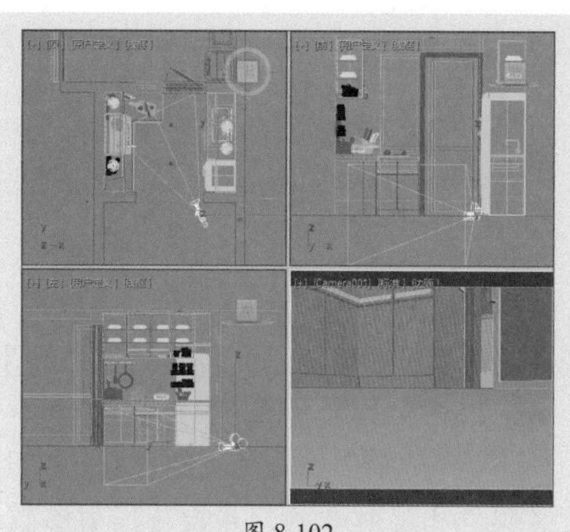

图 8-102

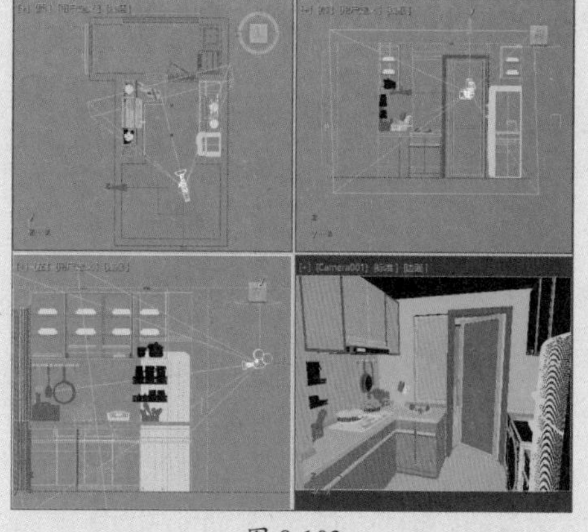

图 8-103

步骤 03 按F10键打开“渲染设置”对话框，在“公用参数”卷展栏中设置输出大小，此时摄影机视口中安全框内的场景发生了变化，如图8-104、图8-105所示。

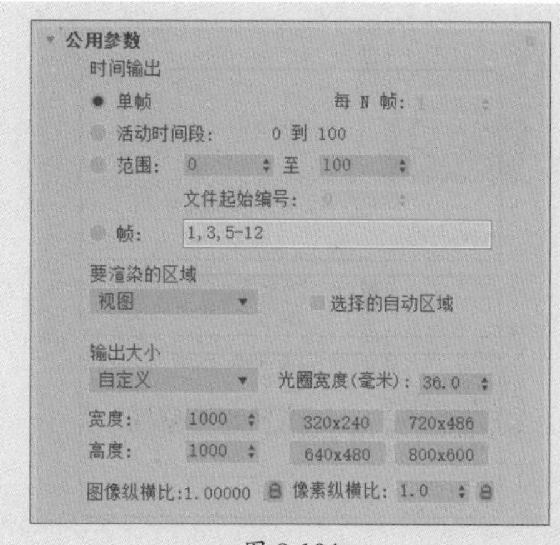

图 8-104

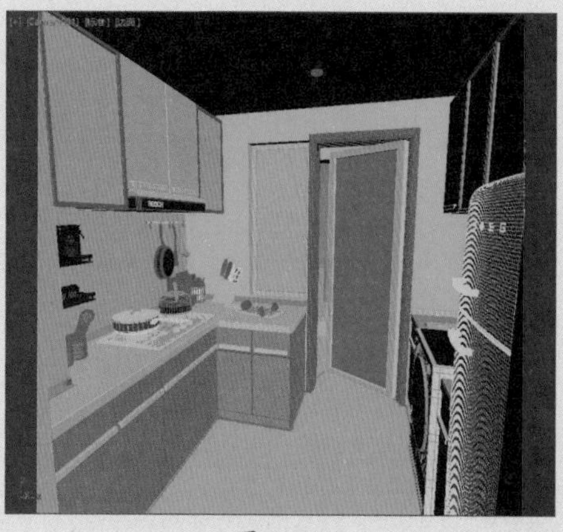

图 8-105

步骤 04 选择摄影机对象，单击鼠标右键，在弹出的快捷菜单中选择“应用摄影机校正修改器”命令，用于校正修改器。摄影机视口如图8-106所示。

图 8-106

8.3 制作场景材质

材质是场景效果制作中非常重要的一环，用户可以调整物体的纹理、光泽、透明度等，使不同的材质展现出各自的特性。

8.3.1 制作墙顶地材质

厨房中的墙顶地材质主要包括乳胶漆、瓷砖、木纹理、玻璃、金属等。下面介绍各材质的创建过程。

步骤 01 制作乳胶漆材质。按M键打开材质编辑器，选择一个未使用的材质球，设置材质类型为VrayMtl，在参数面板中设置漫反射颜色和反射颜色，并设置反射参数，如图8-107所示。

步骤 02 漫反射颜色和反射颜色的参数设置如图8-108所示。

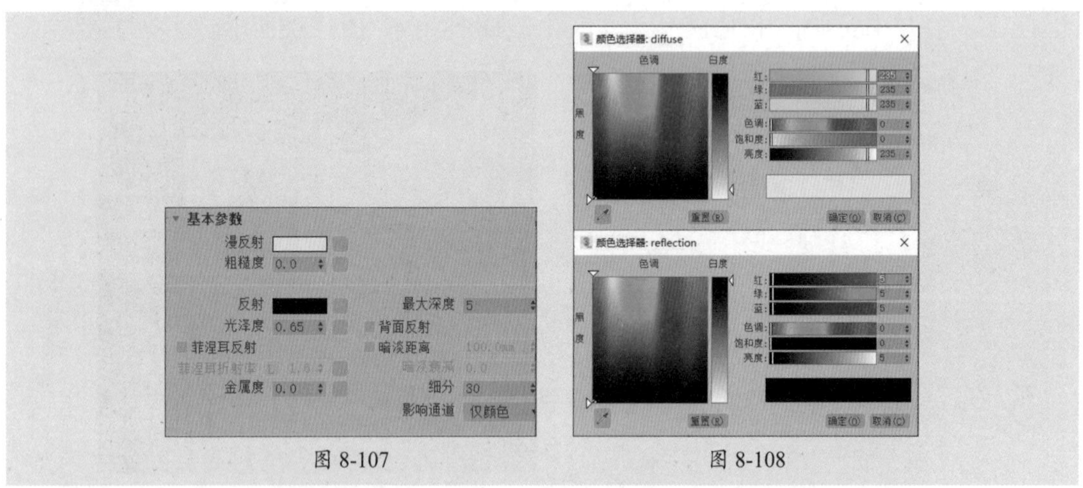

图 8-107　　图 8-108

步骤 03 制作好的材质球效果如图8-109所示。

步骤 04 制作墙砖材质。选择一个未使用的材质球，设置材质类型为VrayMtl，在“贴图”卷展栏中为漫反射通道和凹凸通道添加相同的平铺贴图，为反射通道添加衰减贴图，并设置凹凸值，如图8-110所示。

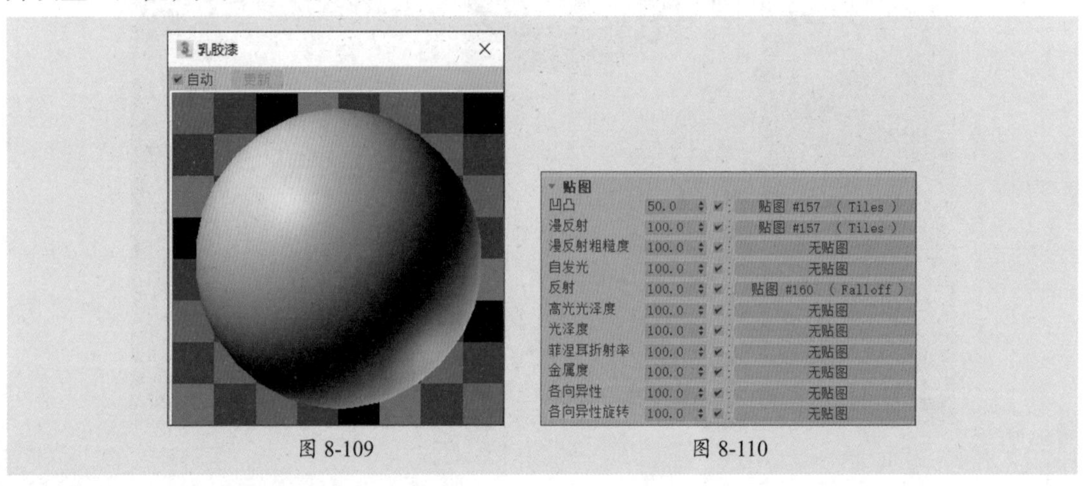

图 8-109　　图 8-110

步骤 05 进入平铺参数面板，默认图案类型为“堆栈砌合”，在“高级控制”卷展栏中设置平铺和砖缝参数，如图8-111所示。

步骤 06 平铺颜色和砖缝颜色参数的设置如图8-112所示。

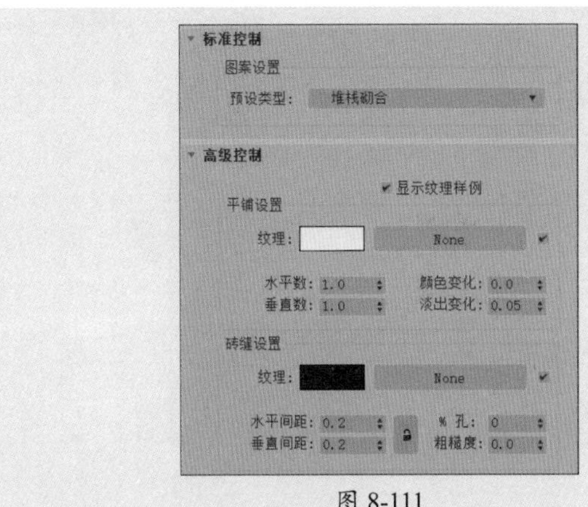

图 8-111

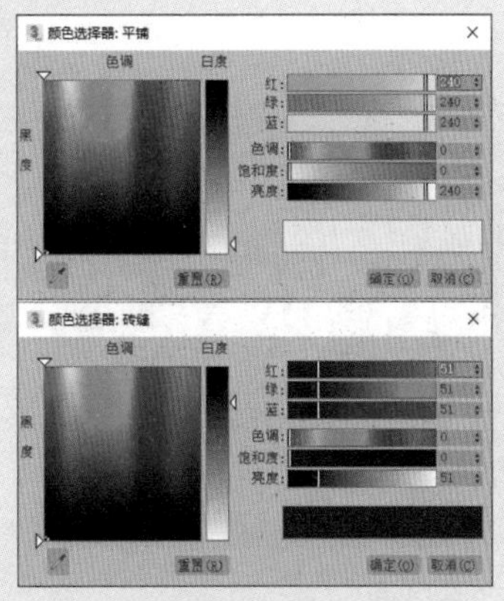

图 8-112

步骤 07 返回“基本参数”卷展栏，设置反射参数，如图8-113所示。

步骤 08 制作好的材质球效果如图8-114所示。

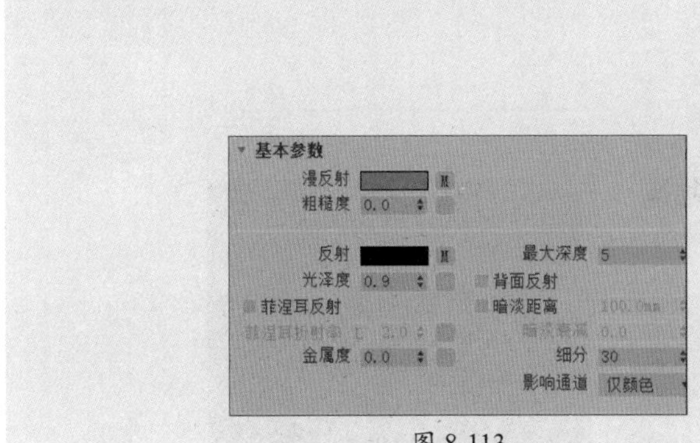

图 8-113

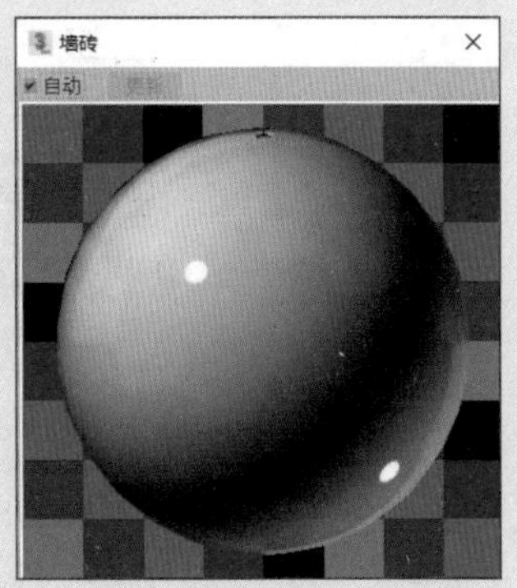

图 8-114

步骤 09 制作地砖材质。选择一个未使用的材质球，设置材质类型为VrayMtl，为漫反射通道和反射通道添加相同的位图贴图，并设置反射参数，如图8-115所示。

步骤 10 添加的位图贴图如图8-116所示。

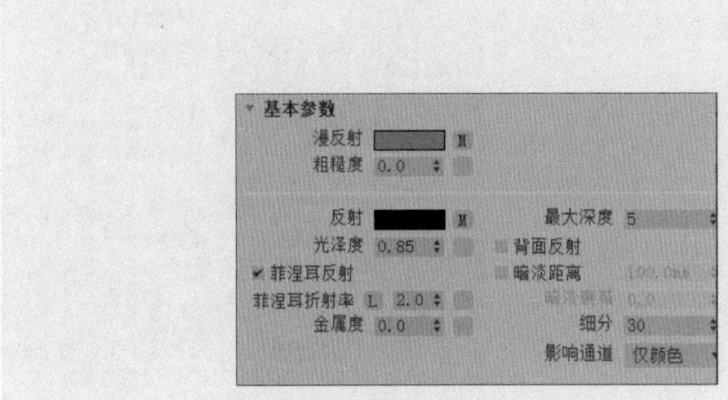

图 8-115

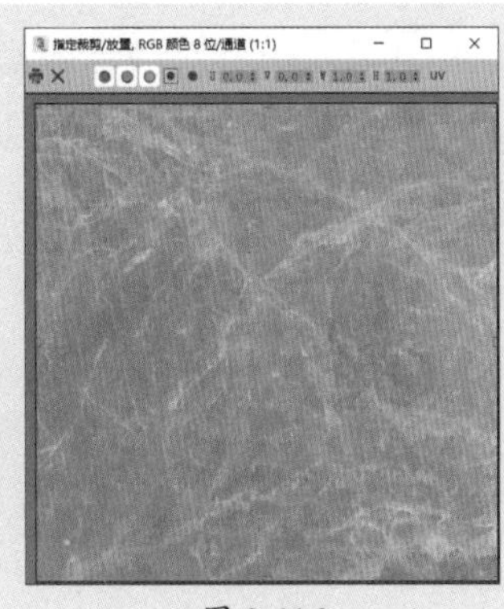

图 8-116

步骤 11 制作好的材质球效果如图8-117所示。

步骤 12 制作断桥铝材质。选择一个未使用的材质球，设置材质类型为VrayMtl，在“基本参数”卷展栏中设置漫反射颜色、反射颜色，再设置反射参数，如图8-118所示。

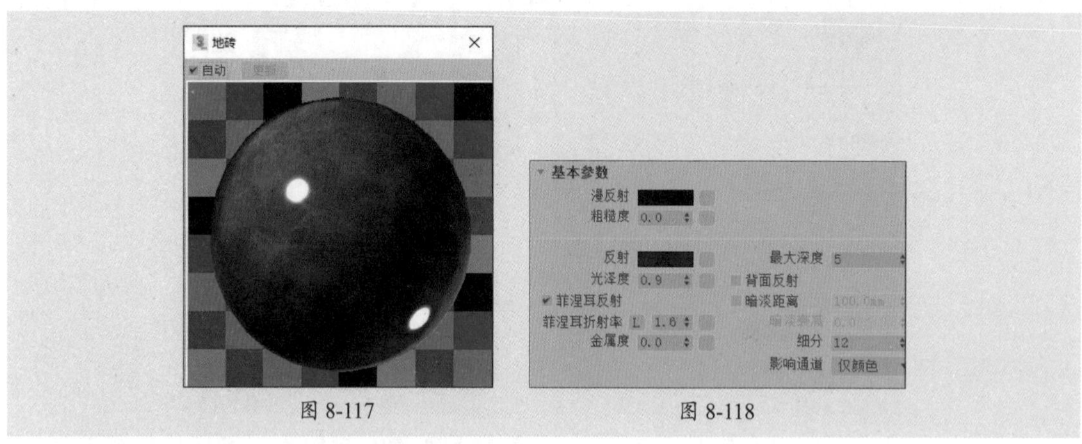

图 8-117　　图 8-118

步骤 13 漫反射颜色和反射颜色的参数设置如图8-119所示。

步骤 14 制作好的材质球效果如图8-120所示。

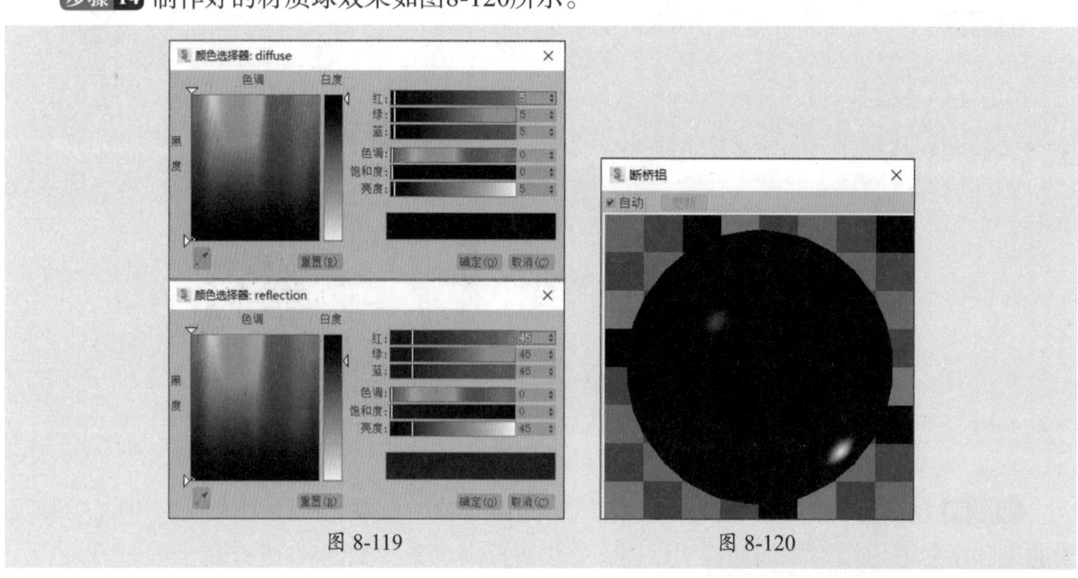

图 8-119　　图 8-120

步骤 15 制作钢化玻璃材质。选择一个未使用的材质球，设置材质类型为VrayMtl，在“基本参数”卷展栏中设置漫反射颜色、反射颜色、折射颜色以及烟雾颜色，再设置反射参数和折射参数，如图8-121所示。

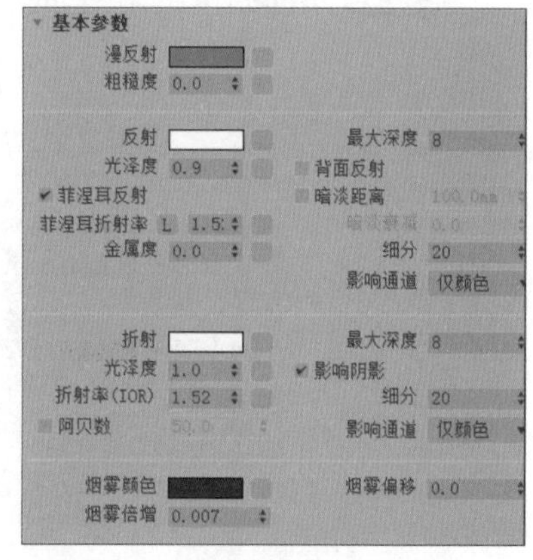

图 8-121

步骤 16 反射颜色和折射颜色为白色，漫反射颜色和烟雾颜色的参数设置如图8-122所示。

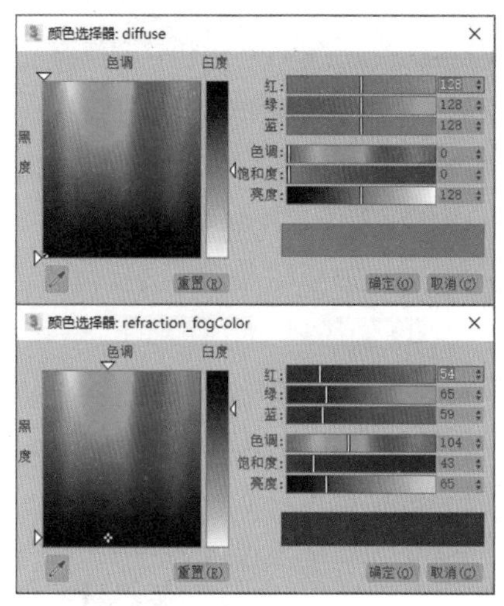

图 8-122

步骤 17 制作好的材质球效果如图8-123所示。

步骤 18 制作室外环境材质。选择一个未使用的材质球，设置材质类型为“VRay灯光”，调整颜色强度，并为颜色通道添加位图贴图，如图8-124所示。

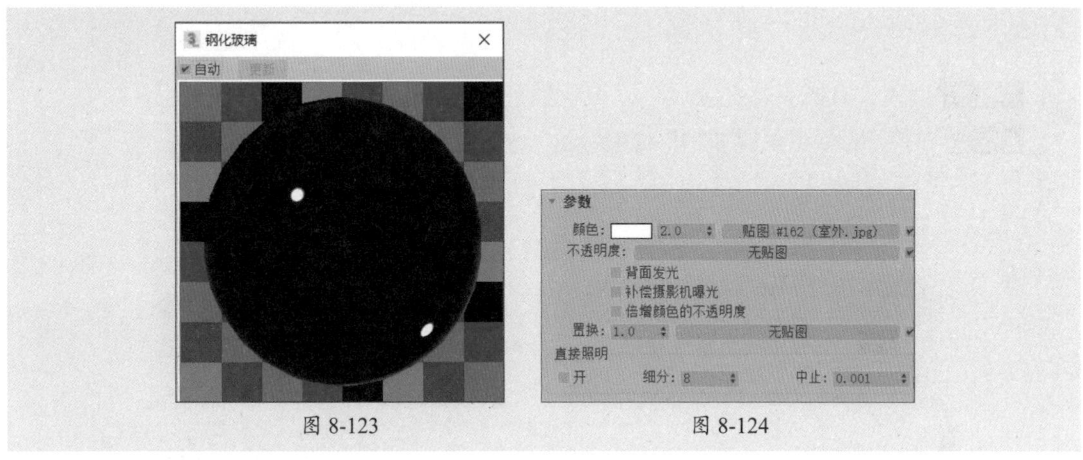

图 8-123　　图 8-124

步骤 19 所添加的位图贴图如图8-125所示。

步骤 20 制作好的材质球效果如图8-126所示。

图 8-125　　图 8-126

8.3.2 制作橱柜材质

案例中的橱柜采用人造石台面、木饰面柜门，吊柜中采用金属框玻璃柜门，下面介绍各种材质的创建。

步骤 01 制作地柜材质。选择一个未使用的材质球，设置材质类型为VrayMtl，为漫反射通道添加位图贴图，为反射通道添加衰减贴图，再设置反射参数，如图8-127所示。

步骤 02 漫反射通道的位图贴图如图8-128所示。

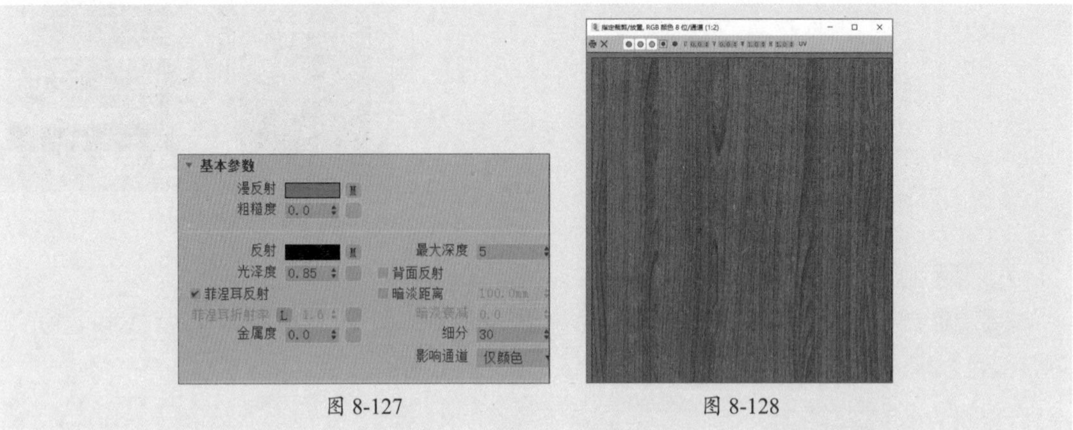

图 8-127　　图 8-128

步骤 03 进入“衰减参数”卷展栏，设置颜色2和衰减类型，如图8-129所示。

步骤 04 颜色2的参数设置如图8-130所示。

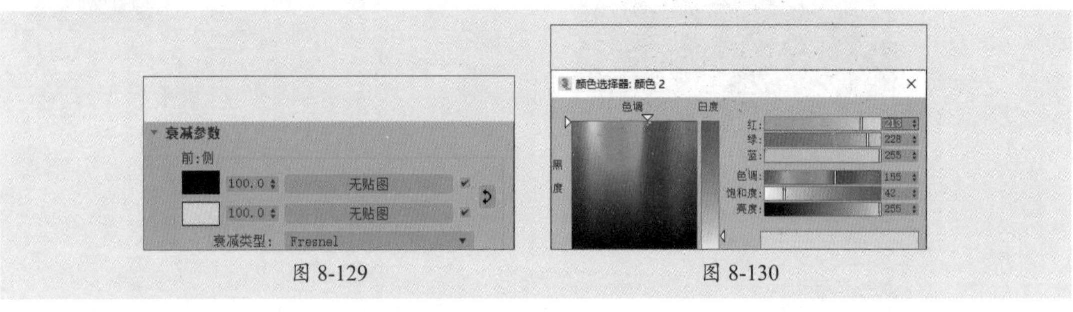

图 8-129　　图 8-130

步骤 05 制作好的材质球效果如图8-131所示。

步骤 06 使用同样的方法制作吊柜材质，设置漫反射颜色为白色，制作好的材质球效果如图8-132所示。

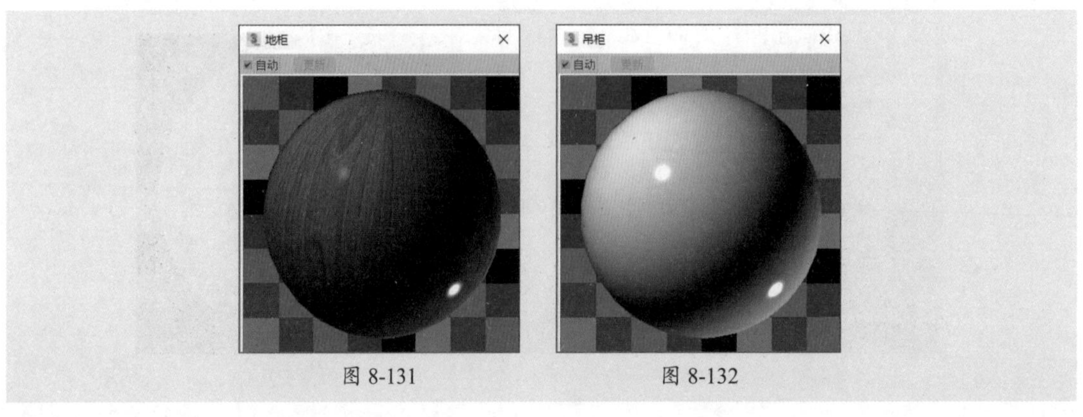

图 8-131　　图 8-132

步骤 07 制作台面材质。选择一个未使用的材质球，设置材质类型为VrayMtl，为漫反射通道添加位图贴图，设置反射颜色及反射参数，如图8-133所示。

步骤 08 漫反射通道的位图贴图如图8-134所示。

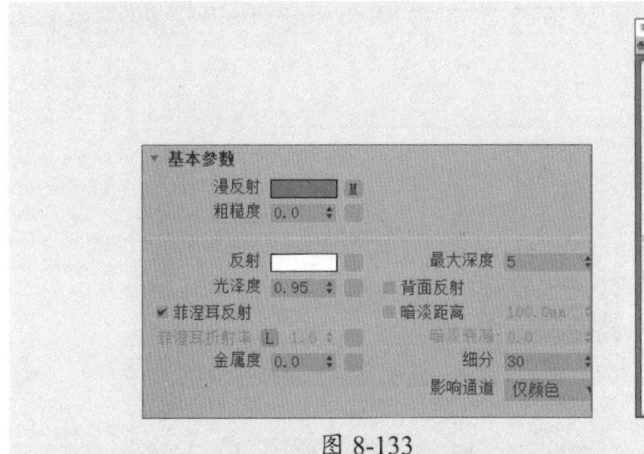

图 8-133

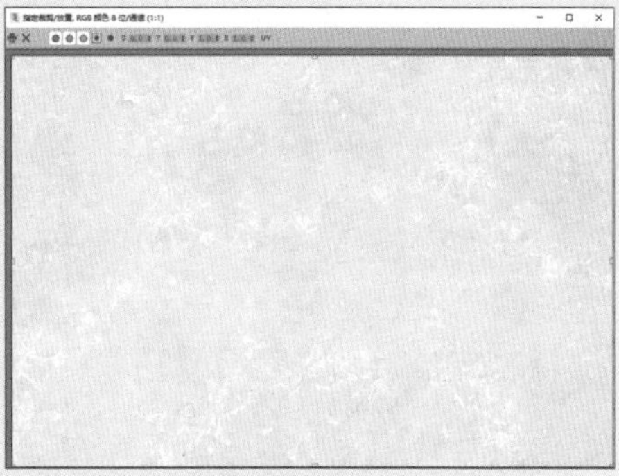

图 8-134

步骤 09 制作好的材质球效果如图8-135所示。

步骤 10 制作黑色金属漆材质。选择一个未使用的材质球，设置材质类型为VrayMtl，在“基本参数”卷展栏中设置漫反射颜色及反射颜色，再设置反射参数，如图8-136所示。

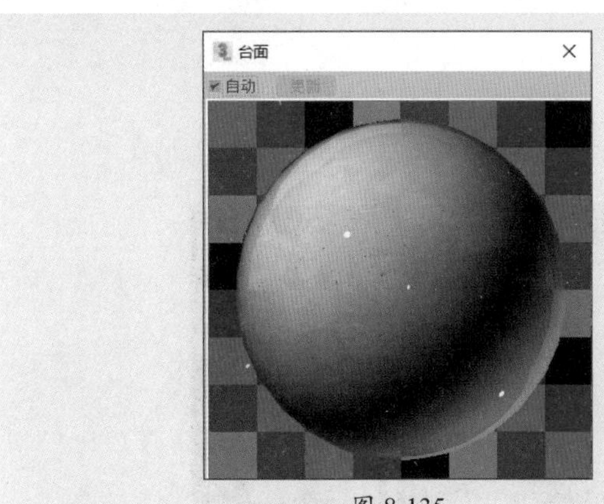

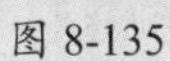

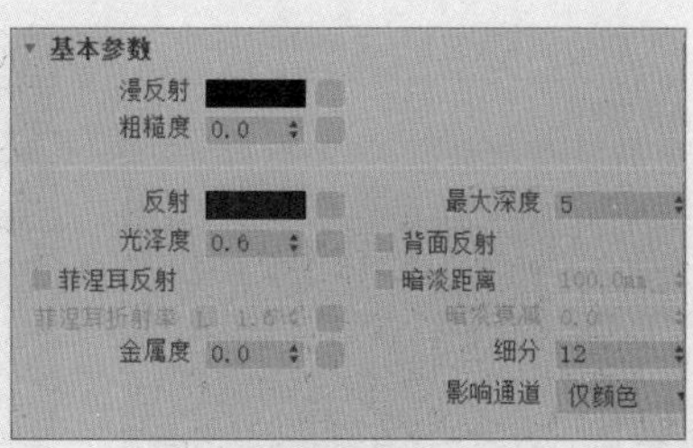

图 8-135

图 8-136

步骤 11 漫反射颜色为黑色，反射颜色的参数设置如图8-137所示。

步骤 12 制作好的材质球效果如图8-138所示。

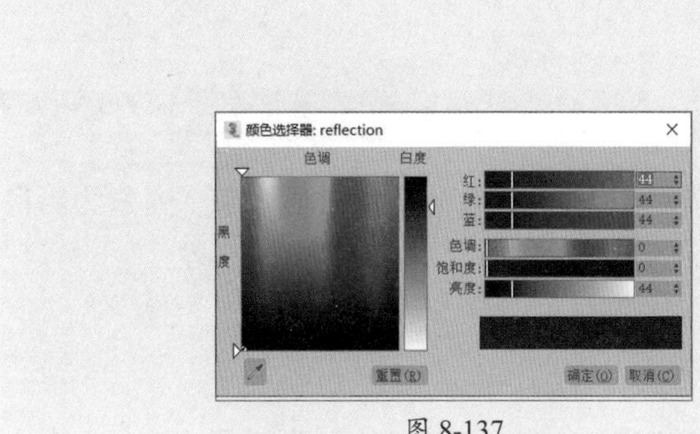

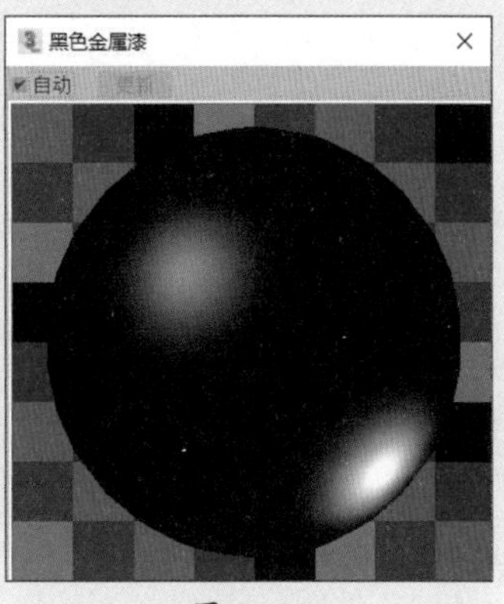

图 8-137

图 8-138

步骤 13 制作深色玻璃材质。选择一个未使用的材质球，设置材质类型为VrayMtl，在“基本参数”卷展栏中设置漫反射颜色、反射颜色、折射颜色以及烟雾颜色，再设置反射参数和折射参数，如图8-139所示。

步骤 14 反射颜色和折射颜色为白色，漫反射颜色和烟雾颜色的参数设置如图8-140所示。

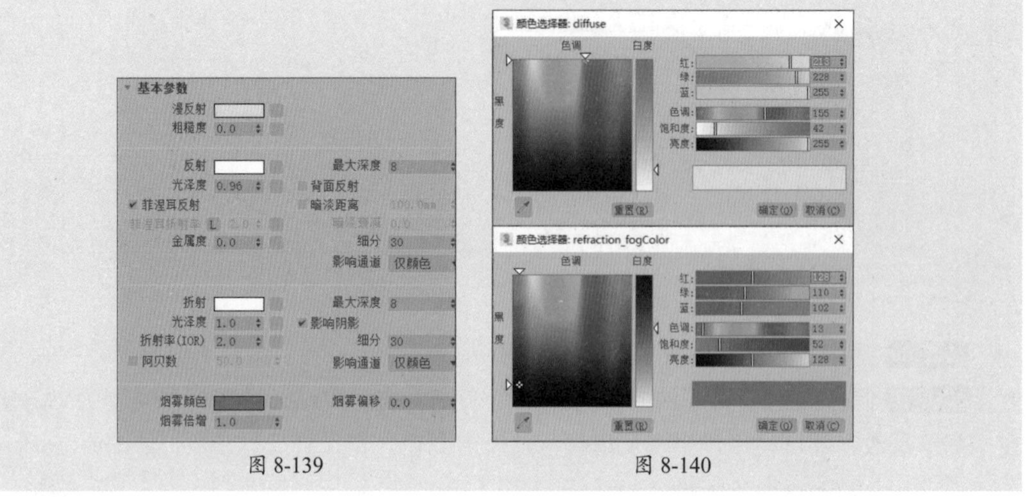

图 8-139　　图 8-140

步骤 15 制作好的材质球效果如图8-141所示。

步骤 16 将制作好的材质分别赋予场景中制作的模型，视口效果如图8-142所示。

图 8-141　　图 8-142

8.4 制作场景光源

光源与材质是相互依存的，在光源的照射下可以很容易分辨出材质效果。通过为厨房场景创建光源效果，可以使创建好的材质更好地表现出来。

8.4.1 制作白模材质

通过白模材质渲染效果可以观察模型中的漏洞，还可以很好地预览灯光效果。下面介绍白模材质的创建方法。

步骤 01 按M键打开材质编辑器，选择一个未使用的材质球，设置材质类型为VRayMtl，在参数面板中设置漫反射颜色，并为漫反射通道添加VRay边纹理贴图，如图8-143所示。

步骤 02 漫反射颜色的参数设置如图8-144所示。

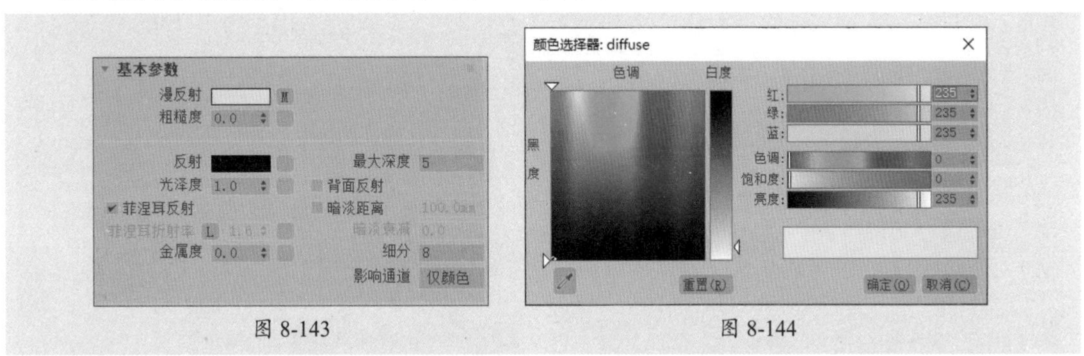

图 8-143　　图 8-144

步骤 03 进入“VRay边纹理参数”卷展栏，设置纹理颜色，并设置像素宽度，如图8-145所示。

步骤 04 纹理颜色的参数设置如图8-146所示。

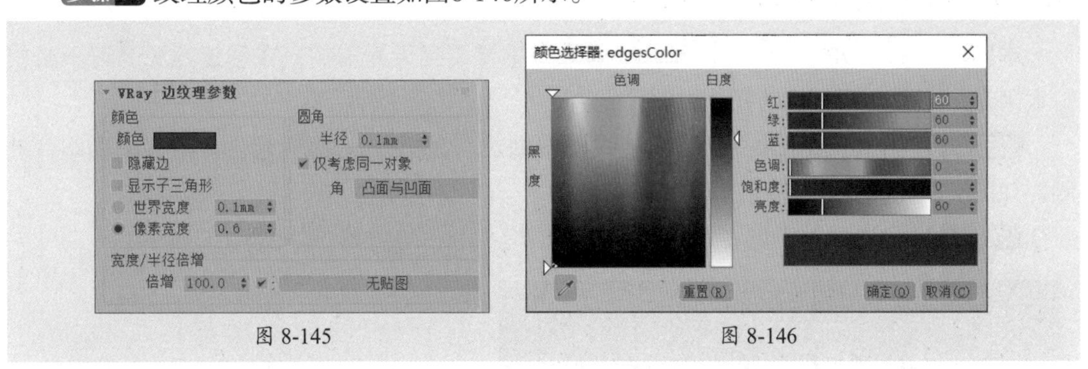

图 8-145　　图 8-146

步骤 05 制作好的材质球效果如图8-147所示。

步骤 06 按F10键打开“渲染设置”对话框，展开“全局开关”卷展栏，设置为“高级”模式，选中“覆盖材质”复选框，将制作好的“白模”材质球“实例”复制到其后的通道按钮上，如图8-148所示。

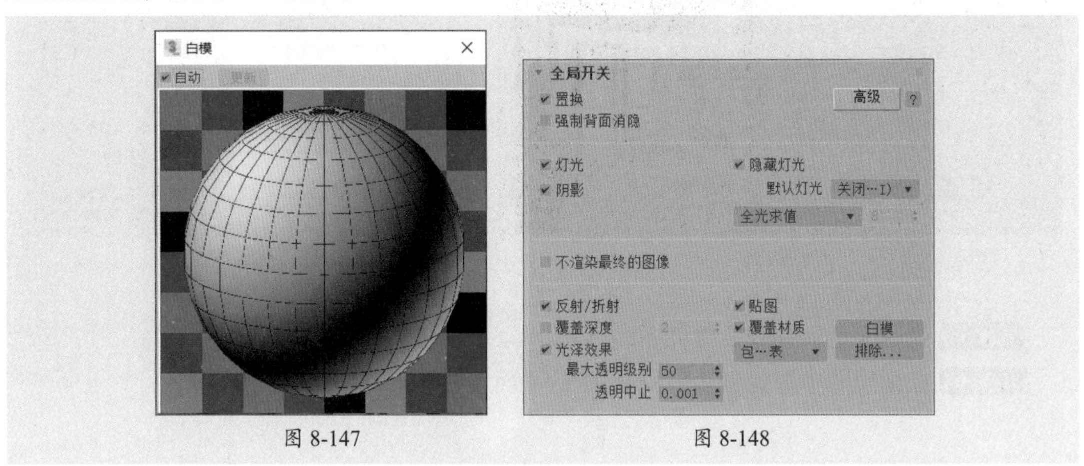

图 8-147　　图 8-148

步骤 07 单击“排除”按钮，会打开“排除/包含”对话框，从左侧的下拉列表框中选择用于模拟室外环境对象的长方体以及阳台的玻璃模型，如图8-149所示，单击“添加”按钮 >>，将其添加到“排除”列表中，再单击“确定”按钮关闭对话框，如图8-150所示。

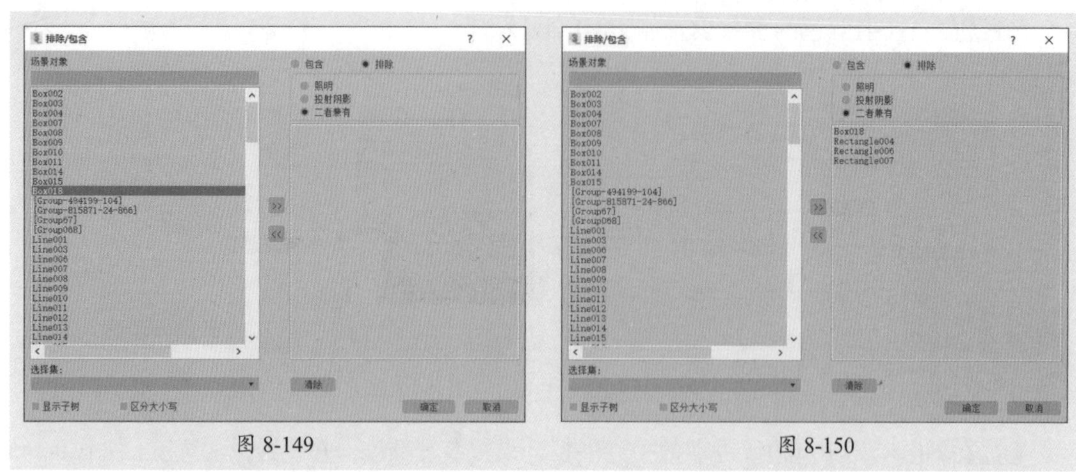

图 8-149　　　　图 8-150

8.4.2　模拟室外环境光源

本案例中的厨房场景位置背阳，室内采光主要受到天光影响，在创建光源时可不必模拟太阳光。下面介绍具体的操作方法。

步骤 01 单击VRayLight按钮，在前视图中创建一盏VRay平面灯光，将其移动到阳台外侧，如图8-151所示。

步骤 02 在参数面板中设置灯光的尺寸、倍增、颜色等参数，如图8-152所示。

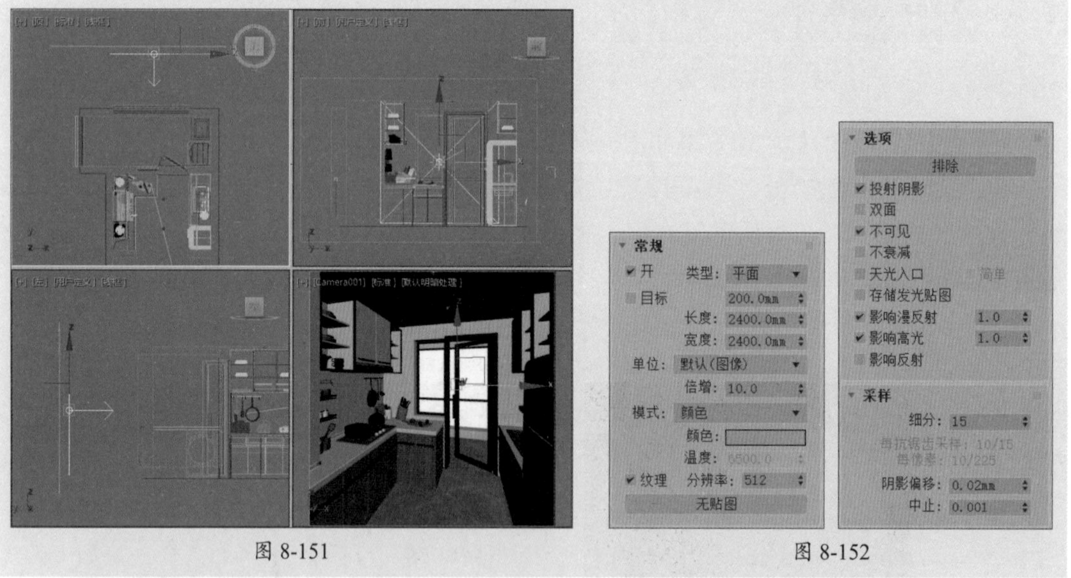

图 8-151　　　　图 8-152

步骤 03 光源颜色的参数设置如图8-153所示。

步骤 04 在顶视图中按住Shift键克隆VRay平面灯光，如图8-154所示。

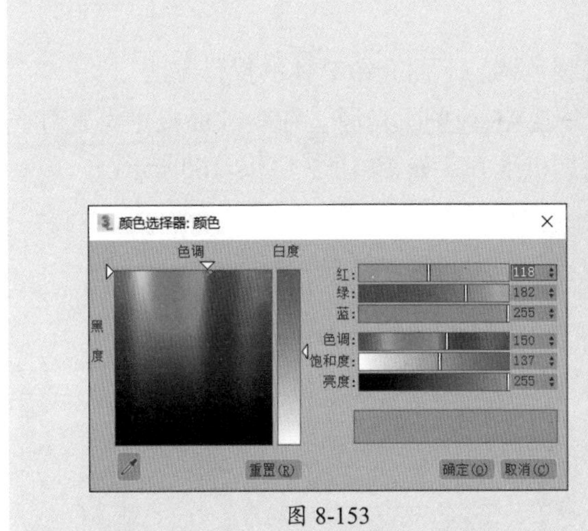

图 8-153

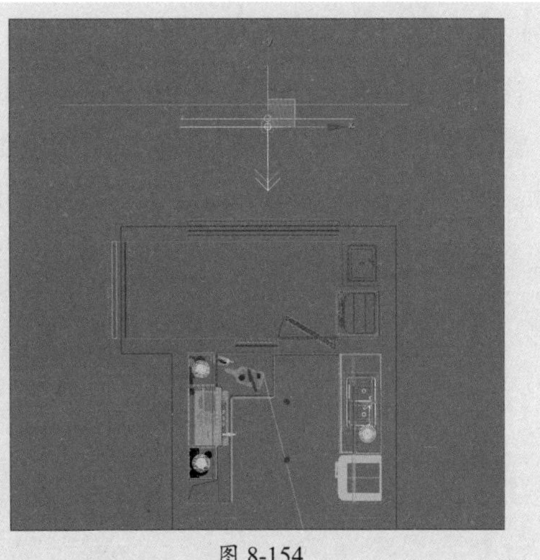

图 8-154

步骤 05 在参数面板中修改灯光倍增、颜色参数，如图8-155、图8-156所示。

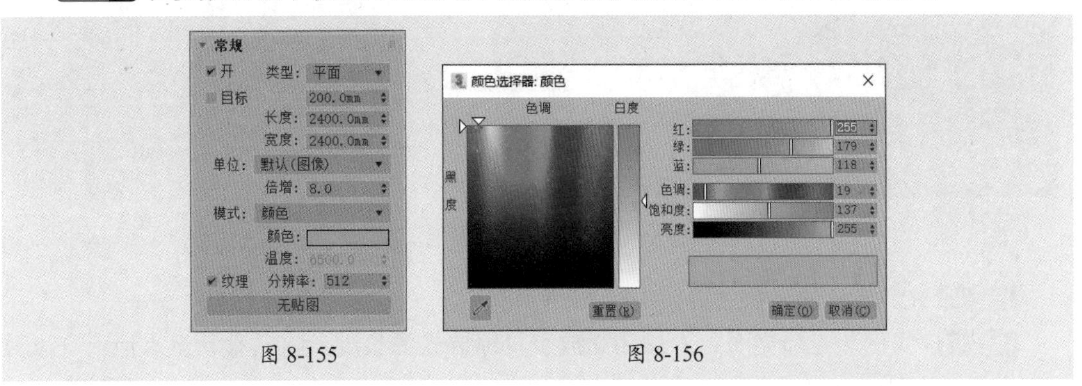

图 8-155　　图 8-156

步骤 06 打开材质编辑器，选择一个未使用的材质球，设置材质类型为“VRay灯光”材质，为其添加位图贴图，再设置颜色强度值，如图8-157所示。

步骤 07 材质示例窗效果如图8-158所示。

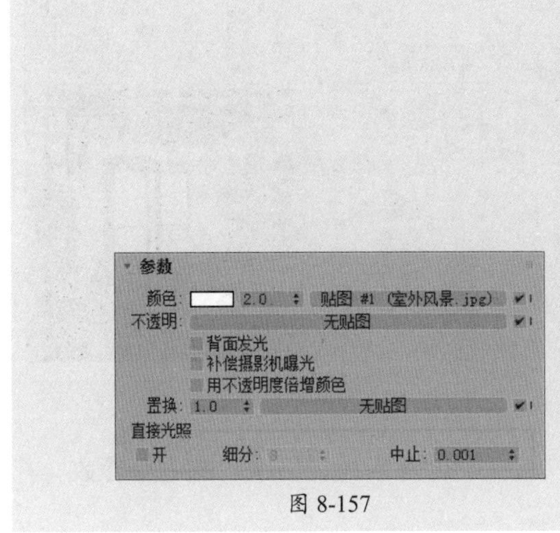

图 8-157

图 8-158

8.4.3 模拟室内光源

该场景中室内的主要光源为筒灯光源，偏暖色调。下面介绍具体的操作方法。

步骤 01 模拟灯带光源。在顶视图中创建一盏VRay平面光源，在参数面板中设置灯光尺寸、倍增以及颜色等参数，将对象移动至油烟机下方，如图8-159、图8-160所示。

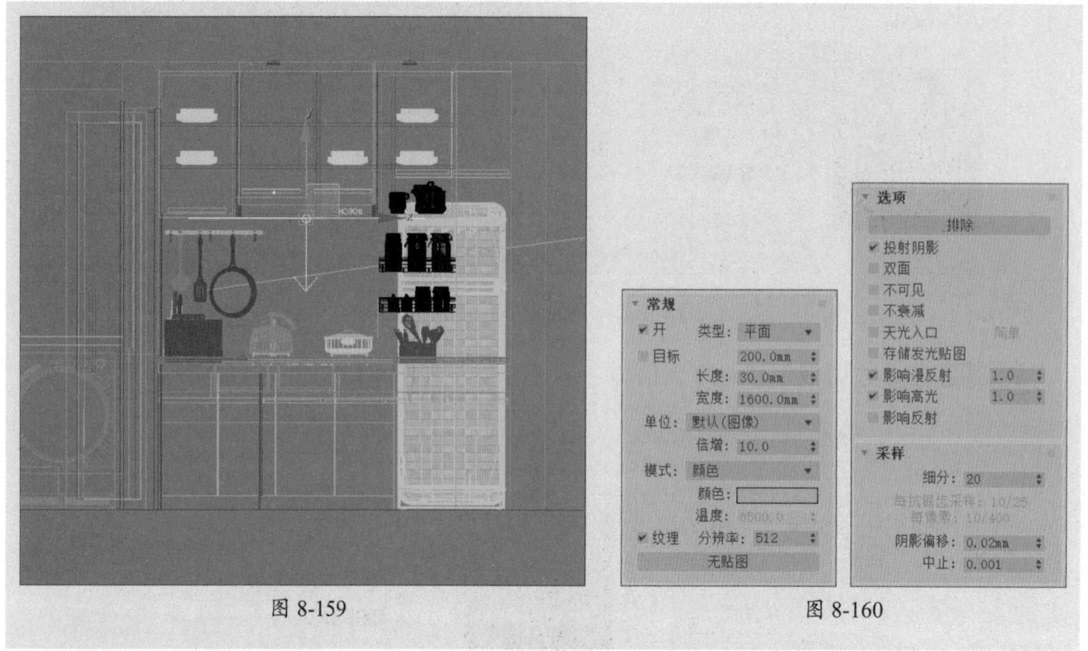

图 8-159　　图 8-160

步骤 02 光源颜色的参数设置如图8-161所示。

步骤 03 “实例”克隆光源，并使用缩放工具缩放光源长度，将其移动至水池上方以及吊柜内部，如图8-162所示。

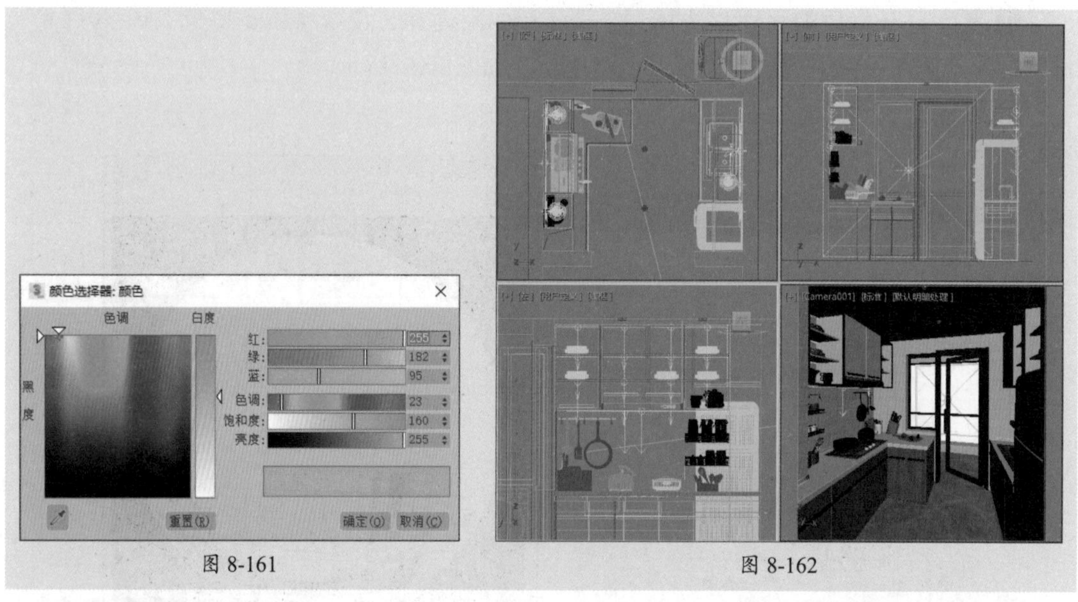

图 8-161　　图 8-162

步骤 04 创建并复制VRay球体光源，在参数面板中设置半径、倍增、颜色等参数，并将其移动至灯具下方，如图8-163、图8-164所示。

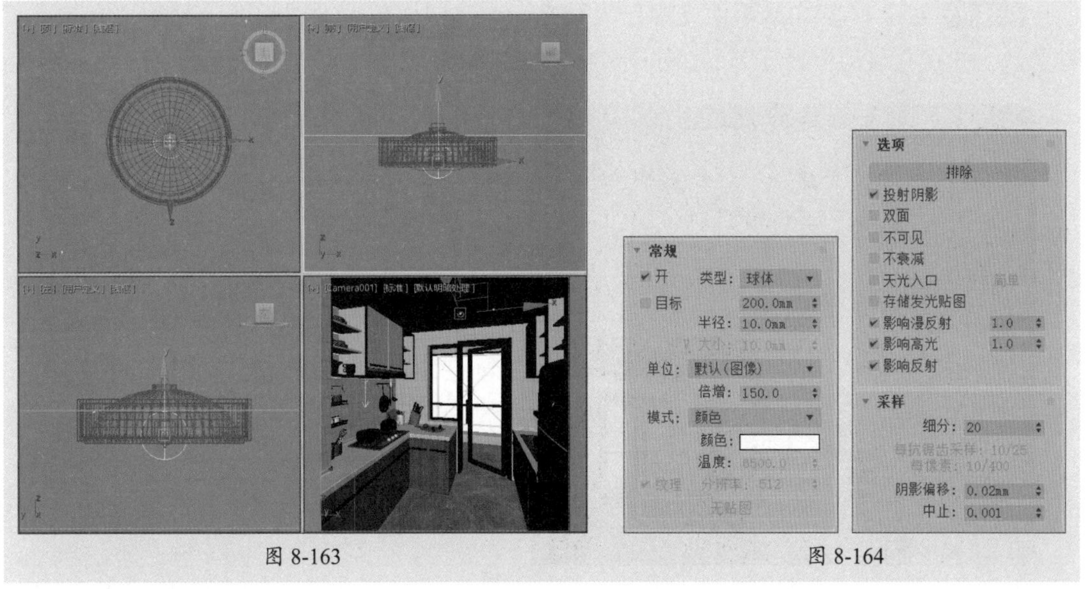

图 8-163　　图 8-164

步骤 05 创建并复制自由灯光，在参数面板中设置阴影类型为"VRay阴影"，添加光域网文件，并进行设置，如图8-165、图8-166所示。

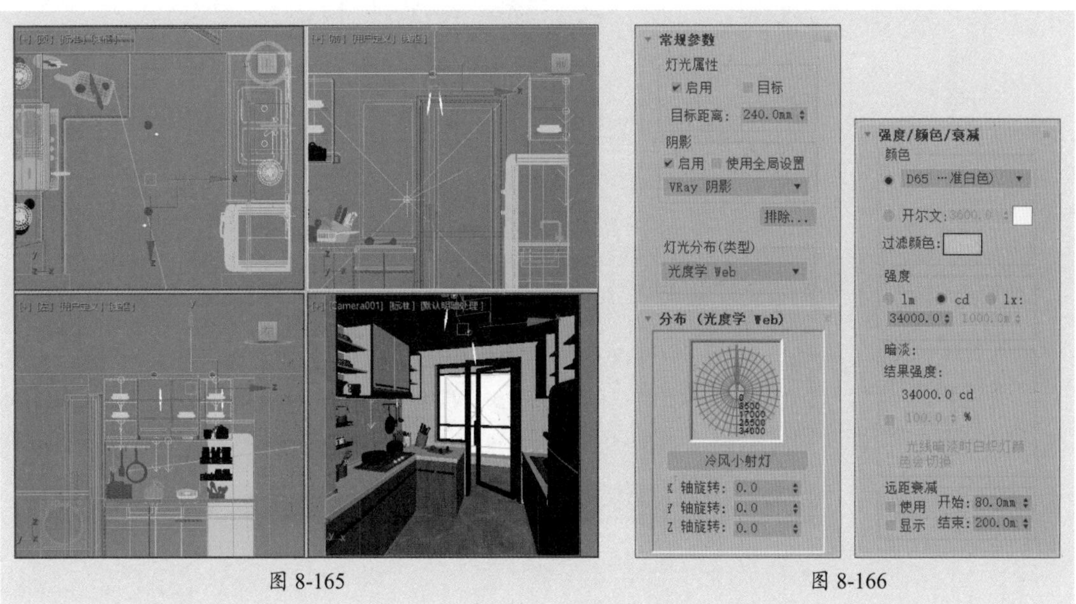

图 8-165　　图 8-166

步骤 06 创建一盏VRay平面光源作为补光，在参数面板中设置长度、宽度、倍增强度等参数，并将其移动至射灯下方，如图8-167、图8-168所示。

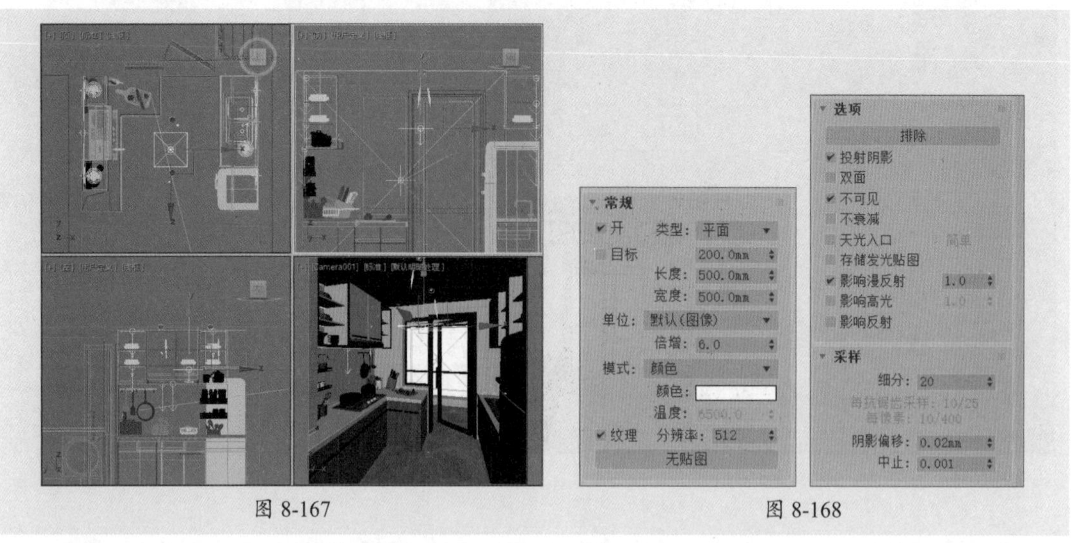

图 8-167　　　　图 8-168

步骤 07 再实例复制光源，调整角度和位置，同样作为补光，如图8-169所示。

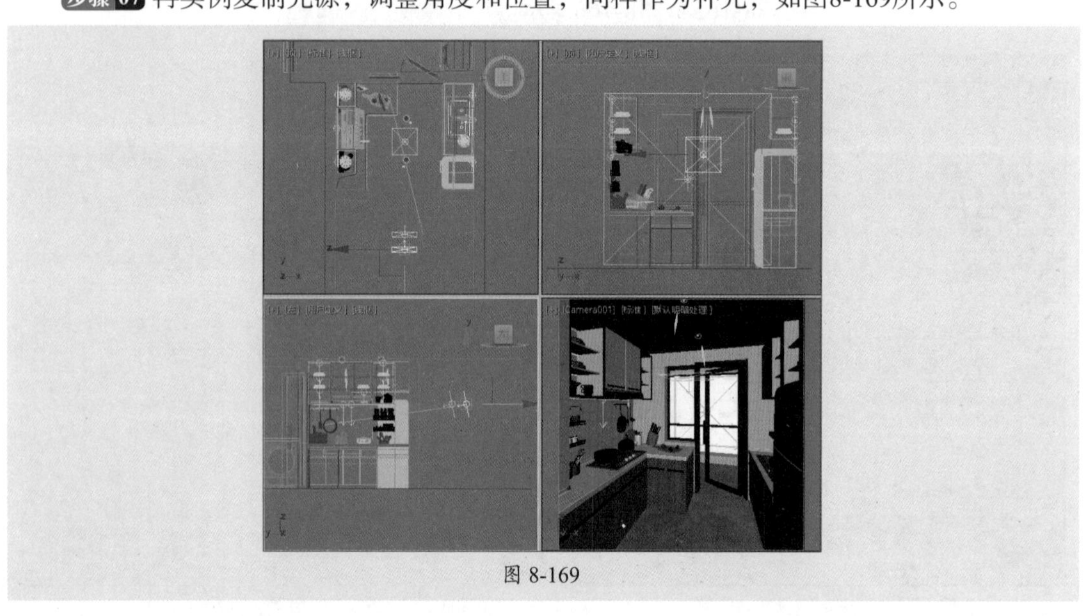

图 8-169

8.5 渲染设置

通过渲染参数的设置，用户可以将自己的创意设计以位图图像的方式呈现给客户，展现出逼真的视觉效果。

8.5.1 测试渲染

测试渲染可以使用较低的渲染参数快速预览到场景效果，非常适合配置较低的计算机，用户也可以通过渲染测试效果来检测场景中的漏洞，以及时更正。

步骤01 在“帧缓冲区”卷展栏中取消选中“启用内置帧缓冲区”复选框，如图8-170所示。

步骤02 在“图像过滤器”卷展栏中取消选中“图像过滤器”复选框，如图8-171所示。

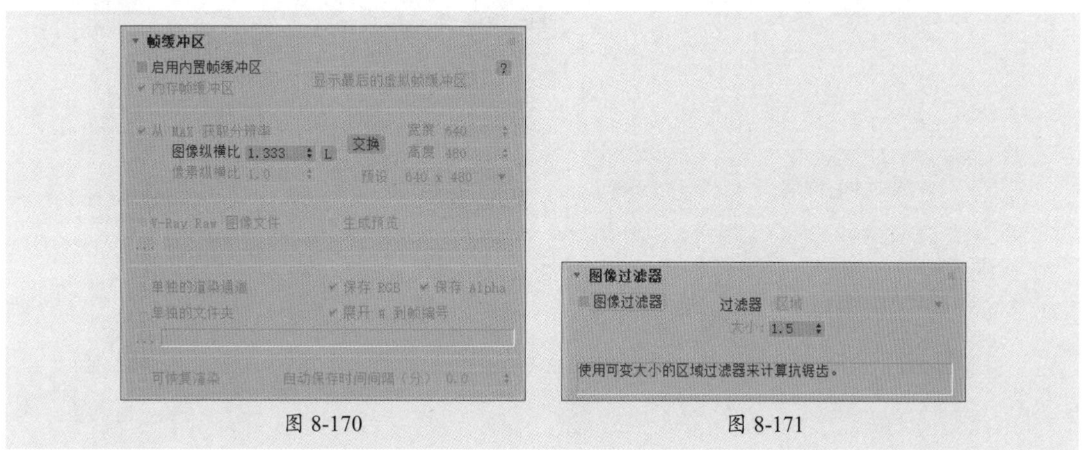

图 8-170　　图 8-171

步骤03 在“全局确定性蒙特卡洛”卷展栏中取消选中“使用局部细分”复选框，设置最小采样、自适应数量和噪波阈值，如图8-172所示。

步骤04 在“颜色贴图”卷展栏中设置类型为“指数”，如图8-173所示。

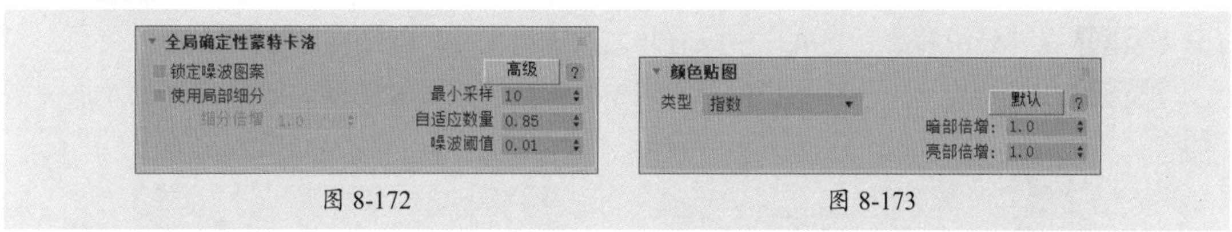

图 8-172　　图 8-173

步骤05 展开“全局照明”卷展栏，选中“启用全局照明”复选框，并设置首次引擎和二次引擎，如图8-174所示。

步骤06 在“发光贴图”卷展栏中设置当前预设级别为“非常低”，并设置“细分”和“插值采样”参数，如图8-175所示。

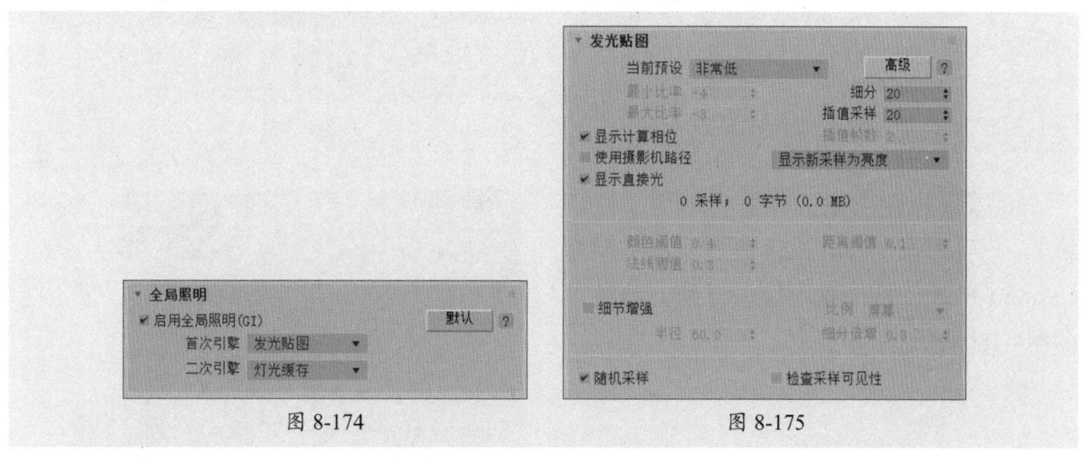

图 8-174　　图 8-175

步骤07 在“灯光缓存”卷展栏中设置“细分”参数，如图8-176所示。

步骤08 渲染摄影机视口，测试渲染的白模效果如图8-177所示。

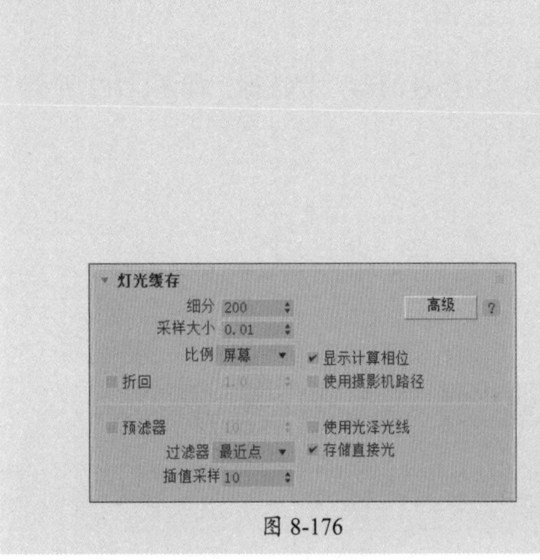

图 8-176

图 8-177

8.5.2 渲染最终效果

想要实现高效又清晰的渲染效果，就需要设置渲染器更加精细的参数，下面介绍具体的操作方法。

步骤 01 在“公用参数”卷展栏中设置较大的输出尺寸，如图8-178所示。

步骤 02 在“全局开关”卷展栏中取消选中“覆盖材质”复选框，如图8-179所示。

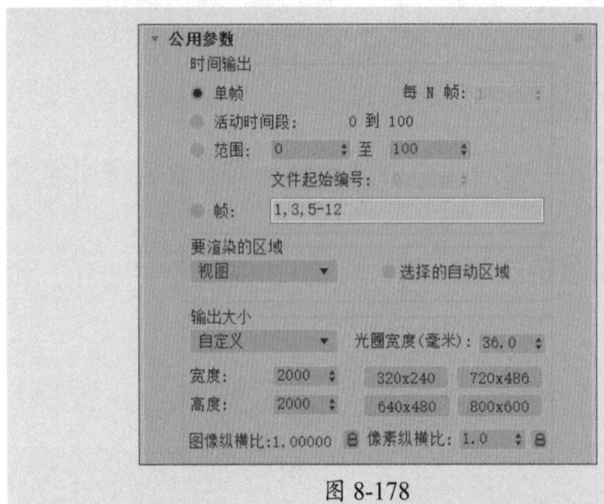

图 8-178

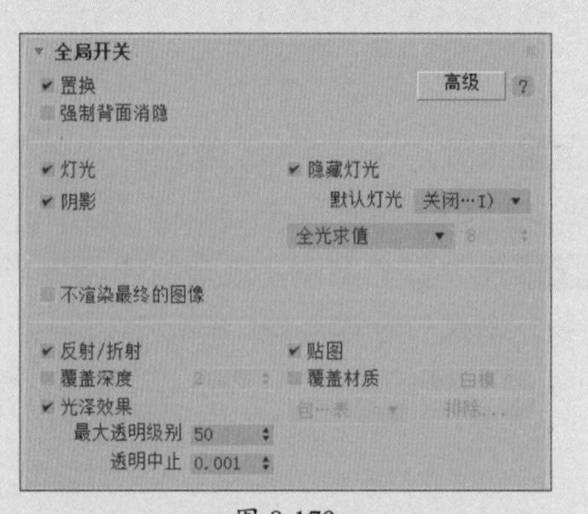

图 8-179

步骤 03 设置图像采样器类型为“渲染块”，开启图像过滤器，设置过滤器类型为Catmull-Rom，再设置图像采样细分参数，如图8-180所示。

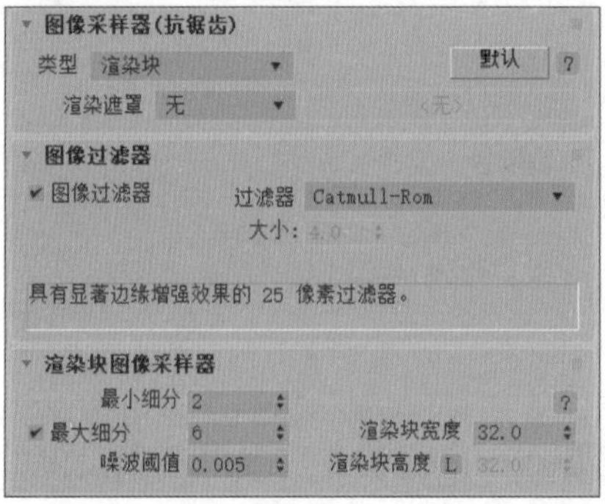

图 8-180

步骤04 选中“使用局部细分”复选框，设置最小采样、自适应数量以及噪波阈值，如图8-181所示。

步骤05 在“颜色贴图”卷展栏中设置亮部倍增值，如图8-182所示。

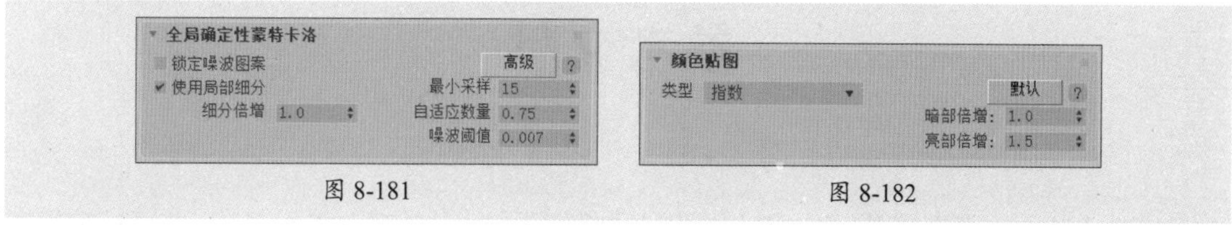

图 8-181

图 8-182

步骤06 在“发光贴图”卷展栏中设置发光贴图的预设级别为“高”，并设置细分和插值采样，如图8-183所示。

步骤07 在“灯光缓存”卷展栏中设置细分和采样大小，如图8-184所示。

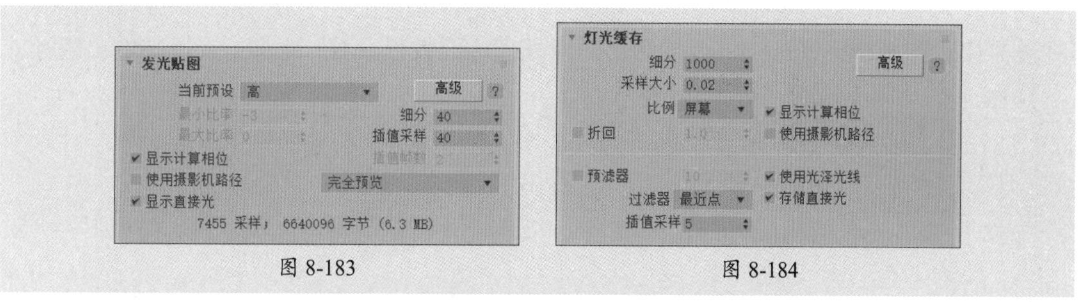

图 8-183

图 8-184

步骤08 渲染摄影机视口，最终效果如图8-185所示。

图 8-185

参考文献

[1] CAD/CAM/CAE技术联盟．AutoCAD 2014室内装潢设计自学视频教程 [M]．北京：清华大学出版社，2014．

[2] CAD辅助设计教育研究室．中文版AutoCAD 2014建筑设计实战从入门到精通 [M]．北京：人民邮电出版社，2015．

[3] 姜洪侠，张楠楠．Photoshop CC图形图像处理标准教程 [M]．北京：人民邮电出版社，2016．